AF274611

ESTRUCTURAS ISOSTÁTICAS

Análisis de esfuerzos internos

Tomás Wilson Alemán Ramírez

Acceda a www.marcombo.info
para descargar gratis
el contenido adicional
complemento imprescindible de este libro

Código: ISOSTATICAS24

ESTRUCTURAS ISOSTÁTICAS

Análisis de esfuerzos internos

Tomás Wilson Alemán Ramírez

Estructuras isostáticas

© 2024 Tomás Wilson Alemán Ramírez

Primera edición, 2024

© 2024 MARCOMBO, S. L.
www.marcombo.com

Ilustración de cubierta: Jotaká
Maquetación: Reverte-Aguilar, S. L.
Corrección: Mónica Muñoz
Directora de producción: M.ª Rosa Castillo

ISBN: 978-84-267-3747-2
D.L.: B 1496-2024

Impreso en Servicepoint
Printed in Spain

La publicación de este libro está dedicada a mi esposa, mi amiga, mi cómplice, la musa inefable que inspira y acaricia mi alma en los momentos más tristes de mi vida.

Su confianza, comprensión, cuidados, pero sobre todo el amor inconmensurable e inmarcesible que le tengo, han sido la clave para concretar el desafío de escribir este libro.

Gracias por todo lo que me has dado en la vida. Te amo, Fabiola Ochoa Medrano.

Antes de comenzar a leer este libro

Los ejemplos prácticos han sido diseñados de manera cuidadosa y resueltos paso a paso, sin perder el más mínimo detalle, de tal manera que puedas comprender los criterios aplicados en cada problema y, además, vayas adquiriendo la destreza que se requiere para resolver este tipo de ejercicios.

La combinación equilibrada entre los conceptos, el diseño de fórmulas y los ejercicios hace de esta propuesta un libro de consulta interesante tanto para estudiantes como para académicos.

Se intentaron abarcar los problemas más importantes en cuanto a estructuras isostáticas desde elementos unidimensionales, vigas, pórticos, arcos, reticulados y líneas de influencia, los mismos que forman los distintos capítulos de esta obra. Además, se consideraron aquellos métodos que son los más utilizados para resolver este tipo de estructuras.

Contenido

Prólogo

Este libro, en mi opinión, debiera iniciar al estudiante de Ingeniería en los conceptos teóricos y capacidades operativas de un primer curso en el amplio campo del «análisis estructural». Está diseñado y estructurado en concordancia con este propósito y cubre completamente el programa de la asignatura.

Reconocemos la importancia de que la universidad produzca material bibliográfico adecuado a sus propias características académicas e identidad existencial y este es, sin duda, un paso en tal dirección.

Como ya se mencionará más adelante, la temática desarrollada en el libro corresponde al estudio de las llamadas «estructuras isostáticas», es decir, aquellas en las que el número de las incógnitas que se presentan al analizar una estructura es igual al número de las ecuaciones de la estática más ecuaciones adicionales por la presencia de condiciones constructivas que introducen condiciones especiales de funcionamiento estructural.

Cada capítulo está subdividido en secciones, donde se presentan los detalles necesarios para un tratamiento completo del tema tratado en dicho capítulo y se desarrollan numerosos ejemplos con un grado creciente de complejidad y gráficos en los que se describen los detalles del problema, de su solución y los resultados correspondientes.

La lectura del libro deberá realizarse teniendo cuidado de identificar los conceptos teóricos esenciales en cada uno de los ejemplos desarrollados y realizando un esfuerzo propio para descubrir qué otras alternativas de solución podrían adoptarse.

Espero que la comunidad universitaria, tanto docentes como estudiantes de Ingeniería, especialmente estos últimos, encuentren en el libro un complemento valioso para el estudio de las estructuras isostáticas, que son el inicio y la base de la prolongada e importante línea curricular denominada «análisis estructural». Por mi lado, considero que, por las características mencionadas, el libro formará parte de la bibliografía recomendada para el tratamiento de la referida asignatura.

M. Sc. Ing. Franz Vargas Loayza
Docente de la UCB Regional Cochabamba

Agradecimientos

Agradezco a Dios, que me ha mostrado el camino, y a las personas precisas para que pueda compartir mi experiencia profesional y docente a través de la publicación de un libro, que es el fruto de más de veinte años de ejercicio profesional.

CAPÍTULO 1

SISTEMAS ESTRUCTURALES

1.1. OBJETIVO DEL CAPÍTULO

Una vez concluido el presente capítulo, el lector estará capacitado para identificar los diferentes tipos de sistemas estructurales, las partes que lo componen y la importancia de efectuar su análisis.

1.2. CONCEPTO DE «SISTEMA ESTRUCTURAL»

Un «sistema estructural» está constituido por un conjunto de barras, uniones y apoyos que, dispuestos de un modo particular, forman un esqueleto resistente capaz de soportar cargas para luego transmitirlas al suelo o a otra estructura. Véanse los sistemas estructurales de la figura 1.1.

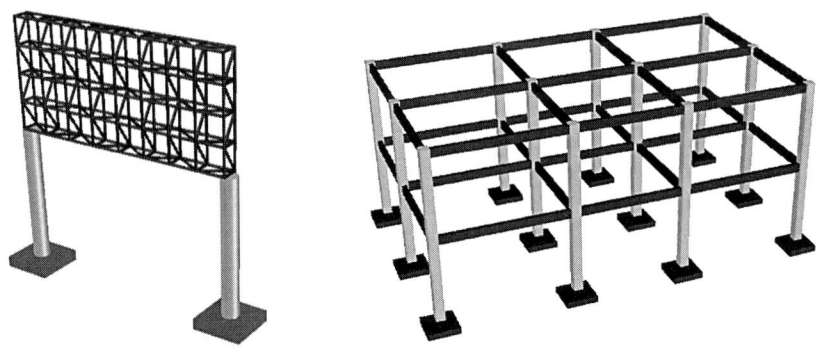

Valla publicitaria　　　　*Estructura de hormigón armado*

Figura 1.1 Sistemas estructurales en el espacio.

1.3. PARTES DE UN SISTEMA ESTRUCTURAL

Las partes de un sistema estructural son:

a) Barras: son elementos rígidos de longitud predominante que forman el esqueleto de la estructura.

b) Uniones o vínculos internos: permiten vincular entre sí las barras de la estructura. Estas uniones pueden ser rígidas y/o articuladas.

c) Apoyos o vínculos externos: transmiten las fuerzas procedentes del esqueleto de la estructura al suelo. Los apoyos pueden ser móviles, fijos o empotrados.

En las figuras 1.2-1.4, se identifican las diferentes partes de un sistema estructural.

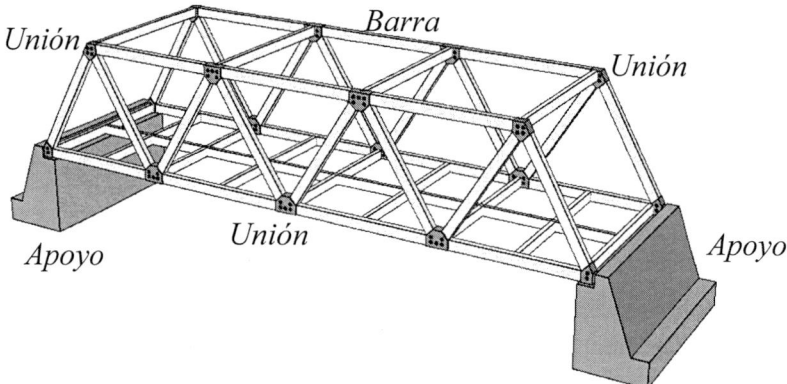

Figura 1.2 Partes de un sistema estructural visto en tres dimensiones.

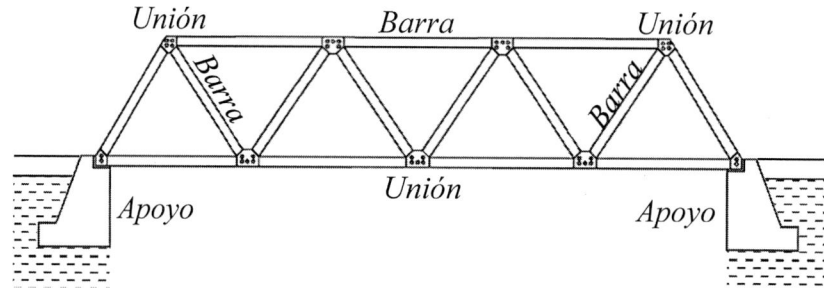

Figura 1.3 Partes de un sistema estructural visto en dos dimensiones.

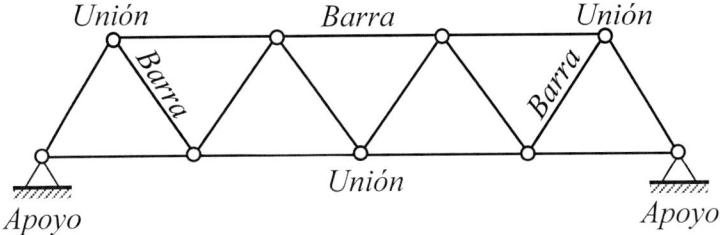

Figura 1.4 Partes de un sistema estructural en dos dimensiones representado de manera simplificada.

En la figura 1.4, se muestra un sistema estructural representado de manera simplificada (idealización). Simplificar una estructura consiste en representar de manera sencilla cada una de sus partes (barras, uniones y apoyos) con el objetivo de facilitar su proceso de cálculo; por ejemplo, las barras se simplifican a través de su eje baricéntrico, sustituyéndose su forma prismática por un segmento de línea recta cuyo comportamiento se sintetiza a través del análisis puntualizado de las secciones.

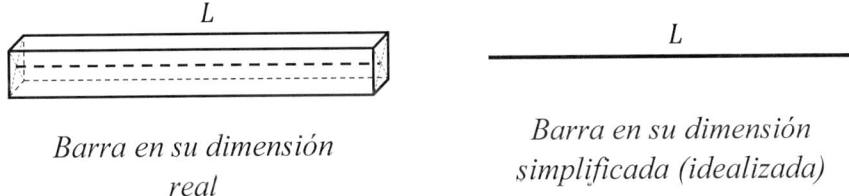

Barra en su dimensión real

Barra en su dimensión simplificada (idealizada)

Figura 1.5 Barra real y barra idealizada.

1.4. CLASIFICACIÓN DE LAS ESTRUCTURAS

El aprendizaje de las estructuras tiene una trayectoria natural que se inicia con el estudio de estructuras simples dispuestas en el plano XY para, luego, encarar problemas mucho más complejos, basado en sistemas estructurales con barras y cargas dispuestos en el espacio. Por esta razón, y al ser este un libro de iniciación en el aprendizaje de las estructuras, adoptaremos la siguiente clasificación con la finalidad de comprender el comportamiento de las estructuras para luego reconocer la importancia de su análisis:

a) Estructuras en el plano: según las características de su disposición en el plano XY, las estructuras se clasifican en:

- Elementos unidimensionales

- Vigas

- Pórticos

- Reticulados

- Arcos

Véanse los ejemplos de la figura 1.6.

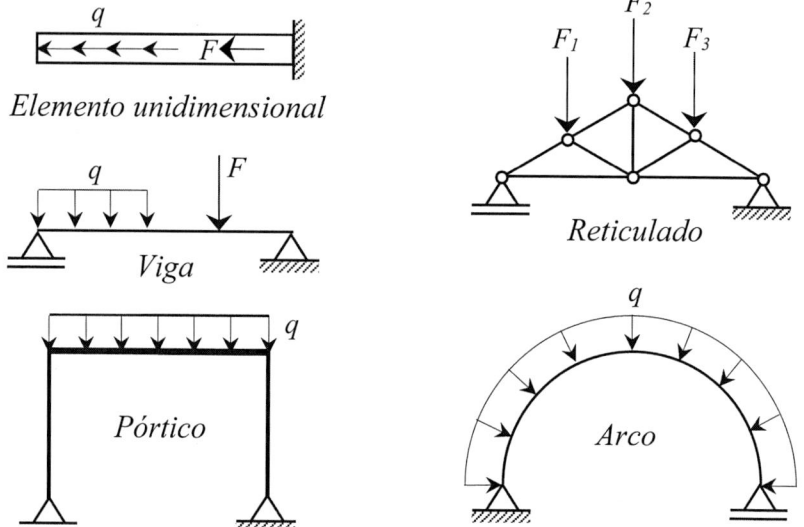

Figura 1.6 Tipos de sistemas estructurales en dos dimensiones.

En los temas siguientes, se detallarán las características de cada uno de estos sistemas estructurales.

b) Estructuras en el espacio: cuando las estructuras se posicionan en el espacio (X, Y y Z), estas se clasifican en:

- Parrillas

- Reticulados 3D

- Pórticos 3D

En la figura 1.7, se muestran estas estructuras en su geometría real y en su geometría simplificada o idealizada.

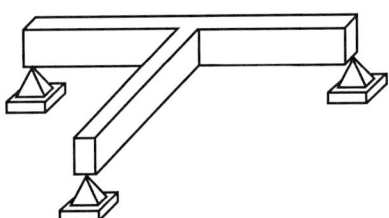

Parrilla con barras de geometría real

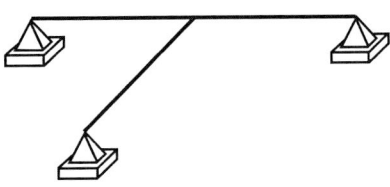

Parrilla con barras de geometría simplificada

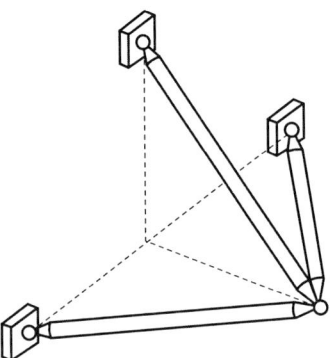

Reticulado 3D con barras de geometría real

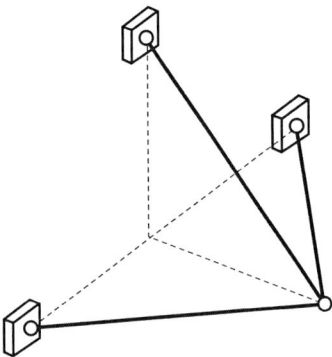

Reticulado 3D con barras de geometría simplificada

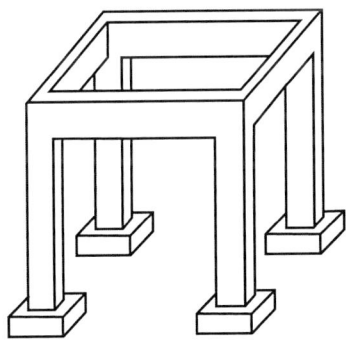

Pórtico 3D con barras en su dimensión real

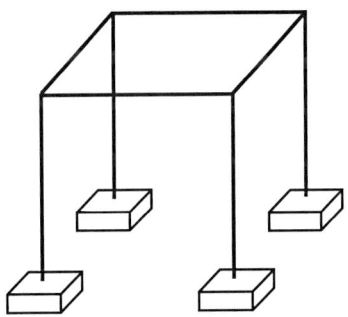

Pórtico 3D con barras simplificadas

Figura 1.7 Sistemas estructurales en el espacio.

1.5. ESTRUCTURAS ISOSTÁTICAS E HIPERESTÁTICAS

Una estructura es isostática cuando las ecuaciones de equilibrio son herramientas suficientes para analizar sus reacciones y esfuerzos internos. También podemos afirmar que una estructura es isostática cuando el número de sus reacciones es equivalente al número de ecuaciones de equilibrio que pueden aplicarse sobre esta.

Cuando las reacciones de una estructura superan en cantidad a las ecuaciones de equilibrio, diremos que presenta reacciones superabundantes, que vuelven hiperestático el problema y, por ende, requiere de un tratamiento especial para determinar una solución única y verdadera. Este tipo de problemas se estudiarán en cursos superiores y, por lo tanto, no se analizarán en este libro.

Las ecuaciones de equilibrio que comúnmente se pueden aplicar a una estructura 2D son las siguientes:

$$\Sigma Fx = 0$$

$$\Sigma Fy = 0$$

$$\Sigma M = 0$$

Es decir, con estas ecuaciones, una estructura con tres reacciones puede resolverse constituyendo un sistema de tres ecuaciones con tres incógnitas.

En vigas, pórticos y arcos con articulaciones, se pueden adicionar ecuaciones de momento, según la cantidad de barras que concurren en sus articulaciones; por ejemplo:

En la viga de la figura 1.8, tenemos cuatro reacciones, las cuales pueden calcularse aplicando las siguientes ecuaciones:

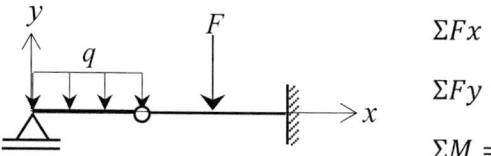

$$\Sigma Fx = 0$$

$$\Sigma Fy = 0$$

$$\Sigma M = 0$$

$$\Sigma M_{art} = 0 \text{ (izquierda o derecha)}$$

Figura 1.8 Viga.

El pórtico mostrado a continuación tiene cinco reacciones, las cuales pueden calcularse aplicando las siguientes ecuaciones:

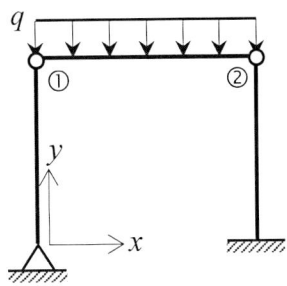

$$\Sigma Fx = 0$$

$$\Sigma Fy = 0$$

$$\Sigma M = 0$$

$$\Sigma M_{①} = 0 \text{ (abajo o derecha)}$$

$$\Sigma M_{②} = 0 \text{ (izquierda o abajo)}$$

Figura 1.9 Pórtico con articulaciones.

El arco circular de la figura 1.10 posee seis reacciones, las cuales pueden calcularse aplicando las siguientes ecuaciones:

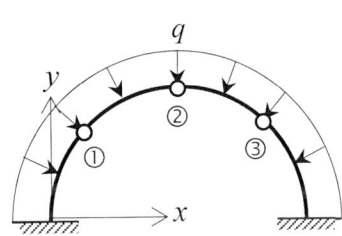

$$\Sigma Fx = 0$$

$$\Sigma Fy = 0$$

$$\Sigma M = 0$$

$$\Sigma M_{①} = 0 \text{ (izquierda o derecha)}$$

$$\Sigma M_{②} = 0 \text{ (izquierda o derecha)}$$

$$\Sigma M_{③} = 0 \text{ (izquierda o derecha)}$$

Figura 1.10 Arco circular con articulaciones.

Los siguientes son estructuras hiperestáticas, porque sus reacciones superan a la cantidad de ecuaciones de equilibrio aplicables sobre esta.

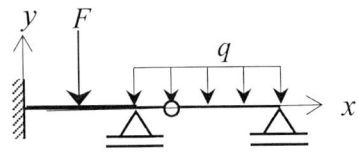

Son cinco reacciones y solo se pueden aplicar cuatro ecuaciones de equilibrio.

Figura 1.11 Viga articulada.

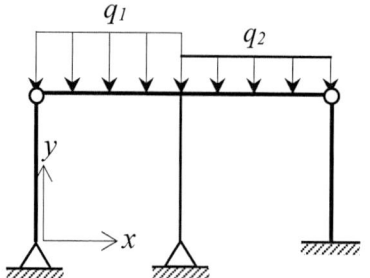

Son siete reacciones y solo pueden aplicarse cinco ecuaciones de equilibrio.

Figura 1.12 Pórtico con articulaciones.

1.6. ANÁLISIS ESTRUCTURAL

El ingeniero civil especializado en estructuras cumple dos funciones al momento de concebir un proyecto estructural. Estos son:

a) **Analizar la estructura:** consiste en estimar sus cargas, determinar la transformación de estas y sus efectos en su interior (esfuerzos internos, tensiones y deformaciones), además de calcular las fuerzas que descargan al suelo a través de los apoyos (reacciones). Para el alcance de este libro, el análisis de una estructura isostática consistirá en calcular sus reacciones y diagramar sus esfuerzos internos.

b) **Diseñar la estructura:** consiste en determinar su tipología según su funcionalidad, definiendo su geometría y estimando las dimensiones de los diferentes elementos que conforman el esqueleto de la estructura, garantizando la resistencia, la durabilidad y la seguridad mediante el control de sus tensiones y deformaciones.

Si bien podemos comprender que primero debe analizarse la estructura para luego diseñarla, en realidad, ambas funciones son complementarias e interactivas.

1.7. ESFUERZOS INTERNOS

Para comprender el concepto de «esfuerzo interno», supongamos una barra de trayectoria genérica (puede ser recta o curva) sometida a un conjunto coplanario de cargas, con apoyos que lo mantienen en equilibrio.

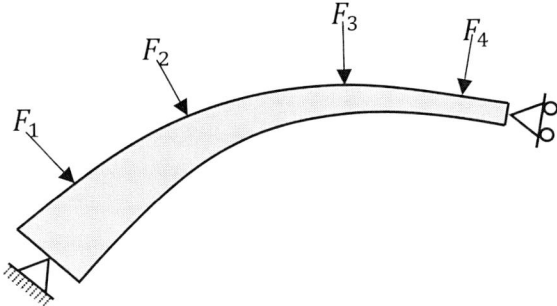

Figura 1.13 Cuerpo genérico con cargas.

Dentro de la barra, definamos su eje axial baricéntrico y una sección s-s arbitraria que sea ortogonal a este eje, tal como se muestra en la figura 1.14.

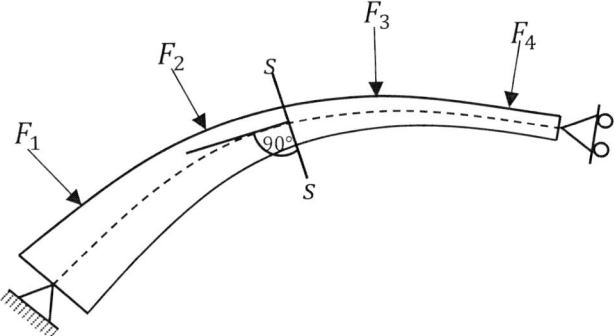

Figura 1.14 Cuerpo genérico seccionado.

A partir de la sección s-s, dividamos la barra en dos porciones (A y B). El corte es imaginario y tiene como objetivo conocer lo que sucede en este cuerpo.

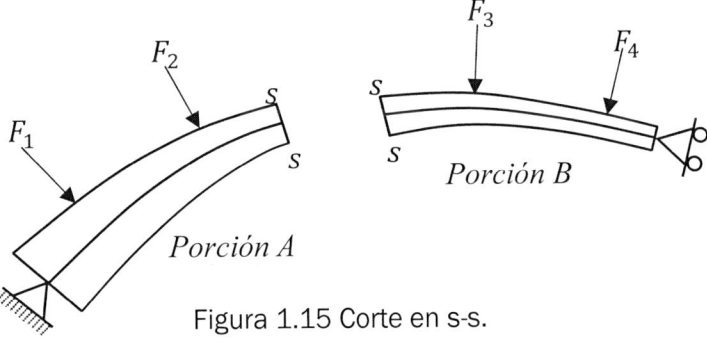

Figura 1.15 Corte en s-s.

Considerando que ambas porciones forman parte de un sistema en equilibrio, en la sección s-s de cada porción, aparecerán dos fuerzas y un momento en el que se sustituye el soporte que proporciona la porción complementaria y que, además, garantiza su equilibrio. Véase la figura 1.16.

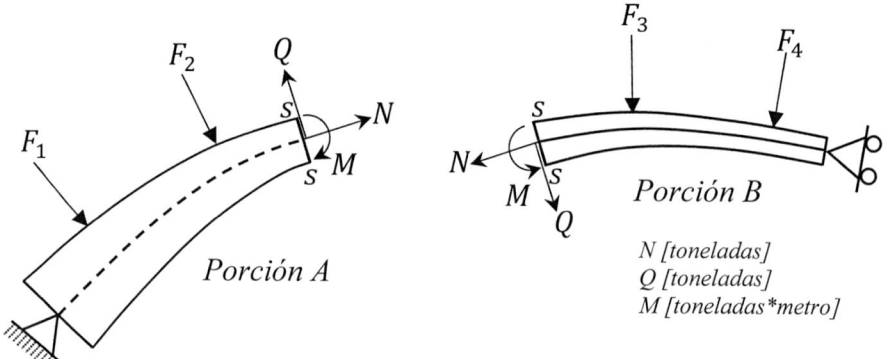

Figura 1.16 Esfuerzos internos en s-s.

Las fuerzas (N y Q) y el momento (M) de la porción A sustituyen el sustento que ejerce la porción B sobre la porción A, para mantenerla en equilibrio estático. A estas fuerzas y momento se conocen como «esfuerzos internos».

La fuerza N se denomina «normal» y se direcciona de manera perpendicular a la sección s-s. La fuerza Q recibe el nombre de «corte» o «cortante» y está dispuesta de manera paralela o tangencial a la sección s-s.

Estos esfuerzos internos (N, Q y M), al ser fuerzas internas de contacto entre las porciones A y B, cumplen la tercera ley de Newton (acción y reacción) y, por lo tanto, cada una de sus magnitudes son de igual intensidad, pero con sentido contrario.

Para calcular los esfuerzos internos, se deberá elegir con qué porción trabajar (A o B) para, luego, aplicar las ecuaciones de equilibrio que garanticen su estabilidad:

$$\Sigma Fx = 0 \ \rightarrow \oplus$$
$$\Sigma Fy = 0 \ \uparrow \oplus$$
$$\Sigma M = 0 \ \circlearrowleft \oplus$$

Los resultados serán los mismos cualquiera sea la porción elegida para el cálculo; sin embargo, por facilidad, se suele elegir la parte que contenga un menor número de cargas.

CAPÍTULO 2

SISTEMAS UNIDIMENSIONALES

2.1. OBJETIVO DEL CAPÍTULO

Al finalizar este capítulo, el lector podrá diagramar a escala los esfuerzos normales en sistemas unidimensionales, debido a cargas puntuales y distribuidas.

2.2. CONCEPTO DE «SISTEMA UNIDIMENSIONAL»

Un «sistema unidireccional» está compuesto de una o más barras cuya geometría idealizada y cargas se posicionan sobre un solo eje de referencia. Las columnas con carga axial pertenecen a esta tipología.

2.3. CLASIFICACIÓN

Los sistemas unidimensionales se clasifican en:

a) *Sistemas unidimensionales isostáticos:* son barras con cargas axiales equilibradas por una sola reacción.

b) *Sistemas unidimensionales hiperestáticos:* estos sistemas con carga axial contienen dos reacciones axiales, que no pueden determinarse directamente cuando aplicamos la única ecuación de equilibrio en la dirección que se está analizando; en estos casos, se recurre a ecuaciones adicionales que serán estudiadas en el curso de estructuras hiperestáticas.

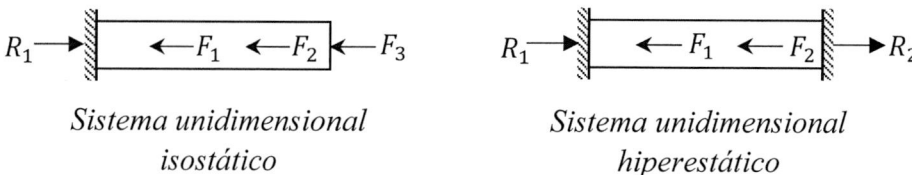

Sistema unidimensional isostático

Sistema unidimensional hiperestático

Figura 2.1 Tipos de sistemas unidimensionales.

2.4. ANÁLISIS ESTRUCTURAL

El «análisis estructural» en sistemas unidimensionales consiste en interpretar la transformación de sus diferentes tipos de cargas en reacciones y esfuerzos normales, obteniendo como producto final diagramas convencionales que describen su comportamiento interno.

2.4.1. TIPOS DE CARGAS

Se clasifican las cargas que actúan en un sistema unidimensional en la tabla 1.

Tabla 1. Resultante de cargas distribuidas axiales.

Tipo de carga	Representación gráfica	Resultante
Puntual	$\longrightarrow F$	–
Rectangular	q	$R = q \cdot L$
Triangular	$q \quad\quad\quad 0$	$R = \dfrac{q \cdot L}{2}$
Trapezoidal	$q_1 \quad\quad\quad q_2$	$R = \left(\dfrac{q_1 + q_2}{2}\right) \cdot L$

2.4.2. CÁLCULO DE REACCIONES

Las reacciones se calculan aplicando una ecuación de equilibrio en la dirección axial de la barra. Véanse los siguientes ejemplos:

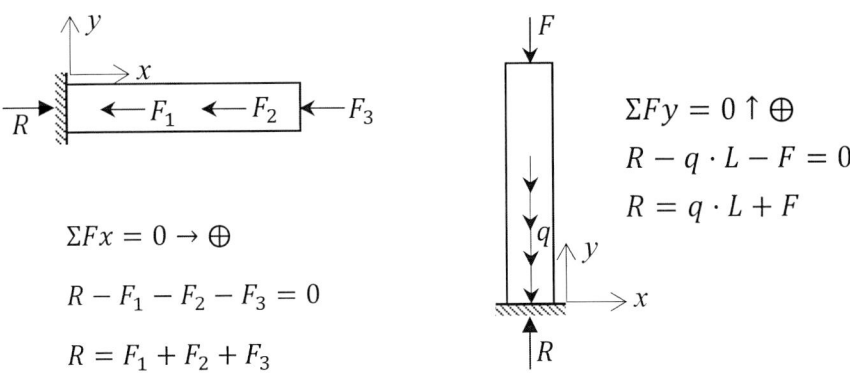

$$\Sigma F x = 0 \rightarrow \oplus$$

$$R - F_1 - F_2 - F_3 = 0$$

$$R = F_1 + F_2 + F_3$$

$$\Sigma F y = 0 \uparrow \oplus$$

$$R - q \cdot L - F = 0$$

$$R = q \cdot L + F$$

Figura 2.2 Equilibrio de fuerzas en sistemas unidimensionales.

2.4.3. DIAGRAMA DE ESFUERZOS NORMALES

Para diagramar el único esfuerzo interno que tienen estos sistemas, debemos enumerar los puntos de la barra donde estén aplicadas fuerzas o cargas axiales. Estos puntos de análisis se concentran donde existen fuerzas puntuales, al inicio y final de las cargas distribuidas, y también en la reacción axial de su apoyo. Véase el ejemplo de la figura 2.3.

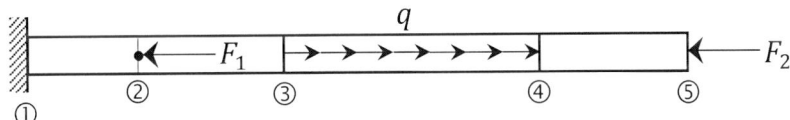

Figura 2.3 Definición de nudos o tramos de análisis.

Dentro de cada tramo, se elige una sección s-s arbitraria definida en su posición por una variable x, la cual puede adoptar cualquier valor contenido en dicho tramo, tal como se muestra en la figura 2.4 para el tramo 3-4.

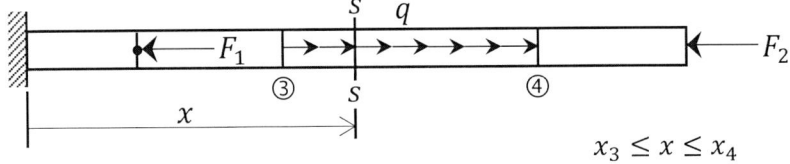

$$x_3 \le x \le x_4$$

Figura 2.4 Análisis de esfuerzo normal en la sección s-s.

La sección s-s divide la barra en dos porciones (izquierda y derecha); además, sobre esta sección se manifiesta una fuerza interna axial N, a la que denominaremos «esfuerzo normal».

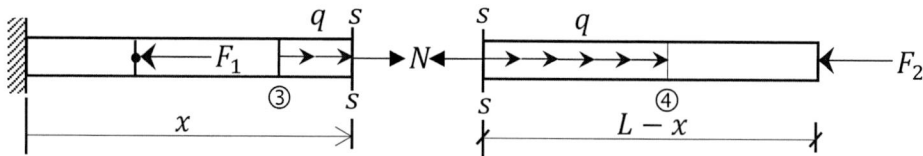

Figura 2.5 Corte en la sección s-s.

Según el principio de acción y reacción, el esfuerzo normal interactúa en ambas porciones de la barra con la misma intensidad, pero con sentido contrario.

Para calcular el esfuerzo normal en cada tramo, se debe aplicar una ecuación de equilibrio en dirección axial asociado a un convenio de signos, el cual será positivo, cuando la fuerza ejercida sea de tracción, y negativo, en caso de compresión, tal como se muestra en la figura 2.6.

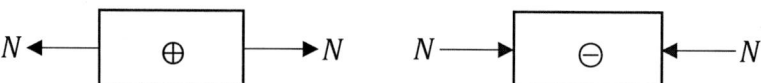

Figura 2.6 Sentidos convencionales para el esfuerzo normal N.

Según esta disposición de fuerzas, se aplicará la ecuación de equilibrio de la siguiente manera:

a) *Porción izquierda de la barra:* cuando se utilizan las cargas de la porción izquierda de la barra, el sentido positivo del esfuerzo normal es hacia la izquierda, tal como se muestra en la figura 2.7.

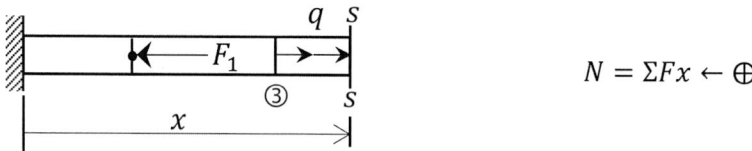

$$N = \Sigma Fx \leftarrow \oplus$$

Figura 2.7 Análisis de N en la sección s-s, lado izquierdo.

b) *Porción derecha de la barra:* cuando trabajemos con las cargas de la porción derecha de la barra, utilizaremos la distancia complementaria de x, es decir, $L - x$, y el sentido positivo del esfuerzo normal para este caso será hacia la derecha. Véase la siguiente figura:

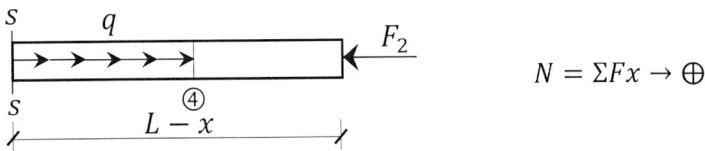

$$N = \Sigma Fx \rightarrow \oplus$$

Figura 2.8 Análisis de N en la sección s-s, lado derecho.

Una vez determinada la variación del esfuerzo normal en cada tramo de la barra, se procederá a graficar a escala los resultados obtenidos en el sistema de referencia mostrado en la figura 2.9.

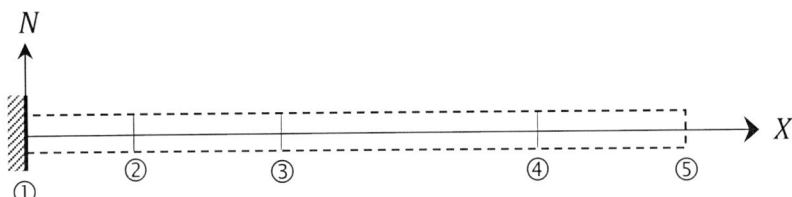

Figura 2.9 Sistema de referencia X, N.

2.4.3.1. TIPOS DE FUNCIONES

Según el tipo de carga, el esfuerzo normal N adopta una determinada función. Veamos los siguientes casos:

a) *CASO DE CARGA PUNTUAL*

Primero, calculamos la reacción horizontal H del apoyo.

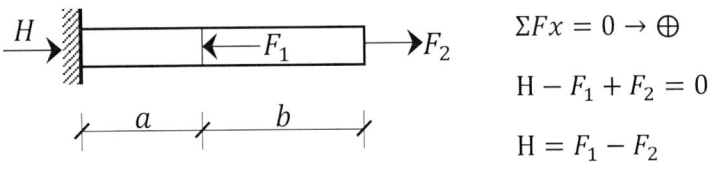

$$\Sigma Fx = 0 \rightarrow \oplus$$
$$H - F_1 + F_2 = 0$$
$$H = F_1 - F_2$$

Figura 2.10 Barra con carga puntual.

En cada tramo, marcamos una sección arbitraria definida en su posición por la variable x y calculamos el esfuerzo normal utilizando las cargas del lado izquierdo.

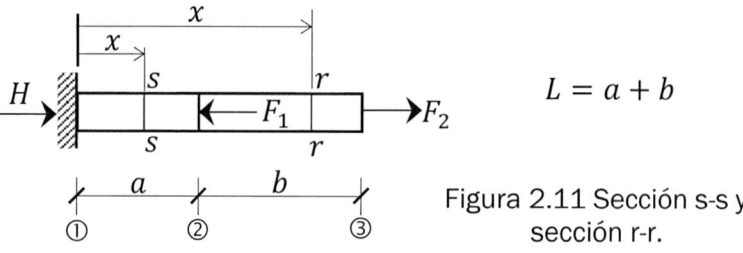

$$L = a + b$$

Figura 2.11 Sección s-s y sección r-r.

Tramo 1-2 ($0 \leq x \leq a$) La variable x puede variar entre 0 hasta a.

$$N_{s-s} = \Sigma F_x \leftarrow \oplus$$
$$N_{s-s} = -H$$
$$N_{s-s} = -F_1 + F_2$$

Figura 2.12 Análisis en s-s.

F_1 y F_2 son valores constantes; por lo tanto, N es una función constante.

Tramo 2-3 ($a \leq x \leq L$) La variable x puede variar entre a hasta L, donde $L = a + b$.

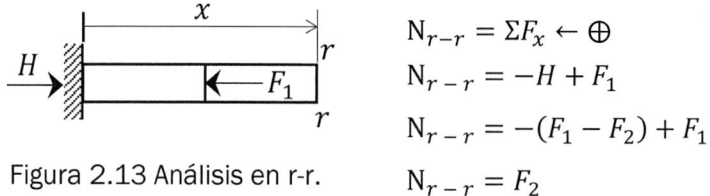

$$N_{r-r} = \Sigma F_x \leftarrow \oplus$$
$$N_{r-r} = -H + F_1$$
$$N_{r-r} = -(F_1 - F_2) + F_1$$
$$N_{r-r} = F_2$$

Figura 2.13 Análisis en r-r.

N es una función constante, porque F_2 es un valor constante.

b) CASO DE CARGA RECTANGULAR

Primero, calculamos la reacción horizontal H del apoyo:

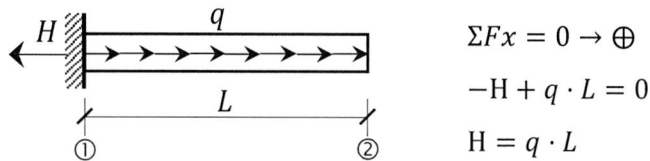

$$\Sigma Fx = 0 \rightarrow \oplus$$
$$-H + q \cdot L = 0$$
$$H = q \cdot L$$

Figura 2.14 Barra con carga distribuida axial.

Marcamos una sección s-s definida en su posición por la variable x.

Tramo 1-2 ($0 \leq x \leq L$) La variable x puede oscilar entre 0 hasta L.

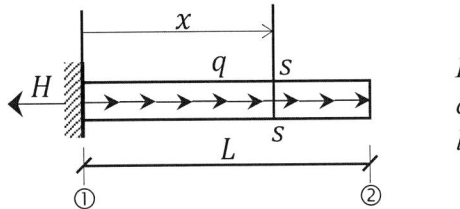

La carga q *permanece constante en toda su longitud.*

Figura 2.15 Análisis de N en la sección s-s.

Calculamos el esfuerzo normal N con la parte izquierda a la sección s-s:

$$N_{s-s} = \Sigma F_x \leftarrow \oplus$$
$$N_{s-s} = H - q \cdot x$$
$$N_{s-s} = q \cdot L - q \cdot x$$

N es una función lineal que depende de la variable x.

c) CASO DE CARGA TRIANGULAR

Primero, calculamos la reacción horizontal H del apoyo:

La carga varía de cero a q.

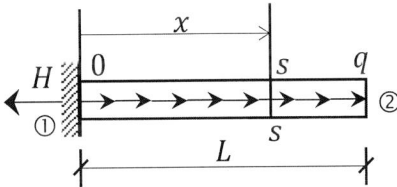

Figura 2.16 Carga axial triangular.

$$\Sigma F_x = 0 \rightarrow \oplus$$
$$-H + \frac{q \cdot L}{2} = 0$$
$$H = \frac{q \cdot L}{2}$$

Para la posición x, interpolamos el valor de la carga distribuida, por simple relación de triángulo:

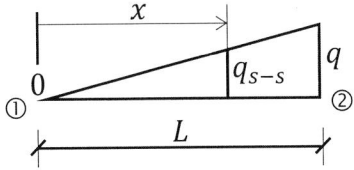

$$\frac{q_{s-s}}{x} = \frac{q}{L}$$
$$q_{s-s} = \frac{q}{L} \cdot x$$

Figura 2.17 Análisis de la carga *q*.

Considerando la parte izquierda a la sección s-s, calculamos el esfuerzo normal N.

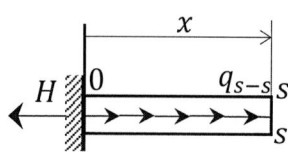

Figura 2.18 Análisis de N en la sección s-s.

$$N_{s-s} = \Sigma F_x \leftarrow \oplus$$

$$N_{s-s} = H - \frac{q_{s-s} \cdot x}{2}$$

$$N_{s-s} = \frac{q \cdot L}{2} - \frac{\left(\frac{q}{L} \cdot x\right) \cdot x}{2}$$

$$N_{s-s} = \frac{q \cdot L}{2} - \frac{q \cdot x^2}{2 \cdot L}$$

El esfuerzo normal N es una función de segundo grado.

d) CASO DE CARGA TRAPEZOIDAL

Descomponemos la carga trapezoidal en una carga rectangular y otra triangular.

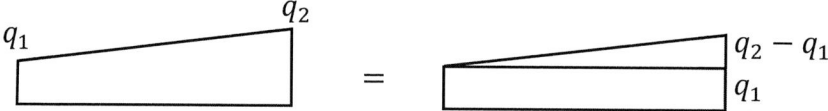

Figura 2.19 Carga trapezoidal.

Para la carga triangular, interpolamos el valor de la carga en la sección s-s.

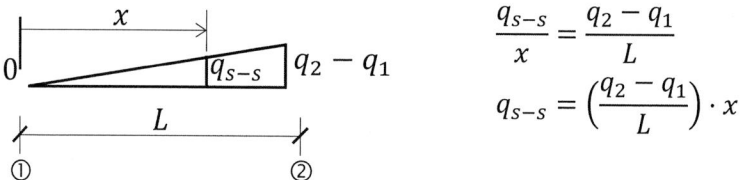

$$\frac{q_{s-s}}{x} = \frac{q_2 - q_1}{L}$$

$$q_{s-s} = \left(\frac{q_2 - q_1}{L}\right) \cdot x$$

Figura 2.20 Variación de la carga.

Se divide el análisis para la carga rectangular y para la carga triangular.

Carga rectangular

Considerando la parte izquierda de la sección s-s, calculamos el esfuerzo normal N.

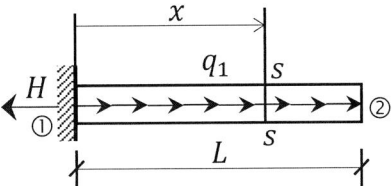

Figura 2.21 Sección s-s con variable x.

Primero, calculamos la reacción H:

$$\Sigma Fx = 0 \rightarrow \oplus$$

$$-H + q_1 \cdot L = 0$$

$$H = q_1 \cdot L$$

Calculamos el esfuerzo normal N con la parte izquierda a la sección s-s:

$$N_{s-s} = \Sigma F_x \leftarrow \oplus$$
$$N_{s-s} = H - q_1 \cdot x$$
$$N_{s-s} = q_1 \cdot L - q_1 \cdot x \quad ①$$

Carga triangular

Primero, calculamos la reacción H.

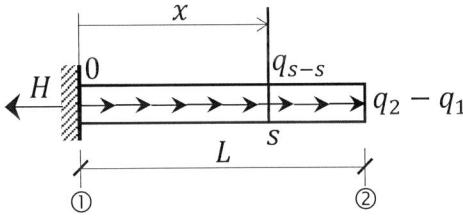

Figura 2.22 Sección s-s con variable x.

$$\Sigma Fx = 0 \rightarrow \oplus$$

$$-H + \frac{(q_2 - q_1) \cdot L}{2} = 0$$

$$H = \frac{(q_2 - q_1) \cdot L}{2}$$

Considerando la parte izquierda a la sección s-s, calculamos el esfuerzo normal N:

$$N_{s-s} = \Sigma F_x \leftarrow \oplus$$

$$N_{s-s} = H - \frac{q_{s-s} \cdot x}{2}$$

$$N_{s-s} = \frac{(q_2 - q_1) \cdot L}{2} - \frac{\left(\frac{q_2 - q_1}{L}\right) \cdot x \cdot x}{2}$$

$$N_{s-s} = \frac{q_2 \cdot L}{2} - \frac{q_1 \cdot L}{2} - \frac{q_2 \cdot x^2}{2 \cdot L} + \frac{q_1 \cdot x^2}{2 \cdot L} \quad ②$$

Sumamos las funciones obtenidas ① y ②:

$$N_{s-s} = q_1 \cdot L - q_1 \cdot x + \frac{q_2 \cdot L}{2} - \frac{q_1 \cdot L}{2} - \frac{q_2 \cdot x^2}{2 \cdot L} + \frac{q_1 \cdot x^2}{2 \cdot L}$$

$$N_{s-s} = \frac{q_1 \cdot L}{2} + \frac{q_2 \cdot L}{2} - q_1 \cdot x - \frac{q_2 \cdot x^2}{2 \cdot L} + \frac{q_1 \cdot x^2}{2 \cdot L}$$

La función obtenida es de segundo grado.

En la tabla 2, se resumen las funciones obtenidas según la tipología de carga.

Tabla 2. Tipo de función del esfuerzo normal.

Tipo de carga	Representación gráfica	Función N
Puntual	$\longrightarrow F$	Constante
Rectangular	q $\rightarrow \rightarrow \rightarrow \rightarrow \rightarrow$	Lineal
Triangular	$q \rightarrow \rightarrow \rightarrow \rightarrow \rightarrow 0$	Cuadrática
Trapezoidal	$q_1 \rightarrow \rightarrow \rightarrow \rightarrow \rightarrow q_2$	Cuadrática

EJERCICIOS

EJERCICIO 1

Calcule la reacción y diagrame los esfuerzos normales.

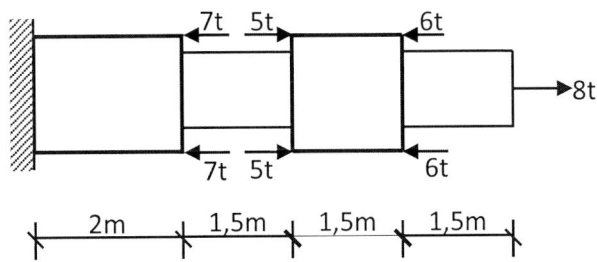

Figura 2.23 Sistema unidimensional 1.

1.- Cálculo de reacción

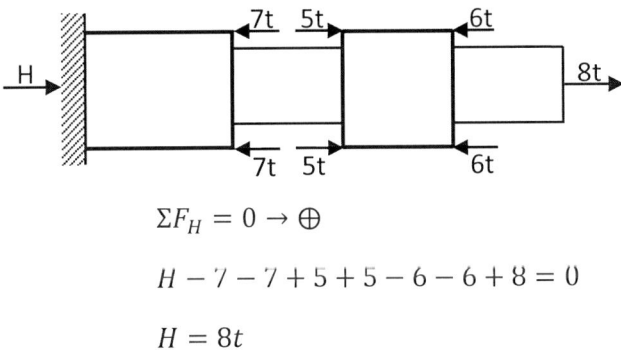

$$\Sigma F_H = 0 \rightarrow \oplus$$

$$H - 7 - 7 + 5 + 5 - 6 - 6 + 8 = 0$$

$$H = 8t$$

2.- Cálculo de esfuerzos normales

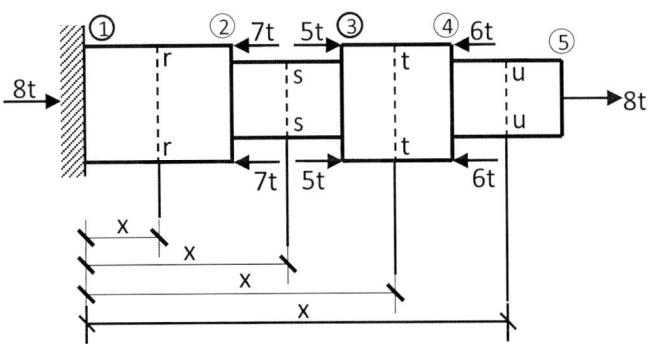

a) Tramo 1-2

Consideramos las cargas a la izquierda de la sección r-r:

$$N_X = -8t$$

b) Tramo 2-3

Consideramos las cargas a la izquierda de la sección s-s:

$$N_X = -8 + 7 + 7 = 6t$$

c) Tramo 3-4

Consideramos las cargas a la izquierda de la sección t-t:

$$N_X = -8 + 7 + 7 - 5 - 5 = -4t$$

d) Tramo 4-5

Consideramos las cargas a la izquierda de la sección u-u:

$$N_X = -8 + 7 + 7 - 5 - 5 + 6 + 6 = 8t$$

3.- Diagrama de esfuerzos normales

Escala: 1 m = 1 cm / 4 t = 1 cm

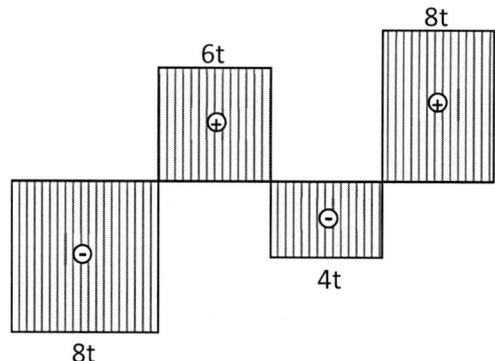

EJERCICIO 2

Calcule la reacción y diagrame los esfuerzos normales.

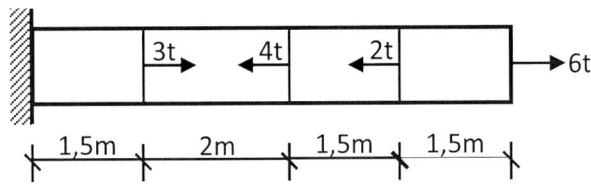

Figura 2.24 Sistema unidimensional 2.

1.- Cálculo de reacción

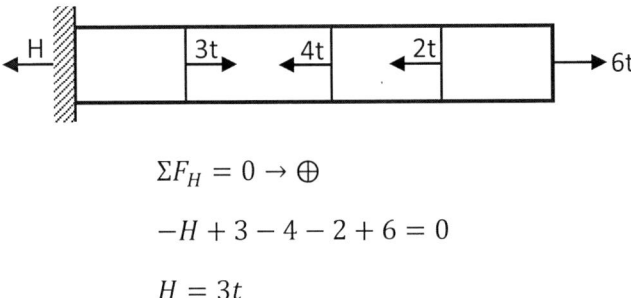

$$\Sigma F_H = 0 \rightarrow \oplus$$

$$-H + 3 - 4 - 2 + 6 = 0$$

$$H = 3t$$

2.- Cálculo de esfuerzos normales

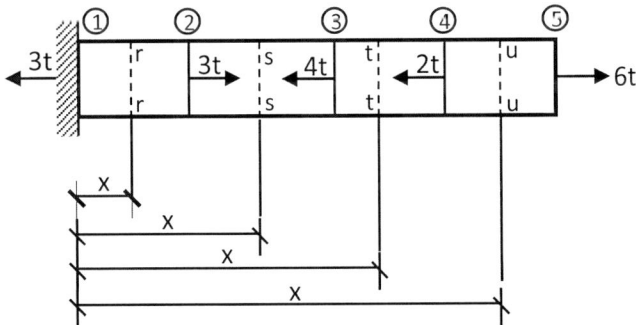

a) Tramo 1-2

Consideramos las cargas a la izquierda de la sección r-r:

$$N_X = 3t$$

b) Tramo 2-3

Consideramos las cargas a la izquierda de la sección s-s:

$$N_X = 3 - 3 = 0t$$

c) Tramo 3-4

Consideramos las cargas a la izquierda de la sección t-t:

$$N_X = 3 - 3 + 4 = 4t$$

d) Tramo 4-5

Consideramos las cargas a la izquierda de la sección u-u:

$$N_X = 3 - 3 + 4 + 2 = 6t$$

3.- Diagrama de esfuerzos normales

Escala: 1 m = 1 cm / 3 t = 1 cm

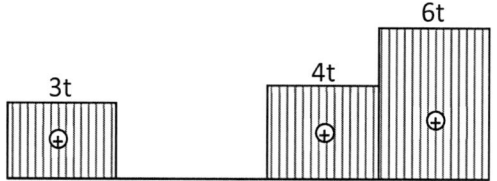

EJERCICIO 3

Calcule la reacción y diagrame los esfuerzos normales.

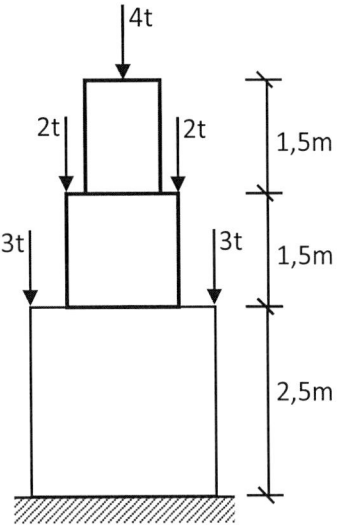

Figura 2.25 Sistema unidimensional 3.

1.- Cálculo de reacción

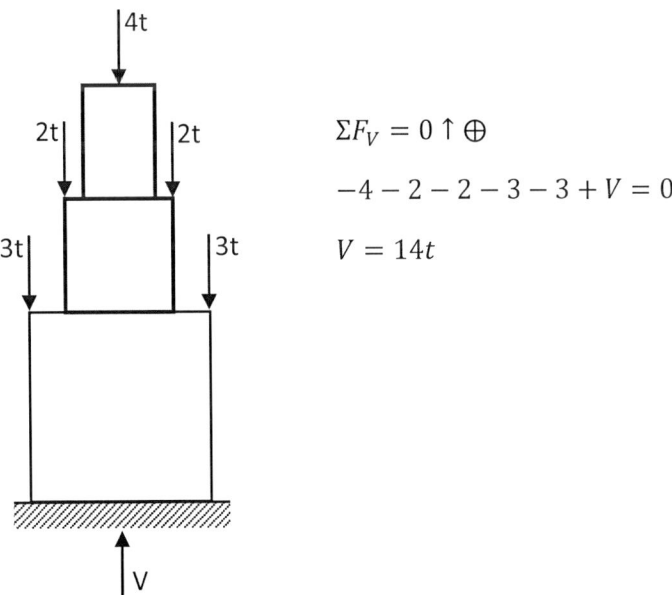

$$\Sigma F_V = 0 \uparrow \oplus$$

$$-4 - 2 - 2 - 3 - 3 + V = 0$$

$$V = 14t$$

2.- Cálculo de esfuerzos normales

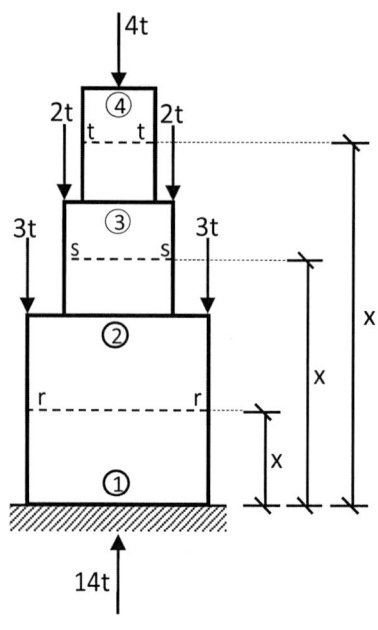

a) Tramo 1-2
Consideramos cargas debajo de r-r:
$$N_X = -14t$$

b) Tramo 2-3
Consideramos cargas debajo de s-s:
$$N_X = -14 + 3 + 3 = -8t$$

c) Tramo 3-4
Consideramos cargas debajo de t-t:
$$N_X = -14 + 3 + 3 + 2 + 2 = -4t$$

3.- Diagrama de esfuerzos normales

Escala: 1 m = 1 cm / 8 t = 1 cm

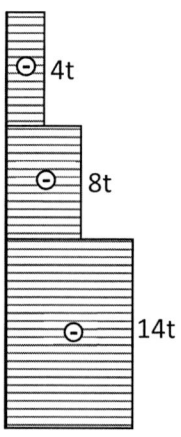

EJERCICIO 4

Calcule la reacción y diagrame los esfuerzos normales.

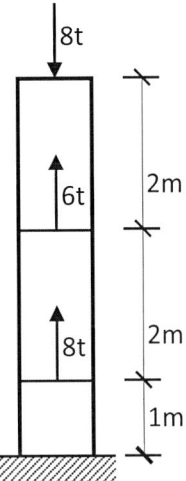

Figura 2.26 Sistema unidimensional 4.

1.- Cálculo de reacción

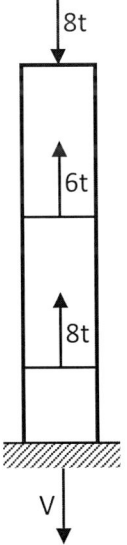

$$\Sigma F_V = 0 \uparrow \oplus$$

$$-V + 8 + 6 - 8 = 0$$

$$V = 6t$$

2.- Cálculo de esfuerzos normales

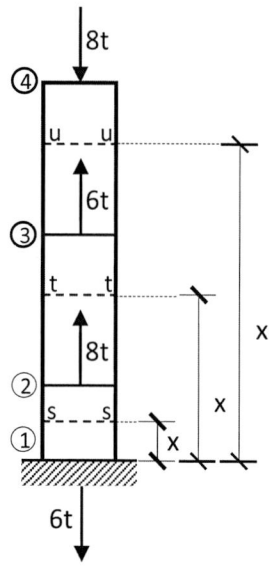

a) **Tramo 1-2**

Consideremos cargas debajo de s-s:

$N_X = 6t$

b) **Tramo 2-3**

Consideremos cargas debajo de t-t:

$N_X = 6 - 8 = -2t$

c) **Tramo 3-4**

Consideremos cargas debajo de u-u:

$N_X = 6 - 8 - 6 = -8t$

3.- Diagrama de esfuerzos normales

Escala: 1 m = 1 cm / 4 t = 1 cm

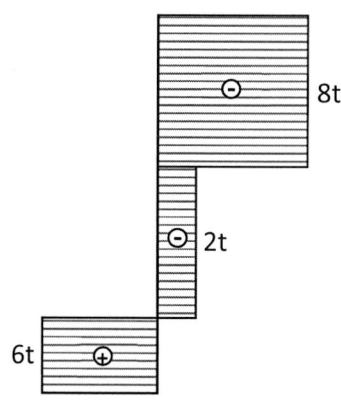

EJERCICIO 5

Calcule la reacción y diagrame los esfuerzos normales.

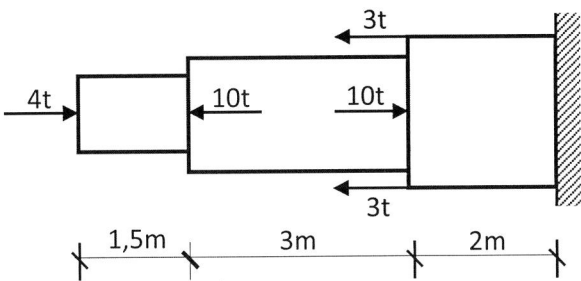

Figura 2.27 Sistema unidimensional 5.

1.- Cálculo de reacción

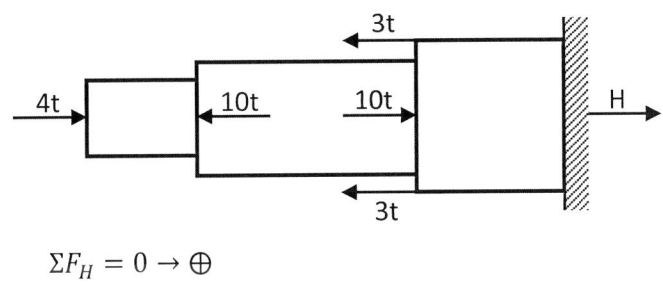

$$\Sigma F_H = 0 \rightarrow \oplus$$

$$4 - 10 + 10 - 3 - 3 + H = 0$$

$$H = 2t$$

2.- Cálculo de esfuerzos normales

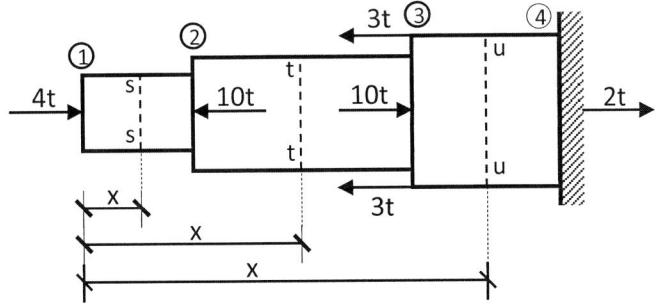

a) Tramo 1-2

Consideramos las cargas a la izquierda de la sección s-s:

$$N_X = -4t$$

b) Tramo 2-3

Consideramos las cargas a la izquierda de la sección t-t:

$$N_X = -4 + 10 = 6t$$

c) Tramo 3-4

Consideramos las cargas a la izquierda de la sección u-u:

$$N_X = -4 + 10 - 10 + 3 + 3 = 2t$$

3.- Diagrama de esfuerzos normales

Escala: 1 m = 1 cm / 4 t = 1 cm

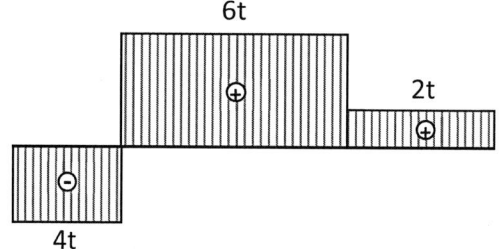

EJERCICIO 6

Calcule la reacción y diagrame los esfuerzos normales.

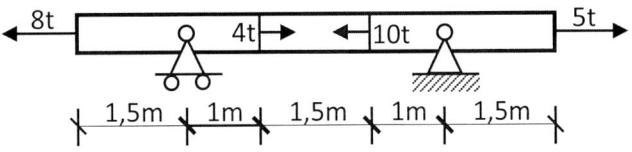

Figura 2.28 Sistema unidimensional 6.

1.- Cálculo de reacción

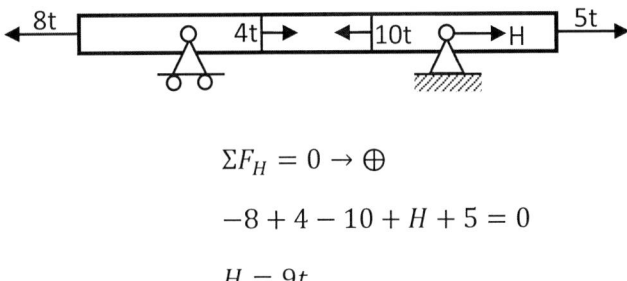

$$\Sigma F_H = 0 \rightarrow \oplus$$

$$-8 + 4 - 10 + H + 5 = 0$$

$$H = 9t$$

2.- Cálculo de esfuerzos normales

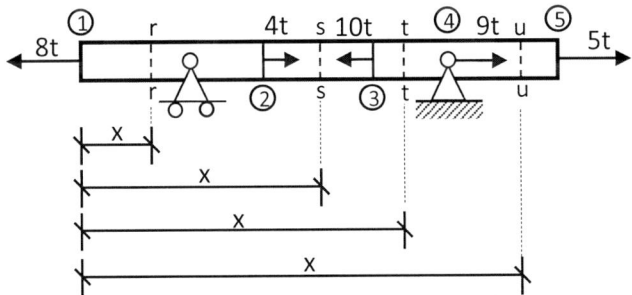

a) Tramo 1-2

Consideramos las cargas a la izquierda de la sección r-r:

$$N_X = 8t$$

b) Tramo 2-3

Consideramos las cargas a la izquierda de la sección s-s:

$$N_X = 8 - 4 = 4t$$

c) Tramo 3-4

Consideramos las cargas a la izquierda de la sección t-t:

$$N_X = 8 - 4 + 10 = 14t$$

d) Tramo 4-5

Consideramos las cargas a la izquierda de la sección u-u:

$$N_X = 8 - 4 + 10 - 9 = 5t$$

3.- Diagrama de esfuerzos normales

Escala: 1 m = 1 cm / 8 t = 1 cm

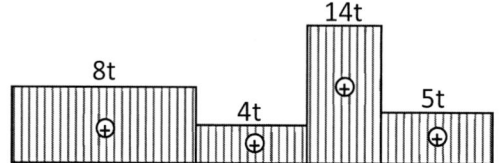

EJERCICIO 7

Calcule la reacción y diagrame los esfuerzos normales.

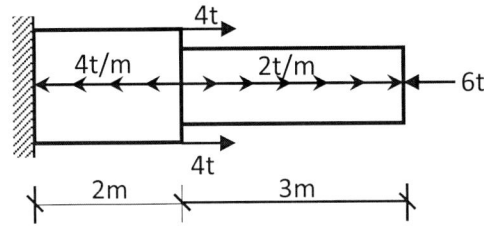

Figura 2.29 Sistema unidimensional 7.

1.- Cálculo de reacción

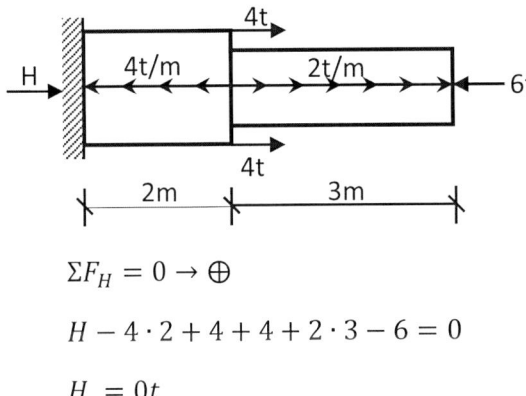

$$\Sigma F_H = 0 \rightarrow \oplus$$

$$H - 4 \cdot 2 + 4 + 4 + 2 \cdot 3 - 6 = 0$$

$$H = 0t$$

2.- Cálculo de esfuerzos normales

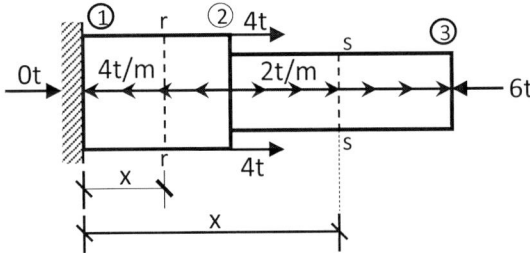

a) Tramo 1-2

Consideramos las cargas a la izquierda de la sección r-r:

$$N_X = 4 \cdot x \quad \text{(Ecuación de 1.}^{er}\text{ grado)}$$

b) Tramo 2-3

Consideramos las cargas a la izquierda de la sección s-s:

$$N_X = 4 \cdot 2 - 4 - 4 - 2(x - 2)$$

$$N_X = 8 - 8 - 2x + 4$$

$$N_X = 4 - 2x \quad \text{(Ecuación de 1.er grado)}$$

3.- Diagrama de esfuerzos normales

Tramo	Ecuación	x[m]	N_X[t]
1-2	4x	0	0
		2	8
2-3	4 − 2x	2	0
		5	−6

Escala: 1 m = 1 cm / 4 t = 1 cm

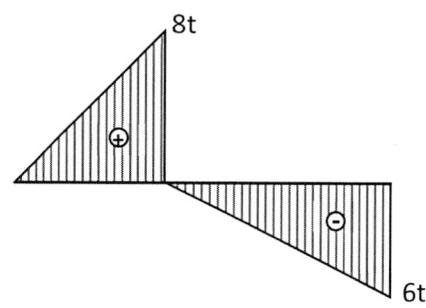

EJERCICIO 8

Calcule la reacción y diagrame los esfuerzos normales.

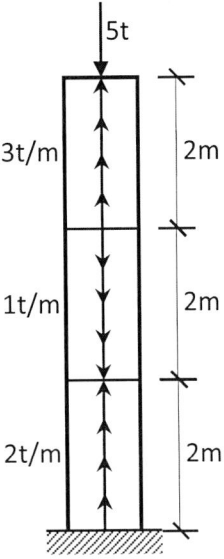

Figura 2.30 Sistema unidimensional 8.

1.- Cálculo de reacción

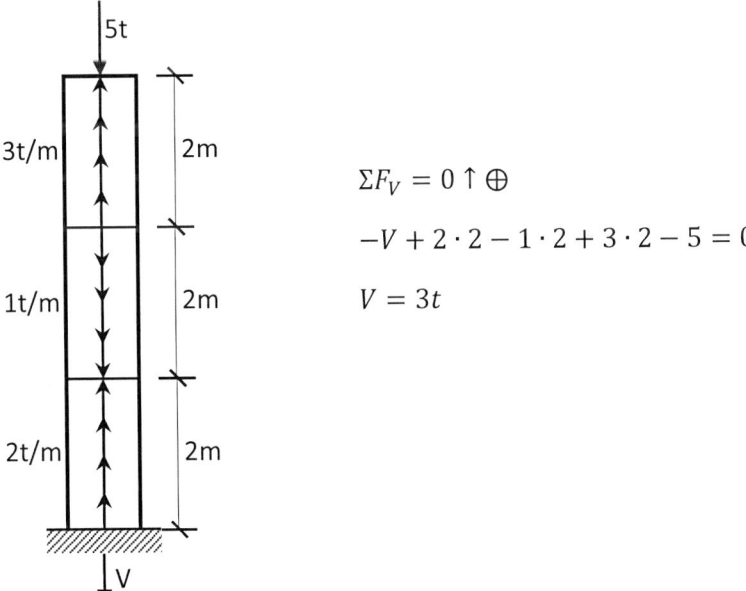

$$\Sigma F_V = 0 \uparrow \oplus$$

$$-V + 2 \cdot 2 - 1 \cdot 2 + 3 \cdot 2 - 5 = 0$$

$$V = 3t$$

2.- Cálculo de esfuerzos normales

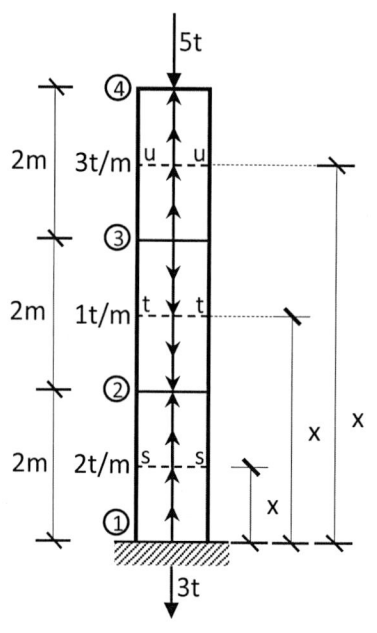

a) Tramo 1-2

$$N_X = 3 - 2x$$

b) Tramo 2-3

$$N_X = 3 - 2 \cdot 2 + 1(x - 2)$$

$$N_X = 3 - 4 + x - 2$$

$$N_X = x - 3$$

c) Tramo 3-4

$$N_X = 3 - 2 \cdot 2 + 1 \cdot 2 - 3(x - 4)$$

$$N_X = 3 - 4 + 2 - 3x + 12$$

$$N_X = 13 - 3x$$

3.- Diagrama de esfuerzos normales

Tramo	Ecuación	x[m]	N[t]
1-2	3 – 2·x	0	3
		2	−1
2-3	x – 3	2	−1
		4	1
3-4	13 – 3·x	4	1
		6	−5

Escala: 2 t = 1 cm / 1 m = 1 cm

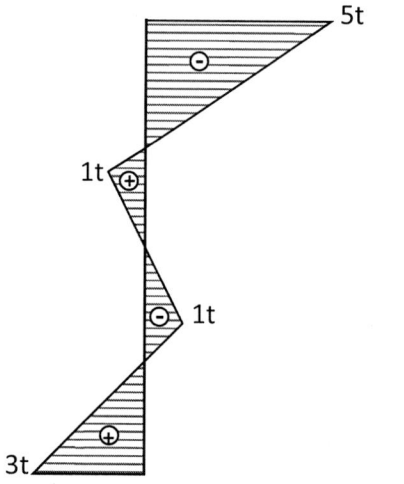

EJERCICIO 9

Calcule la reacción y diagrame los esfuerzos normales.

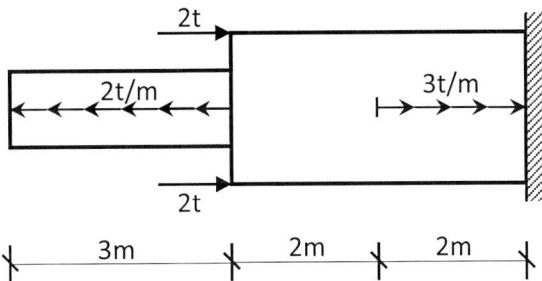

Figura 2.31 Sistema unidimensional 9.

1.- Cálculo de reacción

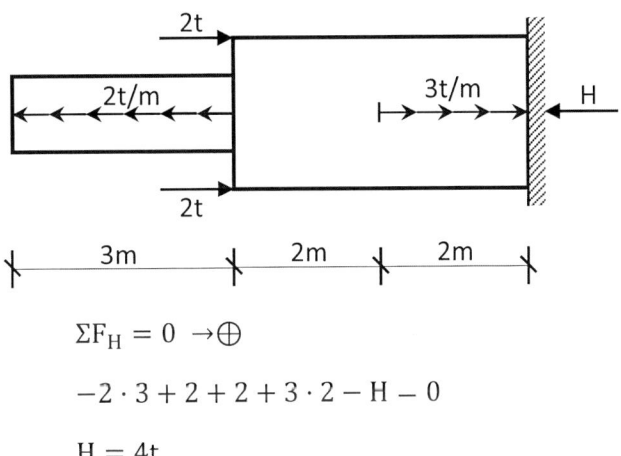

$$\Sigma F_H = 0 \ \rightarrow \oplus$$

$$-2 \cdot 3 + 2 + 2 + 3 \cdot 2 - H - 0$$

$$H = 4t$$

2.- Cálculo de esfuerzos normales

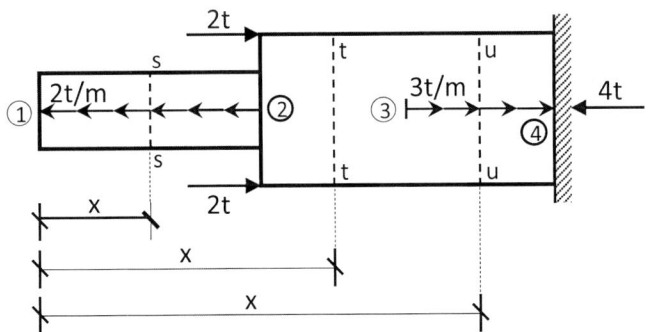

a) Tramo 1-2

Consideremos las cargas a la izquierda de la sección s-s:

$$N_x = 2 \cdot x$$

b) Tramo 2-3

Consideremos las cargas a la izquierda de la sección s-s:

$$N_x = 2 \cdot 3 - 2 - 2$$

$$N_x = 2t$$

c) Tramo 3-4

Consideremos las cargas a la izquierda de la sección s-s:

$$N_x = 2 \cdot 3 - 2 - 2 - 3(x - 5)$$

$$N_x = 6 - 4 - 3x + 15$$

$$N_x = 17 - 3x$$

3.- Diagrama de esfuerzos normales

Tramo	Ecuación	x[m]	N_x[t]
1-2	2x	0	0
		3	6
2-3	2	3	2
		5	2
3-4	$17 - 3x$	5	2
		7	−4

Adoptamos la escala   1 m = 1 cm / 4 t = 1 cm

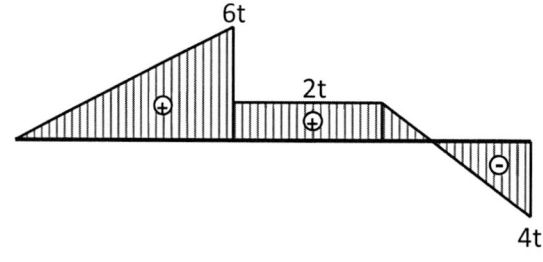

EJERCICIO 10

Calcule la reacción y diagrame los esfuerzos normales.

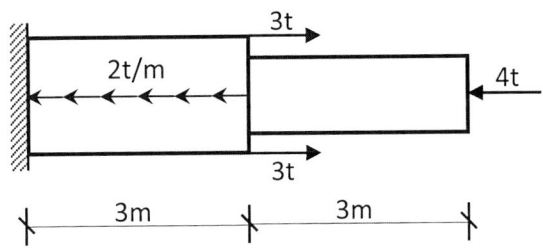

Figura 2.32 Sistema unidimensional 10.

1.- Cálculo de reacción

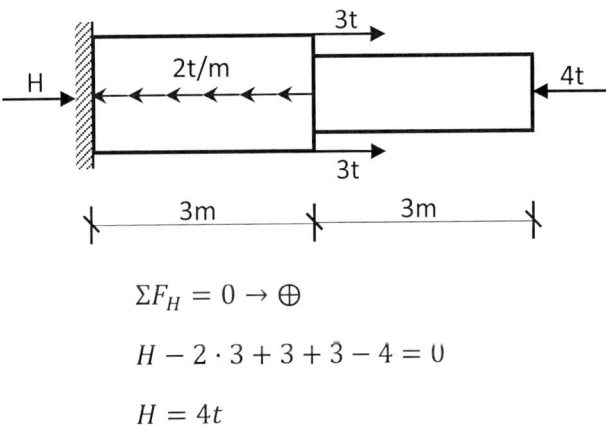

$$\Sigma F_H = 0 \rightarrow \oplus$$

$$H - 2 \cdot 3 + 3 + 3 - 4 = 0$$

$$H = 4t$$

2.- Cálculo de esfuerzo normal

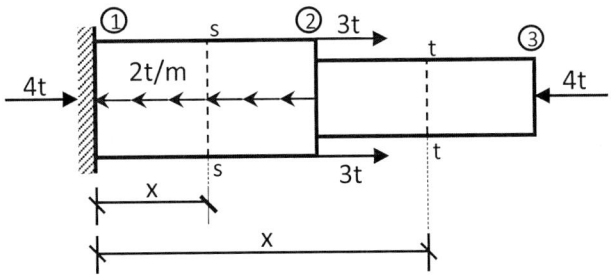

a) Tramo 1-2

Consideremos las cargas a la izquierda de la sección s-s:

$$N_x = -4 + 2 \cdot x$$

b) Tramo 2-3

Consideremos las cargas a la izquierda de la sección t-t:

$$N_x = -4 + 2 \cdot 3 - 3 - 3$$

$$N_x = -4t$$

3.- Diagrama de esfuerzos normales

Tramo	Ecuación	x[m]	N_x[t]
1-2	−4 + 2x	0	−4
		3	2
2-3	−4	3	−4
		6	−4

Adoptamos la escala: 1 m = 1 cm / 4 t = 1 cm

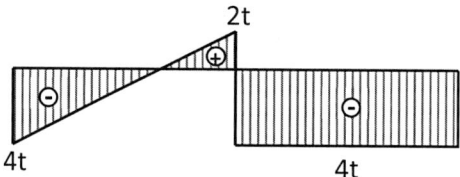

EJERCICIO 11

Calcule la reacción y diagrame los esfuerzos normales.

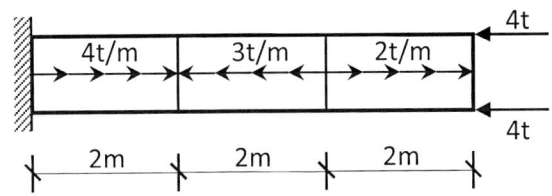

Figura 2.33 Sistema unidimensional 11.

1.- Cálculo de reacción

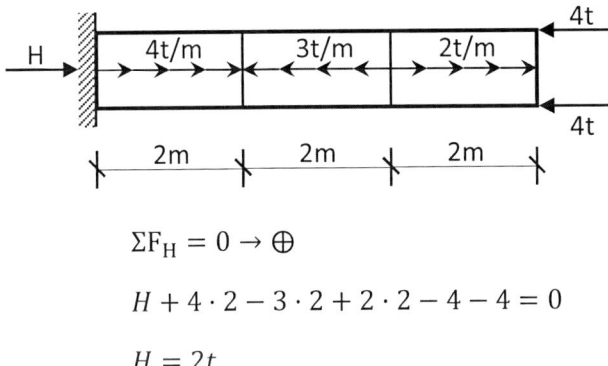

$$\Sigma F_H = 0 \rightarrow \oplus$$

$$H + 4 \cdot 2 - 3 \cdot 2 + 2 \cdot 2 - 4 - 4 = 0$$

$$H = 2t$$

2.- Cálculo de esfuerzos normales

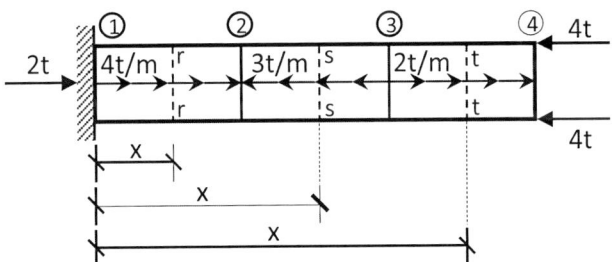

a) Tramo 1-2

Consideremos las cargas a la izquierda de la sección r-r:

$$N_x = -2 - 4x$$

b) Tramo 2-3

Consideremos las cargas a la izquierda de la sección s-s:

$$N_x = -2 - 4 \cdot 2 + 3(x - 2)$$

$$N_x = -2 - 8 + 3x - 6$$

$$N_x = 3x - 16$$

c) Tramo 3-4

Consideremos las cargas a la izquierda de la sección t-t:

$$N_x = -2 - 4 \cdot 2 + 3 \cdot 2 - 2(x - 4)$$

$$N_x = -2 - 8 + 6 - 2x + 8$$

$$N_x = 4 - 2x$$

3.- Diagrama de esfuerzos normales

Tramo	Ecuación	x[m]	N_x[t]
1-2	$-2 - 4x$	0	−2
		2	−10
2-3	$3x - 16$	2	−10
		4	−4
3-4	$4 - 2x$	4	−4
		6	−8

Adoptamos la escala: 1 m = 1 cm / 4 t = 1 cm

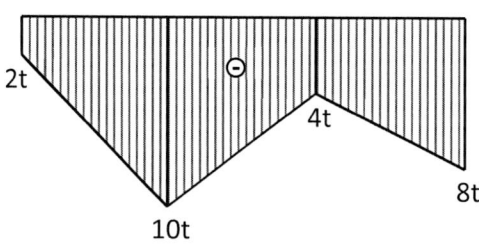

EJERCICIO 12

Calcule la reacción y diagrame los esfuerzos normales.

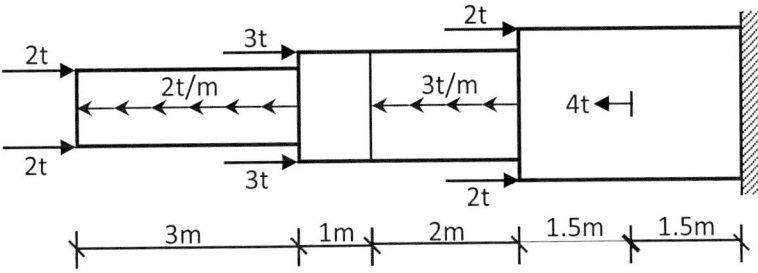

Figura 2.34 Sistema unidimensional 12.

1.- Cálculo de reacción

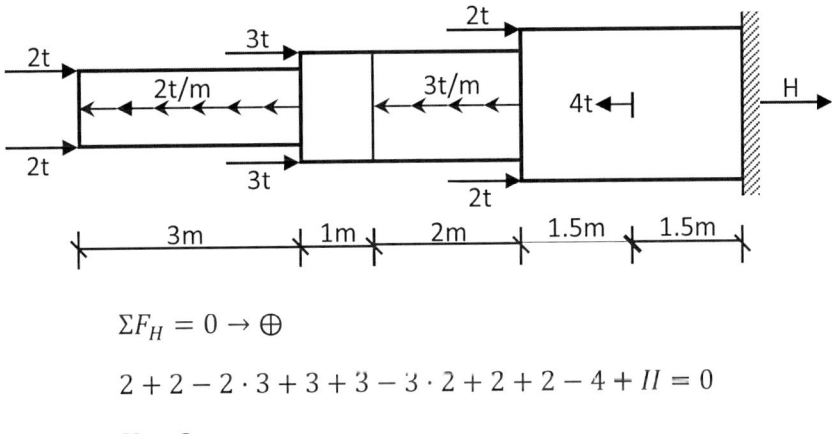

$$\Sigma F_H = 0 \rightarrow \oplus$$

$$2 + 2 - 2 \cdot 3 + 3 + 3 - 3 \cdot 2 + 2 + 2 - 4 + H = 0$$

$$H = 2t$$

2.- Cálculo de esfuerzos normales

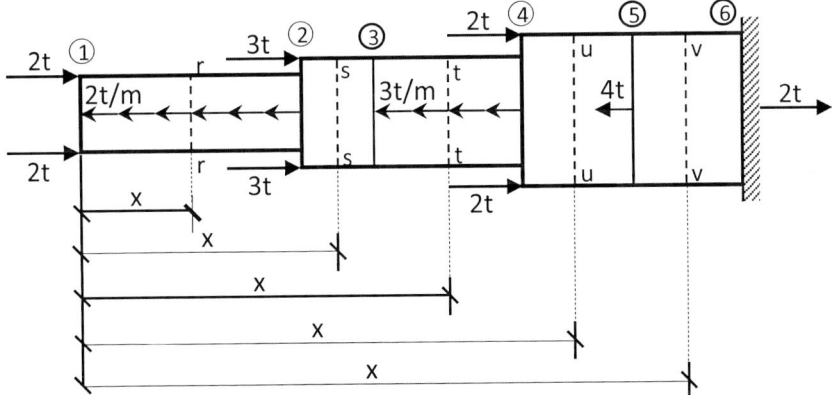

a) Tramo 1-2

Consideremos las cargas a la izquierda de la sección r-r:

$$N_x = -2 - 2 + 2 \cdot x$$

$$N_x = -4 + 2x$$

b) Tramo 2-3

Consideremos las cargas a la izquierda de la sección s-s:

$$N_x = -2 - 2 + 2 \cdot 3 - 3 - 3$$

$$N_x = -4t$$

c) Tramo 3-4

Consideremos las cargas a la izquierda de la sección t-t:

$$N_x = -2 - 2 + 2 \cdot 3 - 3 - 3 + 3(x - 4)$$

$$N_x = 3x - 16$$

d) Tramo 4-5

Consideremos las cargas a la izquierda de la sección u-u:

$$N_x = -2 - 2 + 2 \cdot 3 - 3 - 3 + 3 \cdot 2 - 2 - 2$$

$$N_x = -2t$$

e) Tramo 5-4

Consideremos las cargas a la izquierda de la sección v-v:

$$N_x = -2 - 2 + 2 \cdot 3 - 3 - 3 + 3 \cdot 2 - 2 - 2 + 4$$

$$N_x = 2t$$

3.- Diagrama de esfuerzos normales

Tramo	Ecuación	x[m]	$N_x[t]$
1-2	−4 + 2x	0	−4
		3	2
2-3	−4	3	−4
		4	−4
3-4	3x − 16	4	−4
		6	2
4-5	−2	6	−2
		7,5	−2
5-6	2	7,5	2
		9	2

Adoptamos la escala: 1 m = 1 cm / 4 t = 1 cm

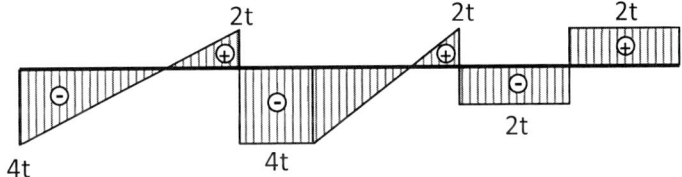

EJERCICIO 13

Calcule la reacción y diagrame los esfuerzos normales.

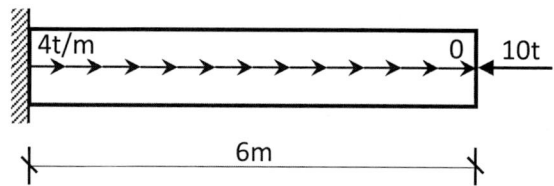

Figura 2.35 Sistema unidimensional 13.

1.- Cálculo de reacción

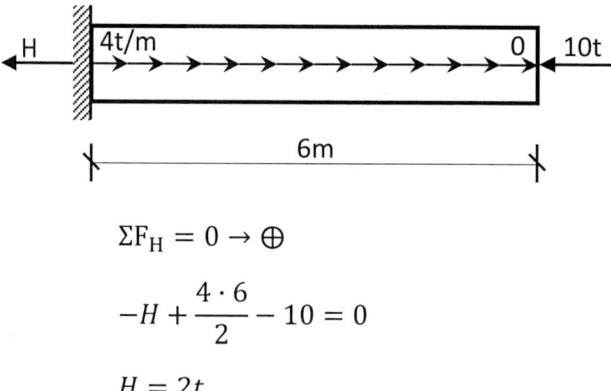

$$\Sigma F_H = 0 \rightarrow \oplus$$

$$-H + \frac{4 \cdot 6}{2} - 10 = 0$$

$$H = 2t$$

2.- Cálculo de esfuerzos normales

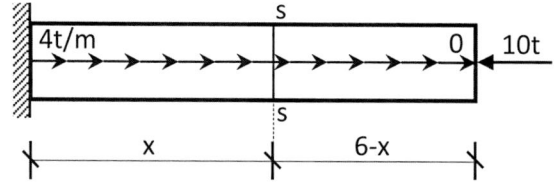

Interpolamos la carga distribuida en la sección s-s:

$$\frac{q_{s-s}}{6-x} = \frac{4}{6}$$

$$q_{s-s} = \frac{2}{3}(6-x)$$

Calculamos el esfuerzo normal considerando las cargas a la derecha de la sección s-s:

$$N_x = \Sigma F_x \to \oplus$$

$$N_x = -10 + \frac{q_{s-s} \cdot (6-x)}{2}$$

$$N_x = -10 + \frac{\frac{2}{3}(6-x)\cdot(6-x)}{2}$$

$$N_x = -10 + \frac{1}{3}(x^2 - 12\cdot x + 36)$$

$$N_x = \frac{x^2}{3} - 4\cdot x + 2$$

3.- Diagrama de esfuerzos normales

Tramo	Ecuación	x[m]	N_x[t]
1-2	$\dfrac{x^2}{3} - 4\cdot x + 2$	0	2
		1	−1,667
		2	−4,667
		3	−7
		4	−8,667
		5	−9,667
		6	−10

Adoptamos la escala: 1 m = 1 cm / 4 t = 1 cm.

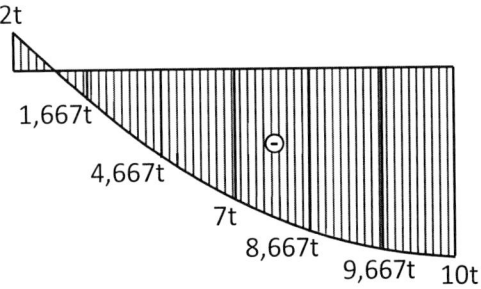

EJERCICIO 14

Calcule la reacción y diagrame los esfuerzos normales.

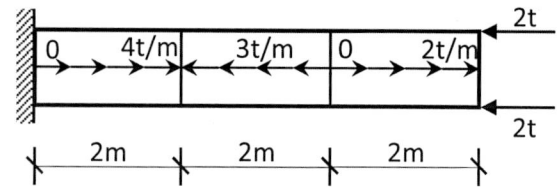

Figura 2.36 Sistema unidimensional 14.

1.- Cálculo de reacción

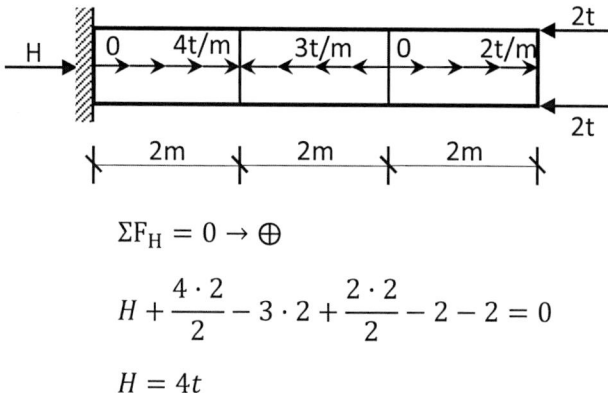

$$\Sigma F_H = 0 \rightarrow \oplus$$

$$H + \frac{4 \cdot 2}{2} - 3 \cdot 2 + \frac{2 \cdot 2}{2} - 2 - 2 = 0$$

$$H = 4t$$

2.- Cálculo de esfuerzos normales

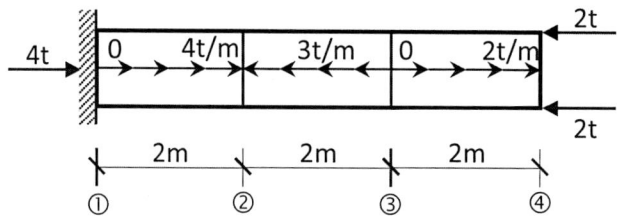

a) Tramo 1-2 ($0 \le x \le 2$)

Interpolamos la carga para una sección s-s y luego calculamos el esfuerzo normal N.

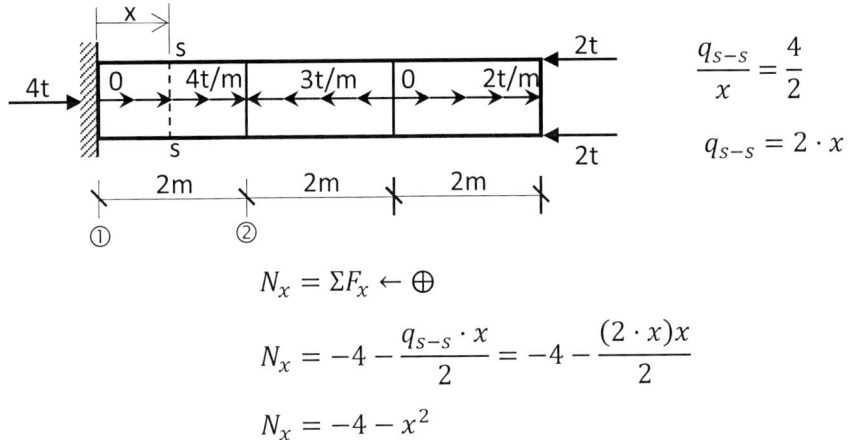

$$\frac{q_{s-s}}{x} = \frac{4}{2}$$

$$q_{s-s} = 2 \cdot x$$

$$N_x = \Sigma F_x \leftarrow \oplus$$

$$N_x = -4 - \frac{q_{s-s} \cdot x}{2} = -4 - \frac{(2 \cdot x)x}{2}$$

$$N_x = -4 - x^2$$

b) Tramo 2-3

Consideremos las cargas a la izquierda de la sección r-r:

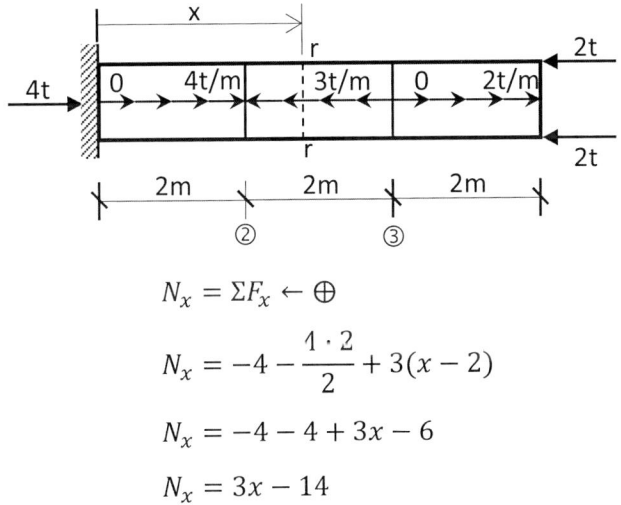

$$N_x = \Sigma F_x \leftarrow \oplus$$

$$N_x = -4 - \frac{4 \cdot 2}{2} + 3(x - 2)$$

$$N_x = -4 - 4 + 3x - 6$$

$$N_x = 3x - 14$$

c) Tramo 3-4

Interpolamos la carga en la sección s-s y luego calculamos el esfuerzo normal con las cargas a la izquierda de la sección t-t.

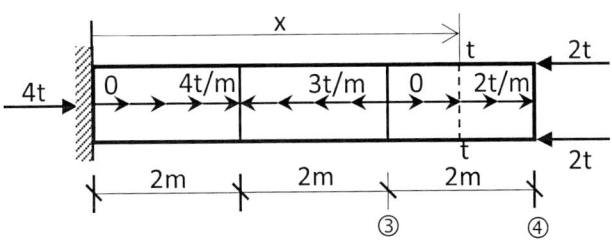

$$\frac{q_{t-t}}{x-4} = \frac{2}{2} \Rightarrow q_{s-s} = x - 4$$

$$N_x = \Sigma F_x \leftarrow \oplus$$

$$N_x = -4 - \frac{4 \cdot 2}{2} + 3 \cdot 2 - \frac{q_{t-t} \cdot (x-4)}{2}$$

$$N_x = -4 - 4 + 6 - \frac{(x-4) \cdot (x-4)}{2}$$

$$N_x = -2 - \frac{1}{2}(x^2 - 8 \cdot x + 16)$$

$$N_x = -2 - \frac{x^2}{2} + 4 \cdot x - 8$$

$$N_x = -\frac{x^2}{2} + 4 \cdot x - 10$$

3.- Diagrama de esfuerzos normales

Tramo	Ecuación	x[m]	N_x[t]
1-2	$-4 - x^2$	0	−4
		1	−5
		2	−8
2-3	$3x - 14$	2	−8
		4	−2
3-4	$-\frac{x^2}{2} + 4 \cdot x - 10$	4	−2
		5	−2,5
		6	−4

Adoptamos la escala: 1 m = 1 cm / 4 t = 1 cm

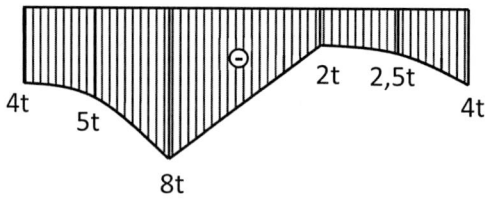

CAPÍTULO 3

ESFUERZOS EN VIGAS

3.1. OBJETIVO DEL CAPÍTULO

Al término del presente capítulo, el lector estará capacitado para reconocer los diferentes tipos de vigas isostáticas y diagramar a escala sus esfuerzos internos: normal (N), cortante (Q) y momento (M).

3.2. CONCEPTO DE «VIGA»

Es un sistema estructural simple utilizado para cubrir espacios abiertos o para salvar el tránsito en terrenos con depresiones, como quebradas y ríos.

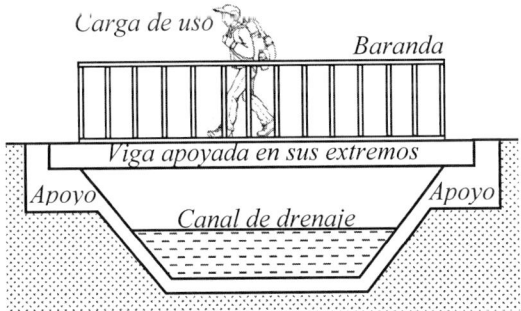

Figura 3.1 Puente peatonal de tipo viga.

Una viga está constituida por barras generalmente horizontales dispuestas de manera unidireccional que, al estar apoyadas en uno o más puntos estratégicos, tienen la capacidad de soportar cargas de flexión. Los puentes peatonales son vigas apoyadas en sus extremos. Véase el ejemplo de la figura 3.1.

3.3. CLASIFICACIÓN DE LAS VIGAS

Según su tipo de apoyo, la posición de estas en la barra y la clase de uniones, las vigas se clasifican en:

- Vigas biapoyadas en sus extremos
- Vigas biapoyadas con voladizos
- Viga empotrada en voladizo
- Viga compuesta o Gerber
- Vigas inclinadas

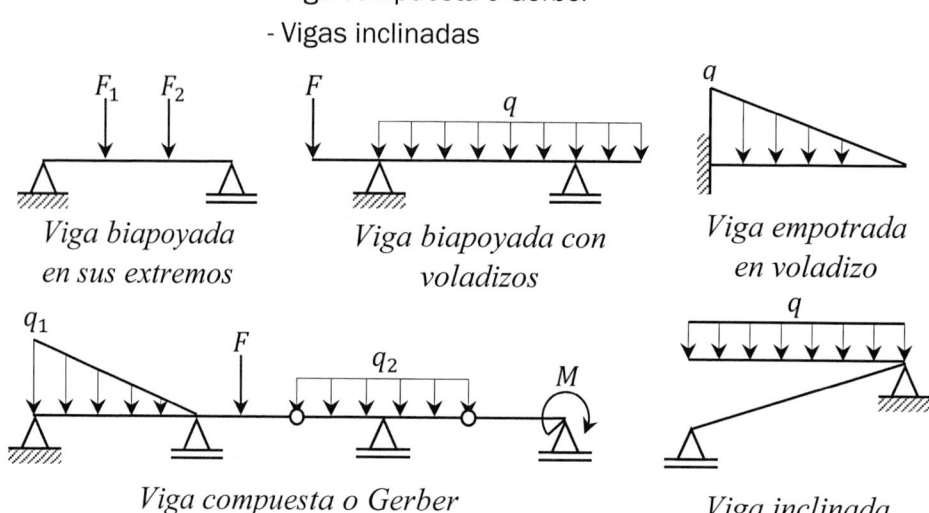

Figura 3.2 Tipología de vigas.

3.4. TIPOS DE CARGAS

Una viga puede admitir diferentes tipos de cargas que, para nuestro ámbito de estudio, se categoriza en «puntual» y «distribuida». Estas cargas expresadas de manera idealizada constituyen la representación simplificada de fuerzas que se transmiten a través de una superficie de contacto; por ejemplo, las fuerzas puntuales son fuerzas de contacto cuya área de transmisión suele ser muy pequeña, en comparación con la barra que la soporta; lo mismo ocurre con las cargas distribuidas donde la superficie de contacto suele tener una dimensión pequeña y la otra significativa, de ahí que se idealizan como distribuidas y no como puntuales. Véase el cuadro de la tabla 3.

Tabla 3. Tipos de cargas aplicadas en vigas.

Tipo de carga	Representación	Características	
Fuerza puntual		Suelen ser verticales, pero también pueden presentarse de manera horizontal u oblicua. Esta última deberá descomponerse en X e Y	
Momento puntual		Los momentos puntuales pueden orientarse de manera horaria o antihoraria	
Carga distribuida rectangular		Resultante	Ubicación
		$R = q \cdot L$	$a = b = \dfrac{L}{2}$
Carga distribuida triangular		$R = \dfrac{q \cdot L}{2}$	$a = \dfrac{L}{3}$ $b = \dfrac{2 \cdot L}{3}$
Carga distribuida trapezoidal		La carga trapezoidal se descompone en una carga rectangular q_2 y en una carga triangular $q_1 - q_2$ y, luego, se aplican las fórmulas anteriores	
Carga distribuida según una función		Resultante	Ubicación
		$R = \displaystyle\int_0^L q \cdot dx$	$a = \dfrac{1}{R}\displaystyle\int_0^L q \cdot x \cdot dx$ $b = L - a$

R = resultante
a = ubicación de la resultante desde el extremo izquierdo
b = ubicación de la resultante desde el extremo derecho

3.5. CÁLCULO DE REACCIONES

Para calcular las reacciones de una viga, podemos aplicar de manera indiscriminada y a conveniencia los siguientes grupos de ecuaciones de equilibrio:

a) *Vigas sin articulaciones*

1.er grupo
$$\Sigma Fx = 0 \rightarrow \oplus$$
$$\Sigma Fy = 0 \uparrow \oplus$$
$$\Sigma M_A = 0 \circlearrowleft \oplus$$

2.° grupo
$$\Sigma Fx = 0 \rightarrow \oplus$$
$$\Sigma M_A = 0 \circlearrowleft \oplus$$
$$\Sigma M_B = 0 \circlearrowleft \oplus$$

3.er grupo
$$\Sigma Fy = 0 \uparrow \oplus$$
$$\Sigma M_A = 0 \circlearrowleft \oplus$$
$$\Sigma M_B = 0 \circlearrowleft \oplus$$

4.° grupo
$$\Sigma M_A = 0 \circlearrowleft \oplus$$
$$\Sigma M_B = 0 \circlearrowleft \oplus$$
$$\Sigma M_C = 0 \circlearrowleft \oplus$$

b) *Vigas con articulaciones*

5.° grupo
$$1.er, 2.o, 3.er\ o\ 4.o\ grupo$$
$$\Sigma M_{art.}^{①} = 0 \circlearrowleft \oplus (izquierda\ o\ derecha)$$
$$\Sigma M_{art.}^{②} = 0 \circlearrowleft \oplus (izquierda\ o\ derecha)$$
$$\Sigma M_{art.}^{n} = 0 \circlearrowleft \oplus (izquierda\ o\ derecha)$$

Para las vigas con articulaciones, podemos combinar cualquiera de los grupos anteriores con la n sumatoria de momentos, cuyo número dependerá de la cantidad de articulaciones que tenga la viga.

Los sentidos positivos mostrados en las ecuaciones pueden modificarse a conveniencia del problema.

3.6. ESFUERZOS INTERNOS

Para comprender el concepto de «esfuerzos internos», supongamos una viga isostática afectada por un conjunto de cargas y en estado de equilibrio.

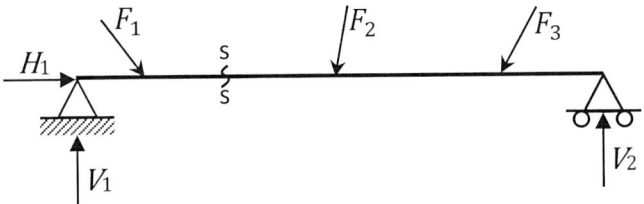

Figura 3.3 Viga afectada por un conjunto de cargas.

A partir de una sección arbitraria s-s, efectuemos un corte imaginario que divida la viga en dos porciones, tal como se muestra en la figura 3.4.

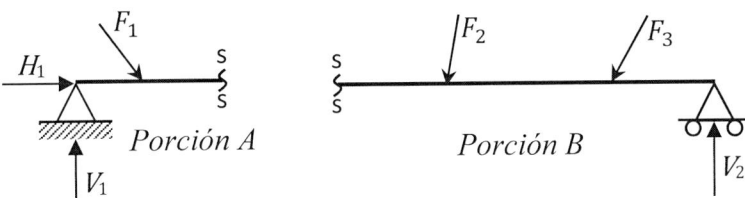

Figura 3.4 Viga seccionada en s-s.

Considerando que la porción A es el sustento de la porción B y viceversa, tenemos que sustituir las cualidades equilibrantes que cada porción de la viga le ofrece a su porción complementaria. Esto es posible lograr mediante dos fuerzas y un momento que garantizan el equilibrio traslacional y rotacional. Véase la figura 3.5.

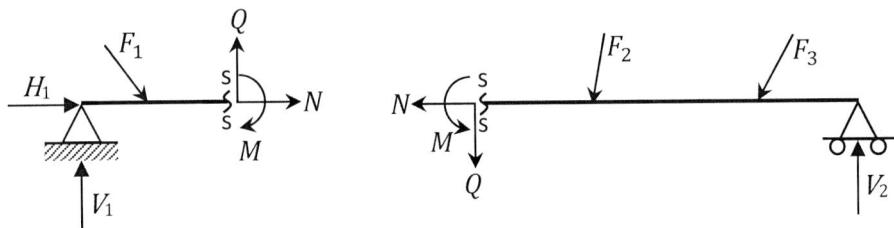

Figura 3.5 Esfuerzos internos en la sección s-s.

Estas fuerzas y el momento (N, Q y M) se denominan «esfuerzos internos» y son los responsables de mantener el equilibrio interno de cada porción.

El esfuerzo normal N y el esfuerzo cortante Q se direccionan respectivamente de manera paralela y perpendicular a la viga.

Para calcular los esfuerzos internos en una sección determinada de una viga, simplemente, se efectúa un corte en la sección solicitada y se aplican a cualquiera de las porciones resultantes las tres ecuaciones de equilibrio.

3.7. DIAGRAMAS DE ESFUERZOS INTERNOS

Los diagramas de esfuerzos internos son la representación gráfica de las funciones que describen la variación de los esfuerzos internos N, Q y M, a lo largo de la viga. Estas expresiones generalmente responden a funciones algebraicas de grado cero, uno, dos, tres u otras magnitudes que dependen del tipo de carga que soportan.

Los diagramas de esfuerzos internos son gráficos dibujados a escala que nos ayudan a identificar las zonas más afectadas o con mayor concentración de esfuerzos internos y, por ende, son de gran ayuda para determinar las dimensiones necesarias de la sección transversal de la viga o, en todo caso, identificar los segmentos que deben ser reforzados para garantizar su resistencia.

3.8. MÉTODOS DE ANÁLISIS

Los métodos empleados para obtener los diagramas de esfuerzos internos son los siguientes:

- Método analítico

- Método gráfico

3.9. MÉTODO ANALÍTICO

Este método se sustenta en expresiones matemáticas deducidas a partir de expresiones geométricas que dependen de las características de la viga y de sus cargas.

Para estudiar la variación de los esfuerzos internos (N, Q y M), se deberán definir secciones genéricas (s-s) definidas en su posición por una variable x que permita definir una o varias funciones para cada esfuerzo interno. Véase la figura 3.6.

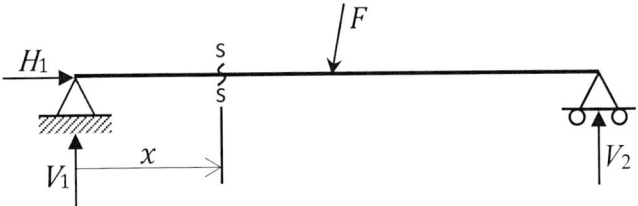

Figura 3.6 Sección s-s ubicada a una distancia x.

$$N_{s-s} = f(x)$$

$$Q_{s-s} = g(x)$$

$$M_{s-s} = h(x)$$

Cada una de las funciones anteriores pueden ser suficientes para toda la viga o estar seccionadas por tramo según las cargas que posea y las posiciones de sus apoyos. Véase la viga de la figura 3.7 seccionada según las funciones que se requieren para describir la variación de sus esfuerzos internos.

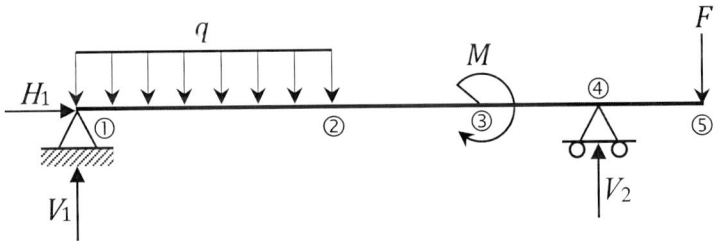

Figura 3.7 Numeración de los tramos de la viga.

En la viga anterior, se enumeran aquellos nudos que significan modificaciones en el cambio de tendencia de los esfuerzos internos; por lo tanto, para este caso, se requiere de cuatro tramos de análisis para deducir dichas funciones de manera única.

3.9.1. TRAMOS DE ANÁLISIS

Para definir los tramos de análisis de las funciones de esfuerzos internos, debemos primero identificar los nudos de la estructura que signifiquen modificaciones en la variación de sus esfuerzos internos. Estos nudos deberán posicionarse en los siguientes puntos:

- Al inicio y final de la viga
- En los apoyos que concentran reacciones
- En la posición de cargas puntuales (fuerzas y momentos)
- Al inicio y final de las cargas distribuidas

En la figura 3.8, se muestra una viga enumerada según los criterios expuestos anteriormente.

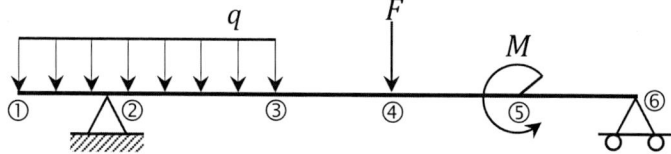

Figura 3.8 Viga enumerada para su análisis.

También se suele enumerar donde existen articulaciones; sin embargo, estos nudos se utilizan únicamente para calcular las reacciones de la viga y no significan ninguna variación en las funciones de sus esfuerzos internos. Véase la viga de la figura 3.9.

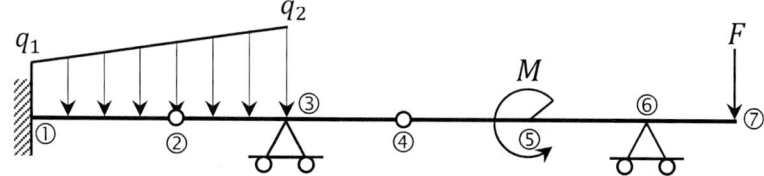

Figura 3.9 Viga enumerada para su análisis.

La viga anterior presenta siete nudos, pero, para determinar las funciones de sus esfuerzos internos, se requieren analizar únicamente cuatro tramos (tramos 1-3, 3-5, 5-6 y 6-7), porque las articulaciones de los nudos 2 y 4, si bien presentan momentos nulos, no significan ninguna modificación en las funciones que representan la variación de sus esfuerzos internos.

3.9.2. CONVENIO DE SIGNOS

Para obtener las funciones de los esfuerzos internos de manera convencional, se debe en cada tramo de la viga definir una sección s-s arbitraria definida en su posición por una variable x. Esta sección divide la viga en dos porciones (izquierda y derecha), las cuales serán nuestro objeto de estudio.

Para la sección s-s, de la siguiente viga seleccione una de sus porciones, izquierda o derecha, y aplique las ecuaciones de equilibrio según el siguiente convenio internacional de signos.

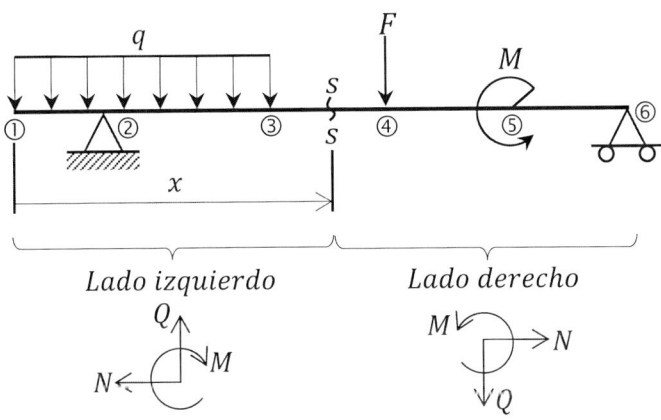

Figura 3.10 Viga con sentidos convencionales.

Porción izquierda:

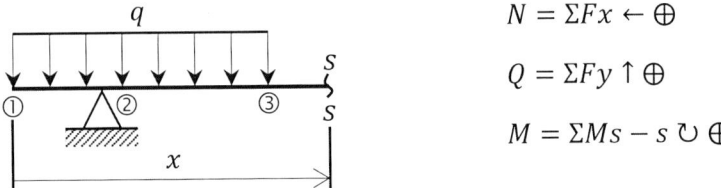

$$N = \Sigma Fx \leftarrow \oplus$$

$$Q = \Sigma Fy \uparrow \oplus$$

$$M = \Sigma Ms - s \circlearrowleft \oplus$$

Figura 3.11 Viga seccionada en s-s.

Porción derecha:

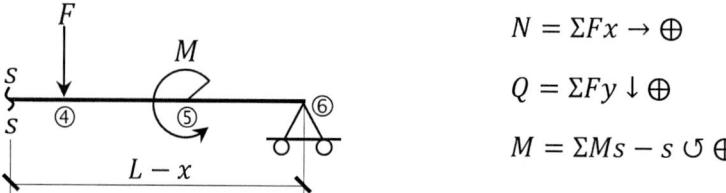

$$N = \Sigma Fx \to \oplus$$

$$Q = \Sigma Fy \downarrow \oplus$$

$$M = \Sigma Ms - s \circlearrowleft \oplus$$

Figura 3.12 Viga seccionada en s-s.

Estos sentidos no son arbitrarios como en el cálculo de reacciones; es decir, para cualquier tramo y cualquier viga, deberán respetarse los sentidos adoptados convencionalmente como positivos.

También es importante aclarar que no es necesario analizar ambas porciones de la viga (izquierda y derecha). El lector podrá seleccionar una de las dos porciones para realizar este cálculo; sin embargo, se recomienda optar por el lado de la viga donde el número y complejidad de las cargas sea menor.

3.9.3. EJES DE REFERENCIAS PARA DIAGRAMAS

Para graficar las funciones de los esfuerzos internos, se realizará un cuadro de valores por cada tramo, definiendo una cantidad de puntos discretos que dependerá del tipo de función en cada tramo; luego, se representarán a escala los resultados obtenidos en los siguientes ejes convencionales de referencia:

a) *Esfuerzo normal*

Tramo	x	N
1-2	x_1	N_1
	.	.
	x_n	N_n
2-3	x_n	N_n
	.	.
	x_m	N_m

Figura 3.13 Ejes para esfuerzo normal.

b) Esfuerzo cortante

Tramo	x	Q
1-2	x_1	Q_1
	.	.
	x_n	Q_n
2-3	x_n	Q_n
	.	.
	x_m	Q_m

Figura 3.14 Ejes para esfuerzo cortante.

c) Momento flector

Tramo	x	M
1-2	x_1	M_1
	.	.
	x_n	M_n
2-3	x_n	M_n
	.	.
	x_m	M_m

Figura 3.15 Ejes para momento flector.

3.9.4. TIPOS DE FUNCIONES

Según la tipología de sus cargas, las funciones de los esfuerzos internos se expresan a través de los siguientes casos:

a) Caso: carga rectangular

Para calcular este tipo de carga, realizaremos el siguiente análisis:

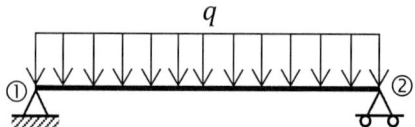

Figura 3.16 Viga con carga rectangular.

1º Calculamos las reacciones en los apoyos:

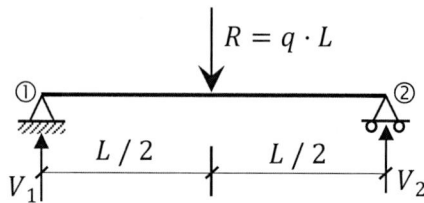

Figura 3.17 Resultante de carga rectangular.

$$\Sigma M_① = 0 \circlearrowleft \oplus \qquad\qquad \Sigma F_V = 0 \uparrow \oplus$$

$$V_2 \cdot L - (q \cdot L)\frac{L}{2} = 0 \qquad\qquad V_1 - q \cdot L + \frac{q \cdot L}{2} = 0$$

$$V_2 = \frac{q \cdot L}{2} \qquad\qquad V_1 = \frac{q \cdot L}{2}$$

2.º Adoptamos una sección arbitraria s-s definida en su posición por una variable x en el tramo 1-2, elegimos una de las dos porciones de la viga (izquierda o derecha) y calculamos los esfuerzos internos para s-s, en función de la variable x.

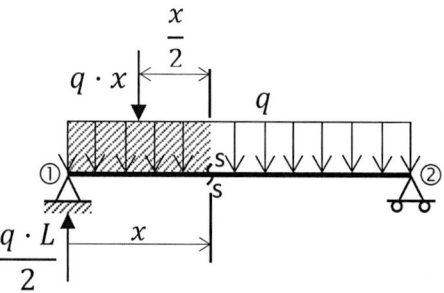

Figura 3.18 Análisis de la sección s-s.

Calculamos la resultante de la carga distribuida hasta la sección s-s, tal como se muestra en la figura 3.18.

Considerando el lado izquierdo a la sección s-s, realizamos el siguiente cálculo:

$$Q = \Sigma F_y \uparrow \oplus$$

$$Q = \frac{q \cdot L}{2} - q \cdot x$$

$$M = \Sigma M \circlearrowleft \oplus$$

$$M = \left(\frac{q \cdot L}{2}\right) x - (q \cdot x)\frac{x}{2}$$

$$M = \left(\frac{q \cdot L}{2}\right) x - \left(\frac{q}{2}\right) x^2$$

3.º Realizamos una tabla de valores con las variables de x y los esfuerzos internos (Q y M) y, luego, diagramamos los esfuerzos internos en sistemas de referencias que son particulares para cada esfuerzo.

Si consideramos que $q = 4t / m$ y $L = 6$, entonces:

$$Q = 12 - 4x$$

$$M = 12x - 2x^2$$

x	Q	M
0	12	0
1	8	10
2	4	16
3	0	18
4	–4	16
5	–8	10
6	–12	0

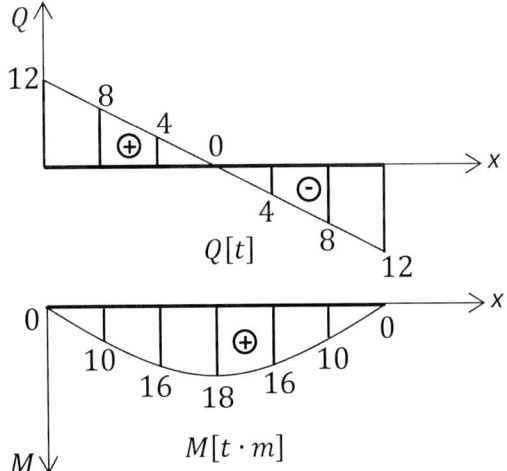

Figura 3.19 Diagramas de corte y momento.

b) Caso: carga triangular

Para determinar las funciones para este tipo de carga, realizaremos el análisis de la figura 3.20.

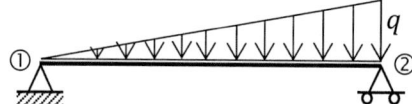

Figura 3.20 Viga con carga triangular.

1° Calculamos las reacciones en los apoyos:

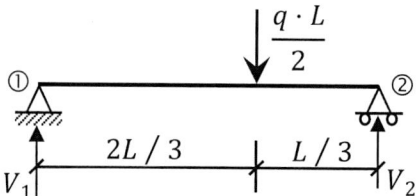

Figura 3.21 Resultante de carga triangular.

$$\Sigma M_{①} = 0 \circlearrowleft \oplus \qquad\qquad \Sigma F_V = 0 \uparrow \oplus$$

$$V_2 \cdot L - \left(\frac{q \cdot L}{2}\right)\frac{2L}{3} = 0 \qquad\qquad V_1 - \frac{q \cdot L}{2} + \frac{q \cdot L}{3} = 0$$

$$V_2 = \frac{q \cdot L}{3} \qquad\qquad\qquad V_1 = \frac{q \cdot L}{6}$$

2.° Adoptamos una sección arbitraria s-s definida en su posición por una variable x; luego, elegimos una de las dos porciones de la viga (izquierda o derecha) y calculamos los esfuerzos internos para s-s, en función de la variable x:

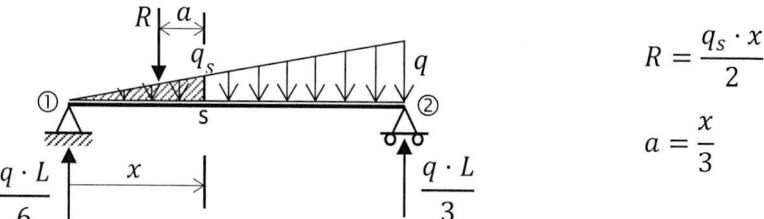

$$R = \frac{q_s \cdot x}{2}$$

$$a = \frac{x}{3}$$

Figura 3.22 Análisis de la sección s-s.

Interpolamos para determinar la carga q_s:

$$\frac{q_s}{x} = \frac{q}{L} \Rightarrow q_s = \frac{q}{L}x$$

$$R = \frac{q \cdot x^2}{2 \cdot L}$$

Considerando el lado izquierdo a la sección s-s, realizamos el siguiente cálculo:

$$\uparrow \oplus Q = \frac{q \cdot L}{6} - \frac{q \cdot x^2}{2 \cdot L}$$

$$\circlearrowright \oplus M = \left(\frac{q \cdot L}{6}\right)x - \left(\frac{q \cdot x^2}{2 \cdot L}\right)\frac{x}{3} = \left(\frac{q \cdot L}{6}\right)x - \left(\frac{q}{6 \cdot L}\right)x^3$$

3.º Realizamos una tabla de valores con las variables de x y los esfuerzos internos (Q y M) y, luego, diagramamos los esfuerzos internos en sistemas de referencias que son particulares para cada esfuerzo.

Si consideramos que $q = 4t / m$ y $L = 6$, entonces:

$$Q = 4 - \frac{1}{3}x^2$$

$$M = 4x - \frac{1}{9}x^3$$

x	Q	M
0	4	0
1	3,67	3,89
2	2,67	7,11
3	1	9
4	−1,33	8,89
5	−4,33	6,11
6	−8	0

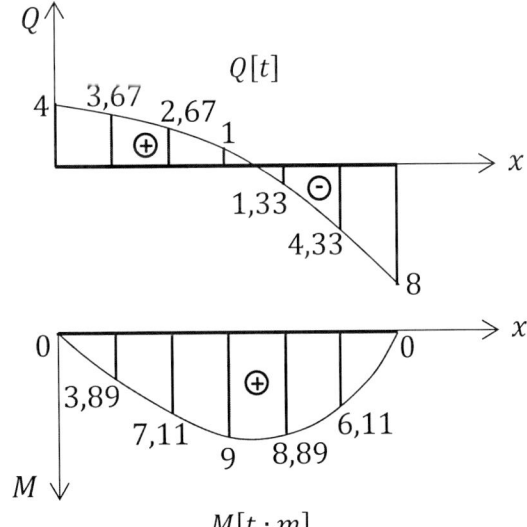

Figura 3.23 Diagrama de corte y momento.

c) Caso: carga trapezoidal

Para las funciones de esfuerzos internos en este tipo de carga, realizaremos el análisis de la figura 3.24.

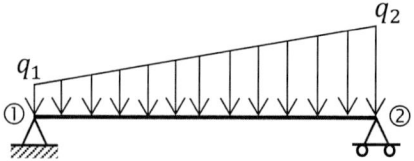

Figura 3.24 Viga con carga trapezoidal.

1° Descomponemos la carga trapezoidal y calculamos las reacciones en los apoyos:

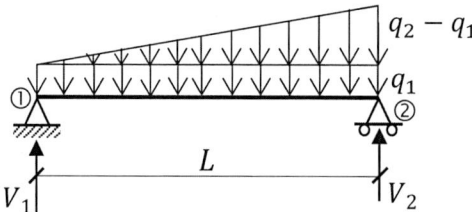

Figura 3.25 Subdivisión de la carga trapezoidal.

$\Sigma M_{①} = 0 \circlearrowleft \oplus$

$$V_2 \cdot L - \left[\frac{(q_2 - q_1) \cdot L}{2}\right] \cdot \frac{2 \cdot L}{3} - (q_1 \cdot L) \cdot \frac{L}{2} = 0$$

$$V_2 - \left[\frac{(q_2 - q_1) \cdot L}{1}\right] \cdot \frac{1}{3} - (q_1 \cdot L) \cdot \frac{1}{2} = 0$$

$$V_2 = \frac{q_1 \cdot L}{6} + \frac{q_2 \cdot L}{3}$$

$\Sigma F_V = 0 \uparrow \oplus$

$$V_1 - \frac{(q_1 + q_2) \cdot L}{2} + \frac{q_1 \cdot L}{6} + \frac{q_2 \cdot L}{3} = 0$$

$$V_1 = \frac{q_1 \cdot L}{3} + \frac{q_2 \cdot L}{6}$$

2.° Adoptamos una sección arbitraria s-s definida en su posición por una variable *x*; luego, elegimos una de las dos porciones de la viga (izquierda o derecha) y calculamos los esfuerzos internos para s-s, en función de la variable x.

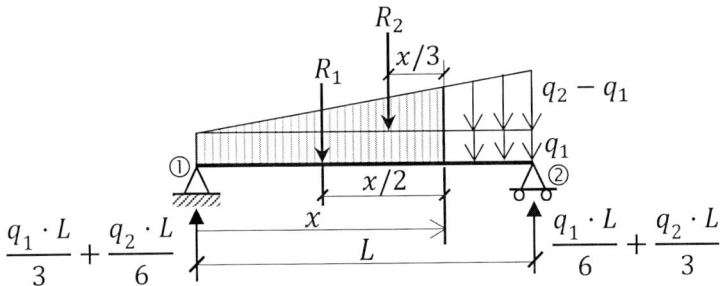

Figura 3.26 Análisis de la sección s-s.

Calculamos las resultantes:

$$R_1 = q_1 \cdot x$$

$$R_2 = \frac{q_{s-s} \cdot x}{2}$$

Interpolamos para determinar la carga q_{s-s}

$$\frac{q_{s-s}}{x} = \frac{q_2 - q_1}{L}$$

$$q_s = \left(\frac{q_2 - q_1}{L}\right) \cdot x$$

$$R_2 = \frac{\left(\frac{q_2 - q_1}{L}\right) \cdot x \cdot x}{2}$$

$$R_2 = \frac{q_2 \cdot x^2}{2 \cdot L} - \frac{q_1 \cdot x^2}{2 \cdot L}$$

Considerando el lado izquierdo a la sección s-s, realizamos el siguiente cálculo:

$$\uparrow \oplus Q = \frac{q_1 \cdot L}{3} + \frac{q_2 \cdot L}{6} - q_1 \cdot x - \frac{q_2 \cdot x^2}{2 \cdot L} + \frac{q_1 \cdot x^2}{2 \cdot L}$$

$$\circlearrowleft \oplus M = \left(\frac{q_1 \cdot L}{3} + \frac{q_2 \cdot L}{6}\right) \cdot x - (q_1 \cdot x) \cdot \frac{x}{2} - \left(\frac{q_2 \cdot x^2}{2 \cdot L} - \frac{q_1 \cdot x^2}{2 \cdot L}\right) \cdot \frac{x}{3}$$

$$M = \left(\frac{q_1 \cdot L}{3} + \frac{q_2 \cdot L}{6}\right) \cdot x - \frac{q_1 \cdot x^2}{2} - \frac{q_2 \cdot x^3}{6 \cdot L} + \frac{q_1 \cdot x^3}{6 \cdot L}$$

3.º Realizamos una tabla de valores con las variables de x y los esfuerzos internos (Q y M) y, luego, diagramamos los esfuerzos internos en sistemas de referencias que son particulares para cada esfuerzo.

Si consideramos que $q_1 = 3t \, / \, m$, $q_2 = 9t \, / \, m$ y $L = 6$, entonces:

$$Q = \frac{3 \cdot 6}{3} + \frac{9 \cdot 6}{6} - 3 \cdot x - \frac{9 \cdot x^2}{2 \cdot 6} + \frac{3 \cdot x^2}{2 \cdot 6}$$

$$Q = 15 - 3 \cdot x - \frac{1}{2}x^2$$

$$M = \left(\frac{3 \cdot 6}{3} + \frac{9 \cdot 6}{6}\right) \cdot x - \frac{3 \cdot x^2}{2} - \frac{9 \cdot x^3}{6 \cdot 6} + \frac{3 \cdot x^3}{6 \cdot 6}$$

$$M = 15 \cdot x - \frac{3 \cdot x^2}{2} - \frac{1}{6}x^3$$

x	Q	M
0	15	0
1	11,5	13,333
2	7	22,667
3	1,5	27
4	−5	25,333
5	−12,5	16,667
6	−21	0

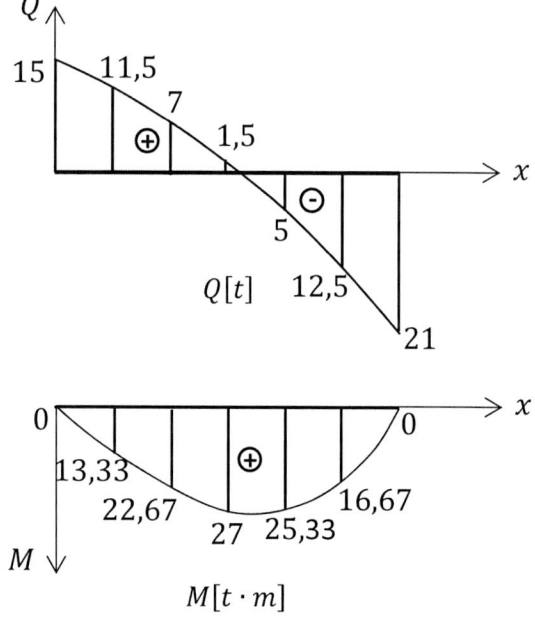

Figura 3.27 Diagrama de corte y momento.

c) Caso: fuerza puntual

Para analizar este tipo de carga, realizaremos el siguiente análisis:

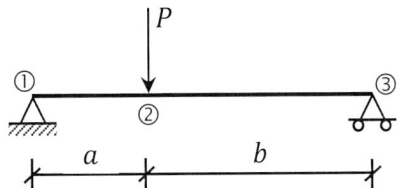

Figura 3.28 Viga con fuerza puntual.

1.º Calculamos las reacciones en los apoyos:

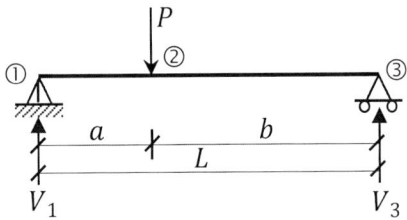

Figura 3.29 Reacciones en los apoyos.

$$\Sigma M_{①} = 0 \circlearrowleft \oplus$$

$$V_3 \cdot L - P \cdot a = 0$$

$$V_3 = \frac{P \cdot a}{L}$$

$$\Sigma F_V = 0 \uparrow \oplus$$

$$V_1 - P + \frac{P \cdot a}{L} = 0$$

$$V_1 = \frac{P \cdot (L - a)}{L} = \frac{P \cdot b}{L}$$

2.º Adoptamos una sección arbitraria s-s definida en su posición por una variable x en el tramo 1-2 y una sección t-t definida en su posición por una variable x en el tramo 2-3. Elegimos una de las dos porciones de la viga (izquierda o derecha) y calculamos los esfuerzos internos para s-s, en función de la variable x. De la misma manera, procedemos con la sección t-t.

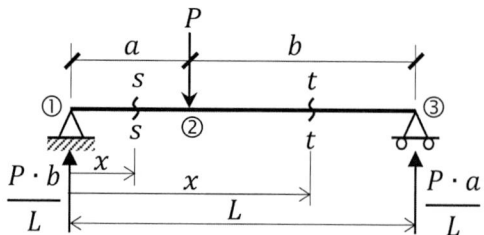

Figura 3.30 Análisis de la sección s-s y t-t.

Tramo 1-2. Considerando el lado izquierdo a la sección s-s, realizamos el siguiente cálculo:

$$Q = \Sigma F_y \uparrow \oplus$$

$$Q = \frac{P \cdot b}{L}$$

$$M = \Sigma M_{s-s} \circlearrowleft \oplus$$

$$M = \left(\frac{P \cdot b}{L}\right) x$$

Tramo 2-3. Considerando el lado derecho a la sección t-t, realizamos el siguiente cálculo:

$$Q = \Sigma F_y \downarrow \oplus$$

$$Q = -\frac{P \cdot a}{L}$$

$$M = \Sigma M_{t-t} \circlearrowleft \oplus$$

$$M = \left(\frac{P \cdot a}{L}\right)(L - x)$$

$$M = P \cdot a - \frac{P \cdot a}{L} x$$

3.° Luego, realizamos una tabla de valores con las variables de x y los esfuerzos internos (Q y M) y, después, diagramamos los esfuerzos internos en sistemas de referencias que son particulares para cada esfuerzo.

Si consideramos que $P = 8t$, a $= 2$ y $b = 4$, entonces:

$$L = a + b = 6$$

Tramo 1-2:

$$Q = \frac{8 \cdot 4}{6} = \frac{16}{3} = 5,33$$

$$M = \frac{8 \cdot 4}{6}x = \frac{16}{3}x$$

Tramo 2-3:

$$Q = -\frac{8 \cdot 2}{6} = -\frac{8}{3} - 2,67$$

$$M = 8 \cdot 2 - \frac{8 \cdot 2}{6}x = 16 - \frac{8}{3}x$$

Tramo	*x*	*Q*	*M*
	0	*5,33*	*0*
1-2	*1*	*5,33*	*5,33*
	2	*5,33*	*10,67*
	3	*−2,67*	*10,67*
	3	*−2,67*	*8*
2-3	*4*	*−2,67*	*5,33*
	5	*−2,67*	*2,67*
	6	*−2,67*	*0*

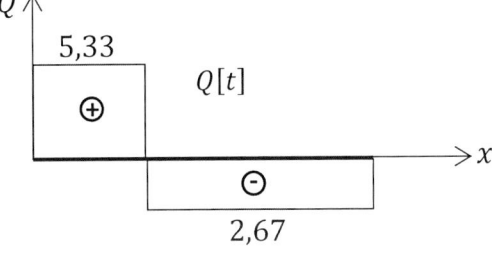

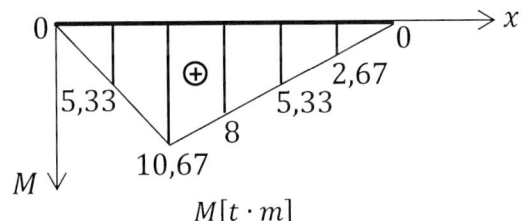

Figura 3.31 Diagramas de corte y momento.

c) Caso: momento puntual

Para analizar este tipo de carga, realizaremos el siguiente análisis:

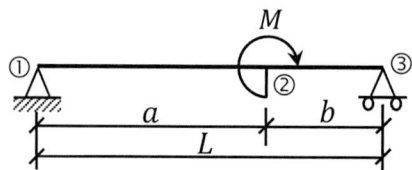

Figura 3.32 Viga con momento puntual.

1° Calculamos las reacciones en los apoyos

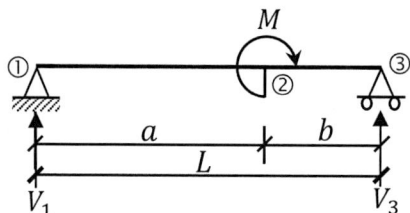

Figura 3.33 Viga con reacciones.

$$\Sigma M_{①} = 0 \circlearrowleft \oplus \qquad\qquad \Sigma F_V = 0 \uparrow \oplus$$

$$V_3 \cdot L - M = 0 \qquad\qquad V_1 + \frac{M}{L} = 0$$

$$V_3 = \frac{M}{L} \qquad\qquad V_1 = -\frac{M}{L}$$

2.° Adoptamos una sección arbitraria s-s definida en su posición por una variable x en el tramo 1-2 y una sección t-t definida en su posición por una variable x en el tramo 2-3; luego, elegimos una de las dos porciones de la viga (izquierda o derecha) y calculamos los esfuerzos internos para s-s, en función de la variable x. De la misma manera, procedemos en la sección t-t.

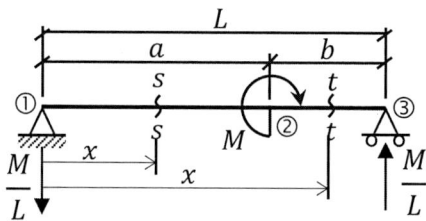

Figura 3.34 Análisis de la sección s-s y t-t.

Tramo 1-2. Considerando el lado izquierdo a la sección s-s, realizamos el siguiente cálculo:

$$Q = \Sigma F_y \uparrow \oplus$$

$$Q = -\frac{M}{L}$$

$$M = \Sigma M_{s-s} \circlearrowright \oplus$$

$$M = -\frac{M}{L}x$$

Tramo 2-3. Considerando el lado derecho a la sección t-t, realizamos el siguiente cálculo:

$$Q = \Sigma F_y \uparrow \oplus$$

$$Q = -\frac{M}{L}$$

$$M = \Sigma M_{t-t} \circlearrowright \oplus$$

$$M = \frac{M}{L}(L - x) = M - \frac{M}{L}x$$

Si consideramos que $M = 10t$, $a = 2$ y $b = 4$, entonces:

$$L = a + b = 6$$

Tramo 1-2:

$$Q = -\frac{10}{6} = -\frac{5}{3} = -1,67$$

$$M = -\frac{10}{6}x = -\frac{5}{3}x$$

Tramo 2-3:

$$Q = -\frac{10}{6} = -\frac{5}{3} - 1,67$$

$$M = 10 - \frac{10}{6}x = 10 - \frac{5}{3}x$$

Tramo	*x*	*Q*	*M*
1-2	*0*	*-1,67*	*0*
	1	*-1,67*	*-1,67*
	2	*-1,67*	*-3,33*
	3	*-1,67*	*6,67*
2-3	*3*	*-1,67*	*5*
	4	*-1,67*	*3,33*
	5	*-1,67*	*1,67*
	6	*-1,67*	*0*

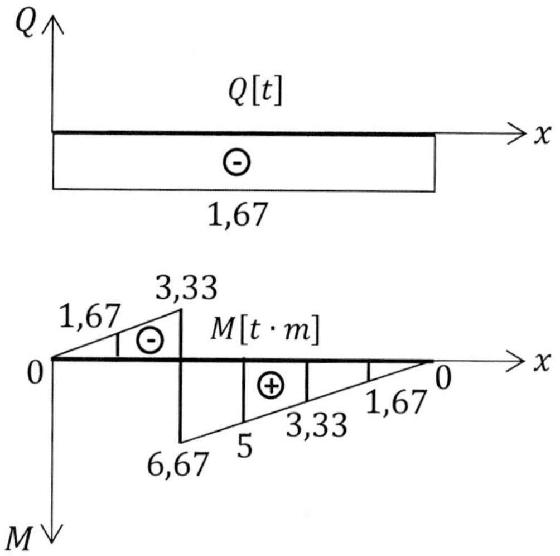

Figura 3.35 Diagramas de corte y momento.

En la tabla 4, se resumen los tipos de funciones según las cargas que soportan.

Tabla 4. Tipo de función del esfuerzo cortante y momento flector.

Carga	Tipos de funciones	
	Esfuerzo cortante	**Momento flector**
Rectangular	Lineal	Cuadrática
Triangular	Cuadrática	Cúbica
Trapezoidal	Cuadrática	Cúbica
Fuerza puntual	Constante	Lineal
Momento puntual	Constante	Lineal

3.10. VIGAS SIMPLES

Son barras dispuestas de manera horizontal con cargas que producen flexión y que carecen de uniones articuladas. Sus tres reacciones garantizan su equilibrio traslacional y rotacional, las mismas que se determinan mediante la aplicación de las ecuaciones de equilibrio estático. Las siguientes son vigas simples.

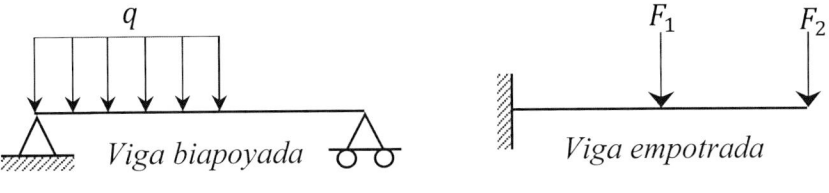

Viga biapoyada   Viga empotrada

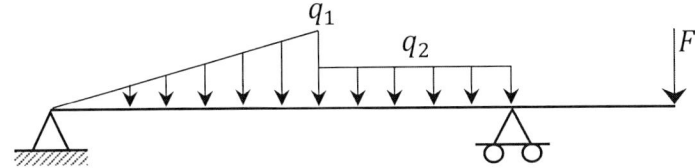

Viga biapoyada con voladizo al lado derecho

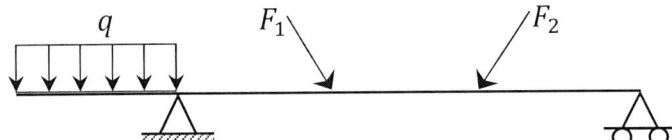

Viga biapoyada con voladizo al lado izquierdo

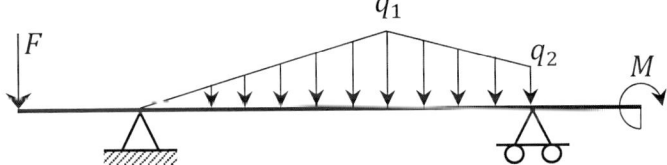

Viga biapoyada con voladizo en ambos extremos

Figura 3.36 Tipología de vigas.

A continuación, se presenta el análisis de un grupo de vigas simples por el método analítico.

EJERCICIOS

EJERCICIO 15

Calcule las reacciones y diagrame los esfuerzos internos (método analítico).

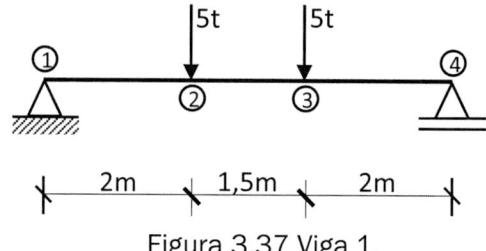

Figura 3.37 Viga 1.

1.- Cálculo de reacciones

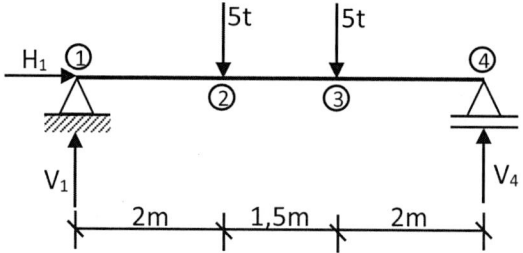

$\Sigma F_H = 0 \rightarrow \oplus$ $\Sigma M_1 = 0 \circlearrowleft \oplus$ $\Sigma F_V = 0 \uparrow \oplus$

$H_1 = 0$ $5 \cdot 2 + 5 \cdot 3,5 - V_4 \cdot 5,5 = 0$ $V_1 - 5 - 5 + 5 = 0$

    $V_4 = 5t$ $V_1 = 5t$

2.- Cálculo de esfuerzos internos

a) Tramo 1-2 ($0 \leq x \leq 2$)

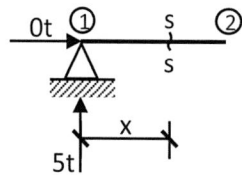

$N = 0$

$Q = 5$

$M = 5 \cdot x$

b) Tramo 2-3 ($2 \leq x \leq 3,5$)

$N = 0$

$Q = 5 - 5 = 0$

$M = 5 \cdot x - 5(x-2)$

$M = 5 \cdot x - 5 \cdot x + 10$

$M = 10$

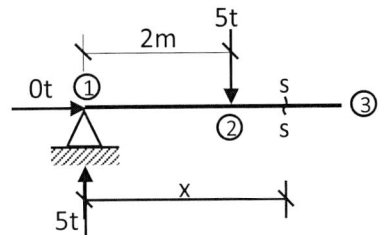

c) Tramo 3-4 ($3,5 \leq x \leq 5,5$)

$N = 0$

$Q = 5 - 5 - 5 = -5t$

$M = 5 \cdot x - 5(x-2) - 5(x-3,5)$

$M = 5 \cdot x - 5 \cdot x + 10 - 5 \cdot x + 17,5$

$M = -5 \cdot x + 27,5$

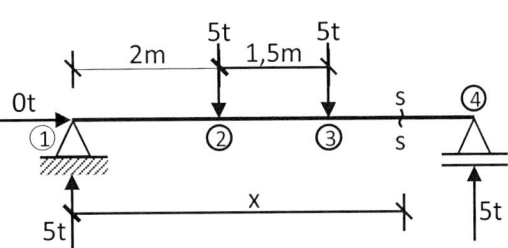

3.- Diagramas de esfuerzos internos

a) Normal

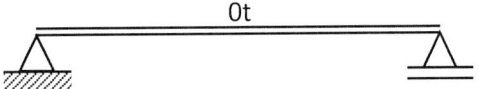

b) Cortante (1 m = 1 cm / 5 t = 1 cm)

Tramo	Q [t]
1-2	5
2-3	0
3-4	−5

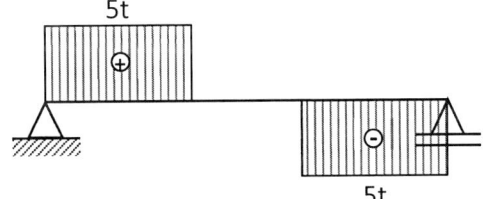

c) Momento (1 m = 1 cm / 5 tm = 1cm)

Tramo	x [m]	M [tm]
1-2	0	0
	2	10
2-3	2	10
	3,5	10
3-4	3,5	10
	5,5	0

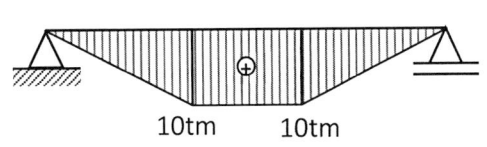

EJERCICIO 16

Calcule las reacciones y diagrame los esfuerzos internos (método analítico).

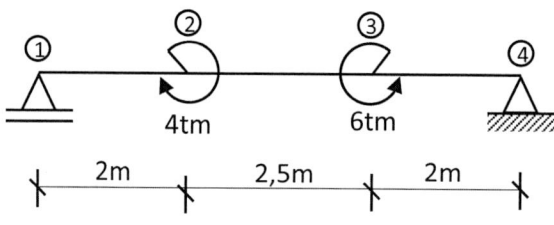

Figura 3.38 Viga 2.

1.- Cálculo de reacciones

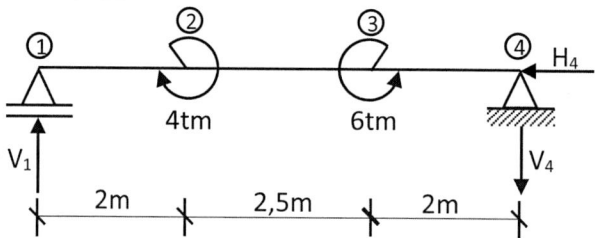

$\Sigma F_H = 0 \rightarrow \oplus$

$-H_4 = 0$

$H_4 = 0$

$\Sigma M_1 = 0 \circlearrowleft \oplus$

$4 - 6 + V_4 \cdot 6,5 = 0$

$V_4 = 0,3077t$

$\Sigma F_V = 0 \uparrow \oplus$

$V_1 - 0,3077 = 0$

$V_1 = 0,3077t$

2.- Cálculo de esfuerzos internos

a) Tramo 1-2 ($0 \leq x \leq 2$)

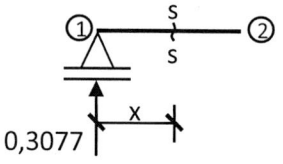

$N = 0$

$Q = 0,3077t$

$M = 0,3077 \cdot x$

b) Tramo 2-3 ($2 \leq x \leq 4,5$)

$N = 0$

$Q = 0,3077t$

$M = 0,3077 \cdot x + 4$

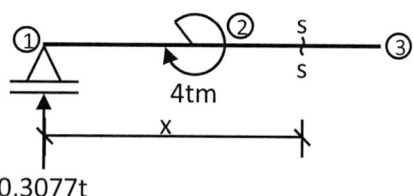

c) Tramo 3-4 ($4,5 \leq x \leq 6,5$)

$N = 0$

$Q = 0,3077t$

$M = 0,3077 \cdot x + 4 - 6$

$M = 0,3077 \cdot x - 2$

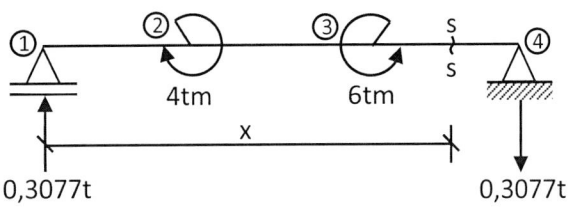

3.- Diagramas de esfuerzos internos

a) Normal

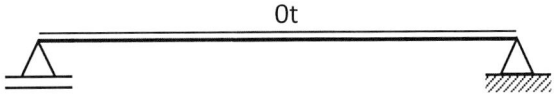

b) Cortante (1 m = 1 cm / 0,3077 t = 1 cm)

Tramo	Q [t]
1-2	0,3077
2-3	0,3077
3-4	0,3077

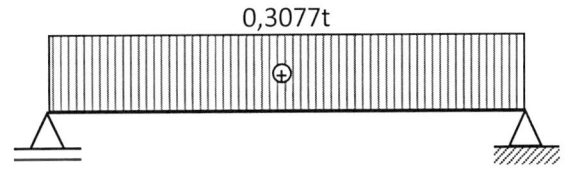

c) Momento (1 m = 1 cm / 2 tm = 1cm)

Tramo	x [m]	M [tm]
1-2	0	0
	2	0,6154
2-3	2	4,6154
	4,5	5,3846
3-4	4,5	−0,6154
	6,5	0

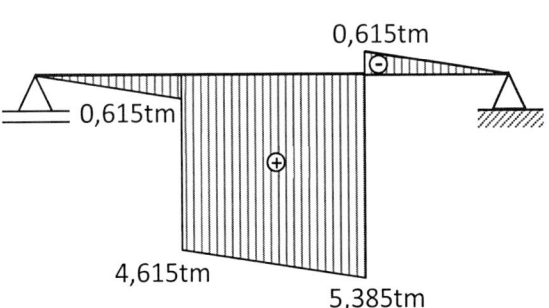

EJERCICIO 17

Calcule las reacciones y diagrame los esfuerzos internos (método analítico).

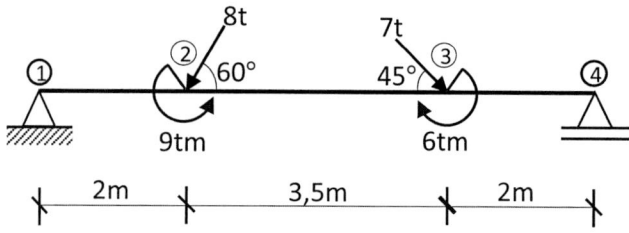

Figura 3.39 Viga 3.

1.- Cálculo de reacciones

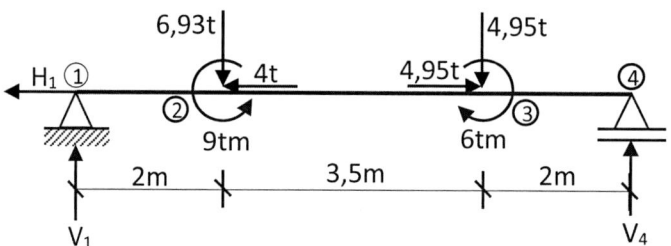

$\Sigma F_H = 0 \rightarrow \oplus$

$-H_1 - 4 + 4,95 = 0$

$H_1 = 0,95t$

$\Sigma M_1 = 0 \circlearrowleft \oplus$

$6,93 \cdot 2 - 9 + 4,95 \cdot 5,5 + 6 - V_4 \cdot 7,5 = 0$

$V_4 = 5,078t$

$\Sigma F_V = 0 \uparrow \oplus$

$V_1 - 6,93 - 4,95 + 5,078 = 0$

$V_1 = 6,802t$

2.- Cálculo de esfuerzos internos

a) Tramo 1-2 ($0 \leq x \leq 2$)

$N = 0,95t$

$Q = 6,802t$

$M = 6,802 \cdot x$

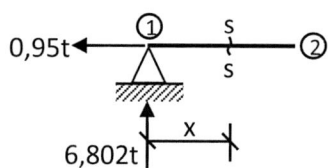

b) **Tramo 2-3 (**$2 \leq x \leq 5,5$**)**

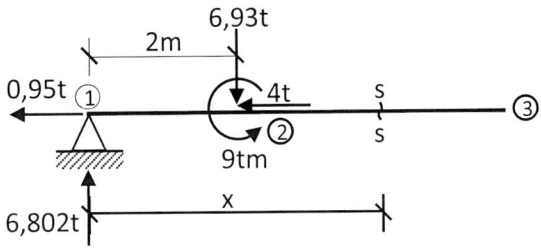

$$N = 0,95 + 4 = 4,95t$$

$$Q = 6,802 - 6,93 = -0,128t$$

$$M = 6,802 \cdot x - 6,93(x - 2) - 9$$

$$M = -0,128x + 4,86$$

c) **Tramo 3-4 (**$5,5 \leq x \leq 7,5$**)**

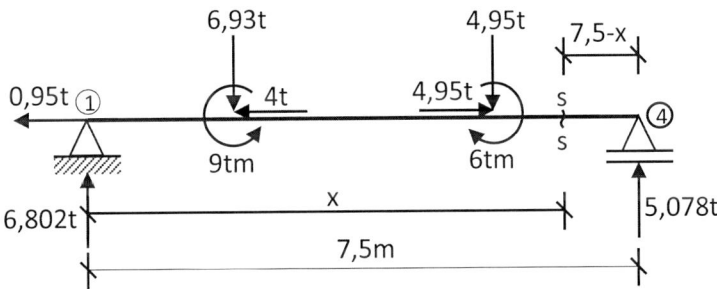

Vamos a considerar las cargas a la derecha de la sección s–s:

$$N = 0$$

$$Q = -5,078t$$

$$M = 5,078(7,5 - x)$$

$$M = -5,078x + 38,085$$

3.- Diagramas de esfuerzos internos

Normal (1 m = 1 cm / 3 t = 1 cm)

Tramo	N[t]
1-2	0,95
2-3	4,95
3-4	0

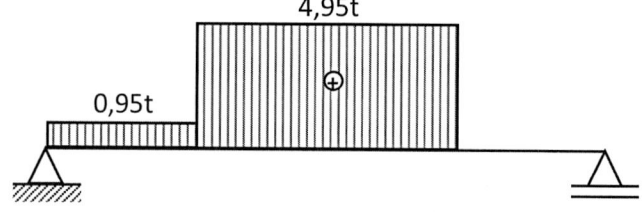

Cortante (1 m = 1 cm / 4 t = 1 cm)

Tramo	Q[t]
1-2	6,802
2-3	−0,128
3-4	−5,078

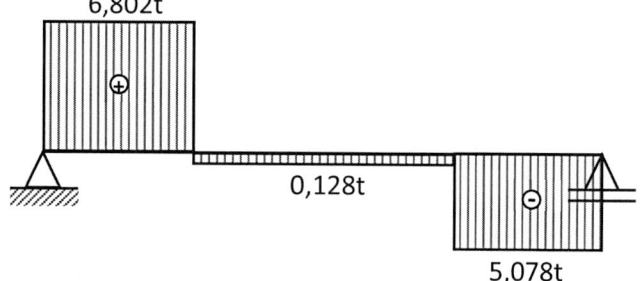

Momento (1 m = 1 cm / 6 tm = 1 cm)

Tramo	x[m]	M[tm]
1-2	0	0
	2	13,604
2-3	2	4,604
	5,5	4,156
3-4	5,5	10,156
	7,5	0

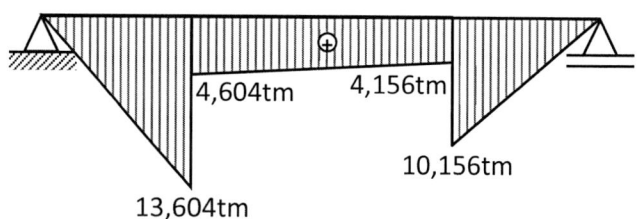

EJERCICIO 18

Calcule las reacciones y diagrame los esfuerzos internos (método analítico).

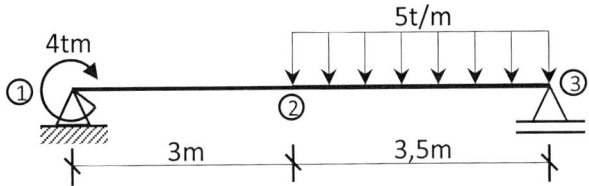

Figura 3.40 Viga 4.

1.- Cálculo de reacciones

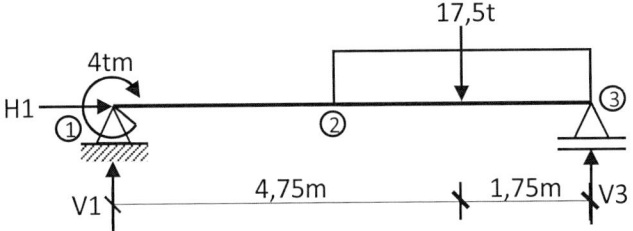

$\Sigma F_H = 0 \rightarrow \oplus$ $\Sigma M_1 = 0 \circlearrowright \oplus$ $\Sigma F_V = 0 \uparrow \oplus$

$H_1 = 0$ $4 + 17,5 \cdot 4,75 - V_3 \cdot 6,5 = 0$ $V_1 - 17,5 + 13,404 = 0$

$V_3 = 13,404 \text{ t}$ $V_1 = 4,096 \text{ t}$

2.- Cálculo de esfuerzos internos

a) Tramo 1-2 ($0 \le x \le 3$)

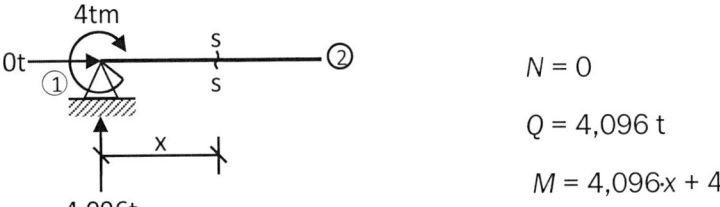

$N = 0$

$Q = 4,096 \text{ t}$

$M = 4,096 \cdot x + 4$

b) Tramo 2-3 ($3 \leq x \leq 6{,}5$)

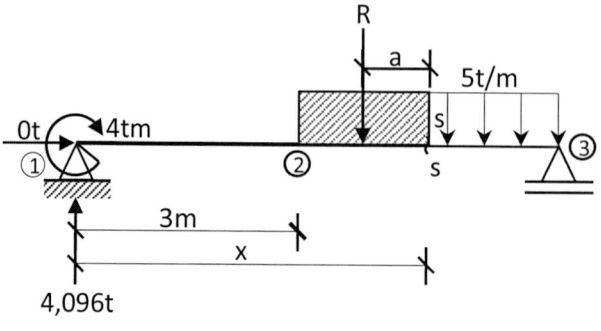

4,096t

$$R = 5(x - 3)$$

$$a = \frac{(x - 3)}{2}$$

$$N = 0$$

$$Q = 4{,}096 - R$$

$$Q = 4{,}096 - 5(x - 3)$$

$$Q = -5x + 19{,}096$$

$$M = 4 + 4{,}096 \cdot x - R \cdot a$$

$$M = 4 + 4{,}096 \cdot x - 5(x - 3)\frac{(x - 3)}{2}$$

$$M = 4 + 4{,}096 \cdot x - 2{,}5(x - 3)^2$$

$$M = 4 + 4{,}096 \cdot x - 2{,}5(x^2 - 6 \cdot x + 9)$$

$$M = -2{,}5x^2 + 19{,}096x - 18{,}5$$

3.- Diagramas de esfuerzos Internos

a) Normal

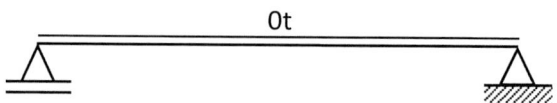

b) **Cortante** (1 m = 1 cm / 8 t = 1 cm)

Tramo	x[m]	Q[t]
1-2	0	4,096
	3	4,096
2-3	3	4,096
	6,5	−13,404

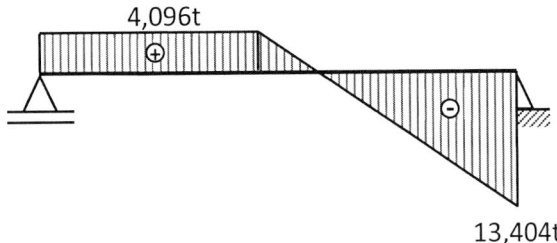

4,096t

13,404t

c) **Momento** (1 m = 1 cm / 8 tm = 1 cm)

Tramo	x[m]	M[tm]
1-2	0	4
	3	16,29
2-3	3	16,29
	4,75	15,8
	6,5	0

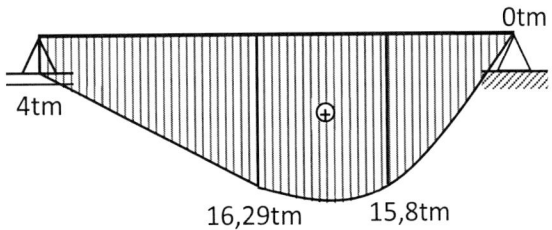

0tm

4tm

16,29tm   15,8tm

EJERCICIO 19

Calcule las reacciones y diagrame los esfuerzos internos (método analítico).

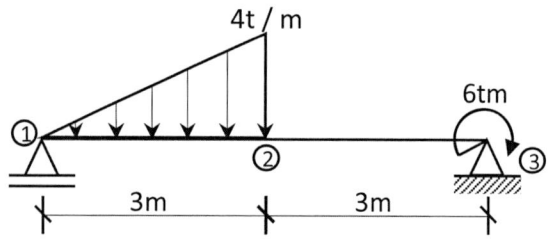

Figura 3.41 Viga 5.

1.- Cálculo de reacciones

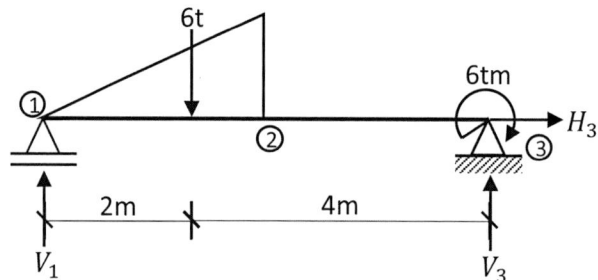

$\Sigma F_H = 0 \rightarrow \oplus$

$H_3 = 0$

$\Sigma M_1 = 0 \; \circlearrowleft \oplus$

$6 \cdot 2 + 6 - V_3 \cdot 6 = 0$

$V_3 = 3t$

$\Sigma F_V = 0 \uparrow \oplus$

$V_1 - 6 + 3 = 0$

$V_1 = 3t$

2.- Cálculo de esfuerzos internos

a) Tramo 1-2 ($0 \le x \le 3$)

$a = \dfrac{x}{3}$

$\dfrac{q`}{x} = \dfrac{4}{3}$

$q' = 1,333x$

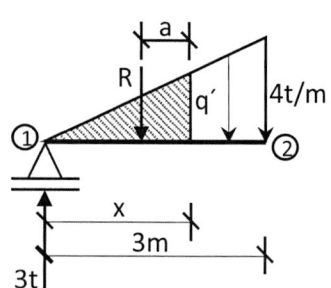

$$R = \frac{q' \cdot x}{2} = \frac{1,333x \cdot x}{2} = 0,667x^2$$

$$N = 0$$

$$Q = 3 - R = 3 - 0,667x^2$$

$$M = 3 \cdot x - R \cdot a = 3x - 0,667x^2 \cdot \frac{x}{3}$$

$$M = 3x - 0,222x^3$$

b) Tramo 2-3 ($3 \leq x \leq 6$)

Consideramos el lado derecho de la sección s-s.

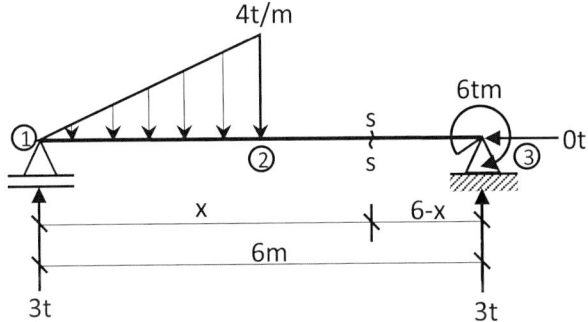

$$N = 0$$

$$Q = -3t$$

$$M = 3(6 - x) - 6 = -3x + 12$$

3.- Diagramas de esfuerzos internos

a) Normal

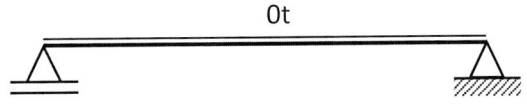

b) Cortante (1 m = 1 cm / 2 t = 1 cm)

Tramo	x[m]	Q[t]
1-2	0	3
	1,5	1,5
	3	−3
2-3	3	−3
	6	−3

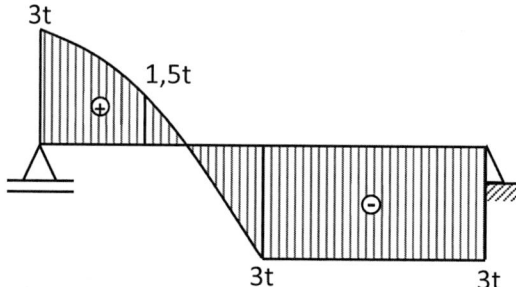

c) Momento (1 m = 1 cm / 3 tm = 1cm)

Tramo	x[m]	M[tm]
1-2	0	0
	1,5	3,75
	3	3
2-3	3	3
	6	−6

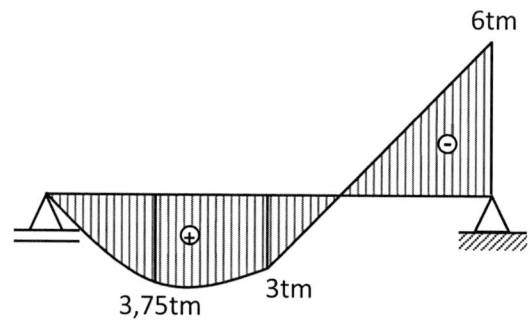

EJERCICIO 20

Calcule las reacciones y diagrame los esfuerzos internos (método analítico).

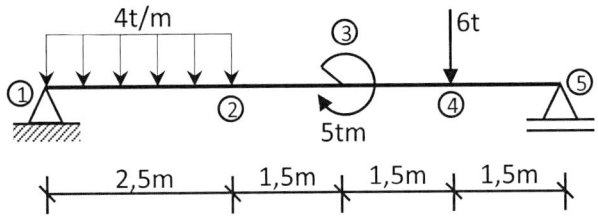

Figura 3.42 Viga 6.

1.- Cálculo de reacciones

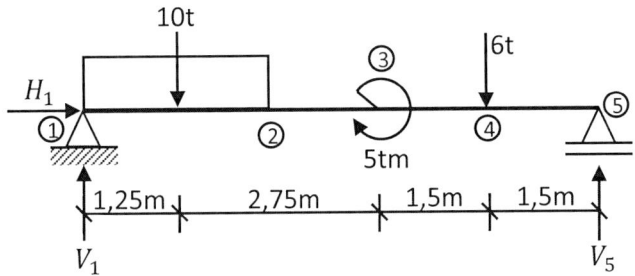

$\Sigma F_H = 0 \rightarrow \oplus$ $\Sigma M_1 = 0 \circlearrowright \oplus$ $\Sigma F_V = 0 \uparrow \oplus$

$H_1 = 0$ $10 \cdot 1,25 + 5 + 6 \cdot 5,5 - V_5 \cdot 7 = 0$ $V_1 - 10 - 6 + 7,214 = 0$

                  $V_5 = 7,214t$ $V_1 = 8,786t$

2.- Cálculo de esfuerzos internos

a) Tramo 1-2 ($0 \leq x \leq 2,5$)

$R = 4x$

$a = \dfrac{x}{2}$

$N = 0$

$Q = 8,786 - R$

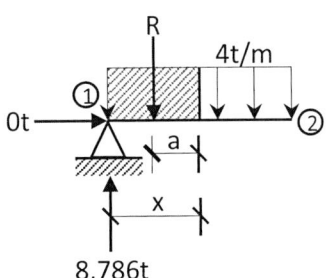

$$Q = 8,786 - 4x$$

$$M = 8,786 \cdot x - R \cdot a$$

$$M = 8,786x - 4x \cdot \frac{x}{2}$$

$$M = 8,786x - 2x^2$$

b) Tramo 2-3 $(2,5 \leq x \leq 4)$

$$R = 4 \cdot 2,5 = 10t$$

$$N = 0$$

$$Q = 8,786 - 10$$

$$Q = -1,214t$$

$$M = 8,786x - R(x - 1,25)$$

$$M = 8,786x - 10(x - 1,25)$$

$$M = -1,214 \cdot x + 12,5$$

c) Tramo 3-4 $(4 \leq x \leq 5,5)$

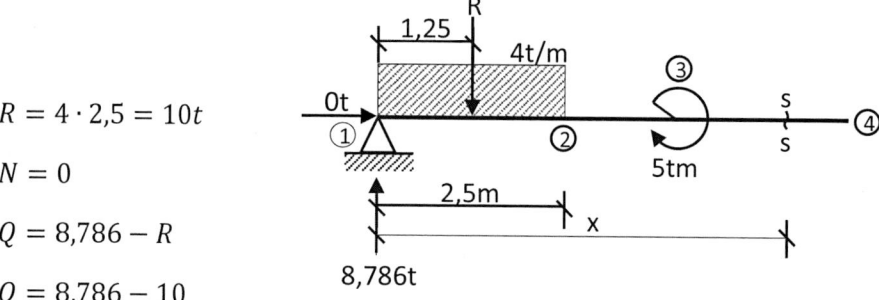

$$R = 4 \cdot 2,5 = 10t$$

$$N = 0$$

$$Q = 8,786 - R$$

$$Q = 8,786 - 10$$

$$Q = -1,214t$$

$$M = 8,786x - R(x - 1,25) + 5$$

$$M = 8,786x - 10(x - 1,25) + 5$$

$$M = -1,214 \cdot x + 17,5$$

d) Tramo 4-5 $(5,5 \leq x \leq 7)$

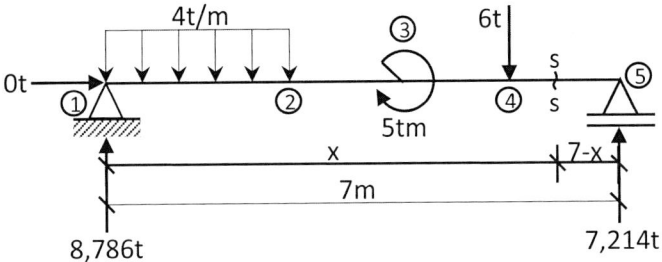

Consideramos las cargas a la derecha:

$$N = 0$$

$$Q = -7,214t$$

$$M = -7,214 \cdot x + 50,498$$

3.- Diagramas de esfuerzos internos
a) Normal

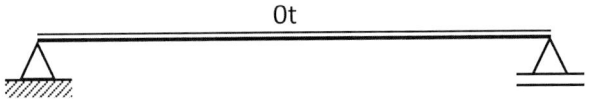

0t

b) Cortante (1 m = 1 cm / 5 t = 1 cm)

Tramo	x[m]	Q[t]
	0	8,786
1-2	1,25	3,786
	2,5	−1,214
2-3	2,5	−1,214
	4	−1,214
3-4	4	−1,214
	5,5	−1,214
4-5	5,5	−7,214
	7	−7,214

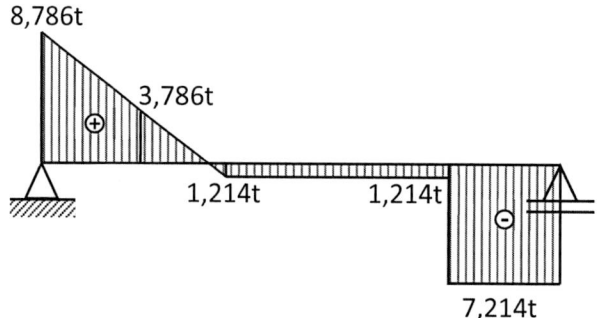

c) Momento (1 m = 1 cm / 5 tm = 1 cm)

Tramo	x[m]	M[tm]
1-2	0	0
	1,25	7,86
	2,5	9,465
2-3	2,5	9,465
	4	7,64
3-4	4	12,64
	5,5	10,82
2-3	5,5	10,82
	7	0

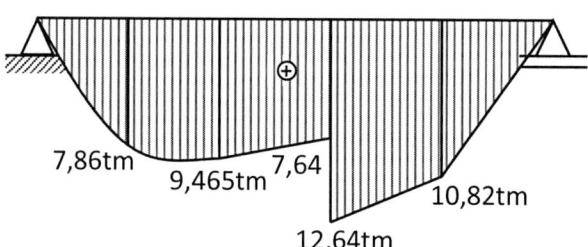

EJERCICIO 21

Calcule las reacciones y diagrame los esfuerzos internos (método analítico).

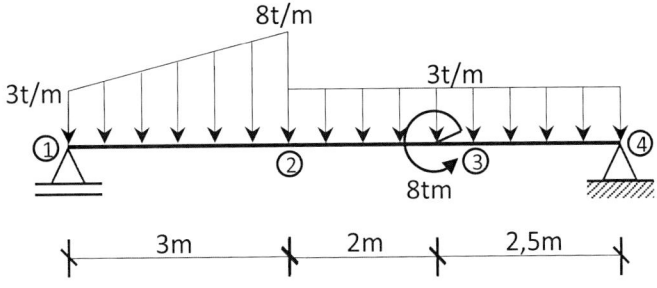

Figura 3.43 Viga 7.

1.- Cálculo de reacciones

La carga trapezoidal se subdivide en dos cargas.

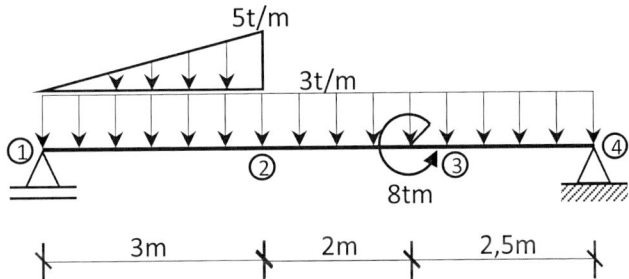

Ahora calculamos las resultantes y, luego, las reacciones.

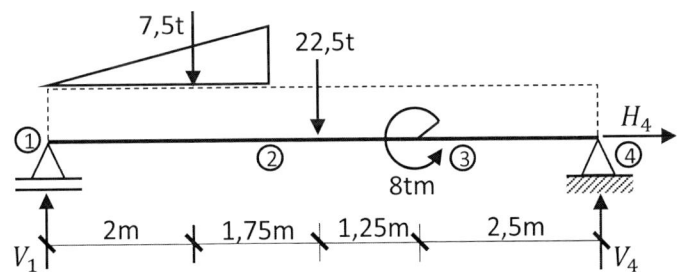

$\Sigma F_H = 0 \rightarrow \oplus$

$H_4 = 0$

$\Sigma M_1 = 0 \circlearrowright \oplus$

$7,5 \cdot 2 + 22,5 \cdot 3,75 - 8 - V_4 \cdot 7,5 = 0$

$V_4 = 12,183t$

$\Sigma F_V = 0 \uparrow \oplus$

$V_1 - 7,5 - 22,5 + 12,183 = 0$

$V_1 = 17,817t$

2.- Cálculo de esfuerzos Internos

a) Tramo 1-2 $(0 \leq x \leq 3)$

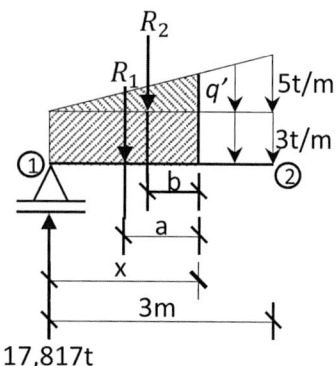

$\dfrac{q`}{x} = \dfrac{5}{3} \Rightarrow q` = 1,667x$

$a = \dfrac{x}{2}; \quad b = \dfrac{x}{3}$

$R_1 = 3 \cdot x$

$R_2 = \dfrac{q' \cdot x}{2} = \dfrac{1,667x \cdot x}{2}$

$R_2 = 0,833x^2$

$N = 0$

$Q = 17,817 - R_1 - R_2$

$Q = 17,817 - 3x - 0,833x^2$

$M = 17,817x - R_1 \cdot a - R_2 \cdot b$

$M = 17,817x - 3x \cdot \dfrac{x}{2} - 0,833x^2 \cdot \dfrac{x}{3}$

$M = 17,817x - 1,5x^2 - 0,278x^3$

b) Tramo 2-3 $(3 \leq x \leq 5)$

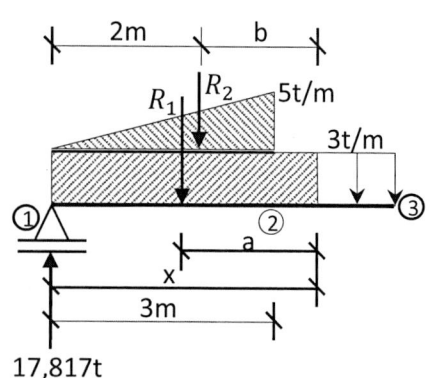

$a = \dfrac{x}{2}$

$b = x - 2$

$R_1 = 3 \cdot x$

$R_2 = \dfrac{5 \cdot 3}{2}$

$R_2 = 7,5t$

$N = 0$

$Q = 17{,}817 - R_1 - R_2$

$Q = 17{,}817 - 3x - 7{,}5$

$Q = -3x + 10{,}317$

$M = 17{,}817x - R_1 \cdot a - R_2 \cdot b$

$M = 17{,}817x - 3x \cdot \dfrac{x}{2} - 7{,}5(x - 2)$

$M = 17{,}817x - 1{,}5x^2 - 7{,}5x + 15$

$M = -1{,}5x^2 + 10{,}317x + 15$

c) Tramo **3-4** $(5 \leq x \leq 7{,}5)$

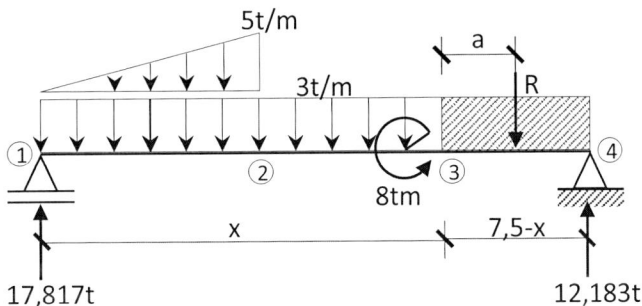

Consideramos las cargas a la derecha de la sección s-s:

$a = \dfrac{7{,}5 - x}{2}$

$R = 3 \cdot (7{,}5 - x)$

$N = 0$

$Q = -12{,}183 + R$

$Q = -12{,}183 + 3 \cdot (7{,}5 - x)$

$Q = 10{,}317 - 3x$

$M = 12{,}183 \cdot (7{,}5 - x) - R \cdot a$

$$M = 91{,}373 - 12{,}183x - 3(7{,}5 - x)\left(\frac{7{,}5 - x}{2}\right)$$

$$M = 91{,}373 - 12{,}183x - 1{,}5(56{,}25 - 15x + x^2)$$

$$M = -1{,}5x^2 + 10{,}317x + 7$$

3.- Diagramas de esfuerzos internos

a) Normal

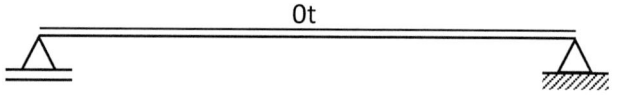

b) Cortante (1 m = 1 cm / 8 t = 1 cm)

Tramo	x[m]	Q[t]
1-2	0	17,817
	1,5	11,44
	3	1,32
2-3	3	1,32
	5	−4,683
3-4	5	−4,683
	7,5	−12,183

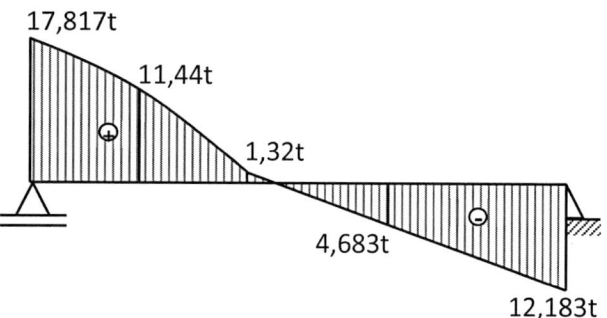

c) Momento (1 m = 1 cm / 15 tm = 1 cm)

Tramo	x[m]	M[tm]
1-2	0	0
	1,5	22,41
	3	32,45
2-3	3	32,45
	4	32,27
	5	29,09
3-4	5	21,09
	6,25	12,89
	7,5	0

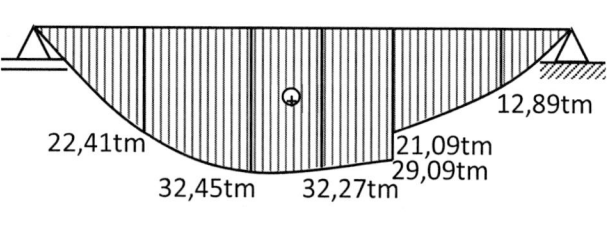

EJERCICIO 22

Calcule las reacciones y diagrame los esfuerzos internos (método analítico).

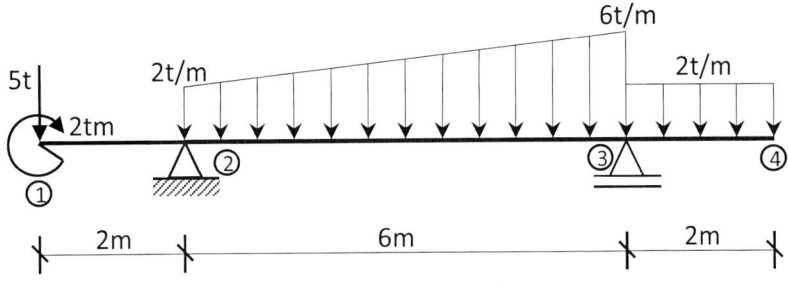

Figura 3.44 Viga 8.

1. Cálculo de reacciones

Separamos la carga trapezoidal en dos cargas.

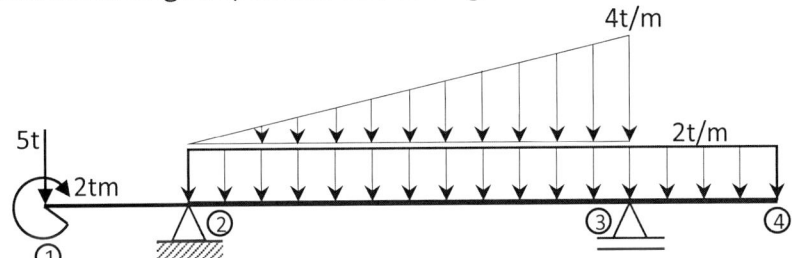

Calculamos la resultante de cada carga distribuida.

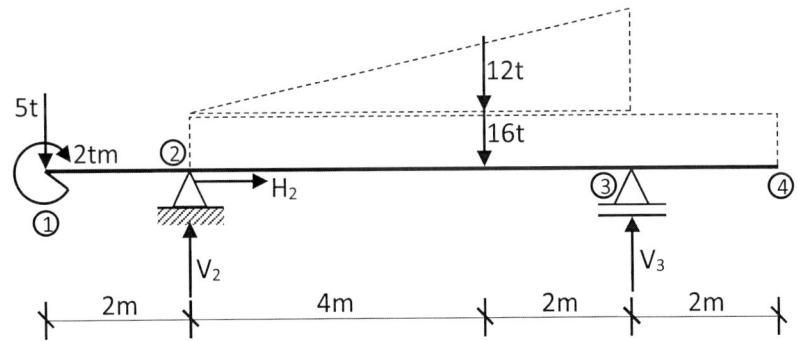

$\Sigma F_H = 0 \to \oplus$

$H_2 = 0$

$\Sigma M_2 = 0 \circlearrowleft \oplus$

$2 - 5 \cdot 2 + (12 + 16) \cdot 4 - V_3 \cdot 6 = 0$

$$V_3 = 17,333 \text{ t}$$

$$\Sigma F_V = 0 \uparrow \oplus$$

$$-5 + V_2 - 12 - 16 + 17,333 = 0$$

$$V_2 = 15,667 \text{ t}$$

2.- Cálculo de esfuerzos internos

a) Tramo 1-2 ($0 \leq x \leq 2$)

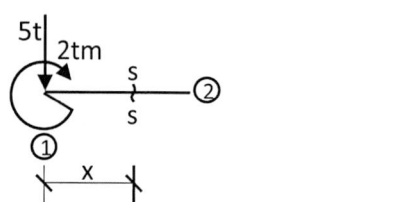

$$N = 0$$

$$Q = -5 \text{ t}$$

$$M = -5 \cdot x + 2$$

b) Tramo 2-3 ($2 \leq x \leq 8$)

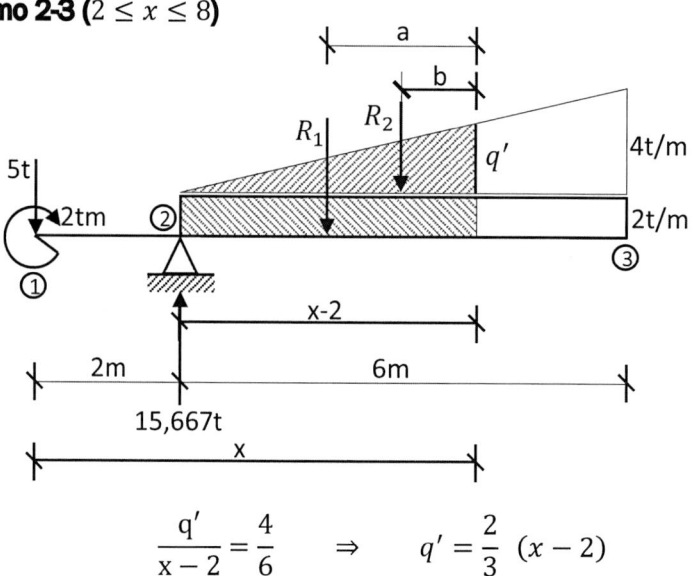

$$\frac{q'}{x-2} = \frac{4}{6} \quad \Rightarrow \quad q' = \frac{2}{3}(x-2)$$

$$R_1 = 2(x-2)$$

$$R_2 = \frac{q'(x-2)}{2}$$

$$R_2 = \frac{2}{3}(x-2)\left(\frac{x-2}{2}\right)$$

$$R_2 = \frac{(x-2)^2}{3}$$

Ahora, calculamos la distancia *a* y *b:*

$$a = \frac{x-2}{2}; \qquad b = \frac{x-2}{3}$$

Esfuerzos internos

$N = 0$

$Q = -5 + 15{,}667 - R_1 - R_2$

$Q = -5 + 15{,}667 - 2(x-2) - \dfrac{(x-2)^2}{3}$

$Q = 10{,}667 - 2x + 4 - \dfrac{1}{3}(x^2 - 4x + 4)$

$Q = 14{,}667 - 2x - 0{,}333x^2 + 1{,}333x - 1{,}333$

$Q = -0{,}333x^2 - 0{,}667x + 13{,}334$

$M = 2 - 5x + 15{,}667(x-2) - R_1 \cdot a - R_2 \cdot b$

$M = 2 - 5x + 15{,}667x - 31{,}334 - 2(x-2) \cdot \dfrac{(x-2)}{2} - \dfrac{(x-2)^2}{3} \cdot \dfrac{(x-2)}{3}$

$M = -29{,}334 + 10{,}667x - (x^2 - 4x + 4) - \dfrac{1}{9}(x^3 - 6x^2 + 12x - 8)$

$M = -29{,}334 + 10{,}667x - x^2 + 4x - 4 - 0{,}111x^3 + 0{,}667x^2 - 1{,}333x + 0.888$

$M = -0{,}111x^3 - 0{,}333x^2 + 13{,}334x - 32{,}446$

c) Tramo 3-4 ($8 \le x \le 10$)

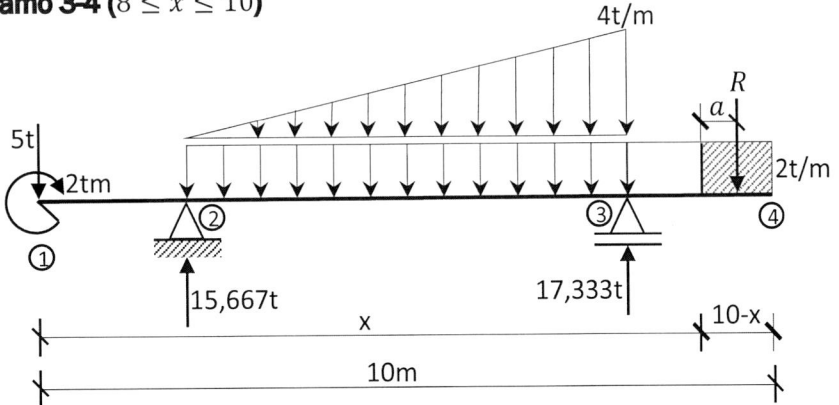

$$R = 2(10 - x)$$

$$a = \frac{10 - x}{2}$$

$$N = 0$$

$$Q = R = 2(10 - x)$$

$$Q = 20 - 2x$$

$$M = -R \cdot a$$

$$M = -2(10 - x)\frac{(10 - x)}{2}$$

$$M = -100 + 20x - x^2$$

3.- Diagramas de esfuerzos internos

a) Normal

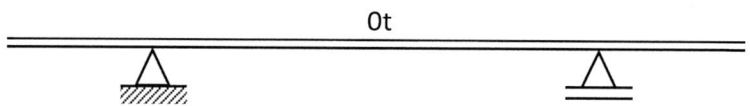

0t

b) Cortante (1 m = 1 cm / 5 t = 1 cm)

Tramo	x[m]	Q[t]
1-2	0	−5
	2	−5
2-3	2	10,668
	5	1,674
	8	−13,314
3-4	8	4
	10	0

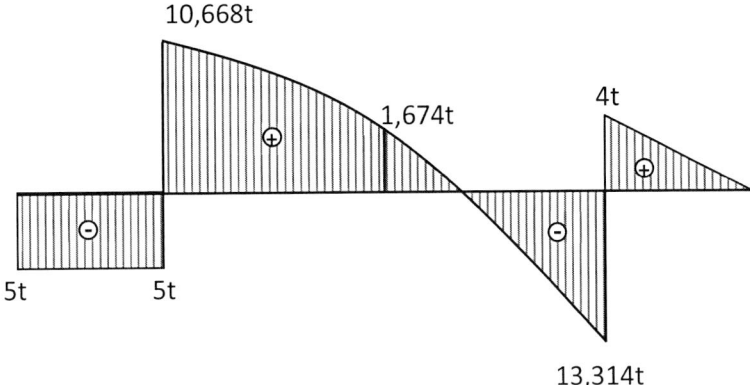

c) Momento (1 m = 1 cm / 4 tm = 1 cm)

Tramo	x[m]	M[tm]
1-2	0	2
	2	−8
2-3	2	−8
	5	12,024
	8	−4
3-4	8	−4
	9	−1
	10	0

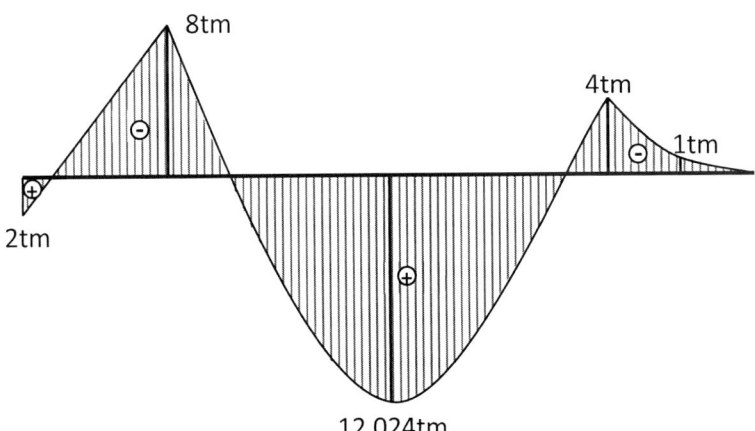

EJERCICIO 23

Calcule las reacciones y diagrame los esfuerzos internos (método analítico).

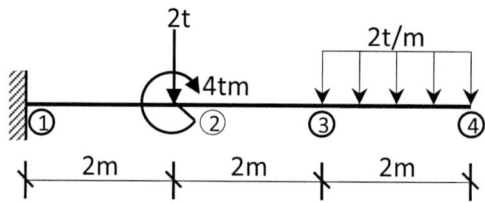

Figura 3.45 Viga 9.

1.- Cálculo de reacciones

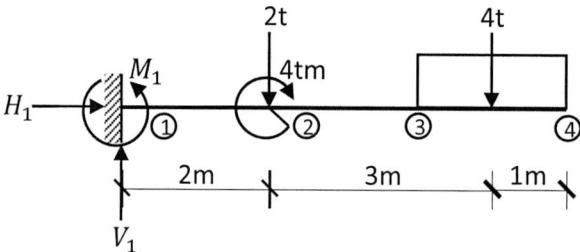

$\Sigma F_H = 0 \rightarrow \oplus$ $\Sigma F_V = 0 \uparrow \oplus$ $\Sigma M_1 = 0 \circlearrowright \oplus$

$H_1 = 0$ $V_1 - 2 - 4 = 0$ $-M_1 + 4 + 2 \cdot 2 + 4 \cdot 5 = 0$

     $V_1 = 6 \text{ t}$ $M_1 = 28 \text{ tm}$

2.- Cálculo de esfuerzos internos

a) Tramo 1-2 ($0 \le x \le 2$)

$N = 0$

$Q = 6t$

$M = 6 \cdot x - 28$

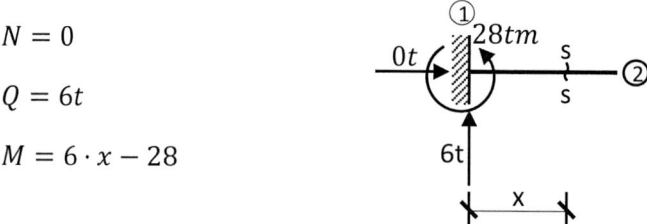

b) **Tramo 2-3 (**$2 \leq x \leq 4$**)**

$N = 0$

$Q = 6 - 2 = 4t$

$M = 6 \cdot x - 28 - 2(x - 2) + 4$

$M = 4 \cdot x - 20$

c) **Tramo 3-4 (**$4 \leq x \leq 6$**)**

$R = 2(6 - x)$

$R = 12 - 2x$

$a = \dfrac{6 - x}{2}$

Consideramos las cargas a la derecha:

$N = 0$

$Q = R = 12 - 2x$

$M = -R \cdot a$

$M = -(12 - 2x)\dfrac{(6 - x)}{2}$

$M = -x^2 + 12x - 36$

3.- Diagramas de esfuerzos internos

a) **Normal**

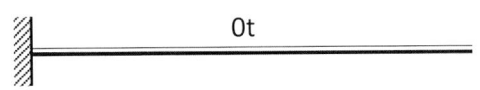

b) Cortante (1 m = 1 cm / 4 t = 1 cm)

Tramo	x[m]	Q[t]
1-2	0	6
	2	6
2-3	2	4
	4	4
3-4	4	4
	6	0

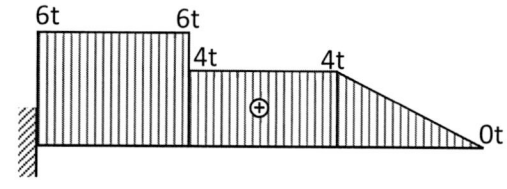

c) Momento (1 m = 1 cm / 10 tm = 1 cm)

Tramo	x[m]	M[tm]
1-2	0	−28
	2	−16
2-3	2	−12
	4	−4
3-4	4	−4
	5	−1
	6	0

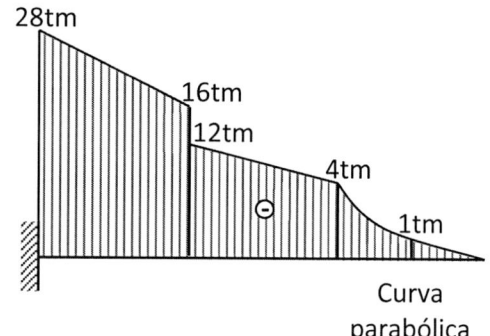

Curva
parabólica

3.11. VIGAS GERBER

Son vigas de gran longitud, provistas de varios vanos vinculadas por articulaciones o rótulas. Este tipo de sistema estructural es utilizado en puentes vehiculares de varios tramos y en vigas de madera cuando se las quiere prolongar en su longitud en corredores y galerías. Véase el ejemplo de la figura 3.46.

Figura 3.46 Viga Gerber utilizada en estructura de cubierta.

En la figura 3.46, se observa una viga Gerber vinculada externamente a cuatro apoyos o columnas; además, sobre los apoyos 2 y 3, se muestran sus uniones articuladas a través de los empalmes de las vigas de madera. También se puede observar un conjunto de vigas de sección rectangular que le transmiten el peso de la cubierta (F1 y F2). La idealización de esta viga Gerber se realizará tal como se muestra en la figura 3.47.

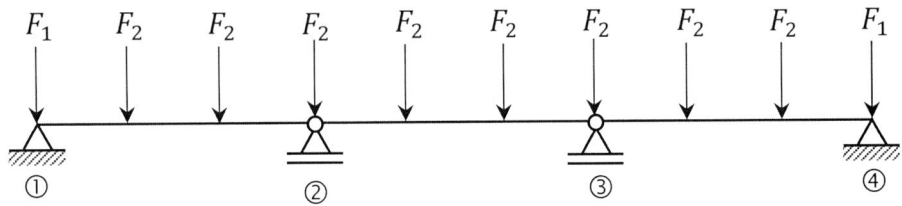

Figura 3.47 Viga Gerber idealizada.

Las articulaciones son uniones que vinculan dos o más barras, permitiendo únicamente la transmisión de fuerzas axiales y de corte y dejando a plena libertad su rigidez angular, por lo cual no existe transmisión de momento flector; es decir, el momento flector en las uniones articuladas es nulo (M = 0).

Las articulaciones son elementos que permiten prolongar significativamente la longitud de una viga; sin embargo, pueden afectar a su estabilidad cuando no son ubicadas de manera adecuada. Para verificar que las articulaciones de una viga Gerber no afectan en su estabilidad, deberá descomponerse a partir de sus articulaciones, las cuales deberán sustituirse por apoyos fijos, que simulan la transmisión de sus fuerzas (axial y de corte). Véase el ejemplo de la figura 3.48.

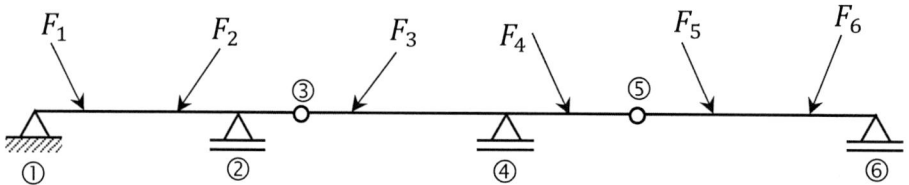

Figura 3.48 Viga Gerber con cargas oblicuas.

Descomponemos la viga a partir de sus articulaciones.

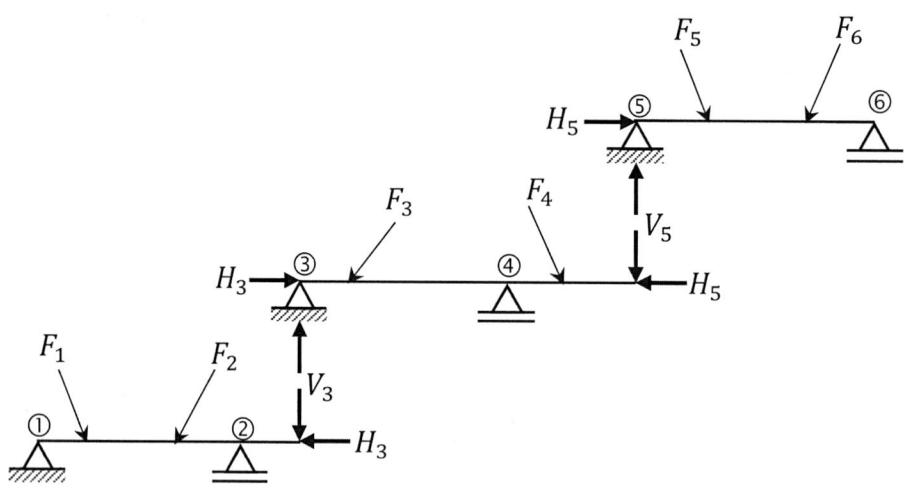

Figura 3.49 Transmisión de fuerzas por las articulaciones.

Se observa en la figura 3.49 que cada segmento de vigas está provisto de un apoyo fijo y otro móvil que garantizan el equilibrio individual de cada una de sus partes. De este modo, podemos asegurar que las articulaciones no producen inestabilidad en la viga Gerber.

Veamos otro ejemplo.

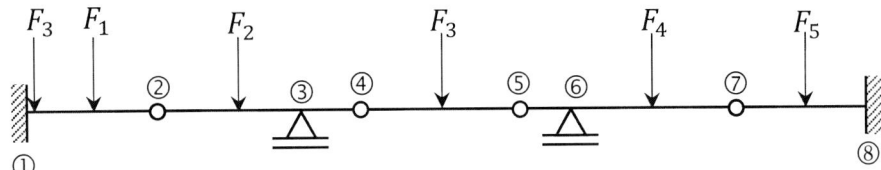

Figura 3.50 Viga Gerber.

Desensamblamos la viga anterior en sus uniones 2, 4, 5 y 7, sustituyendo sus articulaciones por apoyos fijos en los tramos que lo requieran.

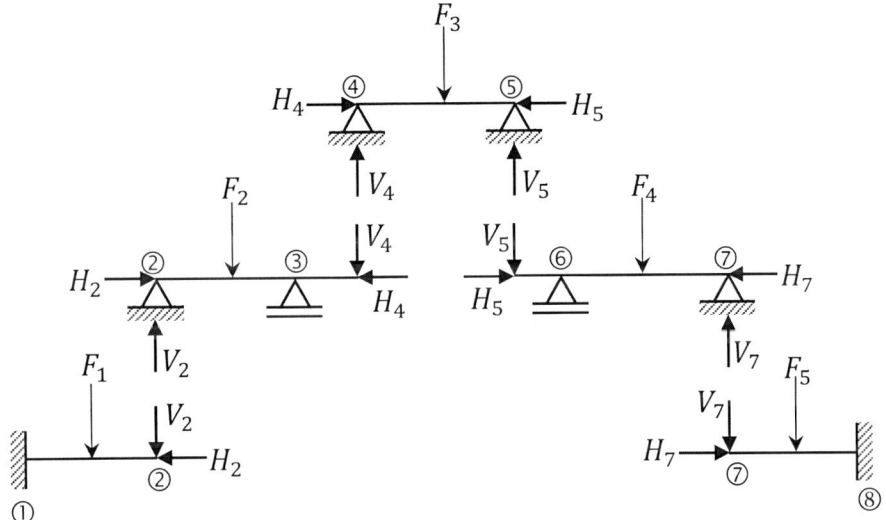

Figura 3.51 Transmisión de fuerza.

Las vigas 1-2, 2-3, 6-7 y 7-8 presentan las restricciones necesarias que garantizan su equilibrio estático; sin embargo, la barra 4-5 alberga dos apoyos fijos que, si bien hiperrestringen la dirección horizontal, ambas reacciones son nulas, debido a la ausencia de cargas horizontales sobre este tramo y, por lo tanto, sus reacciones horizontales son nulas.

3.11.1. DIAGRAMAS DE ESFUERZOS INTERNOS EN VIGAS GERBER

Los esfuerzos internos en vigas Gerber se calculan manteniendo los mismos criterios, convenios y secuencia de pasos estudiados hasta ahora, con la única diferencia de que el cálculo de sus reacciones demandará una mayor cantidad de ecuaciones de equilibrio, que serán cubiertas por las ecuaciones adicionales de momento en las articulaciones. Es también importante aclarar que las uniones articuladas, si bien son puntos de referencia al momento de calcular las reacciones de una viga Gerber, no necesariamente son puntos de análisis que definan o modifiquen la variación de sus esfuerzos internos. Véase los ejemplos de la figura 3.52.

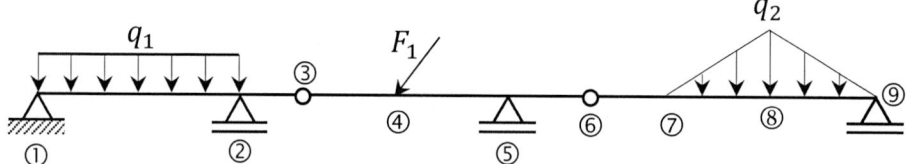

Figura 3.52 Viga Gerber enumerada para su análisis.

Las articulaciones 3 y 6 no contienen una carga que modifiquen sus esfuerzos internos; por lo tanto, no son punto de análisis al momento de obtener las funciones de los esfuerzos internos. Sus tramos de análisis son: 1-2, 2-4, 4-5, 5-7, 7-8 y 8-9.

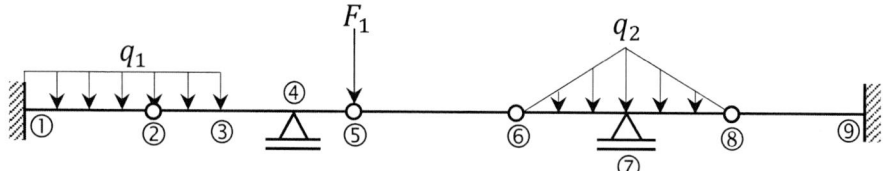

Figura 3.53 Viga Gerber enumerada para su análisis.

En la viga anterior, la articulación 2 no representa un punto que modifique la distribución de la carga rectangular y, por lo tanto, no existen modificaciones en la variación de sus esfuerzos internos; en cambio, las articulaciones 5, 6 y 8, por la posición de sus cargas, representan puntos de análisis al momento de calcular las funciones de sus esfuerzos internos.

EJERCICIOS

EJERCICIO 24

Calcule las reacciones y diagrame los esfuerzos internos (método analítico).

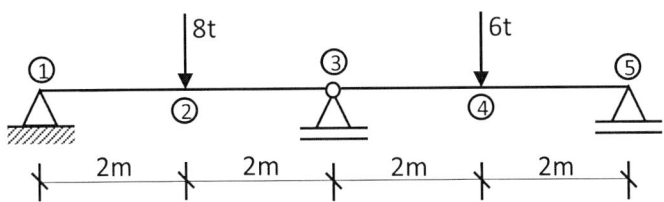

Figura 3.54 Viga 10.

1.- Cálculo de reacciones

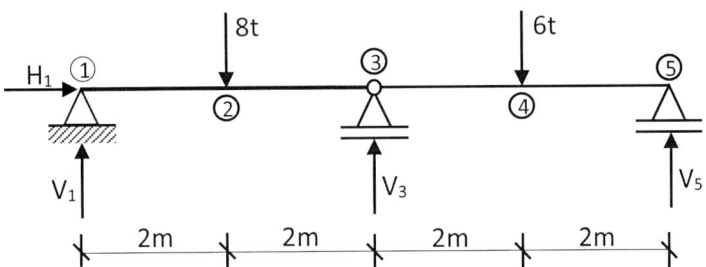

Como no existen cargas horizontales, la reacción horizontal H_1 es cero:

$\Sigma M_3 = 0 \circlearrowleft \oplus (der)$ $\Sigma M_3 = 0 \circlearrowleft \oplus (izq)$ $\Sigma F_V = 0 \uparrow \oplus$

$6 \cdot 2 - V_5 \cdot 4 = 0$ $V_1 \cdot 4 - 8 \cdot 2 = 0$ $4 - 8 + V_3 - 6 + 3 = 0$

$V_5 = 3t$ $V_1 = 4t$ $V_3 = 7t$

2.- Cálculo de esfuerzos internos

a) Tramo 1-2 ($0 \leq x \leq 2$)

$N = 0$

$Q = 4t$

$M = 4 \cdot x$

b) Tramo 2-3 ($2 \leq x \leq 4$)

$N = 0$

$Q = 4 - 8 = -4t$

$M = 4 \cdot x - 8(x - 2)$

$M = -4x + 16$

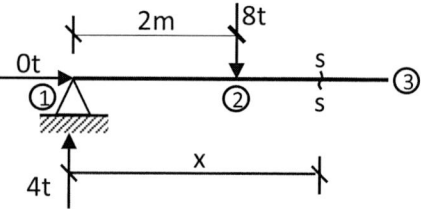

c) Tramo 3-4 ($4 \leq x \leq 6$)

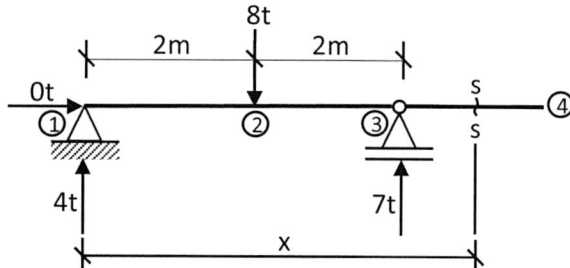

$N = 0$

$Q = 4 - 8 + 7 = 3$

$M = 4 \cdot x - 8(x - 2) + 7(x - 4)$

$M = 4x - 8x + 16 + 7x - 28$

$M = 3x - 12$

d) Tramo 4-5 ($6 \leq x \leq 8$)

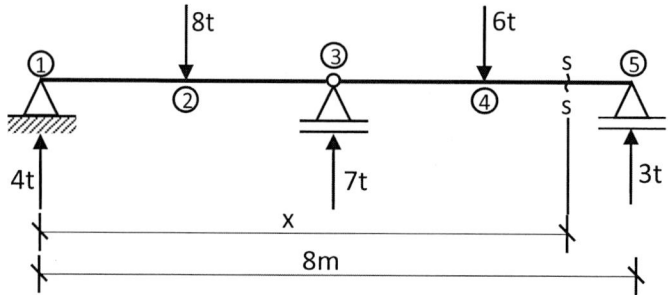

Consideramos las cargas a la derecha de la sección s-s:

$$N = 0t$$

$$Q = -3t$$

$$M = 3(8 - x) = -3x + 24$$

3.- Diagramas de esfuerzos internos

a) Cortante (1 m = 1 cm / 3 t = 1 cm)

Tramo	Q[t]
1-2	4
2-3	−4
3-4	3
4-5	−3

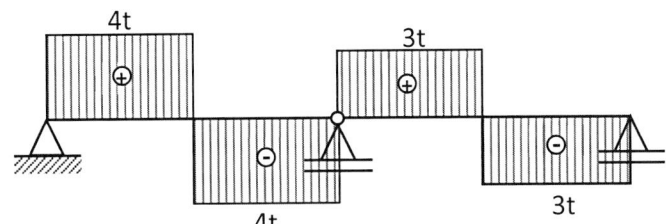

b) Momento (1 m = 1 cm / 4 tm = 1 cm)

Tramo	x[t]	M[tm]
1-2	0	0
	2	8
2-3	2	8
	4	0
3-4	4	0
	6	6
4-5	6	6
	8	0

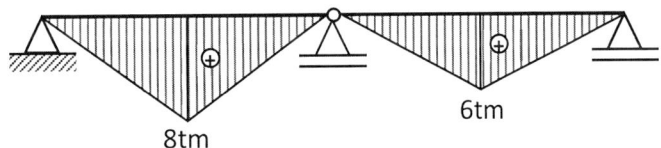

EJERCICIO 25

Calcule las reacciones y diagrame los esfuerzos internos (método analítico).

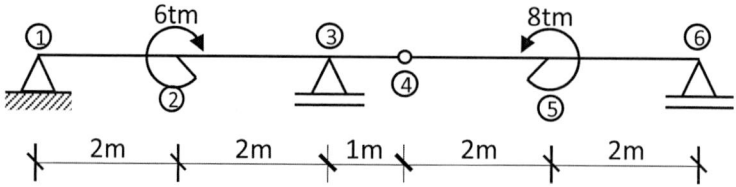

Figura 3.55 Viga 11.

1.- Cálculo de reacciones

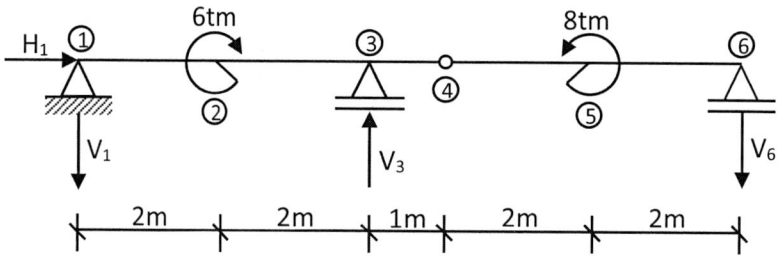

Como no existen cargas horizontales, la reacción H_1 es igual a cero:

$\Sigma M_4 = 0 \circlearrowright \oplus (der)$ $\Sigma M_1 = 0 \circlearrowright \oplus$ $\Sigma F_V = 0 \uparrow \oplus$

$-8 + V_6 \cdot 4 = 0$ $6 - V_3 \cdot 4 - 8 + 2 \cdot 9 = 0$ $-V_1 + 4 - 2 = 0$

$V_6 = 2t$ $V_3 = 4t$ $V_1 = 2t$

2.- Cálculo de esfuerzos internos

a) Tramo 1-2 ($0 \le x \le 2$)

$N = 0$

$Q = -2t$

$M = -2 \cdot x$

b) **Tramo 2-3 (**$2 \leq x \leq 4$**)**

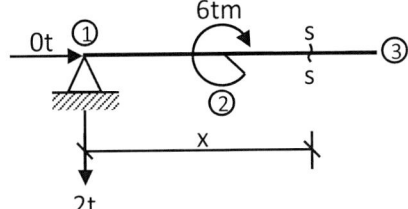

$N = 0t$

$Q = -2t$

$M = -2 \cdot x + 6$

c) **Tramo 3-5 (**$4 \leq x \leq 7$**)**

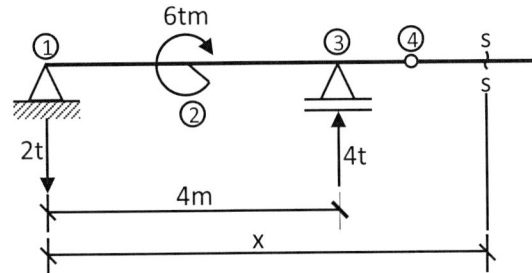

$N = 0t$

$Q = -2 + 4 = 2t$

$M = -2 \cdot x + 6 + 4(x - 4)$

$M = 2 \cdot x - 10$

d) **Tramo 5-6 (**$7 \leq x \leq 9$**)**

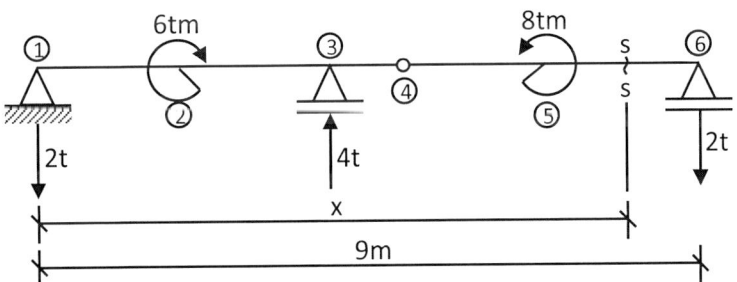

Consideramos las cargas a la derecha de la sección s-s:

$N = 0t$

$Q = 2t$

$M = -2 \cdot (9 - x)$

$M = 2 \cdot x - 18$

3.- Diagramas de esfuerzos internos

a) Cortante (1 m = 1 cm / 2 t = 1 cm)

Tramo	Q[t]
1-2	−2
2-3	−2
3-5	2
5-6	2

b) Momento (1 m = 1 cm / 2 tm = 1 cm)

Tramo	x[m]	M[tm]
1-2	0	0
	2	−4
2-3	2	2
	4	−2
3-5	4	−2
	7	4
5-6	7	−4
	9	0

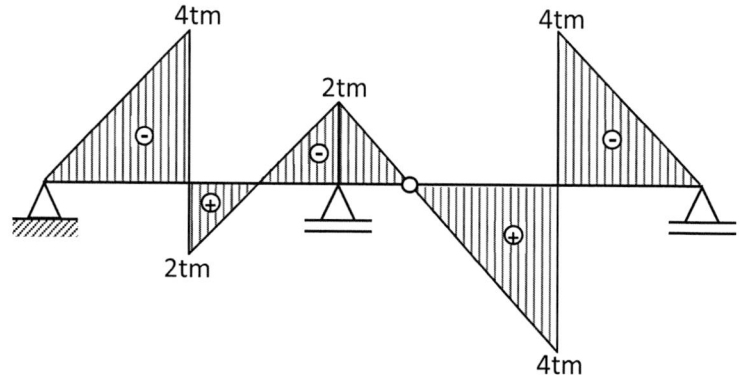

EJERCICIO 26

Calcule las reacciones y diagrame los esfuerzos internos (método analítico).

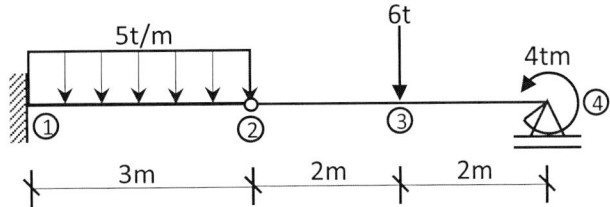

Figura 3.56 Viga 12.

1.- Cálculo de reacciones

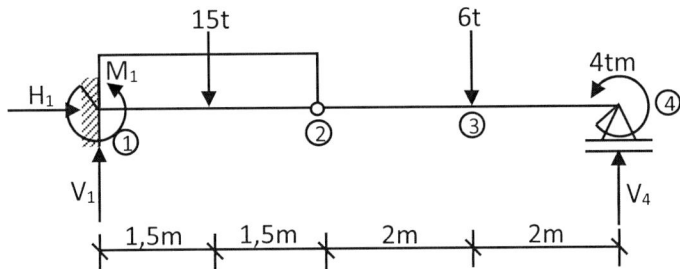

Como no existen cargas horizontales, la reacción H_1 vale cero:

$\Sigma M_2 = 0 \circlearrowleft \oplus (der)$	$\Sigma F_V = 0 \uparrow \oplus$	$\Sigma M_2 = 0 \circlearrowleft \oplus (izq)$
$6 \cdot 2 - 4 - V_4 \cdot 4 = 0$	$V_1 - 15 - 6 + 2 = 0$	$19 \cdot 3 \quad M_1 - 15 \cdot 1,5 - 0$
$V_4 = 2t$	$V_1 = 19t$	$M_1 = 34,5tm$

2.- Cálculo de esfuerzos internos

a) Tramo 1-2 ($0 \leq x \leq 3$)

$R = 5 \cdot x$

$a = \dfrac{x}{2}$

$N = 0$

$Q = 19 - R = 19 - 5 \cdot x$

$M = -34,5 + 19 \cdot x - R \cdot a$

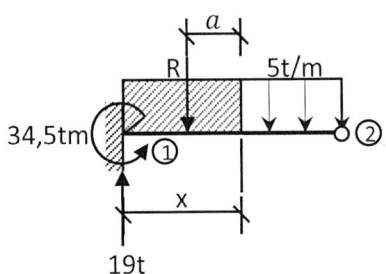

$$M = -34.5 + 19x - 5 \cdot x \cdot \frac{x}{2}$$

$$M = -2{,}5x^2 + 19x - 34{,}5$$

b) Tramo 2-3 ($3 \le x \le 5$)

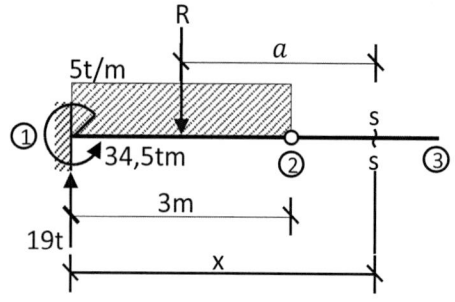

$R = 5 \cdot 3 = 15t$

$a = x - 1{,}5$

$N = 0$

$Q = 19 - 15 = 4t$

$M = 19 \cdot x - 34{,}5 - 15 \cdot (x - 1{,}5)$

$M = 4x - 12$

c) Tramo 3-4 ($5 \le x \le 7$)

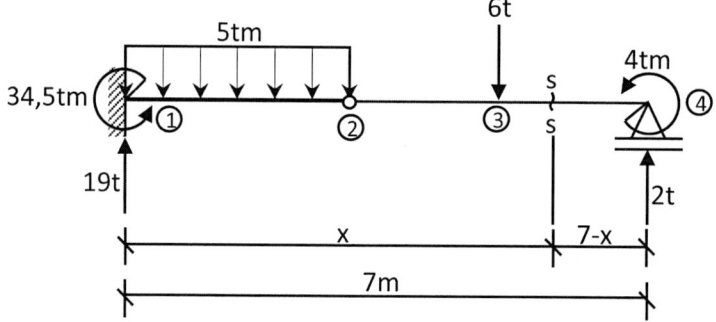

Consideramos las cargas de la derecha:

$N = 0t$

$Q = -2t$

$M = 2(7 - x) + 4$

$M = -2x + 18$

3.- Diagramas de esfuerzos internos

a) Cortante (1 m = 1 cm / 8 t = 1 cm)

Tramo	x[m]	Q[t]
1-2	0	19
	3	4
2-3	3	4
	5	4
3-4	5	−2
	7	−2

c) Momento (1 m = 1 cm / 10 tm = 1 cm)

Tramo	x[m]	M[tm]
1-2	0	−34,5
	1,5	−11,625
	3	0
2-3	3	0
	5	8
3-4	5	8
	7	4

EJERCICIO 27

Calcule las reacciones y diagrame los esfuerzos internos (método analítico).

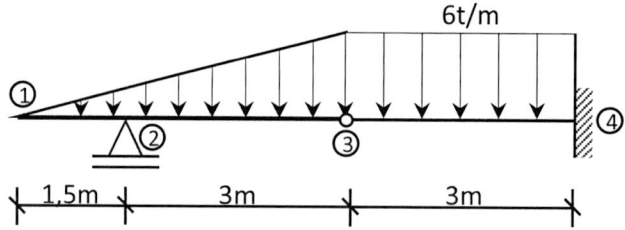

Figura 3.57 Viga 13.

1.- Cálculo de reacciones

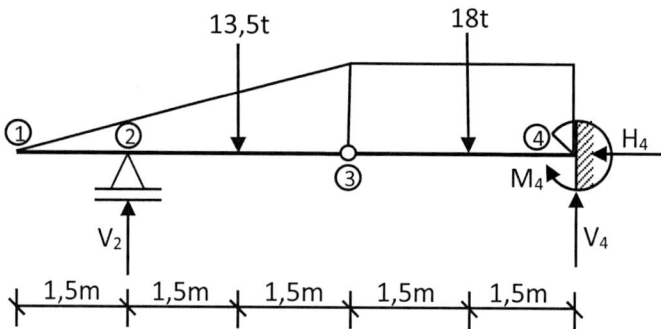

Como no existen cargas horizontales, la reacción H_4 vale cero:

$\Sigma M_3 = 0 \circlearrowright \oplus (izq)$	$\Sigma F_V = 0 \uparrow \oplus$	$\Sigma M_3 = 0 \circlearrowright \oplus (der)$
$V_2 \cdot 3 - 13,5 \cdot 1,5 = 0$	$6,75 - 13,5 - 18 + V_4 = 0$	$18 \cdot 1,5 + M_4 - 24,75 \cdot 3 = 0$
$V_2 = 6,75t$	$V_4 = 24,75t$	$M_4 = 47,25tm$

2.- Cálculo de esfuerzos internos

a) Tramo 1-2 ($0 \le x \le 1,5$)

$$\frac{q'}{x} = \frac{6}{4,5} \implies q' = 1,333 \cdot x$$

$$R = \frac{q' \cdot x}{2} = \frac{1,333 \cdot x \cdot x}{2} = 0,667x^2$$

$$a = x/3$$

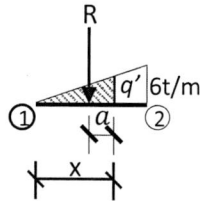

$N = 0$

$Q = -R = -0,667x^2$

$M = -R \cdot a = -0,667x^2 \cdot \dfrac{x}{3}$

$M = -0,222x^3$

b) Tramo 2-3 ($1,5 \leq x \leq 4,5$**)**

$\dfrac{q'}{x} = \dfrac{6}{4,5} \Rightarrow q' = 1,333 \cdot x$

$R = \dfrac{q' \cdot x}{2} = \dfrac{1,333 \cdot x \cdot x}{2} = 0,667x^2$

$a = \dfrac{x}{3}$

$N = 0$

$Q = 6,75 - R = 6,75 - 0,667x^2$

$M = 6,75 \cdot (x - 1,5) - R \cdot a$

$M = 6,75 \cdot x - 10,125 - 0,667x^2 \cdot \dfrac{x}{3}$

$M = -0,222x^3 + 6,75x - 10,125$

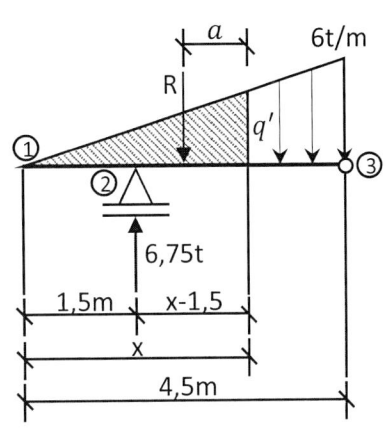

c) Tramo 3-4 ($4,5 \leq x \leq 7,5$**)**

$R = 6(7,5 - x)$

$a = \dfrac{7,5 - x}{2}$

$N = 0t$

$Q = R - 24,75$

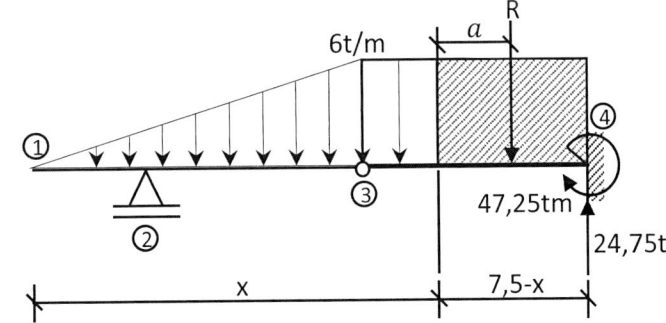

$$Q = 6(7,5 - x) - 24,75 = -6 \cdot x + 20,25$$

$$M = 24,75 \cdot (7,5 - x) - 47,25 - R \cdot a$$

$$M = 185,625 - 24,75 \cdot x - 47,25 - 6 \cdot (7,5 - x) \cdot \frac{(7,5 - x)}{2}$$

$$M = 138,375 - 24,75x - 3(56,25 - 15x + x^2)$$

$$M = -3x^2 + 20,25x - 30,375$$

3.- Diagramas de esfuerzos Internos

a) Cortante (1 m = 1 cm / 10 t = 1 cm)

Tramo	x[m]	Q[t]
1-2	0	0
	0,75	−0,375
	1,5	−1,5
2-3	1,5	5,25
	3	0,747
	4,5	−6,76
3-4	4,5	−6,75
	7,5	−24,75

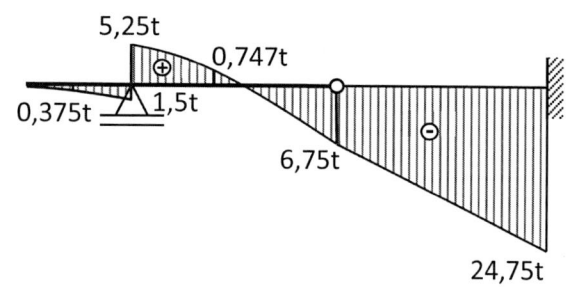

b) Momento (1 m = 1 cm / 10 tm = 1 cm)

Tramo	x[m]	M[tm]
1-2	0	0
	0,75	−0,094
	1,5	−0,75
2-3	1,5	−0,75
	3	4,131
	4,5	0
3-4	4,5	0
	6	−16,875
	7,5	−47,25

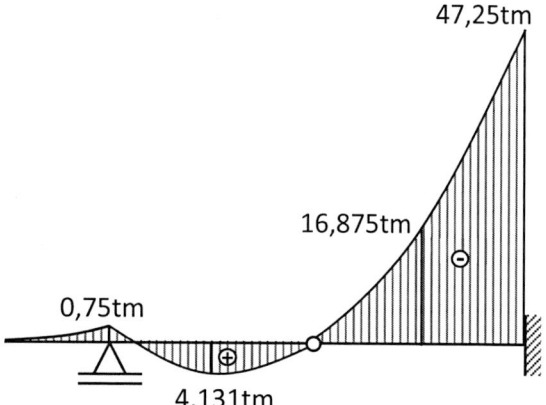

EJERCICIO 28

Calcule las reacciones y diagrame los esfuerzos internos (método analítico).

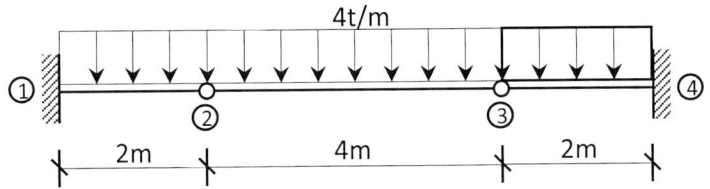

Figura 3.58 Viga 14.

1.- Cálculo de reacciones

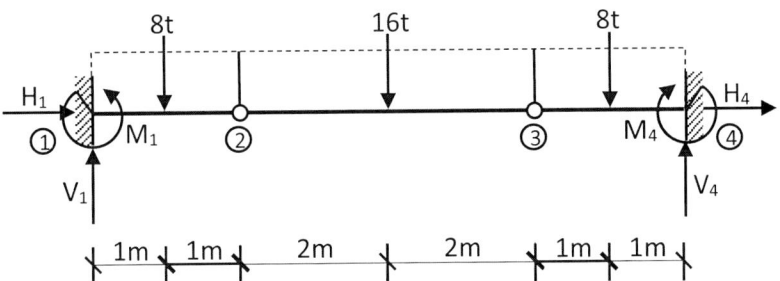

Como no existen fuerzas horizontales, $H_1 = H_4 = 0$:

$\Sigma M_2 = 0 \circlearrowleft \oplus (der)$

$16 \cdot 2 + 8 \cdot 5 + M_4 - V_4 \cdot 6 = 0$

$M_4 - 6 \cdot V_4 = -72$ ①

Resolviendo ① y ②, obtenemos:

$\Sigma M_3 - 0 \circlearrowleft \oplus (dcr)$

$8 \cdot 1 + M_4 - V_4 \cdot 2 = 0$

$M_4 - 2 \cdot V_4 = -8$ ②

$$M_4 = 24tm$$

$$V_4 = 16t$$

$\Sigma F_V = 0 \uparrow \oplus$

$V_1 - 8 - 16 - 8 + 16 = 0$

$V_1 = 16t$

$\Sigma M_2 = 0 \circlearrowleft \oplus (izq)$

$16 \cdot 2 - M_1 - 8 \cdot 1 = 0$

$M_1 = 24tm$

2.- Cálculo de esfuerzos internos

a) Tramo 1-2 ($0 \leq x \leq 2$)

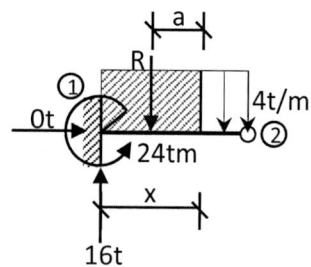

$R = 4 \cdot x$

$a = \dfrac{x}{2}$

$N = 0$

$Q = 16 - R = 16 - 4 \cdot x$

$M = 16 \cdot x - R \cdot a - 24$

$M = 16 \cdot x - 4 \cdot x \cdot \dfrac{x}{2} - 24$

$M = -2x^2 + 16x - 24$

b) Tramo 2-3 ($2 \leq x \leq 6$)

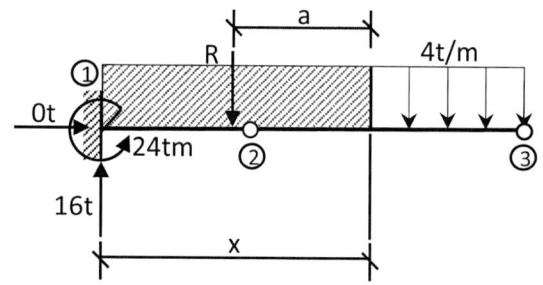

$R = 4 \cdot x$

$a = \dfrac{x}{2}$

$N = 0$

$Q = 16 - R = 16 - 4 \cdot x$

$M = 16 \cdot x - R \cdot a$

$M = -2 \cdot x^2 + 16 \cdot x - 24$

c) Tramo 3-4 ($6 \leq x \leq 8$)

Las ecuaciones de esfuerzos son las mismas que en los tramos anteriores, porque las articulaciones no generan variaciones en estas ecuaciones.

3.- Diagramas de esfuerzos internos

a) Cortante

Tramo	x[m]	Q[t]
1-2	0	16
	2	8
2-3	2	8
	6	−8
3-4	6	−8
	8	−16

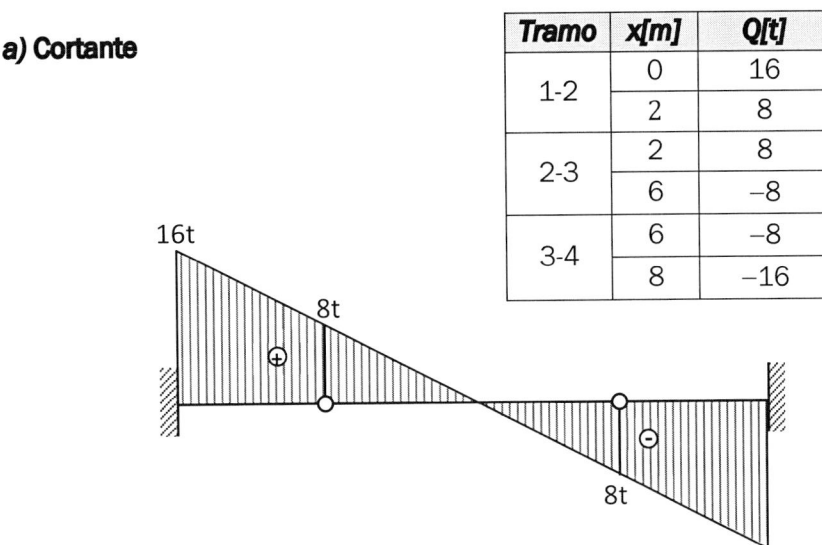

b) Momento (1 m = 1 cm / 10 tm = 1 cm)

Tramo	x[m]	M[tm]
1-2	0	−24
	1	−10
	2	0
2-3	2	0
	4	8
	6	0
3-4	6	0
	7	−10
	8	−24

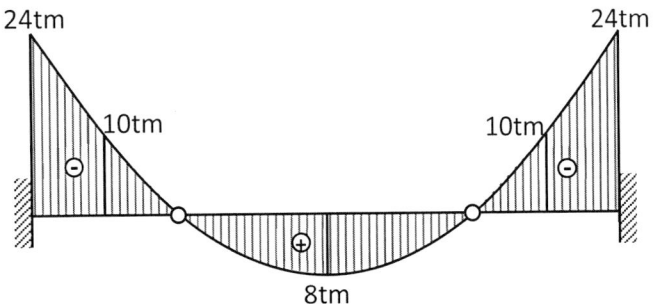

EJERCICIO 29

Calcule las reacciones y diagrame los esfuerzos internos (método analítico).

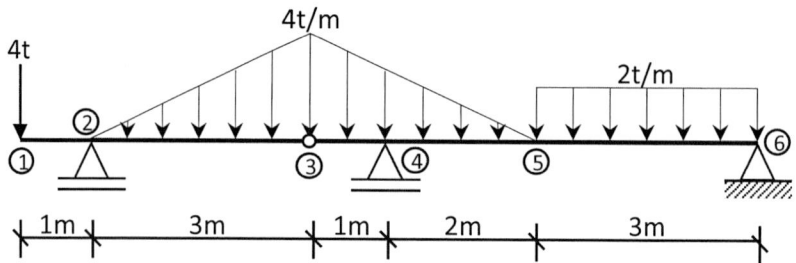

Figura 3.59 Viga 15.

1.- Cálculo de reacciones

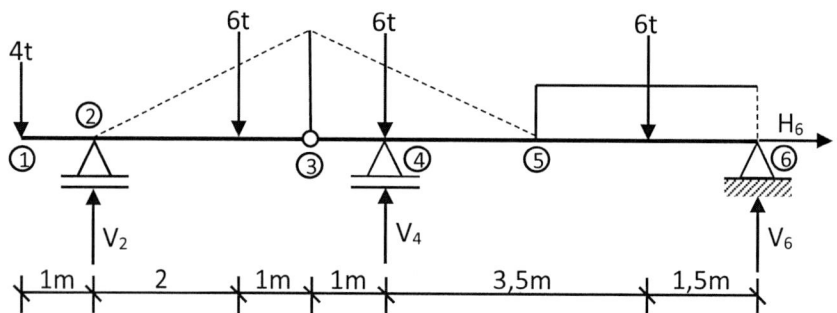

$\Sigma F_H = 0 \to \oplus$

$H_6 = 0$

$\Sigma M_3 = 0 \; \circlearrowleft \oplus$ (izq)

$V_2 \cdot 3 - 4 \cdot 4 - 6 \cdot 1 = 0$

$V_2 = 7{,}333t$

$\Sigma M_4 = 0 \; \circlearrowleft \oplus$

$7{,}333 \cdot 4 - 4 \cdot 5 - 6 \cdot 2 + 6 \cdot 3{,}5 - V_6 \cdot 5 = 0$

$V_6 = 3{,}667t$

$\Sigma F_V = 0 \; \uparrow \oplus$

$-4 + 7{,}333 - 6 - 6 + V_4 - 6 + 3{,}667 = 0$

$V_4 = 11t$

2.- Cálculo de esfuerzos internos

a) Tramo 1-2 ($0 \leq x \leq 1$)

$N = 0$

$Q = -4t$

$M = -4 \cdot x$

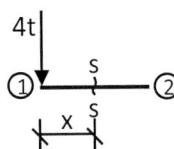

b) Tramo 2-3 ($1 \leq x \leq 4$)

$\dfrac{q'}{x-1} = \dfrac{4}{3}$

$q' = \dfrac{4}{3} \cdot (x-1)$

$R = \dfrac{q' \cdot (x-1)}{2}$

$R = \dfrac{4}{3} \cdot (x-1) \cdot \dfrac{(x-1)}{2}$

$R = \dfrac{2}{3} \cdot (x-1)^2$

$a = \dfrac{x-1}{3}$

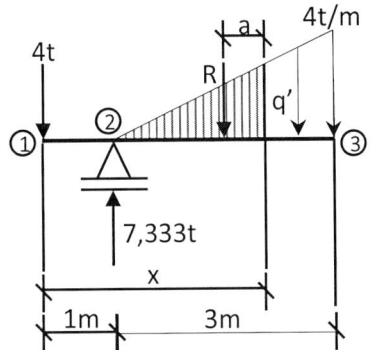

$N = 0$

$Q = -4 + 7{,}333 - R = -4 + 7{,}333 - \dfrac{2}{3} \cdot (x-1)^2$

$Q = 3{,}333 - 0{,}667(x^2 - 2 \cdot x + 1)$

$Q = -0{,}667 \cdot x^2 + 1{,}333 \cdot x - 0{,}667 + 3{,}333$

$Q = -0{,}667 \cdot x^2 + 1{,}333 \cdot x + 2{,}667$

$M = -4 \cdot x + 7{,}333 \cdot (x-1) - R \cdot a$

$M = -4 \cdot x + 7{,}333 \cdot x - 7{,}333 - \dfrac{2}{3} \cdot (x-1)^2 \cdot \dfrac{(x-1)}{3}$

$M = 3{,}333 \cdot x - 7{,}333 - 0{,}222 \cdot (x-1)^3$

$M = 3{,}333 \cdot x - 7{,}333 - 0{,}222 \cdot (x^3 - 3 \cdot x^2 + 3 \cdot x - 1)$

$M = -0{,}222 \cdot x^3 + 0{,}666 \cdot x^2 + 2{,}667 \cdot x - 7{,}111$

c) Tramo 3-4 ($4 \leq x \leq 5$)

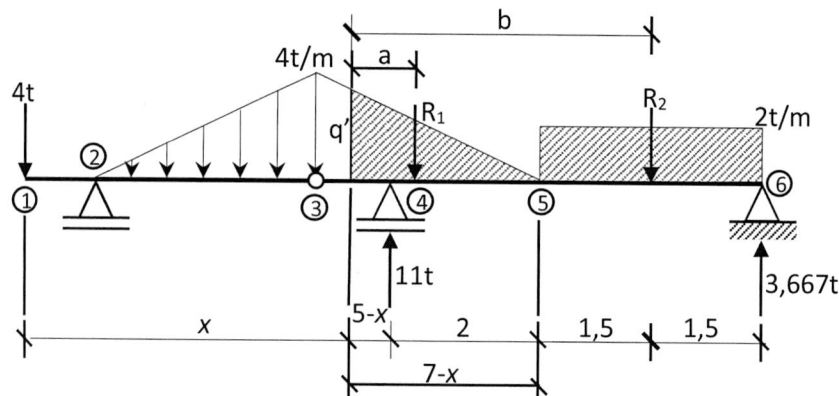

$\dfrac{q'}{7-x} = \dfrac{4}{3} \rightarrow q' = \dfrac{4}{3} \cdot (7-x)$

$R_1 = \dfrac{q' \cdot (7-x)}{2} = \dfrac{4}{3} \cdot (7-x) \cdot \dfrac{(7-x)}{2} = \dfrac{2}{3} \cdot (7-x)^2$

$R_2 = 2 \cdot 3 = 6t$

$a = \dfrac{7-x}{3}$

$b = 7 - x + 1{,}5 = 8{,}5 - x$

$N = 0t$

$Q = -11 + R_1 + R_2 - 3{,}667$

$Q = -14{,}667 + \dfrac{2}{3} \cdot (7-x)^2 + 6$

$Q = -8{,}667 + 0{,}667 \cdot (49 - 14 \cdot x + x^2)$

$Q = 0{,}667 \cdot x^2 - 9{,}338 \cdot x + 24$

$M = 11 \cdot (5-x) - R_1 \cdot a - R_2 \cdot b + 3{,}667 \cdot (10-x)$

$M = 55 - 11x - \dfrac{2}{3} \cdot (7-x)^2 \cdot \dfrac{(7-x)}{3} - 6 \cdot (8{,}5-x) + 36{,}67 - 3{,}667 \cdot x$

$$M = 91,667 - 14,667 \cdot x - \frac{2}{9} \cdot (7-x)^3 - 51 + 6 \cdot x$$

$$M = 40,667 - 8,667 \cdot x - 0,222 \cdot (343 - 147 \cdot x + 21 \cdot x^2 - x^3)$$

$$M = 0,222 \cdot x^3 - 4,662 \cdot x^2 + 23,967 \cdot x - 35,479$$

d) Tramo 4-5 ($5 \le x \le 7$)

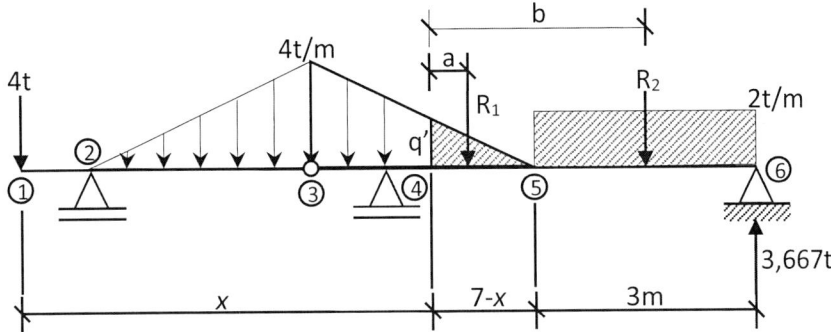

Los valores de **q', R₁, R₂, a** y **b** son los mismos que los del tramo 3-4:

$$q' = \frac{4}{3} \cdot (7-x)$$

$$R_1 = \frac{2}{3} \cdot (7-x)^2$$

$$R_2 = 6t$$

$$a = \frac{7-x}{3}$$

$$b = 8,5 - x$$

$$N = 0$$

$$Q = R_1 + R_2 - 3,667$$

$$Q = \frac{2}{3} \cdot (7-x)^2 + 6 - 3,667$$

$$Q = 0,667 \cdot (49 - 14 \cdot x + x^2) + 2,333$$

$$Q = 0,667 \cdot x^2 - 9,338 \cdot x + 35,016$$

$$M = -R_1 \cdot a - R_2 \cdot b + 3,667 \cdot (10 - x)$$

$$M = -\frac{2}{3} \cdot (7-x)^2 \cdot \frac{(7-x)}{3} - 6 \cdot (8,5-x) + 36,67 - 3,667 \cdot x$$

$$M = -\frac{2}{9} \cdot (343 - 147 \cdot x + 21 \cdot x^2 - x^3) - 51 + 6 \cdot x + 36,67 - 3,667 \cdot x$$

$$M = -76,146 + 32,634 \cdot x - 4,662 \cdot x^2 + 0,222 \cdot x^3 - 14,33 + 2,333 \cdot x$$

$$M = 0,222 \cdot x^3 - 4,662 \cdot x^2 + 34,967 \cdot x - 90,476$$

e) Tramo 5-6 ($7 \leq x \leq 10$)

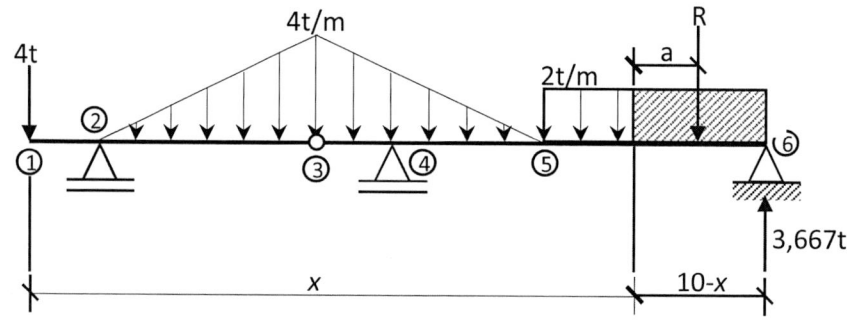

$$R = 2 \cdot (10 - x)$$

$$a = \frac{10 - x}{2}$$

$$N = 0t$$

$$Q = R - 3,667 = 2 \cdot (10 - x) - 3,667 = 20 - 2 \cdot x - 3,667$$

$$Q = -2 \cdot x + 16,333$$

$$M = 3,667 \cdot (10 - x) - R \cdot a = 36,67 - 3,667 \cdot x - 2 \cdot (10 - x) \cdot \frac{(10 - x)}{2}$$

$$M = 36,67 - 3,667 \cdot x - (100 - 20 \cdot x + x^2)$$

$$M = -x^2 + 16,333 \cdot x - 63,33$$

3.- Diagramas de esfuerzos internos

a) Cortante (1 m = 1 cm / 3 t = 1 cm)

Tramo	x [m]	Q [t]
1-2	0	−4
	1	−4
2-3	1	3,333
	2,5	1,83
	4	−2,673
3-4	4	−2,68
	5	−6,015
4-5	5	5
	6	3
	7	2,333
5-6	7	2,333
	10	−3,667

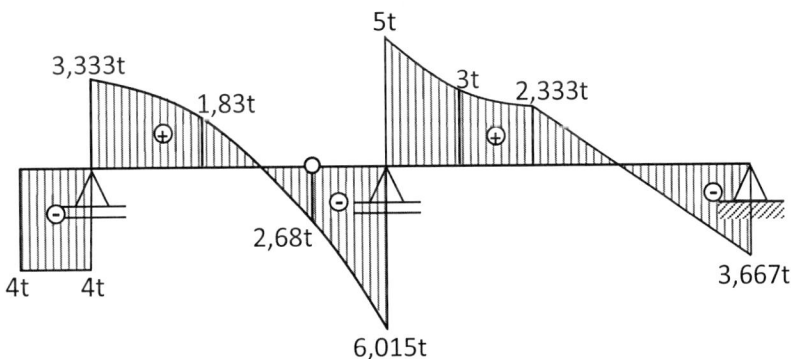

b) Momento (1 m = 1 cm / 2 tm = 1 cm)

Tramo	x [m]	M [tm]
1-2	0	0
	1	−4
2-3	1	−4
	2,5	0,25
	4	0
3-4	4	0
	5	−4,44
4-5	5	−4,44
	6	−0,55
	7	2
5-6	7	2
	8,5	3,25
	10	0

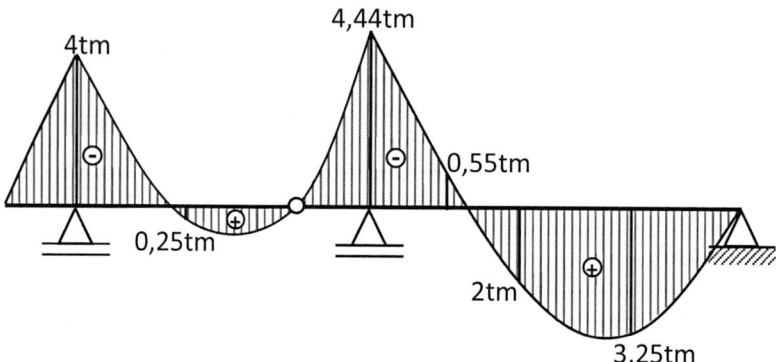

EJERCICIO 30

Calcule las reacciones y diagrame los esfuerzos internos (método analítico).

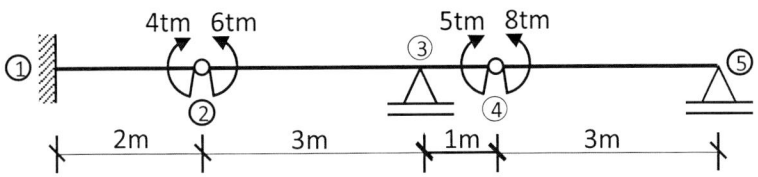

Figura 3.60 Viga 16.

1.- Cálculo de reacciones

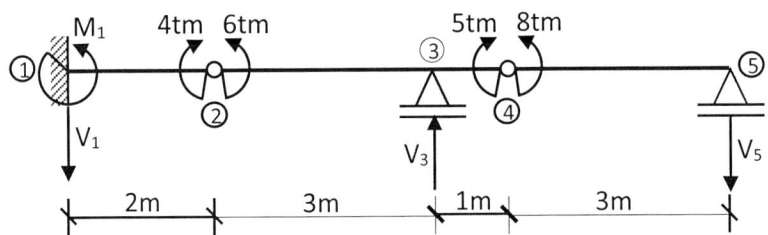

$\Sigma M_4 = 0 \; \circlearrowleft \oplus (der)$

$-8 + V_5 \cdot 3 = 0$

$V_5 = 2,667 \text{ t}$

$\Sigma M_2 = 0 \; \circlearrowleft \oplus (der)$

$-6 - V_3 \cdot 3 + 5 - 8 + 2,667 \cdot 7 = 0$

$V_3 = 3,223 \text{ t}$

$\Sigma F_V = 0 \; \uparrow \oplus$

$-V_1 + 3,223 - 2,667 = 0$

$V_1 = 0,556 \text{ t}$

$\Sigma M_2 = 0 \; \circlearrowleft \oplus (izq)$

$4 - M_1 - 0,556 \cdot 2 = 0$

$M_1 = 2,888 \text{ tm}$

2.- Cálculo de esfuerzos Internos

a) Tramo 1-2 $(0 \le x \le 2)$

$N = 0$

$Q = -0,556t$

$M = -2,888 - 0,556 \cdot x$

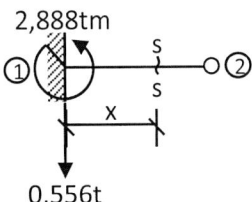

b) Tramo 2-3 ($2 \leq x \leq 5$)

$N = 0t$

$Q = -0,556t$

$M = -0,556x - 2,888 + 4 - 6$

$M = -0,556x - 4,888$

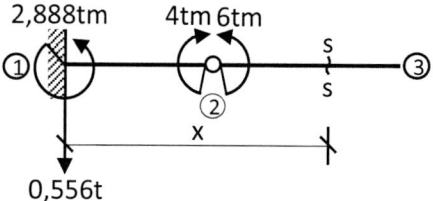

c) Tramo 3-4 ($5 \leq x \leq 6$)

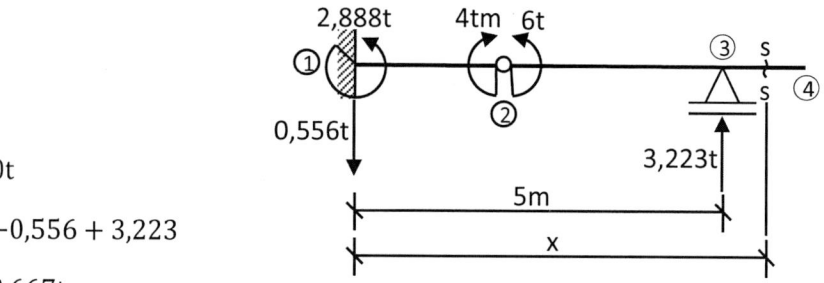

$N = 0t$

$Q = -0,556 + 3,223$

$Q = 2,667t$

$M = -0,556 \cdot x - 2,888 + 4 - 6 + 3,223(x - 5)$

$M = -0,556 \cdot x - 4,888 + 3,223 \cdot x - 16,115$

$M = 2,667 \cdot x - 21$

d) Tramo 4-5 ($6 \leq x \leq 9$)

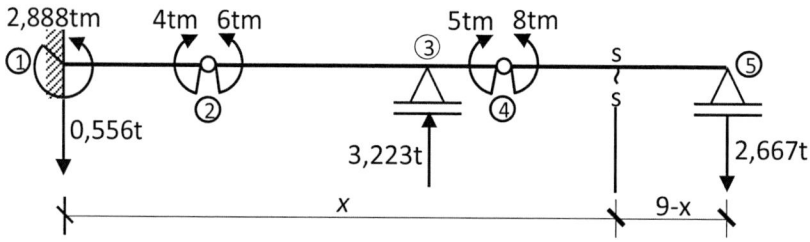

Consideramos las cargas a la derecha de la sección s-s:

$N = 0t$

$Q = 2,667\ t$

$M = -2,667(9 - x) = 2,667 \cdot x - 24$

3.- Diagramas de esfuerzos internos

a) Cortante (1 m = 1 cm / 2 t = 1 cm)

Tramo	x [m]	Q [t]
1-2	0	−0,556
	2	−0,556
2-3	2	−0,556
	5	−0,556
3-4	5	2,667
	6	2,667
4-5	6	2,667
	9	2,667

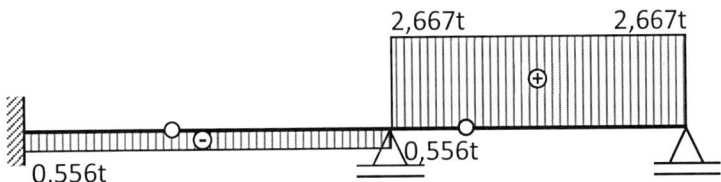

b) Momento (1 m = 1 cm / 4 tm = 1 cm)

Tramo	x [m]	M [tm]
1-2	0	−2,888
	2	−4
2-3	2	−6
	5	−7,67
3-4	5	−7,67
	6	−5
4-5	6	−8
	9	0

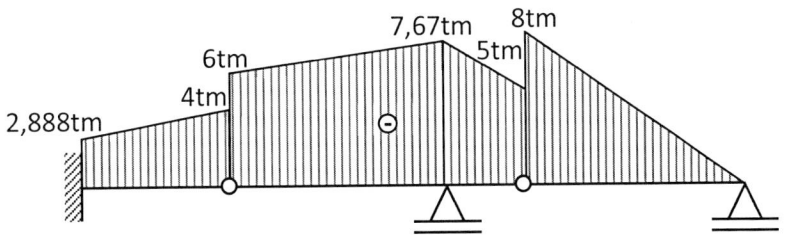

EJERCICIO 31

Calcule las reacciones y diagrame los esfuerzos internos (método analítico).

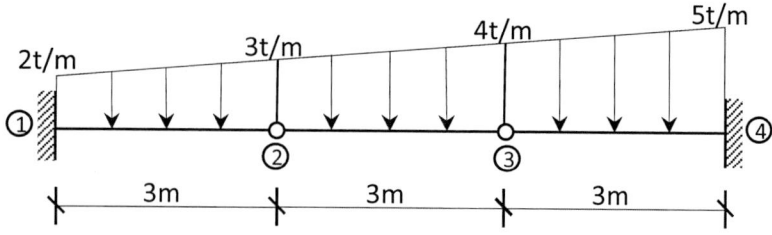

Figura 3.61 Viga 17.

1.- Cálculo de reacciones

Separamos la carga trapezoidal en cargas más simples.

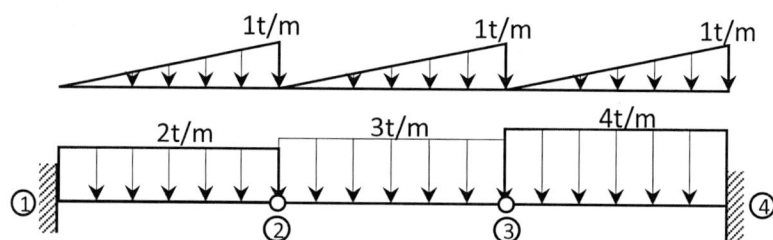

Calculamos las resultantes de todas las cargas distribuidas.

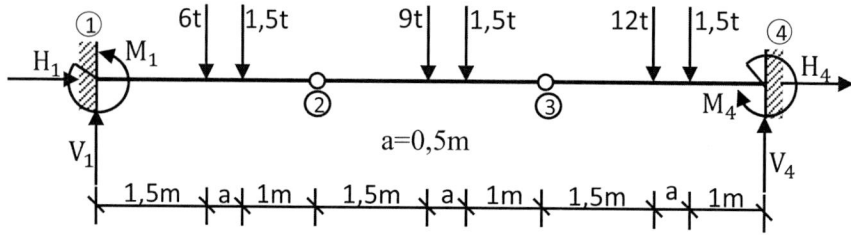

Como no existen cargas horizontales, las reacciones $H_1 = H_4 = 0$:

$$\Sigma M_2 = 0 \;\circlearrowright \oplus (\text{izq})$$
$$V_1 \cdot 3 - M_1 - 6 \cdot 1,5 - 1,5 \cdot 1 = 0$$
$$3V_1 - M_1 = 10,5 \;\text{①}$$

$\Sigma M_3 = 0 \; \circlearrowleft \oplus$ (izq)

$V_1 \cdot 6 - M_1 - 6 \cdot 4,5 - 1,5 \cdot 4 - 9 \cdot 1,5 - 1,5 \cdot 1 = 0$

$6V_1 - M_1 = 48$ ②

Resolviendo ① con ②, obtenemos $V_1 = 12,5t; \; M_1 = 27tm$

$\Sigma F_V = 0 \; \uparrow \oplus$

$12,5 - 6 - 1,5 - 9 - 1,5 - 12 - 1,5 + V_4 = 0$

$V_4 = 19t$

$\Sigma M_3 = 0 \; \circlearrowleft \oplus$ (der)

$12 \cdot 1,5 + 1,5 \cdot 2 - 19 \cdot 3 + M_4 = 0$

$M_4 = 36tm$

2.- Cálculo de esfuerzos internos

a) Tramo 1-2 ($0 \le x \le 3$)

$\dfrac{q'}{x} = \dfrac{1}{3} \Rightarrow q' = \dfrac{x}{3}$

$R_1 = 2 \cdot x$

$R_2 = \dfrac{q' \cdot x}{2} = \dfrac{x^2}{6}$

$N = 0t$

$Q = 12,5 - R_1 - R_2$

$Q = 12,5 - 2 \cdot x - \dfrac{x^2}{6}$

$Q = 12,5 - 2 \cdot x - 0,167x^2$

$M = 12,5 \cdot x - 27 - R_1 \cdot \dfrac{x}{2} - R_2 \cdot \dfrac{x}{3}$

$M = 12,5 \cdot x - 27 - 2 \cdot x \cdot \dfrac{x}{2} - \dfrac{x^2}{6} \cdot \dfrac{x}{3}$

$M = -27 + 12,5 \cdot x - x^2 - 0,0556x^3$

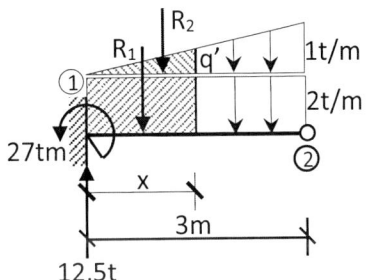

b) Tramo 2-3 ($3 \le x \le 6$)

Como la carga trapezoidal es continua, las ecuaciones de esfuerzo interno son las mismas que en el tramo anterior.

c) Tramo 3-4 ($6 \leq x \leq 9$)

Ídem al anterior tramo.

3.- Diagramas de esfuerzos internos

a) Cortante (1 m = 1 cm / 10 t = 1 cm)

x [m]	Q [t]
0	12,5
3	5
6	−5,5
9	−19

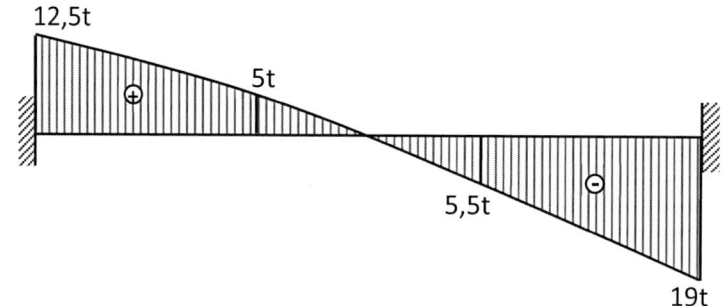

b) Momento (1 m = 1 cm / 20 tm = 1 cm)

x [m]	M [tm]
0	−27
1,5	−10,69
3	0
4,5	3,93
6	0
7,5	−12,96
9	−36

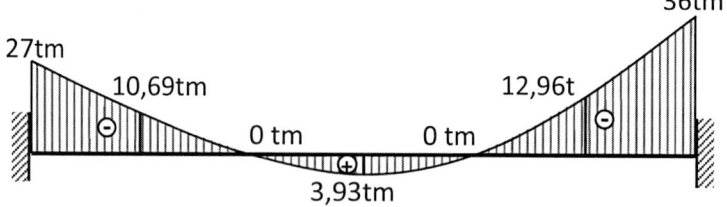

EJERCICIO 32

Calcule las reacciones y diagrame los esfuerzos internos (método analítico).

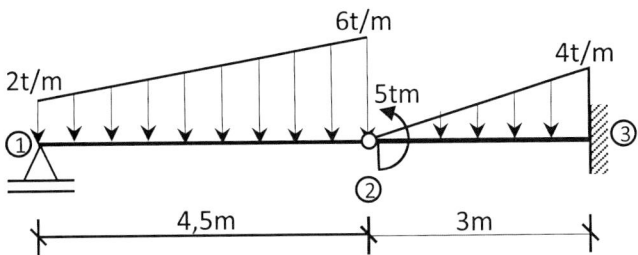

Figura 3.62 Viga 18.

1.- Cálculo de reacciones

Dividimos la carga trapezoidal.

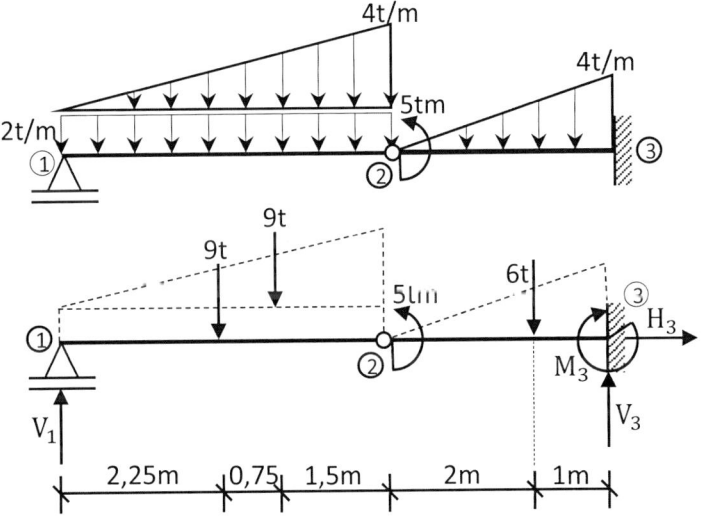

$\Sigma F_H = 0 \rightarrow \oplus$

$H_3 = 0$

$\Sigma M_2 = 0 \; \circlearrowleft \oplus (izq)$

$V_1 \cdot 4,5 - 9 \cdot 2,25 - 9 \cdot 1,5 = 0$

$V_1 = 7,5t$

$\Sigma F_V = 0 \uparrow \oplus$

$7{,}5 - 9 - 9 - 6 + V_3 = 0$

$V_3 = 16{,}5t$

$\Sigma M_2 = 0 \; \circlearrowleft \oplus (der)$

$-5 + 6 \cdot 2 - 16{,}5 \cdot 3 + M_3 = 0$

$M_3 = 42{,}5tm$

2.- Cálculo de esfuerzos internos

a) Tramo 1-2 ($0 \le x \le 4{,}5$)

$\dfrac{q'}{x} = \dfrac{4}{4{,}5} \Rightarrow q' = 0{,}888x$

$R_1 = 2 \cdot x$

$R_2 = \dfrac{q' \cdot x}{2} = 0{,}444x^2$

$a = \dfrac{x}{2}$

$b = \dfrac{x}{3}$

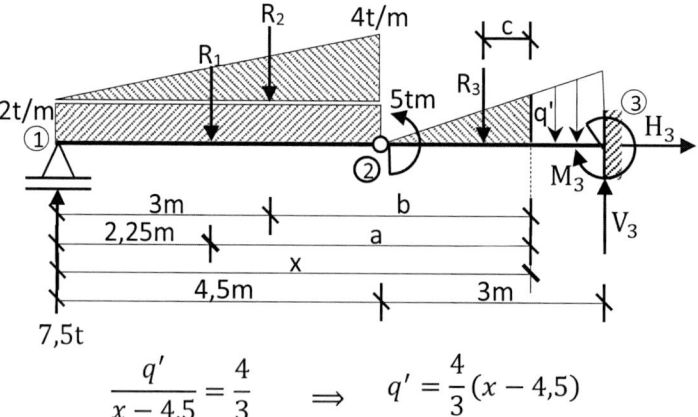

$N = 0t$

$Q = 7{,}5 - R_1 - R_2$

$Q = 7{,}5 - 2 \cdot x - 0{,}444x^2$

$Q = -0{,}444x^2 - 2x + 7{,}5$

$M = 7{,}5x - R_1 \cdot a - R_2 \cdot b$

$M = 7{,}5x - 2x \cdot \dfrac{x}{2} - 0{,}444x^2 \cdot \dfrac{x}{3}$

$M = 7{,}5x - x^2 - 0{,}148x^3$

b) Tramo 2-3 ($4{,}5 \le x \le 7{,}5$)

$\dfrac{q'}{x - 4{,}5} = \dfrac{4}{3} \quad \Rightarrow \quad q' = \dfrac{4}{3}(x - 4{,}5)$

$$R_1 = 2 \cdot 4,5 = 9t$$

$$R_2 = \frac{4 \cdot 4,5}{2} = 9t$$

$$R_3 = \frac{q'(x - 4,5)}{2} = \frac{2}{3}(x - 4,5)^2$$

$$a = x - 2,25$$

$$b = x - 3$$

$$c = \frac{x - 4,5}{3}$$

Ahora calculamos los esfuerzos internos:

$$N = 0t$$

$$Q = 7,5 - R_1 - R_2 - R_3$$

$$Q = 7,5 - 9 - 9 - \frac{2}{3}(x - 4,5)^2$$

$$Q = -10,5 - 0,667(x^2 - 9x + 20,25)$$

$$Q = -0,667x^2 + 6x - 24$$

$$M = 7,5x - R_1 \cdot a - R_2 \cdot b - R_3 \cdot c - 5$$

$$M = 7,5x - 9(x - 2,25) - 9(x - 3) - \frac{2}{3}(x - 4,5)^2 \cdot \frac{(x - 4,5)}{3} - 5$$

$$M - 7,5x \quad 9x + 20,25 - 9x + 27 - \frac{2}{9}(x^3 - 13,5x^2 + 60,7x - 91,125) - 5$$

$$M = -10,5x + 47,25 - 0,222x^3 + 3x^2 - 13,5x + 20,25 - 5$$

$$M = -0,222x^3 + 3x^2 - 24x + 62,5$$

3.- Diagramas de esfuerzos internos

a) Cortante (1 m = 1 cm / 10 t = 1 cm)

Tramo	x [m]	Q [t]
	0	7,5
1-2	2,25	0,75
	4,5	−10,5
	4,5	−10,5
2-3	6	−12
	7,5	−16,5

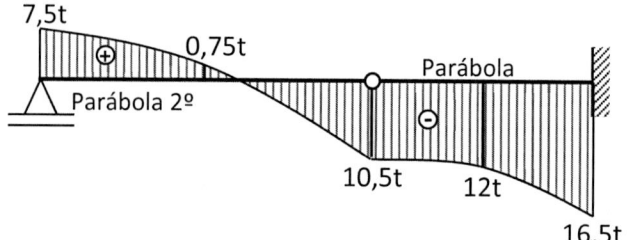

b) Momento (1 m = 1 cm / 15 tm = 1 cm)

Tramo	x [m]	M [tm]
	0	0
1-2	2,25	10,13
	4,5	0
	4,5	−5
2-3	6	−21,45
	7,5	−42,5

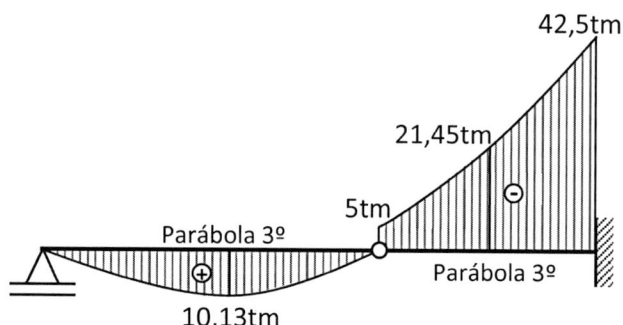

3.12. MÉTODO NUMÉRICO

Es un método simplificado que permite obtener, de un modo práctico, los diagramas de esfuerzos internos. Este nuevo método sustenta su análisis basado en los criterios, convenios y formulación aprendidos en el método analítico y, por lo tanto, es muy importante la experiencia práctica que podamos tener de este método.

El método numérico consiste en calcular, de manera puntual, los esfuerzos internos en nudos específicos de la viga para, luego, analizar entre estos nudos la variación de sus esfuerzos internos según el tipo de función que definan sus cargas.

3.12.1. PROCESO DE ANÁLISIS

El método numérico permite la obtención de los diagramas de esfuerzos internos a través de la ejecución de la siguiente secuencia de pasos:

1.º Utilice las ecuaciones de equilibrio para calcular las reacciones en los apoyos de la viga.

2.º Enumere los nudos de la viga según los siguientes criterios:

- Al inicio y final de la viga
- Donde existan apoyos
- Donde existan fuerzas y momentos puntuales
- Donde existan articulaciones
- Al inicio y final de toda carga distribuida

3.º Calcule los esfuerzos internos en los siguientes puntos de análisis, según el tipo de esfuerzo interno:

a) *Esfuerzo normal:* realice el cálculo puntual del esfuerzo normal en:
- La sección anterior y posterior de toda fuerza horizontal
- La sección anterior y posterior de toda reacción horizontal
- El inicio y final de toda carga distribuida horizontal

b) *Esfuerzo cortante:* realice el cálculo de manera puntual del esfuerzo cortante en:
- La sección anterior y posterior de toda fuerza vertical

- La sección anterior y posterior de toda reacción vertical
- El inicio y final de toda carga distribuida vertical

c) **Momento flector:** calcule, de manera puntual, el momento flector en:

- La sección anterior y posterior de todo momento puntual
- La sección de todo apoyo empotrado
- La sección que concentra una fuerza vertical puntual
- El inicio y final de toda carga distribuida vertical

El convenio de signos utilizado para calcular y diagramar los esfuerzos internos es el mismo que para el método analítico.

4.° Grafique a escala, y de manera puntual, los esfuerzos internos obtenidos en los diferentes nudos de la viga.

5.° Vincule gráficamente los esfuerzos puntuales con una línea recta o curva correspondiente al tipo de carga que contenga cada tramo; para esto, será necesario recurrir a valores característicos de las funciones según el tipo de esfuerzo interno.

3.12.2. VALORES CARACTERÍSTICOS DE LOS ESFUERZOS INTERNOS

Según el tipo de carga, los esfuerzos internos adoptan una determinada función que describe, de manera única, su comportamiento. Estas funciones pueden ser lineales, cuadráticas o cúbicas, las cuales pueden trazarse de manera práctica a través de un valor característico que analizaremos en los siguientes casos:

a) Fuerza puntual

El momento flector para este tipo de carga es una función lineal, cuyo valor de referencia se calcula a continuación.

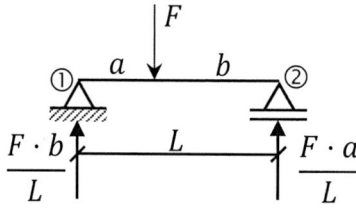

Figura 3.63 Viga con fuerza puntual.

Calculamos el momento flector bajo la fuerza F:

$$M = \left(\frac{F \cdot b}{L}\right) a = \frac{F \cdot a \cdot b}{L}$$

Cuando la fuerza está en el medio:

$$M = \frac{F \cdot \dfrac{L}{2} \cdot \dfrac{L}{2}}{L} = \frac{F \cdot L}{4}$$

El esfuerzo cortante responde a funciones constantes, que no requieren de valores característicos para definir su trayectoria.

b) *Momento puntual*

El momento flector responde a una función lineal cuyo valor característico se calcula a continuación.

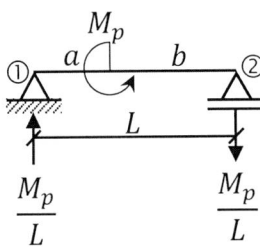

Figura 3.64 Viga con momento puntual.

Calculamos el momento flector a la izquierda del momento Mp:

$$M = \left(\frac{M_p}{L}\right) a = \frac{M_p \cdot a}{L}$$

Calculamos el momento flector a la derecha del momento Mp:

$$M = -\left(\frac{M_p}{L}\right) b = -\frac{M_p \cdot b}{L}$$

El esfuerzo cortante queda perfectamente definido a través de una función constante, la cual no requiere de valores característicos para describir su trayectoria.

c) *Carga distribuida rectangular*

El momento flector es una función cuadrática, el cual requiere del siguiente valor característico para definir su curvatura:

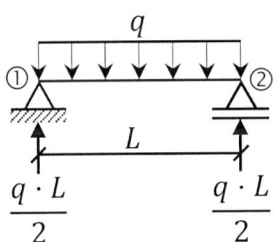

Figura 3.65 Viga con carga rectangular.

Calculamos el momento flector en el medio de la viga:

$$M = \left(\frac{q \cdot L}{2}\right)\frac{L}{2} - \left(q \cdot \frac{L}{2}\right)\frac{L}{4}$$

$$M = \frac{q \cdot L^2}{4} - \frac{q \cdot L^2}{8} = \frac{q \cdot L^2}{8}$$

El esfuerzo cortante es una función lineal que no requiere un valor característico dentro del tramo para describir su trayectoria.

d) Carga distribuida triangular

El momento flector es una función cúbica, que requiere de un valor característico dentro del tramo para describir su trayectoria. Véase el siguiente análisis:

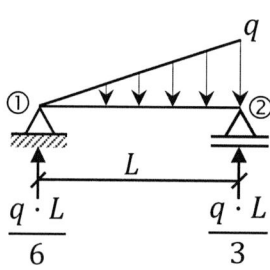

Calculamos el momento flector en el medio de la viga:

$$M = \left(\frac{q \cdot L}{6}\right)\frac{L}{2} - \left(\frac{\frac{q}{2} \cdot \frac{L}{2}}{2}\right)\frac{1}{3}\left(\frac{L}{2}\right)$$

$$M = \frac{q \cdot L^2}{12} - \frac{q \cdot L^2}{48} = \frac{q \cdot L^2}{16}$$

Figura 3.66 Viga con carga triangular.

Para el caso del esfuerzo cortante, su función es cuadrática y, por lo tanto, requiere de un valor característico dentro de su tramo para describir su trayectoria. Véase el siguiente análisis:

Analizamos el valor característico del esfuerzo cortante en el punto medio de la viga que defina la curvatura parabólica de dicho esfuerzo.

Utilizamos el lado izquierdo de la sección s-s.

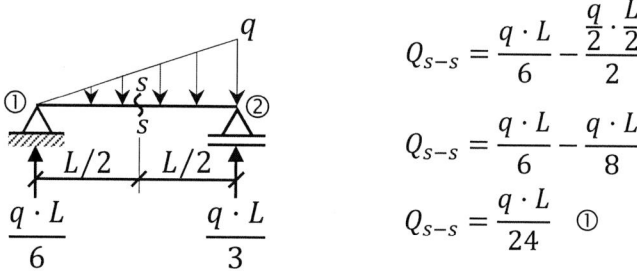

$$Q_{s-s} = \frac{q \cdot L}{6} - \frac{\frac{q}{2} \cdot \frac{L}{2}}{2}$$

$$Q_{s-s} = \frac{q \cdot L}{6} - \frac{q \cdot L}{8}$$

$$Q_{s-s} = \frac{q \cdot L}{24} \quad ①$$

Figura 3.67 Análisis de la sección s-s.

Aplicamos el principio de superposición para definir el valor característico Q de la curvatura de la función cuadrática.

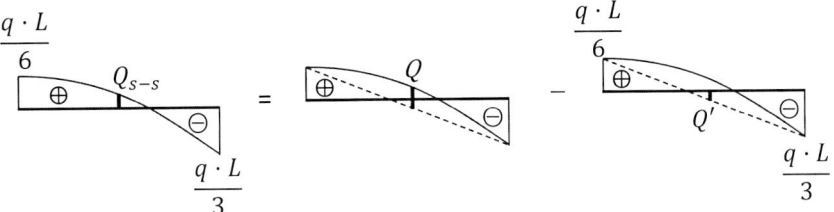

Figura 3.68 Valor de corte Q característico.

$$Q_{s-s} = Q - Q' \;\; ②$$

Calculamos el corte Q', por relación de triángulos:

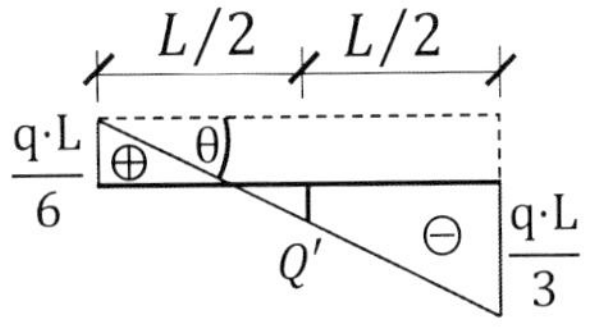

$$Tag(\theta) = \dfrac{Q' + \dfrac{q \cdot L}{6}}{\dfrac{L}{2}} = \dfrac{\dfrac{q \cdot L}{6} + \dfrac{q \cdot L}{3}}{L}$$

Figura 3.69 Puente.

$$Q' + \frac{q \cdot L}{6} = \frac{1}{2}\left(\frac{q \cdot L}{6} + \frac{q \cdot L}{3}\right)$$

$$Q' = -\frac{q \cdot L}{6} + \frac{q \cdot L}{12} + \frac{q \cdot L}{6} = \frac{q \cdot L}{12} \;\; ③$$

Sustituyendo ① y ③ en ②:

$$\frac{q \cdot L}{24} = Q - \frac{q \cdot L}{12}$$

$$Q = \frac{q \cdot L}{8}$$

En la tabla 5, se resumen los valores característicos de los esfuerzos internos.

Tabla 5. Valores característicos de los esfuerzos internos.

Tipo de carga	Esfuerzo cortante	Momento flector
Carga F en puntos a, b de luz L	Función: constante $\frac{F \cdot b}{L}$ (⊕), $\frac{F \cdot a}{L}$ (⊖)	Función: lineal $\frac{F \cdot a \cdot b}{L}$
Carga F en centro, $L/2$ y $L/2$	Función: constante $\frac{F}{2}$ (⊕), $\frac{F}{2}$ (⊖)	Función: lineal $\frac{F \cdot L}{4}$
Momento M_p en a, b	Función: constante $\frac{M_p}{L}$ (⊖)	Función: lineal $\frac{M_p \cdot a}{L}$ (⊖), $\frac{M_p \cdot b}{L}$ (⊕)
Momento M_p en a, b	Función: constante $\frac{M_p}{L}$ (⊕)	Función: lineal $\frac{M_p \cdot b}{L}$ (⊖), $M_p \cdot a / L$ (⊕)
Carga distribuida q	Función: lineal $\frac{q \cdot L}{2}$ (⊕), $\frac{q \cdot L}{2}$ (⊖)	Función: cuadrática $\frac{q \cdot L^2}{8}$
Carga triangular creciente q	Función: cuadrática $\frac{q \cdot L}{6}$ (⊕), $\frac{q \cdot L}{8}$, $\frac{q \cdot L}{3}$ (⊖)	Función: cúbica $M_{(L/2)} = \frac{q \cdot L^2}{16}$
Carga triangular decreciente q	Función: cuadrática $\frac{q \cdot L}{3}$ (⊕), $\frac{q \cdot L}{8}$, $\frac{q \cdot L}{6}$ (⊖)	Función: cúbica $M_{(L/2)} = \frac{q \cdot L^2}{16}$

EJERCICIOS

EJERCICIO 33

Calcule las reacciones y diagrame los esfuerzos internos (método numérico).

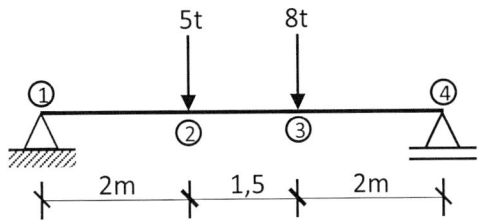

Figura 3.70 Viga 19.

1.- Cálculo de reacciones

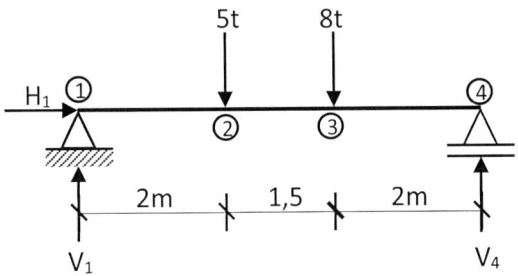

$\Sigma F_H = 0 \to \oplus$

$II_1 = 0$

$\Sigma M_1 = 0 \circlearrowleft \oplus$

$5 \cdot 2 + 8 \cdot 3,5 - V_4 \cdot 5,5 = 0$

$V_4 = 6,91$ t

$\Sigma F_V = 0 \uparrow \oplus$

$V_1 - 5 - 8 + 6,91 = 0$

$V_1 = 6,09$ t

2.- Cálculo de esfuerzos internos

a) Normal

Como no existen cargas horizontales, tampoco existe esfuerzo normal.

b) Cortante

Cuando existen cargas puntuales, siempre se calcula la cortante a la izquierda y derecha de dicha carga:

$Q_1 = 6,09t$

$Q_{2(izq)} = 6,09t$

$$Q_{2(der)} = 6,09 - 5 = 1,09t$$

$$Q_{3(izq)} = 6,09 - 5 = 1,09t$$

$$Q_{3(der)} = 6,09 - 5 - 8 = -6,91t$$

$$Q_4 = 6,09 - 5 - 8 = -6,91t$$

c) Momento

$$M_1 = 0$$

$$M_2 = 6,09 \cdot 2 = 12,18tm$$

$$M_3 = 6,09 \cdot 3,5 - 5 \cdot 1,5 = 13,815tm$$

$$M_4 = 0$$

3.- Diagramas de esfuerzos internos

a) Normal

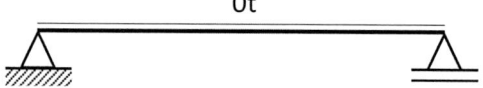

b) Cortante (1 m = 1 cm / 4 t = 1 cm)

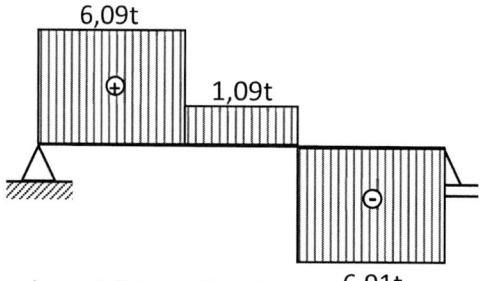

c) Momento (1 m = 1 cm / 6 tm = 1 cm)

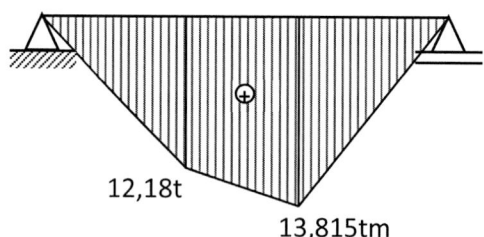

EJERCICIO 34

Calcule las reacciones y diagrame los esfuerzos internos (método numérico).

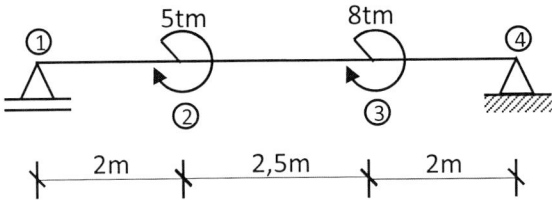

Figura 3.71 Viga 20.

1.- Cálculo de reacciones

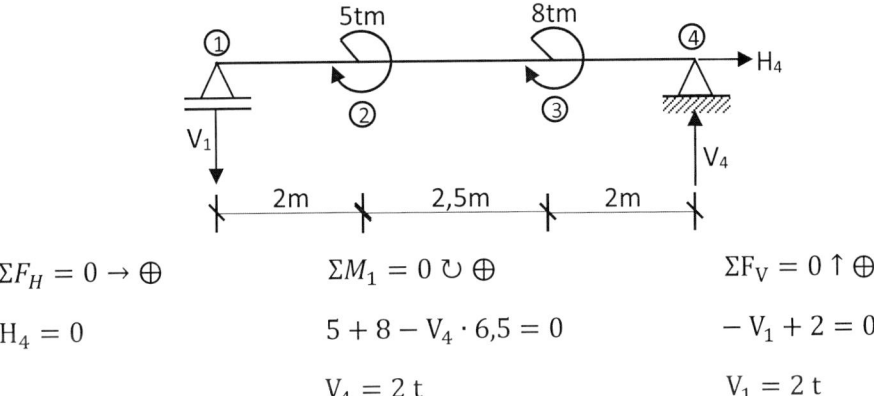

$\Sigma F_H = 0 \rightarrow \oplus$

$H_4 = 0$

$\Sigma M_1 = 0 \circlearrowleft \oplus$

$5 + 8 - V_4 \cdot 6{,}5 = 0$

$V_4 = 2 \text{ t}$

$\Sigma F_V = 0 \uparrow \oplus$

$-V_1 + 2 = 0$

$V_1 = 2 \text{ t}$

2.- Cálculo de esfuerzos internos

a) Normal

Cuando no existen cargas horizontales, tampoco existe esfuerzo normal.

b) Cortante

Los momentos puntuales no afectan a la variación del esfuerzo cortante:

$Q_1 = -2 \text{ t}$

$Q_2 = -2 \text{ t}$

$Q_3 = -2 \text{ t}$

$Q_4 = -2 \text{ t}$

c) Momento

Cuando existen momentos puntuales, se debe calcular el momento a la izquierda y derecha de dicho momento:

$$M_1 = 0$$

$$M_2(izq) = -2 \cdot 2 = -4 \text{ tm}$$

$$M_2(der) = -2 \cdot 2 + 5 = 1 \text{ tm}$$

$$M_3(izq) = -2 \cdot 4,5 + 5 = -4 \text{ tm}$$

$$M_3(der) = -2 \cdot 4,5 + 5 + 8 = 4 \text{ tm}$$

$$M_4 = 0$$

3.- Diagramas de esfuerzos Internos

a) Normal

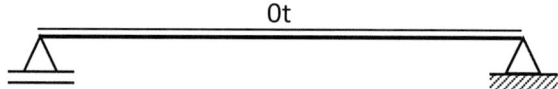

b) **Cortante** (1 m = 1 cm / 2 t = 1 m)

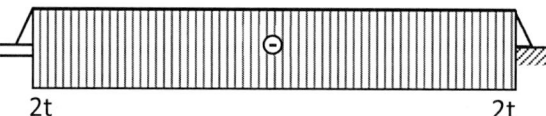

c) Momento (1 m = 1 cm / 2 tm = 1 cm)

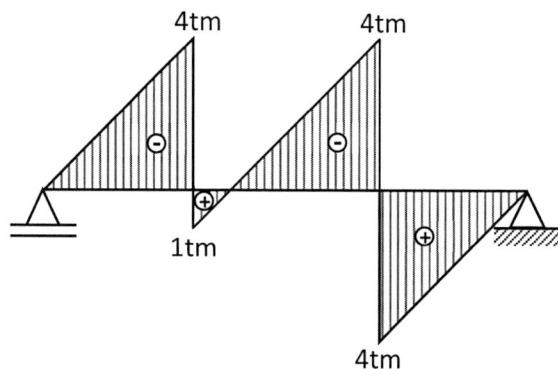

EJERCICIO 35

Calcule las reacciones y diagrame los esfuerzos internos (método numérico).

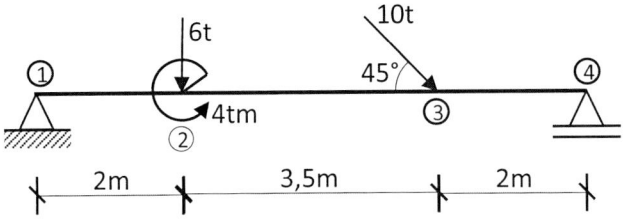

Figura 3.72 Viga 21.

1.- Cálculo de reacciones

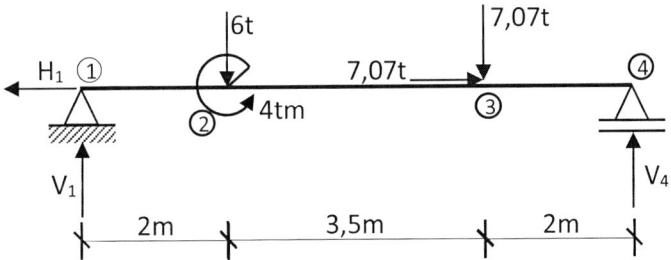

$\Sigma F_H = 0 \to \oplus$ $\Sigma M_1 = 0 \circlearrowleft \oplus$ $\Sigma F_V = 0 \uparrow \oplus$

$-H_1 + 7,07\ t = 0$ $6 \cdot 2 - 4 + 7,07 \cdot 5,5 - V_4 \cdot 7,5 = 0$ $V_1 - 6 + 7,07 + 6,251 = 0$

$H_1 = 7,07\ t$ $V_4 = 6,251\ t$ $V_1 = 6,819\ t$

2.-Cálculo de esfuerzos internos

a) Normal

$N_1 = 7,07\ t$

$N_2 = 7,07\ t$

$N_3(\text{izq}) = 7,07\ t$

$N_3(\text{der}) = 7,07 - 7,07 = 0$

$N_4 = 0$

b) Cortante

En las fuerzas puntuales, se debe calcular el cortante a la izquierda y a la derecha:

$$Q_1 = 6{,}819 \text{ t}$$

$$Q_2(\text{izq}) = 6{,}819 \text{ t}$$

$$Q_2(\text{der}) = 6{,}819 - 6 = 0{,}819 \text{ t}$$

$$Q_3(\text{izq}) = 6{,}819 - 6 = 0{,}819 \text{ t}$$

$$Q_3(\text{der}) = 6{,}819 - 6 - 7{,}07 = -6{,}251 \text{ t}$$

$$Q_4 = 6{,}819 - 6 - 7{,}07 = -6{,}251 \text{ t}$$

d) Momentos

Donde están los momentos puntuales, se debe calcular el momento a la izquierda y a la derecha:

$$M_1 = 0 \text{ tm}$$

$$M_2(\text{izq}) = 6{,}819 \cdot 2 = 13{,}638 \text{ tm}$$

$$M_2(\text{der}) = 6{,}819 \cdot 2 - 4 = 9{,}638 \text{ tm}$$

$$M_3 = 6{,}819 \cdot 5{,}5 - 4 - 6 \cdot 3{,}5 = 12{,}5 \text{ tm}$$

$$M_4 = 0 \text{ tm}$$

3.- Diagramas de esfuerzos internos

a) Normal (1 m = 1 cm / 7,07 t = 1 cm)

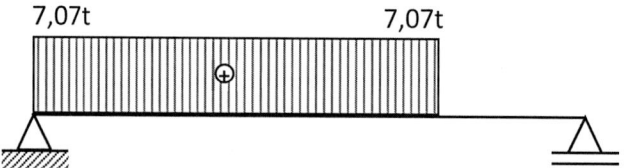

b) Cortante (1 m = 1 cm / 4 t = 1 cm)

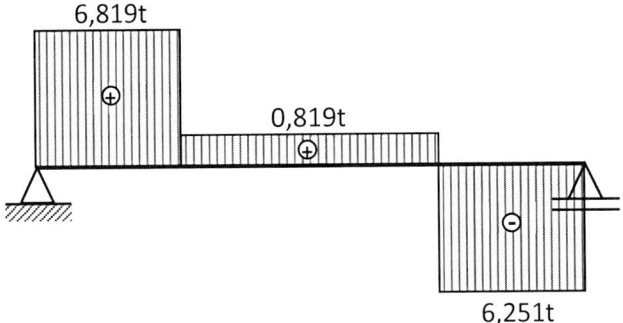

6,819t

0,819t

6,251t

c) Momento (1 m = 1 cm / 6 tm = 1 cm)

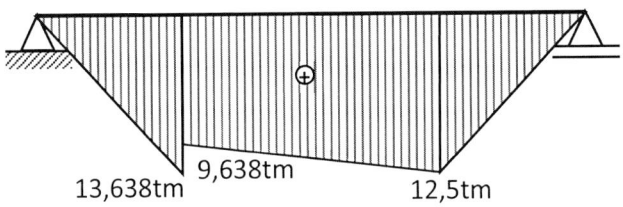

13,638tm

9,638tm

12,5tm

EJERCICIO 36

Calcule las reacciones y diagrame los esfuerzos internos (método numérico).

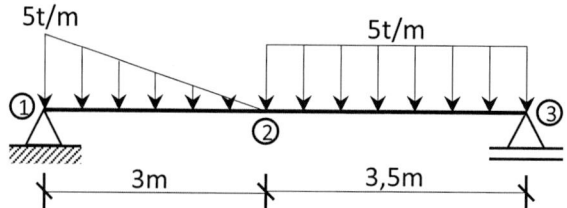

Figura 3.73 Viga 22.

1.- Cálculo de reacciones

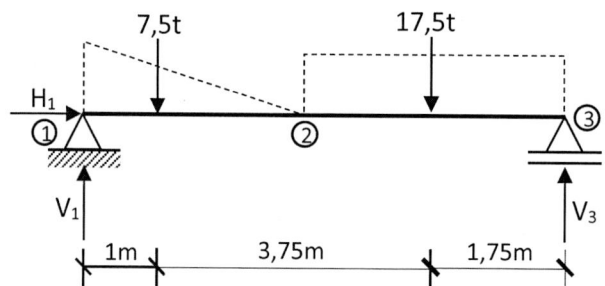

$\Sigma F_H = 0 \rightarrow \oplus \quad \Sigma M_1 = 0 \circlearrowleft \oplus \qquad\qquad \Sigma F_V = 0 \uparrow \oplus$

$H_1 = 0 \qquad 7,5 \cdot 1 + 17,5 \cdot 4,75 - V_3 \cdot 6,5 = 0 \quad V_1 - 7,5 - 17,5 + 13,942 = 0$

$\qquad\qquad\qquad V_3 = 13,942 \text{ t} \qquad\qquad\qquad V_1 = 11,058 \text{ t}$

2.- Cálculo de esfuerzos internos

a) Normal

Como no existen cargas horizontales, tampoco existe esfuerzo normal.

b) Cortante

$$Q_1 = 11,058 \text{ t}$$

$$Q_2 = 11,058 - 7,5 = 3,558 \text{ t}$$

$$Q_3 = 11,058 - 7,5 - 17,5 = -13,942 \text{ t}$$

c) Momento

$$M_1 = 0$$

$$M_2 = 11{,}058 \cdot 3 - \frac{5 \cdot 3}{2} \cdot 2 = 18{,}174 \text{ tm}$$

$$M_3 = 0$$

3.- Diagramas de esfuerzos internos

a) Normal

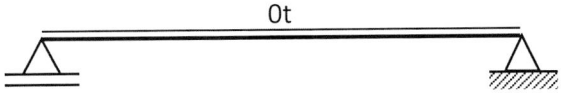

0t

b) Cortante (1 m = 1 cm / 6 t = 1 cm)

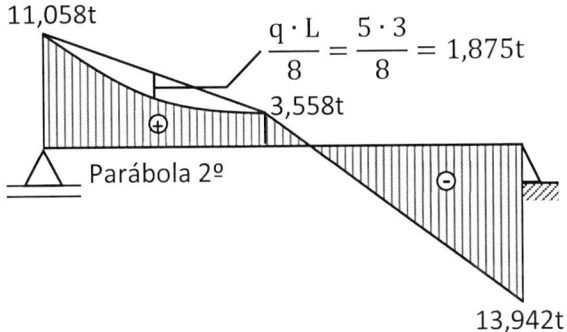

11,058t

$$\frac{q \cdot L}{8} = \frac{5 \cdot 3}{8} = 1{,}875t$$

3,558t

Parábola 2º

13,942t

c) Momento (1 m = 1 cm / 8 tm = 1 cm)

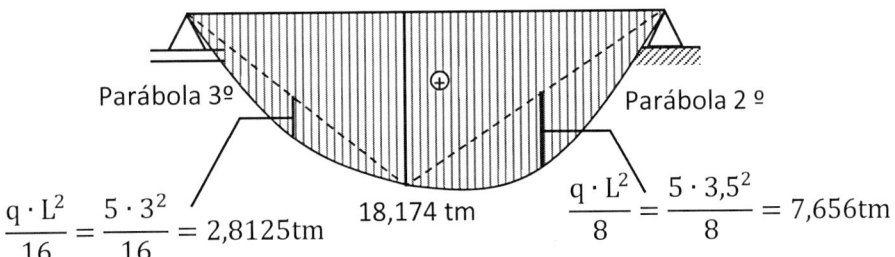

Parábola 3º

Parábola 2 º

$$\frac{q \cdot L^2}{16} = \frac{5 \cdot 3^2}{16} = 2{,}8125tm$$

18,174 tm

$$\frac{q \cdot L^2}{8} = \frac{5 \cdot 3{,}5^2}{8} = 7{,}656tm$$

Las fórmulas utilizadas en los diagramas anteriores han sido extraídas de la tabla 2 y representan el valor de Q y M a L/2 del tramo correspondiente.

EJERCICIO 37

Calcule las reacciones y diagrame los esfuerzos internos (método numérico).

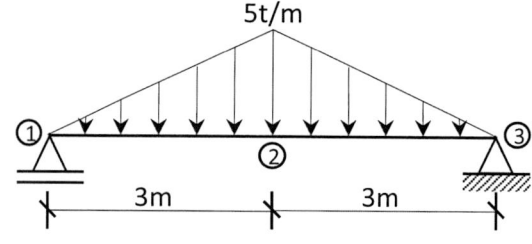

Figura 3.74 Viga 23.

1.- Cálculo de reacciones

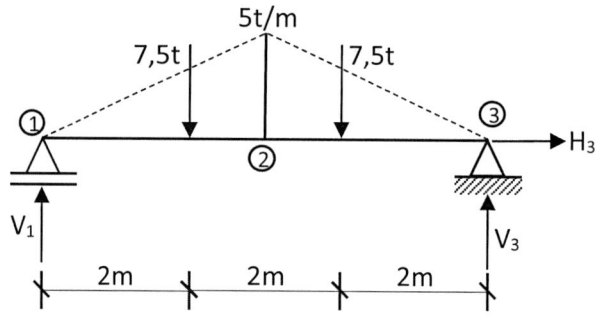

$\Sigma F_H = 0 \rightarrow \oplus$ $\qquad \Sigma M_1 = 0 \circlearrowleft \oplus$ $\qquad\qquad \Sigma F_V = 0 \uparrow \oplus$

$H_3 = 0$ $\qquad 7,5 \cdot 2 + 7,5 \cdot 4 - V_3 \cdot 6 = 0 \qquad V_1 - 7,5 - 7,5 + 7,5 = 0$

$\qquad\qquad\quad V_3 = 7,5 \text{ t} \qquad\qquad\qquad V_1 = 7,5 \text{ t}$

2.- Cálculo de esfuerzos internos

a) Normal

Como no existen cargas horizontales, tampoco existen esfuerzos normales.

b) Cortante

$Q_1 = 7,5 \text{ t}$

$Q_2 = 7,5 - \dfrac{5 \cdot 3}{2} = 0$

$Q_3 = 7,5 - \dfrac{5 \cdot 3}{2} - \dfrac{5 \cdot 3}{2} = -7,5 \text{ t}$

c) Momento

$M_1 = 0$

$M_2 = 7,5 \cdot 3 - \left(\dfrac{5 \cdot 3}{2}\right) \cdot 1 = 15 \text{ tm}$

$M_3 = 0$

3.- Diagramas de esfuerzos internos

a) Normal

No existe esfuerzo normal, porque no existen cargas horizontales.

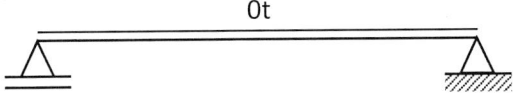

0t

b) Cortante (1 m = 1 cm / 3,75 t = 1 cm)

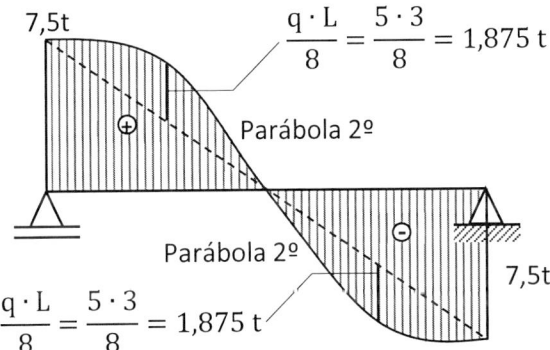

7,5t

$\dfrac{q \cdot L}{8} = \dfrac{5 \cdot 3}{8} = 1,875 \text{ t}$

Parábola 2º

Parábola 2º

7,5t

$\dfrac{q \cdot L}{8} = \dfrac{5 \cdot 3}{8} = 1,875 \text{ t}$

c) Momento (1 m = 1 cm / 7,5 tm = 1 cm)

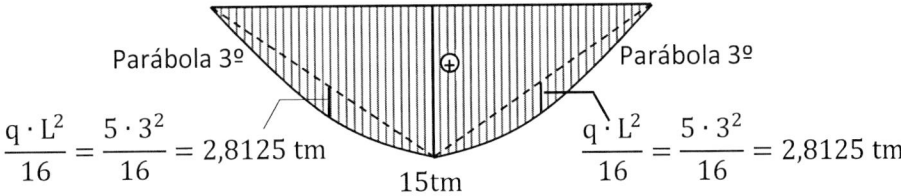

Parábola 3º

Parábola 3º

$\dfrac{q \cdot L^2}{16} = \dfrac{5 \cdot 3^2}{16} = 2,8125 \text{ tm}$

15tm

$\dfrac{q \cdot L^2}{16} = \dfrac{5 \cdot 3^2}{16} = 2,8125 \text{ tm}$

Las fórmulas utilizadas en los diagramas anteriores han sido extraídas de la tabla 2 y representan el valor de Q y M a L/2 del tramo correspondiente.

EJERCICIO 38

Calcule las reacciones y diagrame los esfuerzos internos (método numérico).

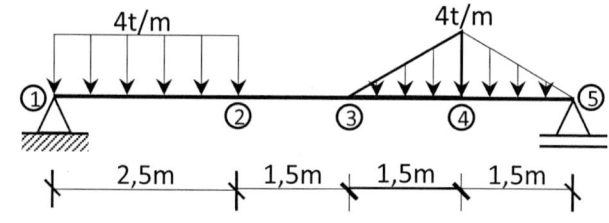

Figura 3.75 Viga 24.

1.- Cálculo de reacciones

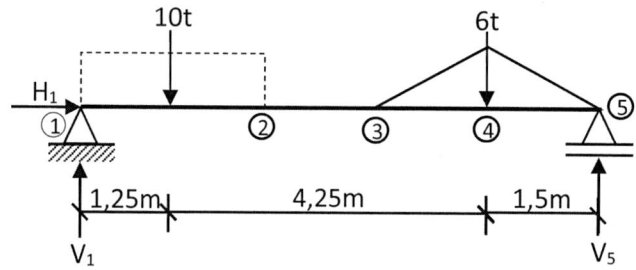

$\Sigma F_H = 0 \rightarrow \oplus$

$H_1 = 0$

$\Sigma M_1 = 0 \circlearrowleft \oplus$

$10 \cdot 1,25 + 6 \cdot 5,5 - V_5 \cdot 7 = 0$

$V_5 = 6,5 \text{ t}$

$\Sigma F_V = 0 \uparrow \oplus$

$V_1 - 10 - 6 + 6,5 = 0$

$V_1 = 9,5 \text{ t}$

2.- Cálculo de esfuerzos internos

a) Normal

No existe esfuerzo normal, porque no existen cargas horizontales.

b) Cortante

$Q_1 = 9,5 \text{ t}$

$Q_2 = 9,5 - 4 \cdot 2,5 = -0,5 \text{ t}$

$Q_3 = 9,5 - 4 \cdot 2,5 = -0,5 \text{ t}$

$Q_4 = 9,5 - 4 \cdot 2,5 - \dfrac{4 \cdot 1,5}{2} = -3,5 \text{ t}$

$Q_5 = 9,5 - 4 \cdot 2,5 - \dfrac{4 \cdot 1,5}{2} - \dfrac{4 \cdot 1,5}{2} = -6,5 \text{ t}$

c) Momento

$M_1 = 0$ tm

$M_2 = 9,5 \cdot 2,5 - (4 \cdot 2,5) \cdot 1,25 = 11,25$ tm

$M_3 = 9,5 \cdot 4 - (4 \cdot 2,5) \cdot (4 - 1,25) = 10,5$ tm

$M_4 = 9,5 \cdot 5,5 - (4 \cdot 2,5)(5,5 - 1,25) - \dfrac{4 \cdot 1,5}{2} \cdot 0,5 = 8,25$ tm

$M_5 = 0$tm

3.- Diagramas de esfuerzos internos

a) Normal

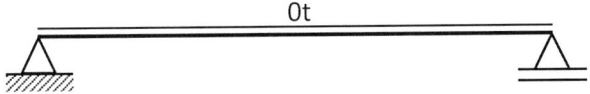

b) Cortante (1 m = 1 cm / 5 t = 1 cm)

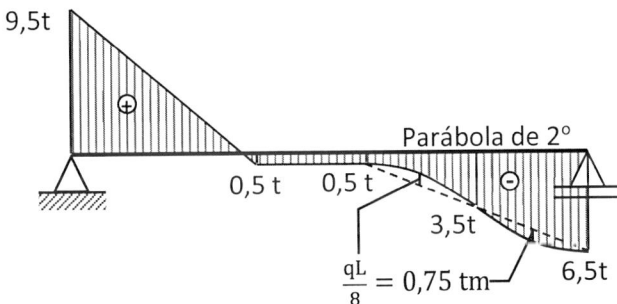

c) Momento (1 m = 1 cm / 6 tm = 1 cm)

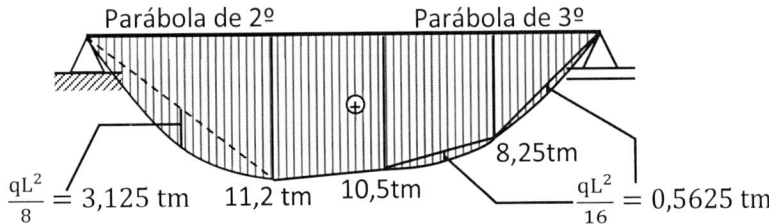

Las fórmulas utilizadas en los diagramas anteriores han sido extraídas de la tabla 2 y representan el valor de Q y M a L/2 del tramo correspondiente.

EJERCICIO 39

Calcule las reacciones y diagrame los esfuerzos internos (método numérico).

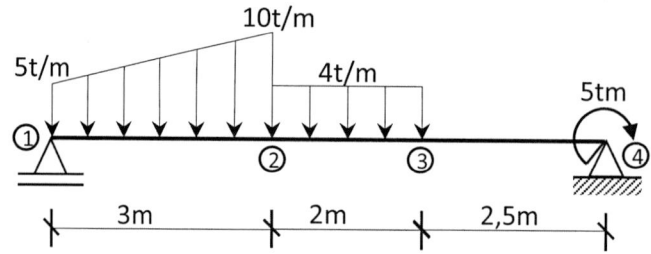

Figura 3.76 Viga 25.

1.- Cálculo de reacciones

Separamos la carga trapezoidal en dos cargas simples:

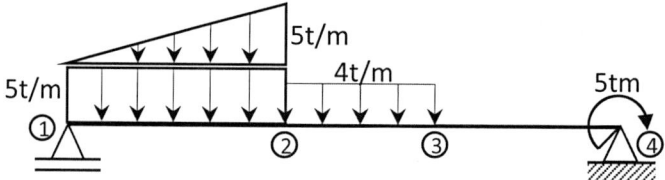

Calculamos las resultantes y, luego, las reacciones:

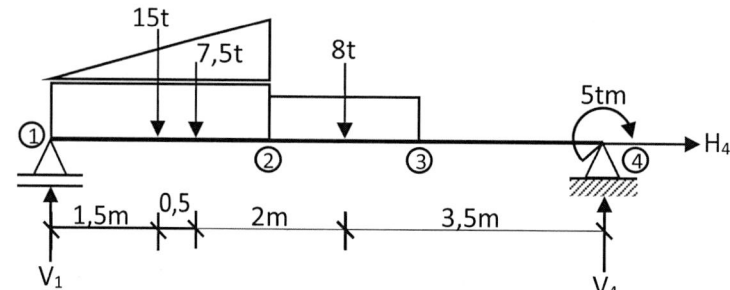

Como no existen cargas horizontales, $H_4 = 0t$:

$\Sigma M_1 = 0 \circlearrowleft \oplus$

$15 \cdot 1{,}5 + 7{,}5 \cdot 2 + 8 \cdot 4 + 5 - V_4 \cdot 7{,}5 = 0$

$V_4 = 9{,}933 \text{ t}$

$\Sigma F_V = 0 \uparrow \oplus$

$V_1 - 15 - 7{,}5 - 8 + 9{,}933 = 0$

$V_1 = 20{,}567 \text{ t}$

2.- Cálculo de esfuerzos internos

a) Normal

No existe esfuerzo normal, porque no existen cargas horizontales.

b) Cortante

$Q_1 = 20,567 \text{ t}$

$Q_2 = 20,567 - 5 \cdot 3 - \dfrac{5 \cdot 3}{2} = -1,933 \text{ t}$

$Q_3 = 20,567 - 5 \cdot 3 - \dfrac{5 \cdot 3}{2} - 4 \cdot 2 = -9,933 \text{ t}$

$Q_4 = 20,567 - 5 \cdot 3 - \dfrac{5 \cdot 3}{2} - 4 \cdot 2 = -9,933 \text{ t}$

c) Momento

$M_1 = 0 \text{ tm}$

$M_2 = 20,567 \cdot 3 - 5 \cdot 3 \cdot 1,5 - \dfrac{5 \cdot 3}{2} \cdot 1 = 31,701 \text{ tm}$

$M_3 = 20,567 \cdot 5 - 5 \cdot 3 \cdot 3,5 - \dfrac{5 \cdot 3}{2} \cdot 3 - 4 \cdot 2 \cdot 1 = 19,835 \text{ tm}$

$M_4 = -5 \text{ tm}$

3.- Diagramas de esfuerzos internos

a) Cortante (1 m = 1 cm / 15 t = 1 cm)

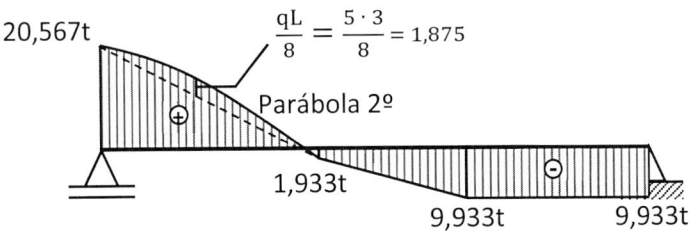

b) Momento (1 m = 1 cm / 15 tm = 1 cm)

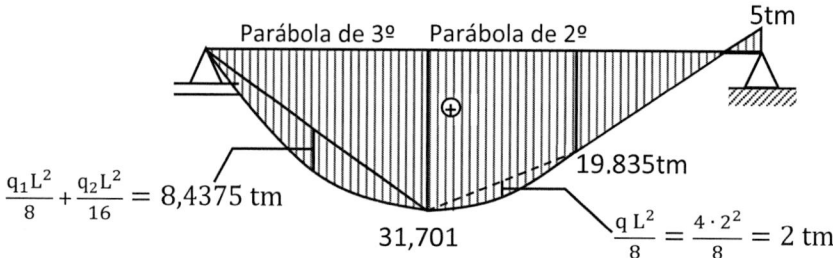

Parábola de 3º   Parábola de 2º

5tm

$$\frac{q_1 L^2}{8} + \frac{q_2 L^2}{16} = 8,4375 \text{ tm}$$

19.835tm

31,701

$$\frac{q\,L^2}{8} = \frac{4 \cdot 2^2}{8} = 2 \text{ tm}$$

Las fórmulas utilizadas en los diagramas anteriores han sido extraídas de la tabla 2 y representan el valor de Q y M a L/2 del tramo correspondiente.

EJERCICIO 40

Calcule las reacciones y diagrame los esfuerzos internos (método numérico).

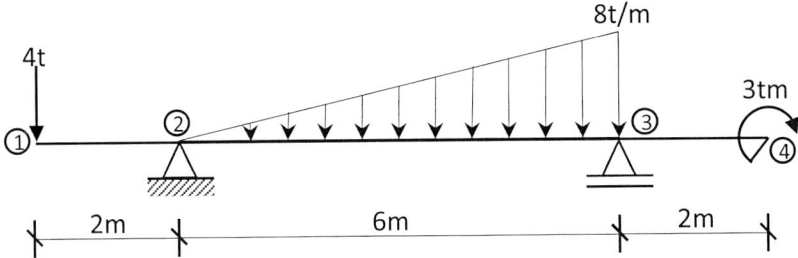

Figura 3.77 Viga 26.

1.- Cálculo de reacciones

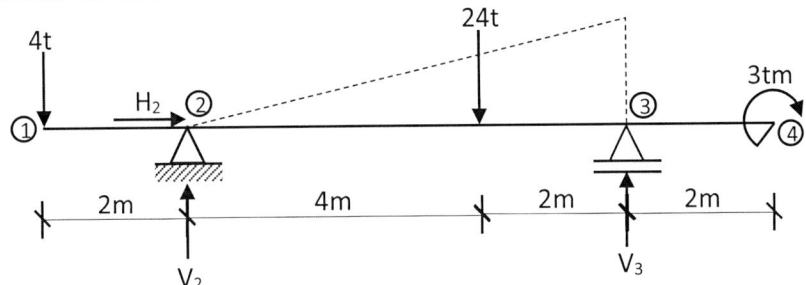

$\Sigma F_H = 0 \to \oplus$

$H_2 = 0$

$\Sigma M_2 = 0 \circlearrowleft \oplus$

$-4 \cdot 2 + 24 \cdot 4 + 3 - V_3 \cdot 6 = 0$

$V_3 = 15{,}167 \text{ t}$

$\Sigma F_V = 0 \uparrow \oplus$

$-4 + V_2 - 24 + 15{,}167 = 0$

$V_2 = 12{,}833 \text{ t}$

2.- Cálculo de esfuerzos internos

a) Normal

No existe esfuerzo normal, porque no existen cargas horizontales

b) Cortante

$Q_1 = -4 \text{ t}$

$Q_2(\text{izq}) = -4 \text{ t}$

$Q_2(\text{der}) = -4 + 12{,}833 = 8{,}833 \text{ t}$

$$Q_3(\text{izq}) = -4 + 12{,}833 - \frac{8 \cdot 6}{2} = -15{,}167 \text{ t}$$

$$Q_3(\text{der}) = -4 + 12{,}833 - \frac{8 \cdot 6}{2} + 15{,}167 = 0 \text{ t}$$

$$Q_4 = 0 \text{ t}$$

c) Momento

$$M_1 = 0 \text{ tm}$$

$$M_2 = -4 \cdot 2 = -8 \text{ tm}$$

$$M_3 = -4 \cdot 8 + 12{,}833 \cdot 6 - \frac{8 \cdot 6}{2} \cdot 2 = -3 \text{ tm}$$

$$M_4 = -3 \text{ tm}$$

3.- Diagramas de esfuerzos Internos

a) Normal

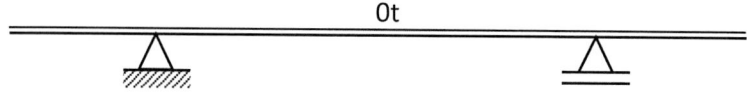

b) Cortante (1 m = 1 cm / 7 t = 1 cm)

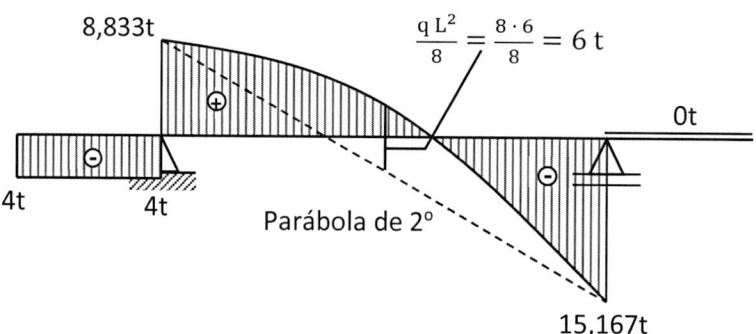

c) Momento (1 m = 1 cm / 4 tm = 1 cm)

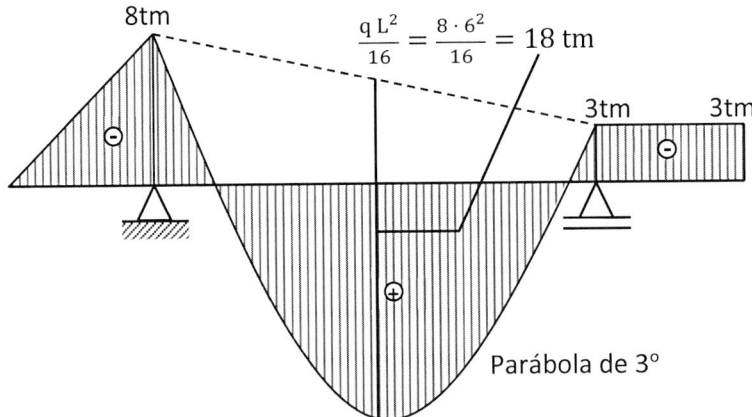

$$\frac{q\,L^2}{16} = \frac{8 \cdot 6^2}{16} = 18\ \text{tm}$$

Las fórmulas utilizadas en los diagramas anteriores han sido extraídas de la tabla 2 y representan el valor de Q y M a L/2 del tramo correspondiente.

EJERCICIO 41

Calcule las reacciones y diagrame los esfuerzos internos (método numérico).

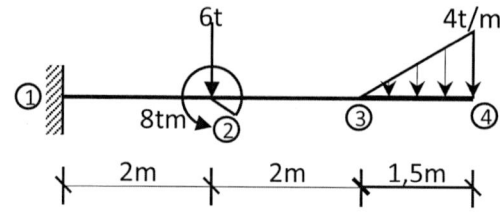

Figura 3.78 Viga 27.

1.- Cálculo de reacciones

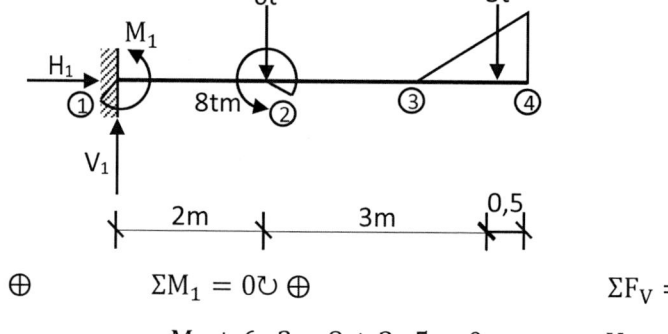

$\Sigma F_H = 0 \rightarrow \oplus$

$H_1 = 0$

$\Sigma M_1 = 0 \circlearrowleft \oplus$

$-M_1 + 6 \cdot 2 - 8 + 3 \cdot 5 = 0$

$M_1 = 19 \text{ tm}$

$\Sigma F_V = 0 \uparrow \oplus$

$V_1 - 6 - 3 = 0$

$V_1 = 9 \text{ t}$

2.- Cálculo de esfuerzos internos

a) Normal

No existe esfuerzo normal, porque no existen cargas horizontales.

b) Cortante

$Q_1 = 9 \text{ t}$

$Q_2(\text{izq}) = 9 \text{ t}$

$Q_2(\text{der}) = 9 - 6 = 3 \text{ t}$

$Q_3 = 9 - 6 = 3 \text{ t}$

$Q_4 = 9 - 6 - \dfrac{4 \cdot 1,5}{2} = 0 \text{ t}$

c) Momento

$M_1 = -19\,\mathrm{tm}$

$M_2(\mathrm{izq}) = -19 + 9 \cdot 2 = -1\,\mathrm{tm}$

$M_2(\mathrm{der}) = -19 + 9 \cdot 2 - 8 = -9\ \mathrm{tm}$

$M_3 = -19 + 9 \cdot 4 - 8 - 6 \cdot 2 = -3\mathrm{tm}$

$M_4 = -19 + 9 \cdot 5{,}5 - 8 - 6 \cdot 3{,}5 - \dfrac{4 \cdot 1{,}5}{2} \cdot 0{,}5 = 0\ \mathrm{tm}$

3.- Diagramas de esfuerzos internos

a) Normal

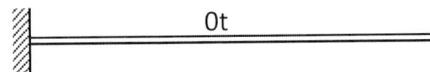

b) Cortante (1 m = 1 cm / 4,5 t = 1 cm)

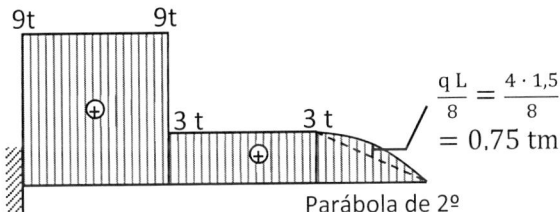

c) Momento (1 m = 1 cm / 6 tm = 1 cm)

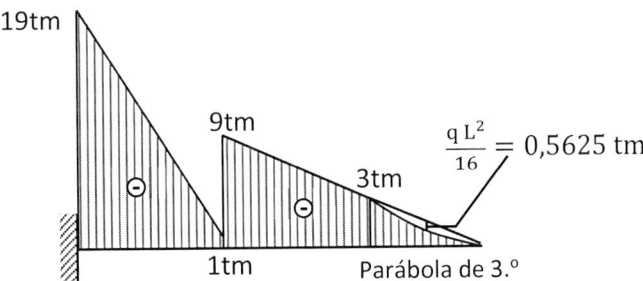

Las fórmulas utilizadas en los diagramas anteriores han sido extraídas de la tabla 2 y representan el valor de Q y M a L/2 del tramo correspondiente.

EJERCICIO 42

Calcule las reacciones y diagrame los esfuerzos internos (método numérico).

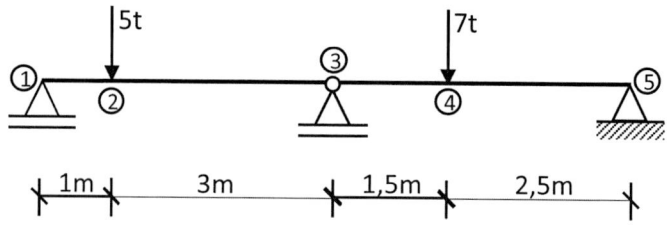

Figura 3.79 Viga 28.

1.- Cálculo de reacciones

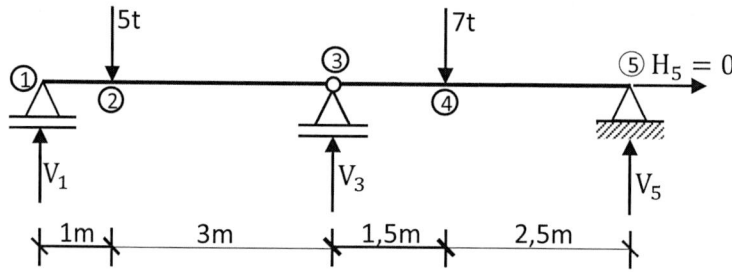

$\Sigma M_3 = 0 \ \circlearrowleft \oplus$ (izq) $\Sigma M_3 = 0 \ \circlearrowleft \oplus$ (der) $\Sigma F_V = 0 \ \uparrow\oplus$

$V_1 \cdot 4 - 5 \cdot 3 = 0$ $7 \cdot 1,5 - V_5 \cdot 4 = 0$ $3,75 - 5 + V_3 - 7 + 2,625 = 0$

$V_1 = 3,75 \text{ t}$ $V_5 = 2,625 \text{ t}$ $V_3 = 5,625 \text{ t}$

2.- Cálculo de esfuerzos internos

a) Normal

No existe esfuerzo normal, porque no existen cargas horizontales.

b) Cortante

En las cargas puntuales, se calcula la cortante a la izquierda y derecha:

$$Q_1 = 3,75 \text{ t}$$
$$Q_{2(izq)} = 3,75 \text{ t}$$
$$Q_{2(der)} = 3,75 - 5 = -1,25 \text{ t}$$
$$Q_{3(izq)} = 3,75 - 5 = -1,25 \text{ t}$$
$$Q_{3(der)} = 3,75 - 5 + 5,625 = 4,375 \text{ t}$$

$$Q_{4(izq)} = 3,75 - 5 + 5,625 = 4,375 \text{ t}$$
$$Q_{4(der)} = 3,75 - 5 + 5,625 - 7 = -2,625 \text{ t}$$
$$Q_5 = 3,75 - 5 + 5,625 - 7 = -2,625 \text{ t}$$

c) Momento

$$M_1 = 0$$
$$M_2 = 3,75 \cdot 1 = 3,75 \text{ tm}$$
$$M_3 = 3,75 \cdot 4 - 5 \cdot 3 = 0$$
$$M_4 = 3,75 \cdot 5,5 - 5 \cdot 4,5 + 5,625 \cdot 1,5 = 6,5625 \text{ tm}$$
$$M_5 = 0$$

3.- Diagramas de esfuerzos internos

a) Cortante (1 m = 1 cm / 2 t = 1 cm)

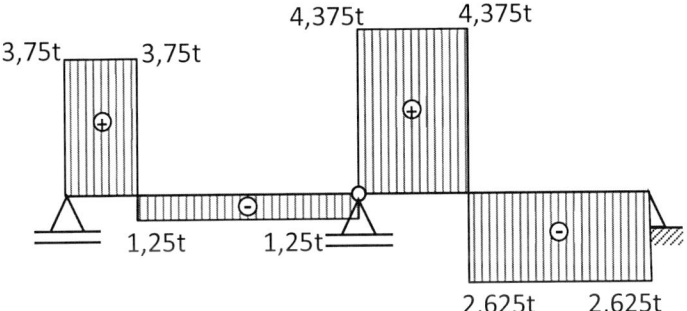

b) Momento (1 m = 1 cm / 3 tm = 1 cm)

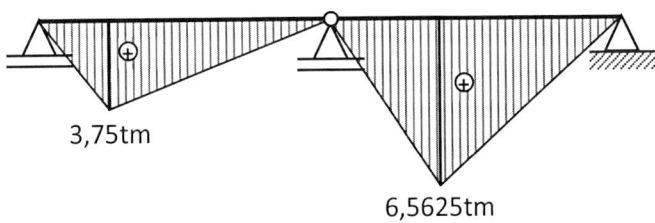

EJERCICIO 43

Calcule las reacciones y diagrame los esfuerzos internos (método numérico).

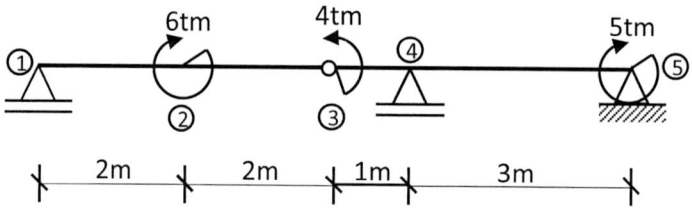

Figura 3.80 Viga 29.

1.- Cálculo de reacciones

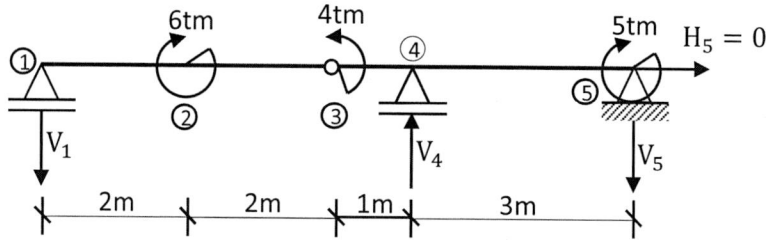

$\Sigma M_3 = 0 \; \cup \oplus (izq)$

$-V_1 \cdot 4 + 6 = 0$
$V_1 = 1,5 \text{ t}$

$\Sigma M_5 = 0 \; \cup \oplus (izq)$

$-1,5 \cdot 8 + 6 - 4 + V_4 \cdot 3 + 5 = 0$
$V_4 = 1,667 \text{ t}$

$\Sigma F_V = 0 \uparrow \oplus$

$-1,5 + 1,667 - V_5 = 0$
$V_5 = 0,167 \text{ t}$

2.- Cálculo de esfuerzos internos

a) Normal

No existe esfuerzo normal, porque no existen cargas horizontales.

b) Cortante

$Q_1 = -1,5 \text{ t}$
$Q_2 = -1,5 \text{ t}$
$Q_3 = -1,5 \text{ t}$
$Q_{4(izq)} = -1,5 \text{ t}$
$Q_{4(der)} = -1,5 + 1,667 = 0,167 \text{ t}$
$Q_5 = -1,5 + 1,667 = 0,167 \text{ t}$

c) Momento

$$M_1 = 0$$
$$M_{2(izq)} = -1,5 \cdot 2 = -3 \text{ tm}$$
$$M_{2(der)} = -1,5 \cdot 2 + 6 = 3 \text{ tm}$$
$$M_{3(izq)} = -1,5 \cdot 4 + 6 = 0 \text{ tm}$$
$$M_{3(der)} = -1,5 \cdot 4 + 6 - 4 = -4 \text{ tm}$$
$$M_4 = -1,5 \cdot 5 + 6 - 4 = -5,5 \text{ tm}$$
$$M_5 = -1,5 \cdot 8 + 6 - 4 + 1,667 \cdot 3 = -5 \text{ tm}$$

3.- Diagramas de esfuerzos internos

a) Cortante (1 m = 1 cm / 1 t = 1 cm)

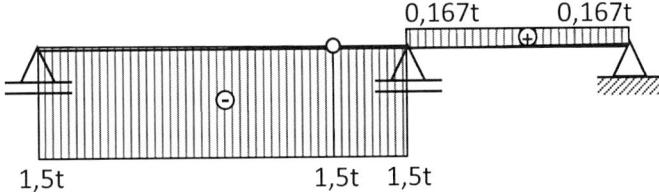

b) Momento (1 m = 1 cm / 3 tm = 1 cm)

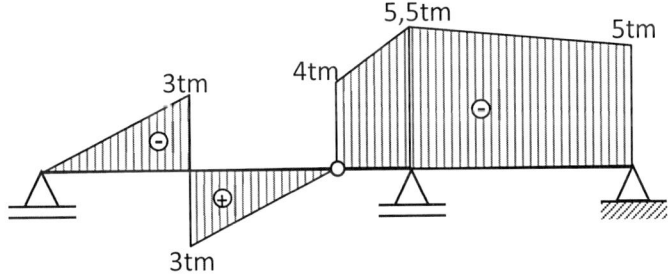

EJERCICIO 44

Calcule las reacciones y diagrame los esfuerzos internos (método numérico).

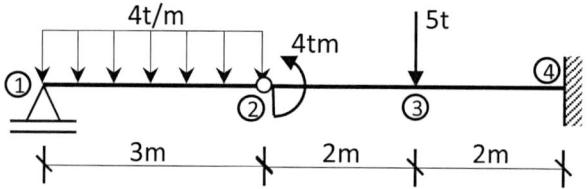

Figura 3.81 Viga 30.

1.- Cálculo de reacciones

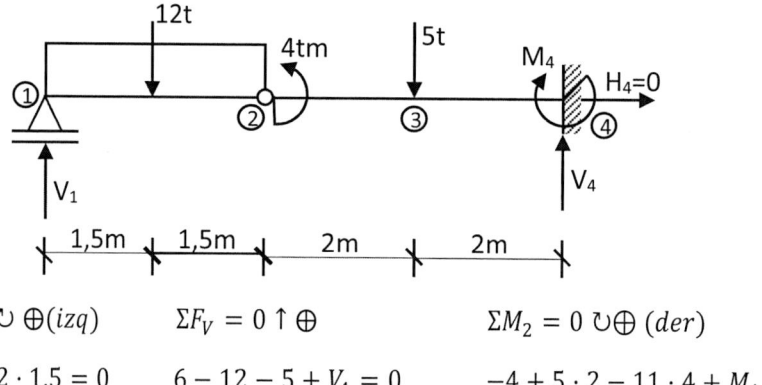

$\Sigma M_2 = 0 \circlearrowleft \oplus (izq)$ $\Sigma F_V = 0 \uparrow \oplus$ $\Sigma M_2 = 0 \circlearrowleft \oplus (der)$

$V_1 \cdot 3 - 12 \cdot 1{,}5 = 0$ $6 - 12 - 5 + V_4 = 0$ $-4 + 5 \cdot 2 - 11 \cdot 4 + M_4 = 0$

$V_1 = 6\,t$ $V_4 = 11\,t$ $M_4 = 38\,tm$

2.- Cálculo de esfuerzos internos

a) Normal

No existe esfuerzo normal, porque no existen cargas horizontales.

b) Cortante

$$Q_1 = 6\,t$$

$$Q_2 = 6 - 4 \cdot 3 = -6\,t$$

$$Q_3(izq) = 6 - 4 \cdot 3 = -6\,t$$

$$Q_3(der) = 6 - 4 \cdot 3 - 5 = -11\,t$$

$$Q_4 = 6 - 4 \cdot 3 - 5 = -11\,t$$

c) Momento

$$M_1 = 0 \text{ tm}$$

$$M_2(izq) = 6 \cdot 3 - 4 \cdot 3 \cdot 1,5 = 0 \text{ tm}$$

$$M_2(der) = 6 \cdot 3 - 4 \cdot 3 \cdot 1.5 - 4 = -4 \text{ tm}$$

$$M_3 = 6 \cdot 5 - 4 \cdot 3 \cdot 3,5 - 4 = -16 \text{ tm}$$

$$M_4 = 6 \cdot 7 - 4 \cdot 3 \cdot 5,5 - 4 - 5 \cdot 2 = -38 \text{ tm}$$

3.- Diagramas de esfuerzos internos

a) **Cortante** (1 m = 1 cm / 6 t = 1 cm)

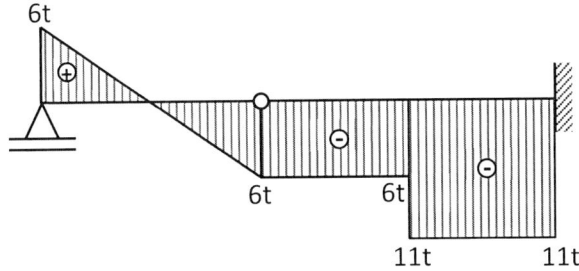

b) **Momento** (1 m = 1 cm / 10 tm = 1 cm)

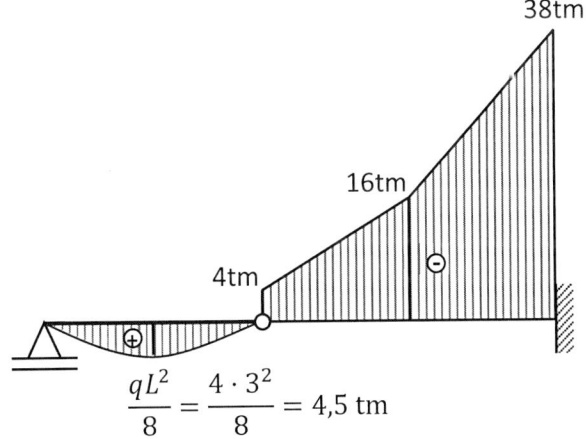

$$\frac{qL^2}{8} = \frac{4 \cdot 3^2}{8} = 4,5 \text{ tm}$$

Las fórmulas utilizadas en los diagramas anteriores han sido extraídas de la tabla 2 y representan el valor de Q y M a L/2 del tramo correspondiente.

EJERCICIO 45

Calcule las reacciones y diagrame los esfuerzos internos (método numérico).

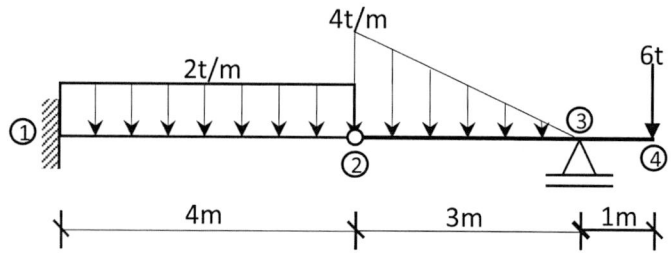

Figura 3.82 Viga 31.

1.- Cálculo de reacciones

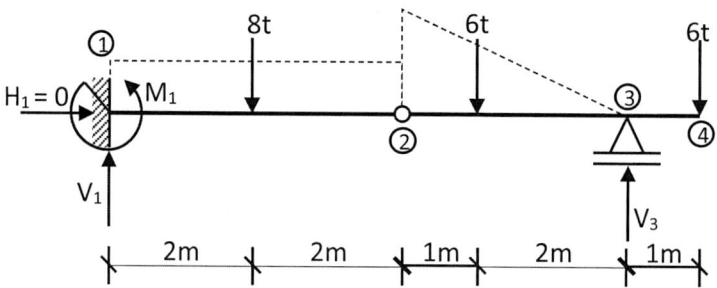

$\Sigma M_2 = 0 \cup \oplus (der)$

$6 \cdot 1 - V_3 \cdot 3 + 6 \cdot 4 = 0$

$V_3 = 10\text{ t}$

$\Sigma F_V = 0 \uparrow \oplus$

$V_1 - 8 - 6 + 10 - 6 = 0$

$V_1 = 10\text{ t}$

$\Sigma M_2 = 0 \cup \oplus (izq)$

$10 \cdot 4 - M_1 - 8 \cdot 2 = 0$

$M_1 = 24\text{ tm}$

2.- Cálculo de esfuerzos internos

a) Normal

No existe esfuerzo normal, porque no existen cargas horizontales.

b) Cortante

$$Q_1 = 10\text{ t}$$

$$Q_2 = 10 - 2 \cdot 4 = 2\text{ t}$$

$$Q_3(izq) = 10 - 2 \cdot 4 - \frac{4 \cdot 3}{2} = -4\text{ t}$$

$$Q_3(der) = 10 - 2 \cdot 4 - \frac{4 \cdot 3}{2} + 10 = 6 \text{ t}$$

$$Q_4 = 10 - 2 \cdot 4 - \frac{4 \cdot 3}{2} + 10 = 6 \text{ t}$$

c) Momento

$$M_1 = -24 \text{ tm}$$

$$M_2 = -24 + 10 \cdot 4 - 2 \cdot 4 \cdot 2 = 0 \text{ tm}$$

$$M_3 = -24 + 10 \cdot 7 - 2 \cdot 4 \cdot 5 - \frac{4 \cdot 3}{2} \cdot 2 = -6 \text{ tm}$$

$$M_4 = 0 \text{ tm}$$

3.- Diagramas de esfuerzos internos

a) **Cortante** (1 m = 1 cm / 4 t = 1 cm)

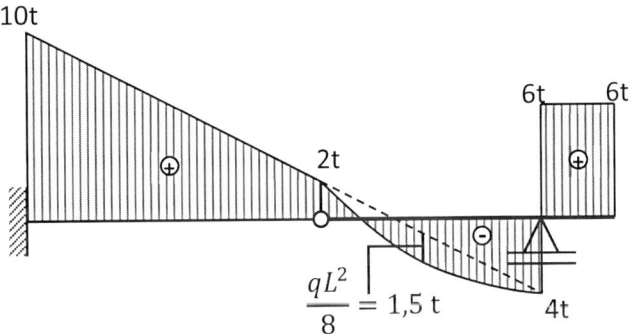

b) **Momento** (1 m = 1 cm / 12 tm = 1 cm)

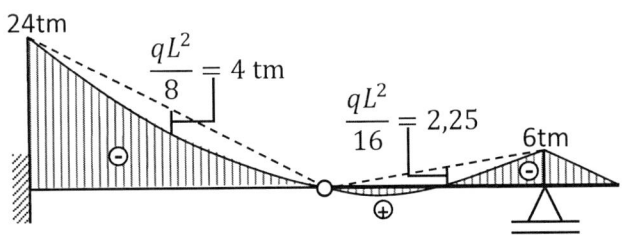

Las fórmulas utilizadas en los diagramas anteriores han sido extraídas de la tabla 2 y representan el valor de Q y M a L/2 del tramo correspondiente.

EJERCICIO 46

Calcule las reacciones y diagrame los esfuerzos internos (método numérico).

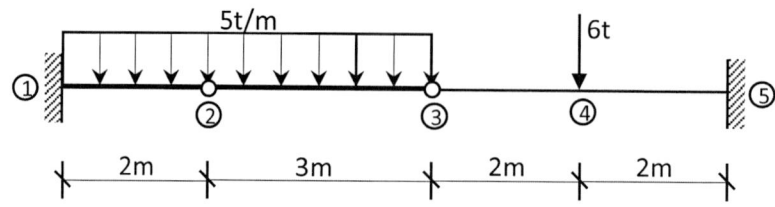

Figura 3.83 Viga 32.

1.- Cálculo de reacciones

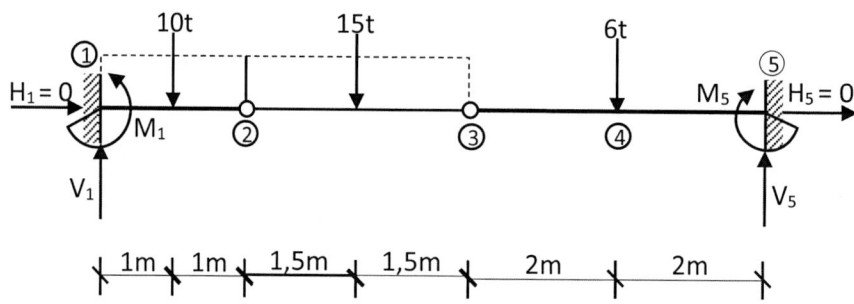

$\Sigma M_2 = 0 \circlearrowleft \oplus (izq)$

$V_1 \cdot 2 - M_1 - 10 \cdot 1 = 0$

$2V_1 - M_1 = 10$ ①

$\Sigma M_3 = 0 \circlearrowleft \oplus (izq)$

$V_1 \cdot 5 - M_1 - 10 \cdot 4 - 15 \cdot 1,5 = 0$

$5V_1 - M_1 = 62,5$ ②

Resolviendo ① con ②, obtenemos:

$$V_1 = 17,5 \text{ t}$$

$$M_1 = 25 \text{ tm}$$

$\Sigma F_V = 0 \uparrow \oplus$

$17,5 - 10 - 15 - 6 + V_5 = 0$

$V_5 = 13,5 \text{ t}$

$\Sigma M_3 = 0 \circlearrowleft \oplus (der)$

$6 \cdot 2 - 13,5 \cdot 4 + M_5 = 0$

$M_5 = 42 \text{ tm}$

2.- Cálculo de esfuerzos internos

a) Normal

No existe esfuerzo normal, porque no existen cargas horizontales.

b) Cortante

$$Q_1 = 17,5 \text{ t}$$

$$Q_2 = 17,5 - 5 \cdot 2 = 7,5 \text{ t}$$

$$Q_3 = 17,5 - 5 \cdot 5 = -7,5 \text{ t}$$

$$Q_4(izq) = 17,5 - 5 \cdot 5 = -7,5 \text{ t}$$

$$Q_4(der) = 17,5 - 5 \cdot 5 - 6 = -13,5 \text{ t}$$

$$Q_5 = 17,5 - 5 \cdot 5 - 6 = -13,5 \text{ t}$$

c) Momento

$$M_1 = -25 \text{ tm}$$

$$M_2 = 0 \text{ tm}$$

$$M_3 = 0 \text{ tm}$$

$$M_4 = -25 + 17,5 \cdot 7 - 5 \cdot 5 \cdot 4,5 = -15 \text{ tm}$$

$$M_5 = -42 \text{ tm}$$

3.- Diagramas de esfuerzos internos

a) **Cortante** (1 m = 1 cm / 7,5 t = 1 cm)

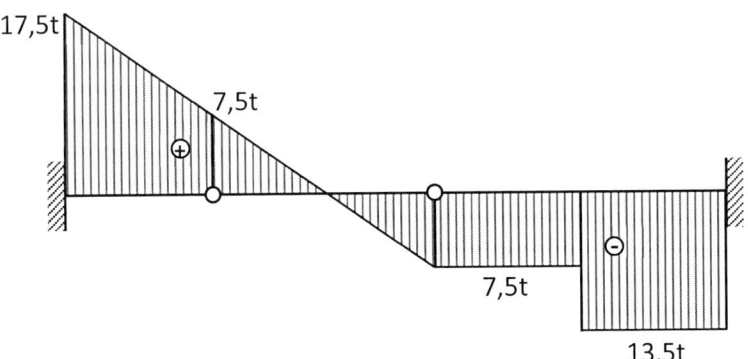

b) **Momento** (1 m = 1 cm / 20 tm = 1 cm)

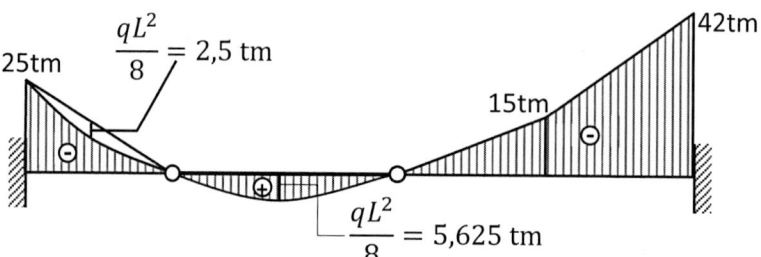

$$\frac{qL^2}{8} = 2,5 \text{ tm}$$

$$\frac{qL^2}{8} = 5,625 \text{ tm}$$

Las fórmulas utilizadas en los diagramas anteriores han sido extraídas de la tabla 2 y representan el valor de Q y M a L/2 del tramo correspondiente.

EJERCICIO 47

Calcule las reacciones y diagrame los esfuerzos internos (método numérico).

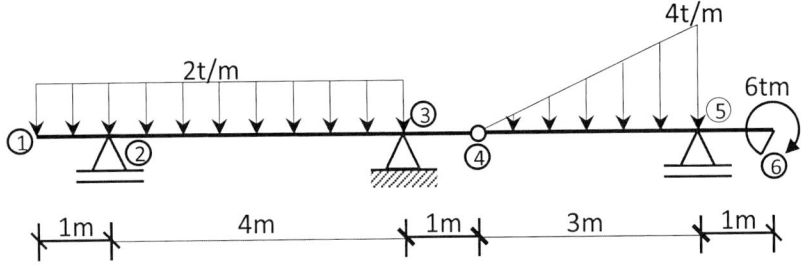

Figura 3.84 Viga 33.

1.- Cálculo de reacciones

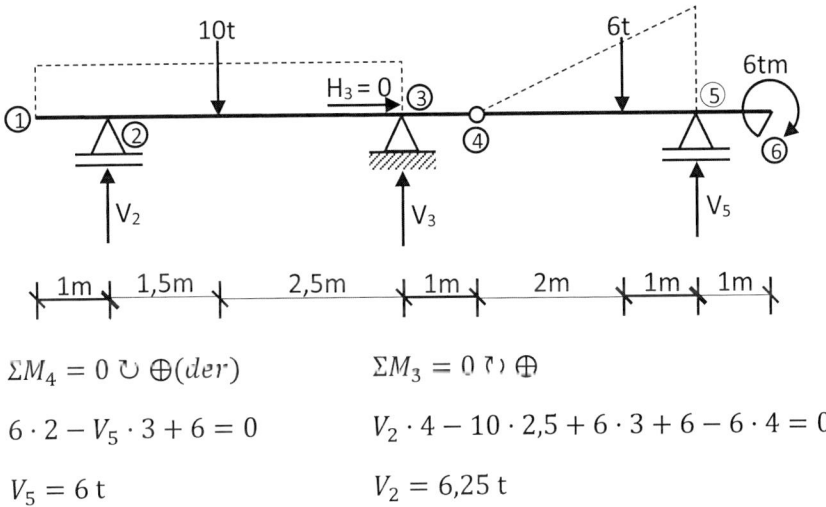

$\Sigma M_4 = 0 \circlearrowleft \oplus (der)$

$6 \cdot 2 - V_5 \cdot 3 + 6 = 0$

$V_5 = 6$ t

$\Sigma M_3 = 0 \circlearrowright \oplus$

$V_2 \cdot 4 - 10 \cdot 2,5 + 6 \cdot 3 + 6 - 6 \cdot 4 = 0$

$V_2 = 6,25$ t

$\Sigma F_V = 0 \uparrow \oplus$

$6,25 - 10 + V_3 - 6 + 6 = 0$

$V_3 = 3,75$ t

2.- Cálculo de esfuerzos internos

a) Normal

No existe esfuerzo normal, porque no existen cargas horizontales.

b) **Cortante**

$$Q_1 = 0 \text{ t}$$

$$Q_2(\text{izq}) = -2 \cdot 1 = -2 \text{ t}$$

$$Q_2(\text{der}) = -2 \cdot 1 + 6{,}25 = 4{,}25 \text{ t}$$

$$Q_3(\text{izq}) = -2 \cdot 5 + 6{,}25 = -3{,}75 \text{ t}$$

$$Q_3(\text{der}) = -2 \cdot 5 + 6{,}25 + 3{,}75 = 0$$

$$Q_4 = -2 \cdot 5 + 6{,}25 + 3{,}75 = 0$$

$$Q_5(\text{izq}) = -2 \cdot 5 + 6{,}25 + 3{,}75 - \frac{4 \cdot 3}{2} = -6 \text{ t}$$

$$Q_5(\text{der}) = -2 \cdot 5 + 6{,}25 + 3{,}75 - \frac{4 \cdot 3}{2} + 6 = 0$$

$$Q_6 = 0 \text{ t}$$

c) **Momento**

$$M_1 = 0 \text{ tm}$$

$$M_2 = -2 \cdot 1 \cdot 0{,}5 = -1 \text{ tm}$$

$$M_3 = 6{,}25 \cdot 4 - 2 \cdot 5 \cdot 2{,}5 = 0 \text{ tm}$$

$$M_4 = 0 \text{ tm}$$

$$M_5 = 6{,}25 \cdot 8 - 2 \cdot 5 \cdot 6{,}5 + 3{,}75 \cdot 4 - \frac{4 \cdot 3}{2} \cdot 1 = -6 \text{ tm}$$

$$M_6 = -6 \text{ tm}$$

3.- Diagramas de esfuerzos internos

a) **Cortante** (1 m = 1 cm / 3 t = 1 cm)

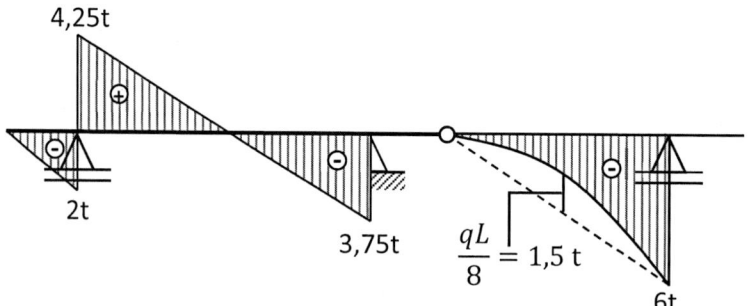

b) **Momento** (1 m = 1 cm / 2 tm = 1 cm)

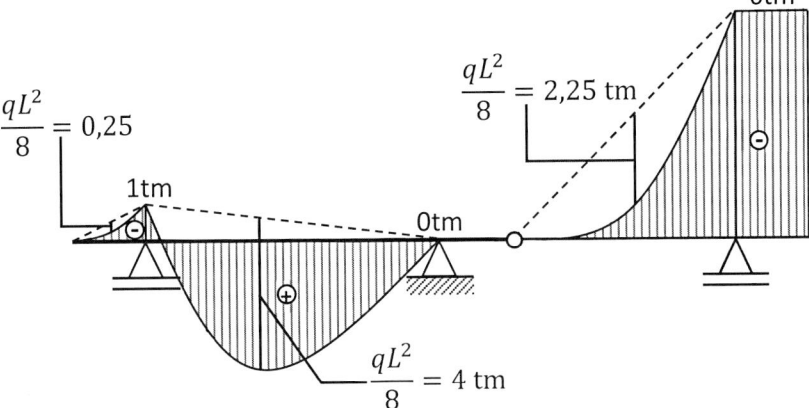

Las fórmulas utilizadas en los diagramas anteriores han sido extraídas de la tabla 2 y representan el valor de Q y M a L/2 del tramo correspondiente.

EJERCICIO 48

Calcule las reacciones y diagrame los esfuerzos internos (método numérico).

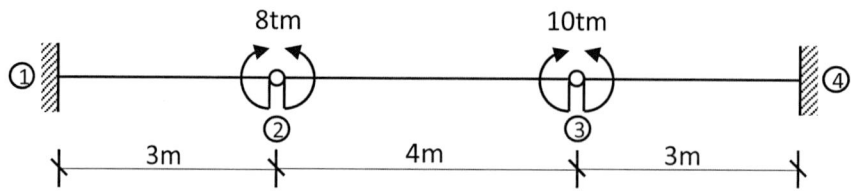

Figura 3.85 Viga 34.

1.- Cálculo de reacciones

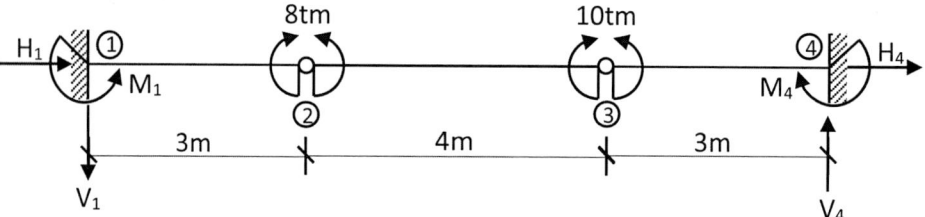

Como no existen cargas horizontales, las reacciones $H_1 = H_4 = 0$:

$\Sigma M_2 = 0 \; \circlearrowleft \oplus$ (izq)

$-V_1 \cdot 3 - M_1 + 8 = 0$

$-3V_1 - M_1 = -8 \quad *(-1)$ ①

$3V_1 + M_1 = 8$

$\Sigma M_3 = 0 \; \circlearrowleft \oplus$ (izq)

$-V_1 \cdot 7 - M_1 + 8 - 8 + 10 = 0$

$-7V_1 - M_1 = -10 \quad *(-1)$ ②

$7V_1 + M_1 = 10$

Resolviendo ① con ②, se obtiene: $V_1 = 0,5$ t

$$M_1 = 6,5 \text{ t}$$

$\Sigma F_V = 0 \uparrow \oplus$

$-0,5t + V_4 = 0$

$V_4 = 0,5$ t

$\Sigma M_3 = 0 \; \circlearrowleft \oplus$

$-10 - 0,5 \cdot 3 + M_4 = 0$

$M_4 = 11,5$ tm

3.-Cálculo de esfuerzos internos

a) Normal

No existe esfuerzo normal, porque no existen cargas horizontales.

b) Cortante

$$Q_1 = -0,5 \text{ t}$$

$$Q_2 = -0,5 \text{ t}$$

$$Q_3 = -0,5 \text{ t}$$

$$Q_4 = -0,5 \text{ t}$$

c) Momento

$$M_1 = -6,5 \text{ tm}$$

$$M_2(\text{izq}) = -6,5 - 0,5 \cdot 3 = -8 \text{ tm}$$

$$M_2(\text{der}) = -6,5 - 0,5 \cdot 3 + 8 - 8 = -8 \text{ tm}$$

$$M_3(\text{izq}) = -6,5 - 0,5 \cdot 7 + 8 - 8 = -10 \text{ tm}$$

$$M_3(\text{der}) = -6,5 - 0,5 \cdot 7 + 8 - 8 + 10 - 10 = -10 \text{ tm}$$

$$M_4 = -11,5 \text{ tm}$$

3.-Diagramas de esfuerzos internos

a) Cortante (1 m = 1 cm / 0,5 t = 1 cm)

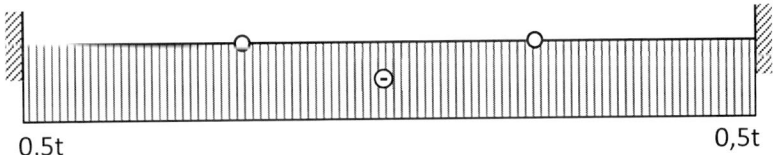

0,5t   0,5t

b) Momento (1 m = 1 cm / 5 tm = 1 cm)

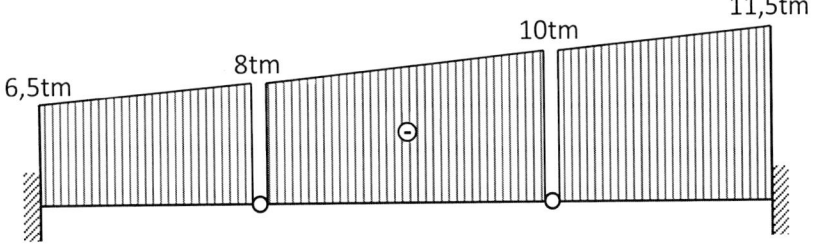

6,5tm   8tm   10tm   11,5tm

EJERCICIO 49

Calcule las reacciones y diagrame los esfuerzos internos (método numérico).

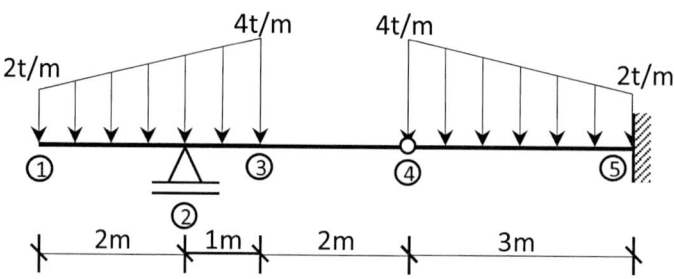

Figura 3.86 Viga 35.

1.- Cálculo de reacciones

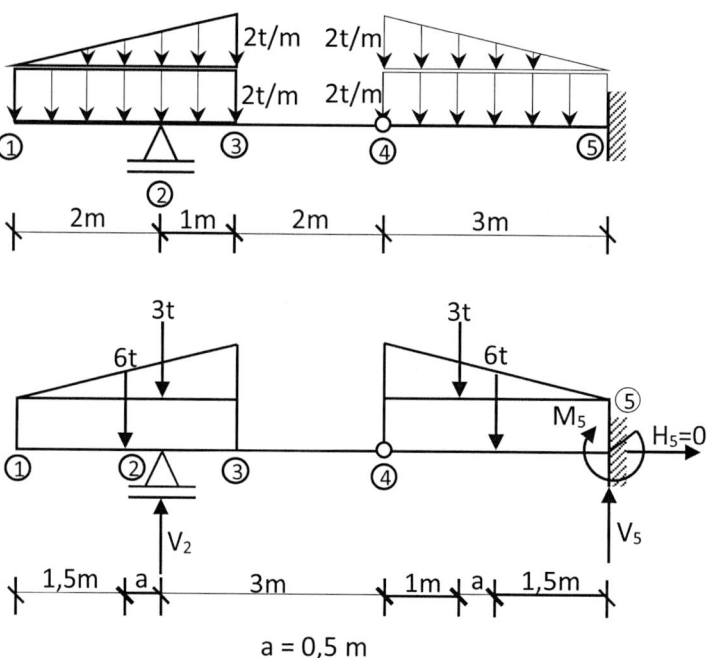

a = 0,5 m

$\Sigma M_4 = 0 \ \circlearrowright \oplus (izq)$

$V_2 \cdot 3 - 3 \cdot 3 - 6 \cdot 3,5 = 0$

$V_2 = 10 \ t$

$\Sigma F_v = 0 \ \uparrow \oplus$

$-6 - 3 + 10 - 3 - 6 + V_5 = 0$

$V_5 = 8 \ t$

$\Sigma M_4 = 0 \; \circlearrowleft \; \oplus (\text{der})$

$3 \cdot 1 + 6 \cdot 1{,}5 - 8 \cdot 3 + M_5 = 0$

$M_5 = 12 \text{ tm}$

2.-Cálculo de esfuerzos internos

a) Normal

No existe esfuerzo normal, porque no existen cargas horizontales.

b) Cortante

$Q_1 = 0$

$Q_2(izq) = -2 \cdot 2 - \dfrac{1{,}333 \cdot 2}{2} = -5{,}333 \text{ t}$

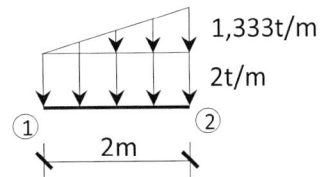

$Q_2(der) = -2 \cdot 2 - \dfrac{1{,}333 \cdot 2}{2} + 10 = 4{,}667 \text{ t}$

$Q_3 = 10 - 2 \cdot 3 - \dfrac{2 \cdot 3}{2} = 1 \text{ tm}$

$Q_4 = 10 - 2 \cdot 3 - \dfrac{2 \cdot 3}{2} = 1 \text{ tm}$

$Q_5 = 10 - 2 \cdot 3 - \dfrac{2 \cdot 3}{2} - 2 \cdot 3 - 2 \cdot \dfrac{2 \cdot 3}{2} = -8 \text{ t}$

c) Momento

$M_1 = 0$

$M_2 = -2 \cdot 2 \cdot 1 - \dfrac{1{,}333 \cdot 2}{2} \cdot \dfrac{2}{3} = -4{,}889 \text{ tm}$

$M_3 = -2 \cdot 3 \cdot 1{,}5 - \dfrac{2 \cdot 3}{2} \cdot 1 + 10 \cdot 1 = -2 \text{ tm}$

$M_4 = 0$

$M_5 = -12 \text{ tm}$

3.-Diagramas de esfuerzos internos

a) **Cortante** (1 m = 1 cm / 4 t = 1 cm)

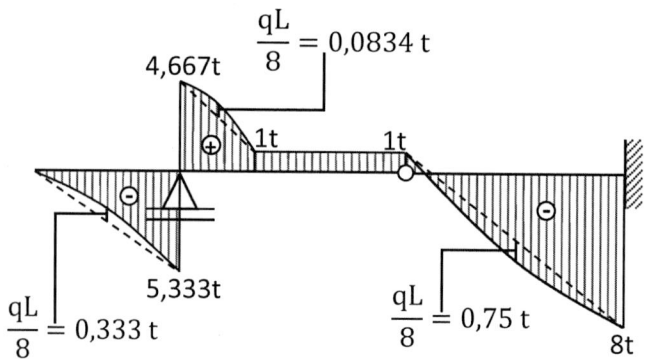

b) **Momento** (1 m = 1 cm / 6 tm = 1 cm)

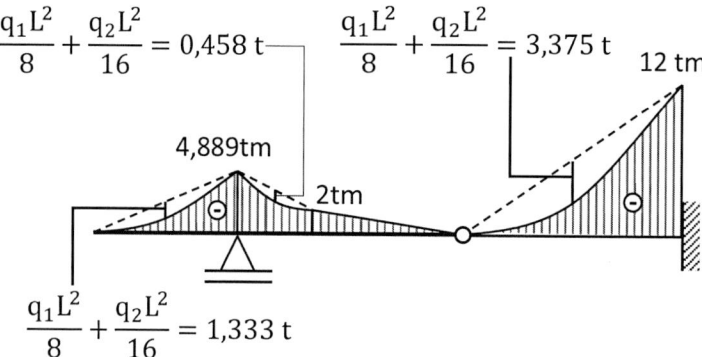

Las fórmulas utilizadas en los diagramas anteriores han sido extraídas de la tabla 2 y representan el valor de Q y M a L/2 del tramo correspondiente.

EJERCICIO 50

Calcule las reacciones y diagrame los esfuerzos internos (método numérico).

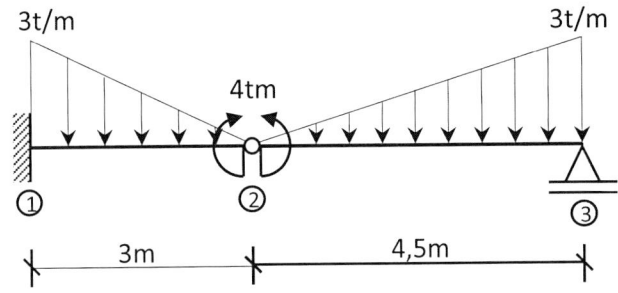

Figura 3.87 Viga 36.

1.- Cálculo de reacciones

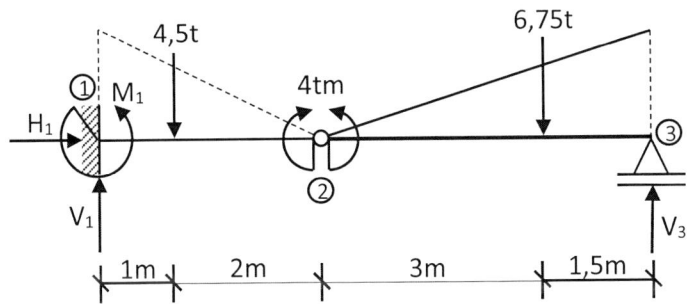

$\Sigma M_2 = 0 \; \circlearrowleft \; \oplus \; (der)$

$-4 + 6,75 \cdot 3 - V_3 \cdot 4,5 = 0$

$V_3 = 3,611 \text{ t}$

$\Sigma F_V = 0 \uparrow \oplus$

$V_1 - 4,5 - 6,75 + 3,611 = 0$

$V_1 = 7,639 \text{ t}$

$\Sigma M_2 = 0 \; \circlearrowleft \; \oplus \; (izq)$

$7,639 \cdot 3 - M_1 - 4,5 \cdot 2 + 4 = 0$

$M_1 = 17,917 \text{ t}$

2.-Cálculo de esfuerzos internos

a) Normal

No existe esfuerzo normal, porque no existen cargas horizontales.

b) Cortante

$Q_1 = 7,639$ t

$Q_2 = 7,639 - \dfrac{3 \cdot 3}{2} = 3,139$ t

$Q_3 = 7,639 - \dfrac{3 \cdot 3}{2} - \dfrac{3 \cdot 4,5}{2} = -3,611$ t

c) Momento

$M_1 = -17,917$ tm

$M_2(\text{izq}) = -17,917 + 7,639 \cdot 3 - \dfrac{3 \cdot 3}{2} \cdot 2 = -4$ tm

$M_2(\text{der}) = -17,917 + 7,639 \cdot 3 - \dfrac{3 \cdot 3}{2} \cdot 2 + 4 - 4 = -4$ tm

$M_3 = 0$

3.-Diagramas de esfuerzos Internos

a) Cortante (1 m = 1 cm / 3 t = 1 cm)

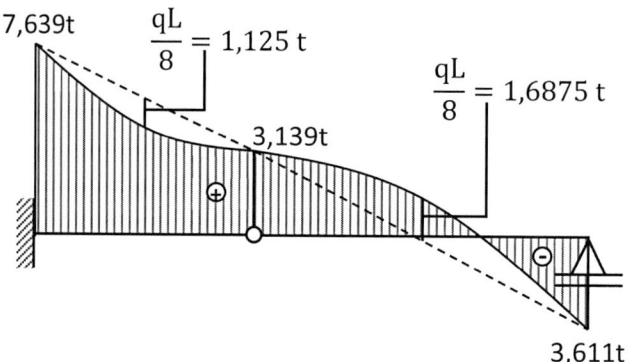

b) Momento (1 m = 1 cm / 8 tm = 1 cm)

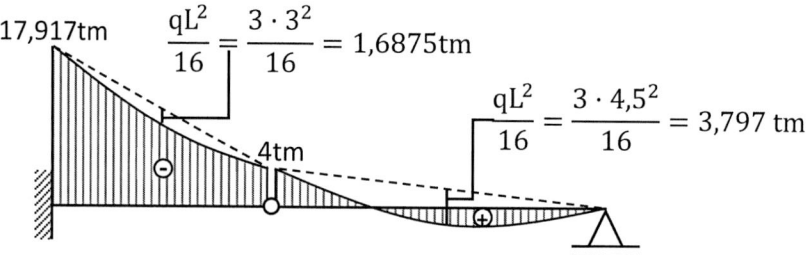

3.13. CARGAS QUE RESPONDEN A UNA FUNCIÓN

Las cargas gobernadas por una función no son muy usuales en el cálculo de estructuras; sin embargo, pueden presentarse frente al desafío de proyectos arquitectónicos con geometrías complejas cuyas fuerzas distribuidas responden a funciones específicas, por lo cual su estudio no deja de ser importante; además, permite profundizar aún más en el concepto de «esfuerzo interno».

Para calcular las reacciones y esfuerzos internos con este tipo de cargas, deben emplearse las fórmulas que definen el cálculo de la resultante y su ubicación.

Para el cálculo de sus reacciones, las integrales de las fórmulas deben ejecutarse para la longitud total de la carga, tal como se muestra a continuación.

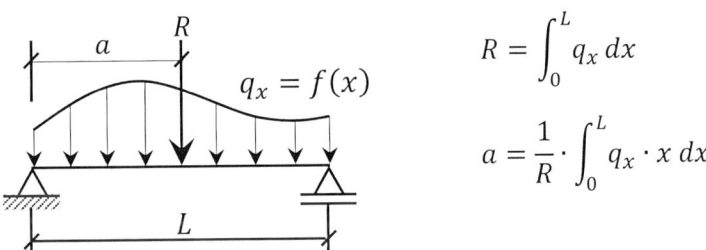

$$R = \int_0^L q_x \, dx$$

$$a = \frac{1}{R} \cdot \int_0^L q_x \cdot x \, dx$$

Figura 3.88 Viga con carga según una función.

Para calcular los esfuerzos internos, las integrales de las fórmulas deben realizarse para una longitud x arbitraria, tal como se muestra a continuación.

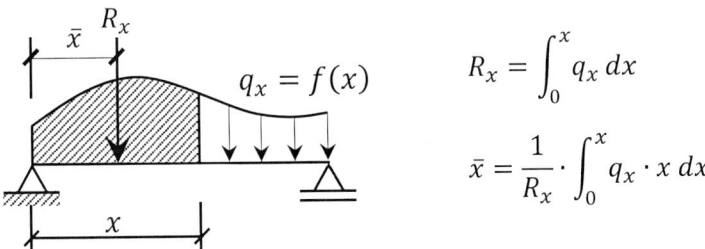

$$R_x = \int_0^x q_x \, dx$$

$$\bar{x} = \frac{1}{R_x} \cdot \int_0^x q_x \cdot x \, dx$$

Figura 3.89 Análisis de la resultante Rx.

EJERCICIOS

EJERCICIO 51

Calcule las reacciones y diagrame los esfuerzos internos.

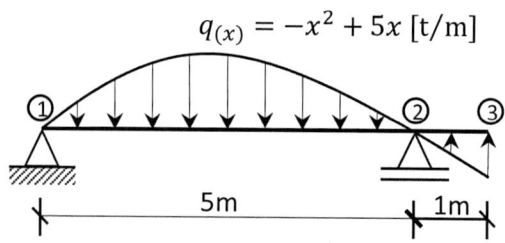

$$q_{(x)} = -x^2 + 5x \ [t/m]$$

Figura 3.90 Viga 37.

1.- Resultante de carga

$$R_x = \int q_{(x)} dx$$

$$R_x = \int_0^x -x^2 + 5x \ dx = -\frac{x^3}{3} + \frac{5x^2}{2}$$

$$R_x = -\frac{x^3}{3} + \frac{5x^2}{2}$$

2.- Ubicación de la resultante

$$R_x \cdot \bar{x} = \int q_{(x)} \cdot x \ dx$$

$$R_x \cdot \bar{x} = \int_0^x (-x^2 + 5x) \cdot x \ dx = \int_0^x -x^3 + 5x^2 \ dx$$

$$R_x \cdot \bar{x} = -\frac{x^4}{4} + \frac{5x^3}{3}$$

Despeje $\bar{x}$ y sustituya R_x:

$$\bar{x} = \frac{-\dfrac{x^4}{4} + \dfrac{5x^3}{3}}{-\dfrac{x^3}{3} + \dfrac{5}{2}x^2} = \frac{3x^2 - 20x}{4x - 30}$$

$$\bar{x} = \frac{3x^2 - 20x}{4x - 30}$$

3.-Cálculo de reacciones

Para calcular la resultante R y su ubicación $\bar{x}$, sustituimos el valor de 6:

$$x = 6$$

$$R = -\frac{6^3}{3} + \frac{5 \cdot 6^2}{2} = 18 \text{ t}$$

$$\bar{x} = \frac{3(6)^2 - 20(6)}{4(6) - 30} = 2 \text{ m}$$

Ahora podemos aplicar las ecuaciones de equilibrio:

$$\Sigma M_1 = 0 \; \circlearrowleft \; \oplus$$

$$18(2) - V_2(5) = 0$$

$$V_2 = 7{,}2 \text{ t}$$

$$\Sigma F_V = 0 \uparrow \oplus$$

$$V_1 - 18 + 7{,}2 = 0$$

$$V_1 = 10{,}8 \text{ t}$$

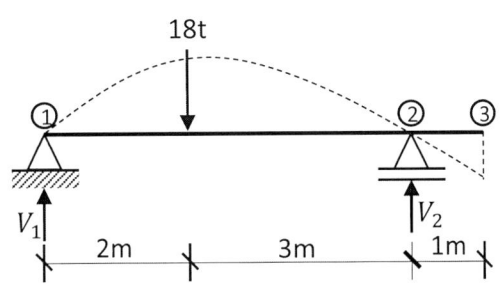

4.-Ecuaciones de momento flector

a) Tramo 1-2 $(0 \leq x \leq 5)$

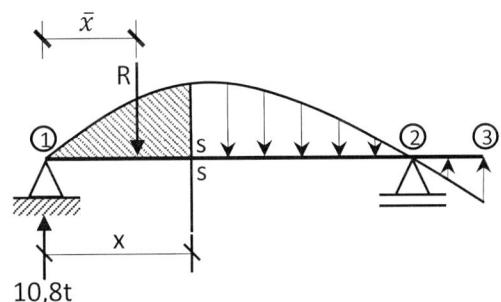

$$M = 10{,}8 \cdot x - R_x(x - \bar{x})$$

$$M = 10{,}8x - R_x \cdot x + R_x \cdot \bar{x}$$

$$M = 10{,}8x - \left(-\frac{x^3}{3} + \frac{5x^2}{2}\right) \cdot x + \left(-\frac{x^4}{4} + \frac{5x^3}{3}\right)$$

$$M = 0{,}0833x^4 - 0{,}8333x^3 + 10{,}8x$$

b) Tramo 2-3 $(5 \leq x \leq 6)$

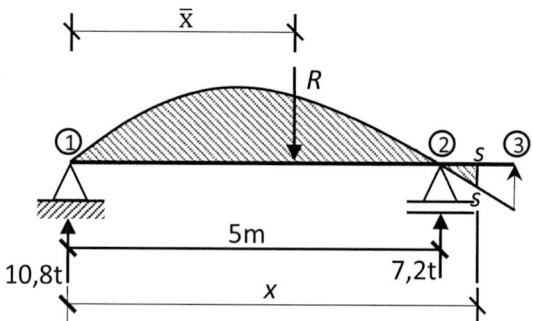

$$M = 10{,}8 \cdot x + 7{,}2(x - 5) - R_x(x - \bar{x})$$

$$M = 10{,}8x + 7{,}2(x - 5) - R_x \cdot x + R_x \cdot \bar{x}$$

$$M = 10{,}8x + 7{,}2(x - 5) - \left(-\frac{x^3}{3} + \frac{5x^2}{2}\right)x + \left(-\frac{x^4}{4} + \frac{5x^3}{3}\right)$$

$$M = 0{,}0833x^4 - 0{,}8333x^3 + 18x - 36$$

5.-Ecuaciones de esfuerzo cortante

a) Tramo 1-2 $(0 \leq x \leq 5)$

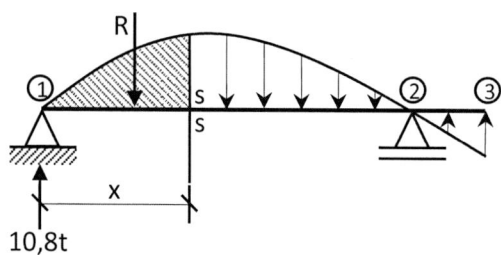

$$Q = 10{,}8 - R_x$$

$$Q = 10{,}8 - \left(-\frac{x^3}{3} + \frac{5x^2}{2}\right)$$

$$Q = 0{,}333x^3 - 2{,}5x^2 + 10{,}8$$

b) **Tramo 2-3** $(5 \leq x \leq 6)$

$$Q = 10,8 + 7,2 - R_x$$

$$Q = 18 - \left(-\frac{x^3}{3} + \frac{5x^2}{2} \right)$$

$$Q = 0,333x^3 - 2,5x^2 + 18$$

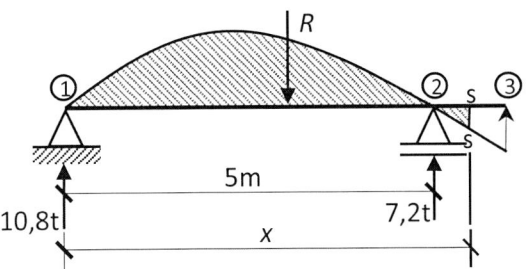

6.-Diagramas de esfuerzos Internos

x[m]	M[tm]	Q[t]
0	0	10,8
1	10,5	8,633
2	16,266	3,467
3	16,648	−2,70
4	11,194	−7,867
5	1,9	−10,034
		−2,834
5,5	0,584	−2,167
6	0	0

a) Momento (1 m = 1 cm / 10 tm = 1 cm)

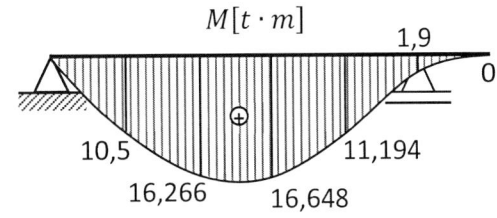

b) Cortante (1 m = 1 cm / 5 t = 1 cm)

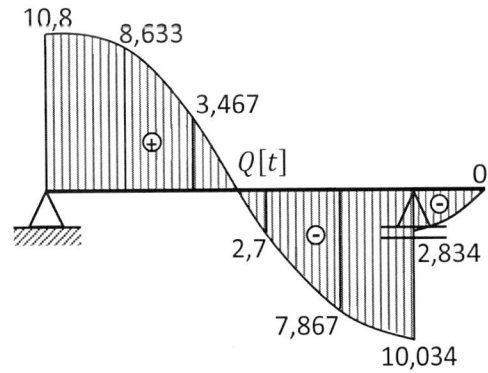

EJERCICIO 52

Calcule las reacciones y diagrame los esfuerzos internos.

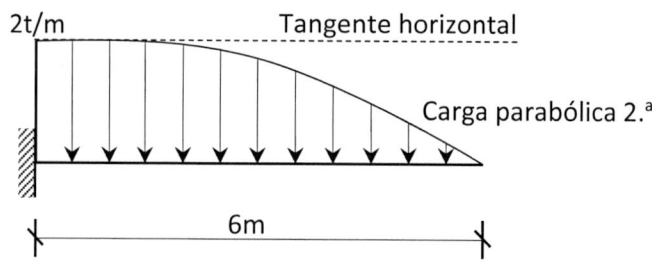

Figura 3.91 Viga 38.

1.-Ecuación de la carga

$(x - h)^2 = -4a(y - k)$

Sustituimos $V(h; k) = (0; 2)$ y $P(x; y) = (6; 0)$ en la ecuación de la parábola:

$(6 - 0)^2 = -4a(0 - 2)$

$6^2 = -4a(0 - 2)$

$a = 4,5$

Sustituimos $V(h; k) = (0; 2)$ y $a = 4,5$ en la ecuación de la parábola:

$(x - 0)^2 = -4(4,5)(y - 2)$

$x^2 = -18y + 36$

$y = 2 - \dfrac{x^2}{18}$

$q_{(x)} = 2 - \dfrac{x^2}{18}$

2.- Resultante de carga

$R_x = \displaystyle\int q_{(x)}\, dx$

$R_x = \displaystyle\int \left(2 - \dfrac{x^2}{18}\right) dx = 2x - \dfrac{x^3}{54}$

3.- Ubicación de la resultante

$$R_x \cdot \bar{x} = \int q_{(x)} \cdot x \cdot dx$$

$$R_x \cdot \bar{x} = \int \left(2 - \frac{x^2}{18} \right) x \, dx = \int \left(2x - \frac{x^3}{18} \right) dx$$

$$R_x \cdot \bar{x} = x^2 - \frac{x^4}{72}$$

Despeje $\bar{x}$ y sustituya R:

$$\bar{x} = \frac{x^2 - \dfrac{x^4}{72}}{2x - \dfrac{x^3}{54}}$$

$$\bar{x} = \frac{3x^3 - 216x}{4x^2 - 432}$$

4.- Cálculo de reacciones

Para calcular la resultante R y su ubicación $\bar{x}$, sustituimos el valor de 6:

$$x = 6$$

$$R = 2(6) - \frac{6^3}{54} = 8 \text{ t}$$

$$\bar{x} = \frac{3(6)^3 - 216(6)}{4(6)^2 - 432} = \frac{9}{4} = 2,25 \text{ m}$$

$$\Sigma F_V = 0 \uparrow \oplus$$

$$V_1 - 8 = 0$$

$$V_1 = 8 \text{ t}$$

$$\Sigma M_1 = 0 \circlearrowleft \oplus$$

$$-M_1 + 8 \cdot 2,25 = 0$$

$$M_1 = 18 \text{ tm}$$

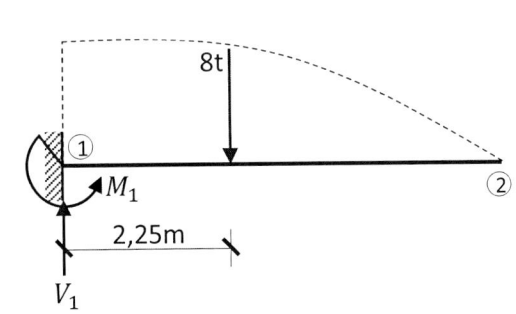

5.- Ecuaciones de momento y cortante

a) Tramo 1-2 $(0 \leq x \leq 6)$

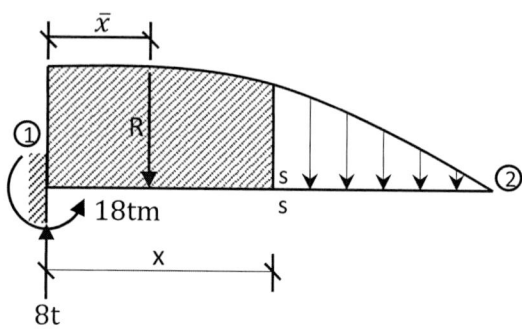

$$M = 8 \cdot x - R_x \cdot (x - \bar{x}) - 18$$

$$M = 8x - R_x \cdot x + R_x \cdot \bar{x} - 18$$

$$M = 8x - \left(2x - \frac{x^3}{54}\right) \cdot x + \left(x^2 - \frac{x^4}{72}\right) - 18$$

$$M = \frac{x^4 - 216x^2 + 1728x - 3888}{216}$$

$$Q = 8 - R_x$$

$$Q = 8 - \left(2x - \frac{x^3}{54}\right)$$

$$Q = \frac{x^3 - 108x + 432}{54}$$

6.- Diagramas de esfuerzos internos

x[m]	M[tm]	Q[t]
0	−18	8
1	−10,995	6,02
2	−5,926	4,15
3	−2,625	2,5
4	−0,815	1,185
5	−0,106	0,315
6	0	0

a) **Momento** (1 m = 1 cm / 6 tm = 1 cm)

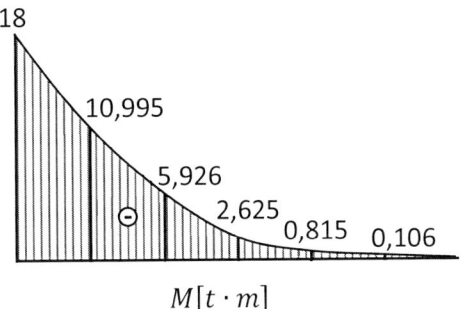

$M[t \cdot m]$

b) **Cortante** (1 m = 1 cm / 2 t = 1 cm)

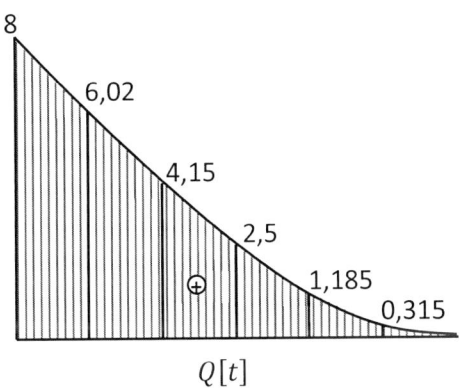

$Q[t]$

EJERCICIO 53

Calcule las reacciones y diagrame los esfuerzos internos.

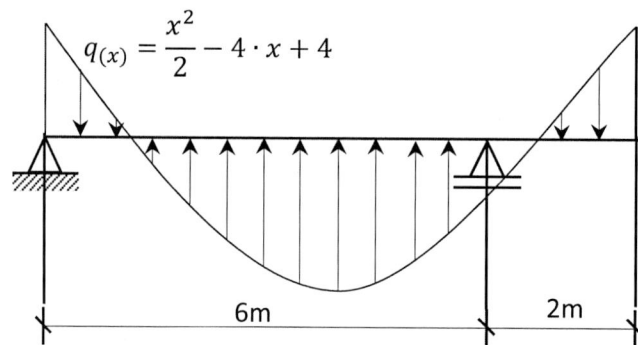

Figura 3.92 Viga 39.

1.- Resultante de la carga

$$R_x = \int q_{(x)} \cdot dx$$

$$R_x = \int_0^x \left(\frac{x^2}{2} - 4 \cdot x + 4\right) dx = \frac{x^3}{6} - 2 \cdot x^2 + 4 \cdot x$$

$$R_x = \frac{x^3 - 12 \cdot x^2 + 24 \cdot x}{6}$$

2.- Ubicación de la resultante

$$R_x \cdot \bar{x} = \int q_{(x)} \cdot x \cdot dx$$

$$R_x \cdot \bar{x} = \int_0^x \left(\frac{x^2}{2} - 4 \cdot x + 4\right) \cdot x \cdot dx = \frac{x^4}{8} - \frac{4 \cdot x^3}{3} + 2 \cdot x^2$$

$$R_x \cdot \bar{x} = \frac{3 \cdot x^4 - 32 \cdot x^3 + 48 \cdot x^2}{24}$$

Despeje $\bar{x}$ y sustituya R_x:

$$\bar{x} = \frac{\dfrac{3 \cdot x^4 - 32 \cdot x^3 + 48x^2}{24}}{\dfrac{x^3 - 12 \cdot x^2 + 24x}{6}} = \frac{3 \cdot x^3 - 32 \cdot x^2 + 48x}{4 \cdot x^2 - 48 \cdot x + 96}$$

3.- Cálculo de reacciones

Para calcular la resultante R y su ubicación $\bar{x}$, sustituimos el valor de 8:

$$x = 8$$

$$R = \frac{8^3 - 12 \cdot 8^2 + 24 \cdot 8}{6} = -10{,}667 \text{ t} \begin{cases} signo \oplus \ reacción \ hacia \ abajo \\ signo \ominus \ reacción \ hacia \ arriba \end{cases}$$

$$\bar{x} = \frac{3 \cdot 8^3 - 32 \cdot 8^2 + 48 \cdot 8}{4 \cdot 8^2 - 48 \cdot 8 + 96} = 4 \text{ m}$$

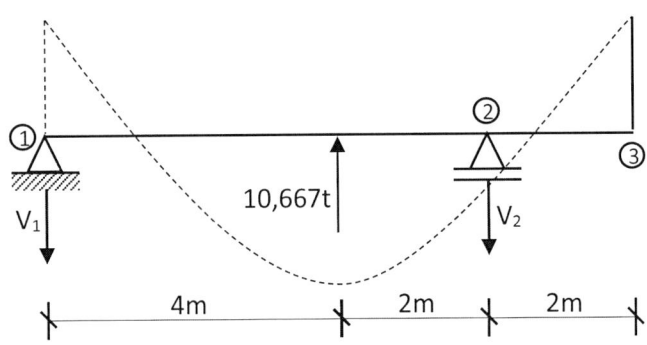

$$\Sigma M_1 = 0 \ \circlearrowleft \oplus \qquad\qquad \Sigma F_V = 0 \ \uparrow \oplus$$

$$-10{,}667 \cdot (4) + V_2 \cdot (6) = 0 \qquad\qquad -V_1 + 10{,}667 - 7{,}111 = 0$$

$$V_2 = 7{,}111 \text{ t} \qquad\qquad\qquad V_1 = 3{,}556 \text{ t}$$

4.- Ecuaciones de momento

a) Tramo 1-2 $(0 \leq x \leq 6)$

$$q_{(x)} = \frac{x^2}{2} - 4 \cdot x + 4$$

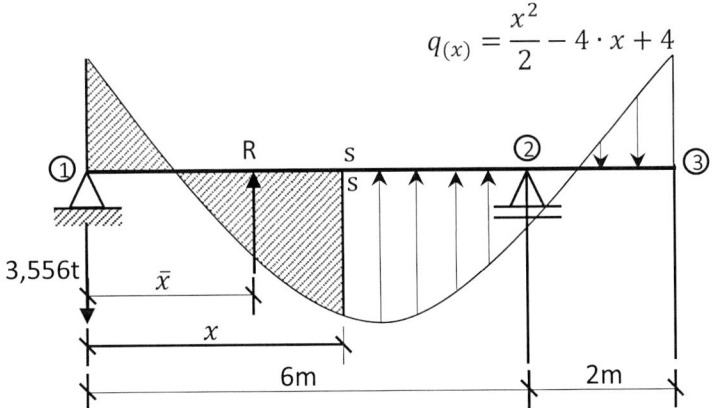

$$M = -3{,}556 \cdot x - R_x \cdot (x - \bar{x})$$

$$M = -3{,}556 \cdot x - R_x \cdot x + R_x \cdot \bar{x}$$

$$M = -3{,}556 \cdot x - \left[\frac{x^3 - 12 \cdot x^2 + 24 \cdot x}{6}\right] \cdot x + \frac{3 \cdot x^4 - 32 \cdot x^3 + 48 \cdot x^2}{24}$$

$$M = -0{,}0417 \cdot x^4 + 0{,}6667 \cdot x^3 - 2 \cdot x^2 - 3{,}556 \cdot x$$

b) Tramo 2-3 $(6 \leq x \leq 8)$

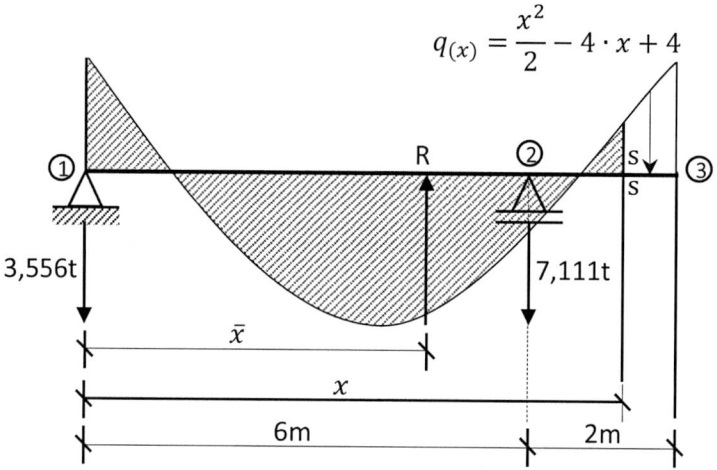

$$M = -3{,}556 \cdot x - R(x - \bar{x}) - 7{,}111(x - 6)$$

$$M = -10{,}667 \cdot x + 42{,}666 - R_x \cdot x + R_x \cdot \bar{x}$$

$$M = -10{,}667 \cdot x + 42{,}666 - \left[\frac{x^3 - 12 \cdot x^2 + 24 \cdot x}{6}\right] \cdot x + \frac{3 \cdot x^4 - 32 \cdot x^3 + 48 \cdot x^2}{24}$$

$$M = -0{,}0417 \cdot x^4 + 0{,}6667 \cdot x^3 - 2 \cdot x^2 - 10{,}6667 \cdot x + 42{,}666$$

5.- Ecuaciones de esfuerzo cortante

a) Tramo 1-2 $(0 \leq x \leq 6)$

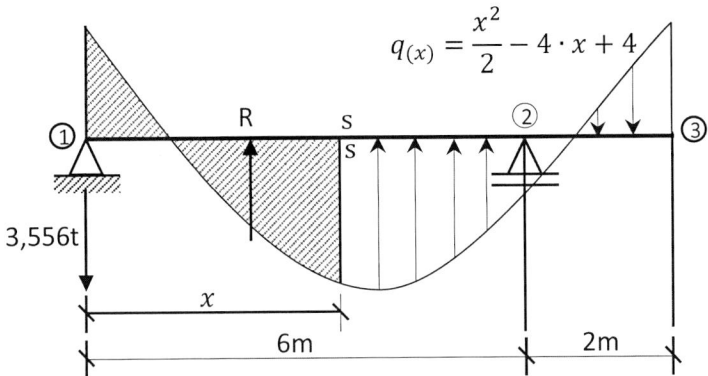

El signo $(-)$ de R_x, en la ecuación de corte Q, hace que el valor de la resultante se vuelva positiva debajo de la viga; esto porque, al integrar la función, el área por debajo del eje x es siempre negativo:

$$Q = -3{,}556 - R_x$$

$$Q = -3{,}556 - \left[\frac{x^3 - 12 \cdot x^2 + 24 \cdot x}{6}\right]$$

$$Q = -0{,}167 \cdot x^3 + 2 \cdot x^2 - 4 \cdot x - 3{,}556$$

c) Tramo 2-3 $(6 \leq x \leq 8)$

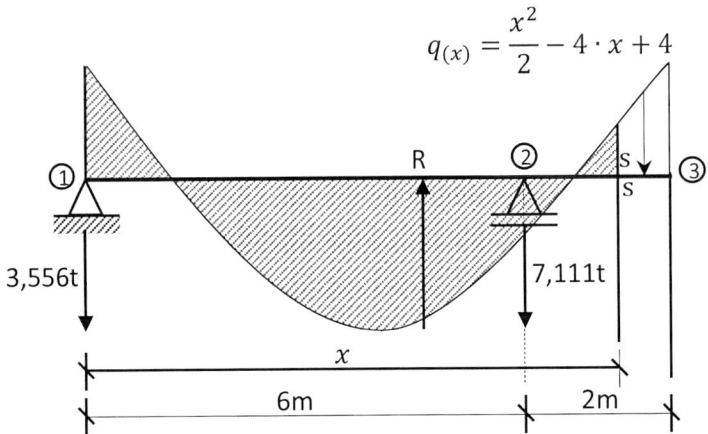

$$Q = -3{,}556 - 7{,}111 - R_x$$

$$Q = -3{,}556 - 7{,}111 - \left[\frac{x^3 - 12 \cdot x^2 + 24 \cdot x}{6}\right]$$

$$Q = -0{,}1667 \cdot x^3 + 2 \cdot x^2 - 4 \cdot x - 10{,}6667$$

6.- Diagramas de esfuerzos Internos

x[m]	M[tm]	Q[t]
0	0	−3,556
1	−4,931	−5,723
2	−10,446	−4,890
3	−14,045	−2,057
4	−14,23	1,7751
5	−10,505	5,6065
6 (izq.)	−3,372	8,438
6 (der.)	−3,371	1,326
7	−1,445	2,155
8	0	0

a) Momento (1 m = 1 cm / 5 tm = 1 cm)

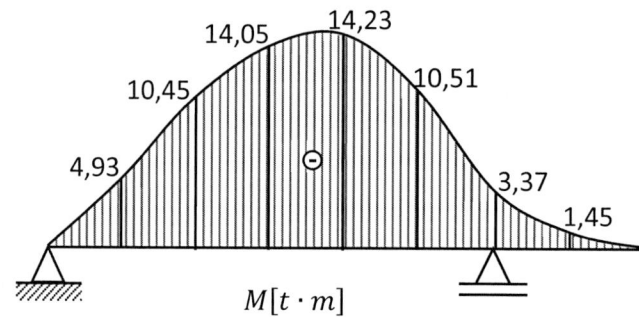

$$M[t \cdot m]$$

b) Cortante (1 m = 1 cm / 5 t = 1 cm)

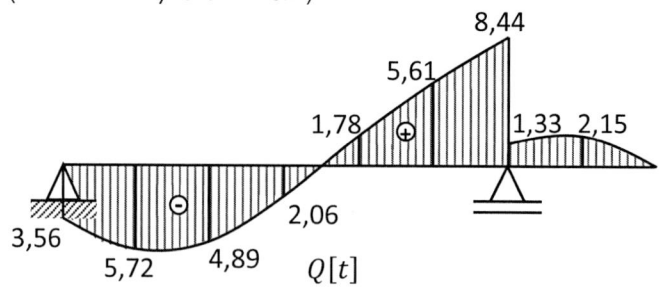

$$Q[t]$$

EJERCICIO 54

Calcule las reacciones y diagrame los esfuerzos internos.

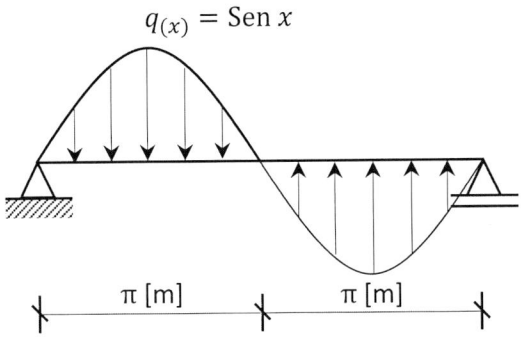

Figura 3.93 Viga 40.

1.- Resultante de la carga

$$R_x = \int q_{(x)} \cdot dx$$

$$R_x = \int_0^x \text{sen } x \cdot dx = 1 - \cos x$$

2.- Ubicación de resultante

$$R_x \cdot \bar{x} = \int q_{(x)} \cdot x \cdot dx = \int_0^x (\text{sen } x) \cdot x \cdot dx$$

$$R_x \cdot \bar{x} = \text{sen } x - x \cdot \cos x$$

$$R_x \cdot \bar{x} = \text{sen } x - x \cdot \cos x$$

Despeje $\bar{x}$ y sustituya R_x:

$$\bar{x} = \frac{\text{sen } x - x \cdot \cos x}{1 - \cos x}$$

3.- Cálculo de reacciones

Para calcular la resultante R y su ubicación $\bar{x}$, sustituimos el valor de π:

$$x = \pi$$

$$R = 1 - \cos \pi = 2 \text{ t}$$

Solo calculamos la resultante de la carga superior, ya que la inferior es la misma:

$$\bar{x} = \frac{\text{sen } \pi - \pi \cdot \cos \pi}{1 - \cos \pi} = \frac{\pi}{2}$$

Ahora aplicamos las ecuaciones de equilibrio para calcular las reacciones:

$\Sigma M_1 = 0 \circlearrowleft \oplus$

$2 \cdot \dfrac{\pi}{2} - 2 \cdot \dfrac{3 \cdot \pi}{2} + V_2 \cdot 2 \cdot \pi = 0$

$V_2 = 1 \text{ t}$

$\Sigma F_V = 0 \uparrow \oplus$

$V_1 - 2 + 2 - 1 = 0$

$V_1 = 1 \text{ t}$

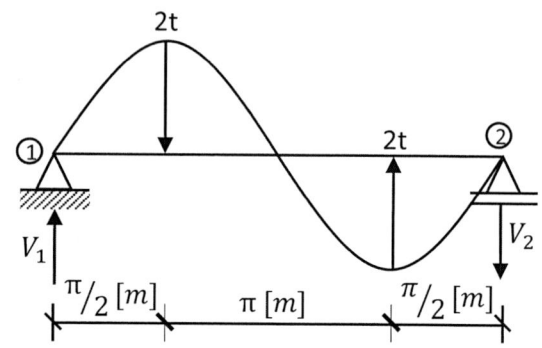

4.- Ecuaciones de esfuerzo Internos

Solo se analiza un tramo, porque la carga es continua.

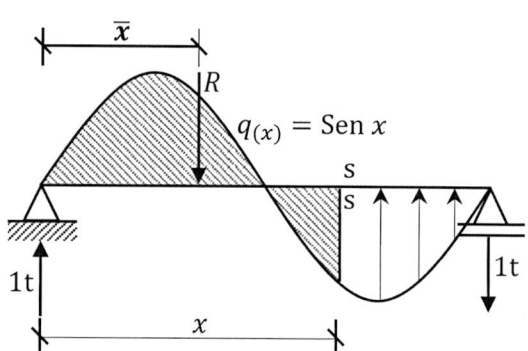

$M = 1 \cdot x - R_x \cdot (x - \bar{x})$

$M = 1x - R_x \cdot x + R_x \cdot \bar{x}$

$M = 1 \cdot x - (1 - \cos x) \cdot x + \text{sen } x - x \cdot \cos x$

$M = \text{sen } x$

$Q = 1 - R_x$

$Q = 1 - (1 - \cos x)$

$Q = \cos x$

5.- Diagramas de esfuerzos internos

x[m]	M[tm]	Q[t]
0	0	1
$\pi/4$	0,707	0,707
$\pi/2$	1	0
$3\pi/4$	0,707	−0,707
π	0	−1
$5\pi/4$	−0,707	−0,707
$3\pi/2$	−1	0
$7\pi/4$	−0,707	0,707
2π	0	1

a) Momento (πm = 3 cm / 1 tm = 1,5 cm)

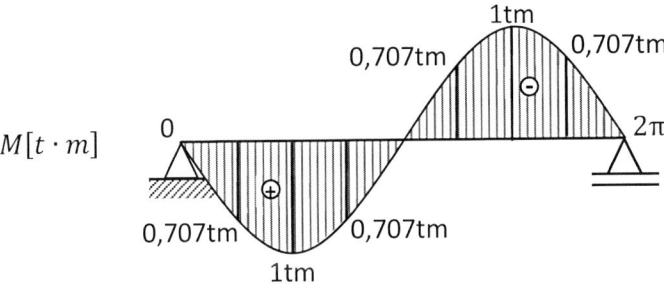

b) Cortante (π m = 3 cm / 1 t − 1,5 cm)

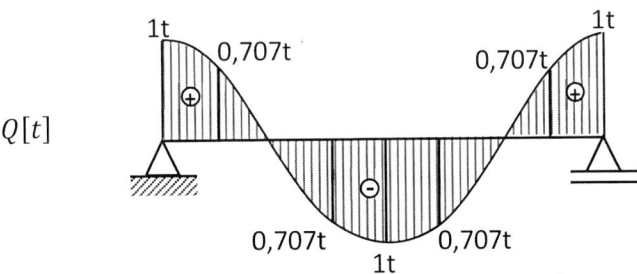

EJERCICIO 55

Calcule las reacciones y diagrame los esfuerzos internos.

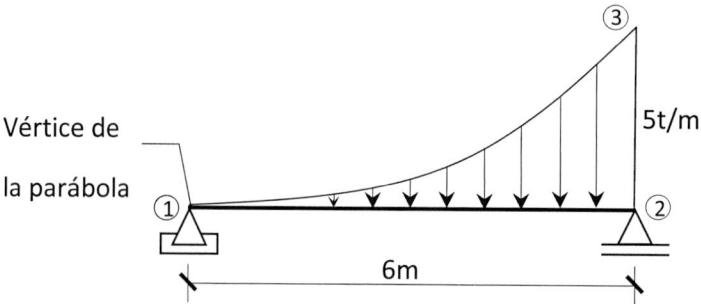

Figura 3.94 Viga 41.

En el punto ①, la parábola de 2.° grado tiene una tangente coincidente con la barra; es decir, que el vértice de la parábola está en el punto ①.

1.- Ecuación de la carga distribuida

Ecuación de la parábola:

$$(x - h)^2 = 4 \cdot a \cdot (y - k)$$

Reemplazando los datos siguientes, encontramos la distancia focal a:

$$(h; k) = (0; 0)$$

$$P_3(6; 5)$$

$$(6 - 0)^2 = 4 \cdot a \cdot (5 - 0)$$

$$a = \frac{36}{20} = 1{,}8$$

Sustituimos el valor de $a = 1{,}8$ y los datos del vértice $(h; k) = (0; 0)$, para hallar la ecuación de la carga:

$$(x - 0)^2 = 4 \cdot 1{,}8 \cdot (y - 0)$$

$$y = \frac{1}{7{,}2} \cdot x^2$$

$$q_{(x)} = \frac{1}{7{,}2} \cdot x^2$$

2.- Resultante de la carga

$$R_x = \int q_{(x)} \cdot dx = \int_0^x \left(\frac{1}{7,2} \cdot x^2\right) \cdot dx = \frac{x^3}{21,6}$$

3.- Ubicación de la resultante

$$R_x \cdot \bar{x} = \int q_{(x)} \cdot x \cdot dx = \int_0^x \left(\frac{1}{7,2} \cdot x^2\right) \cdot x \cdot dx = \frac{x^4}{28,8}$$

Despeje $\bar{x}$ y sustituya R_x:

$$\bar{x} = \frac{\dfrac{x^4}{28,8}}{\dfrac{x^3}{21,6}} = 0,75 \cdot x$$

4.- Cálculo de reacciones

Para calcular la resultante R y su ubicación $\bar{x}$, sustituimos el valor de 6:

$$x = 6 \text{ m} \implies R = \frac{6^3}{21,6} = 10 \text{ t} \quad \wedge \quad \bar{x} = 0,75 \cdot 6 = 4,5 \text{ m}$$

$$\Sigma M_A = 0 \circlearrowleft \oplus$$

$$10 \cdot (4,5) - V_2 \cdot (6) = 0$$

$$V_2 = 7,5 \text{ t}$$

$$\Sigma F_V = 0 \uparrow \oplus$$

$$V_1 - 10 + 7,5 = 0$$

$$V_1 = 2,5 \text{ t}$$

5.- Ecuaciones de momento y cortante

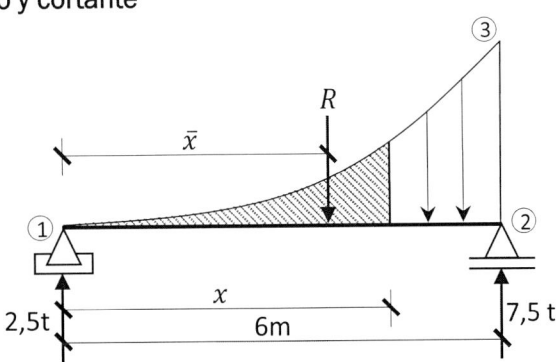

$$M = 2,5 \cdot x - R_x \cdot (x - \bar{x})$$

$$M = 2,5 \cdot x - R_x \cdot x + R_x \cdot \bar{x}$$

$$M = 2,5 \cdot x - \left[\frac{x^3}{21,6}\right] \cdot x + \frac{x^4}{28,8}$$

$$M = 2,5 \cdot x - \frac{7,2 \cdot x^4}{622,08}$$

$$Q = 2,5 - R_x$$

$$Q = 2,5 - \frac{x^3}{21,6}$$

6.- Diagramas de esfuerzos internos

x[m]	M[tm]	Q[t]
0	0	2,5
1	2,488	2,454
2	4,815	2,129
3	6,563	1,25
4	7,037	−0,463
5	5,266	−3,287
6	0	−7,5

a) Momento (1 m = 1 cm / 4 tm = 1cm)

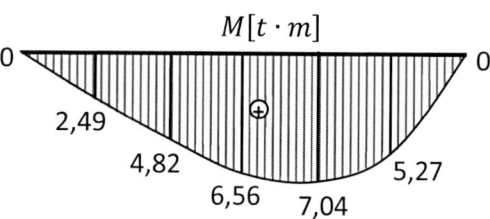

b) Cortante (1 m = 1 cm / 2 t = 1 cm)

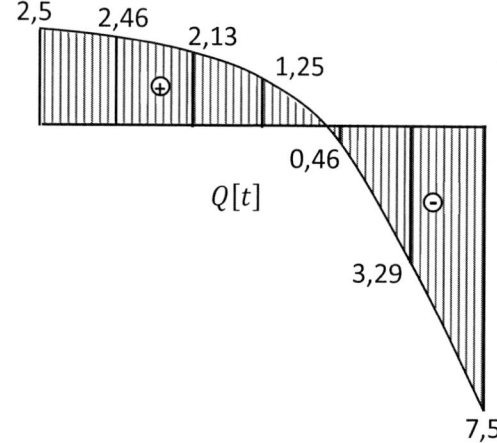

3.14. VIGAS INCLINADAS

Para analizar los esfuerzos internos en vigas inclinadas, se deben modificar los ejes globales de la viga *(X, Y)*, por ejes locales *(x, y)* orientados de manera axial y transversal; es decir, las cargas y reacciones de la viga deberán descomponerse en la dirección de estos nuevos ejes de referencia. Véase la figura 3.95.

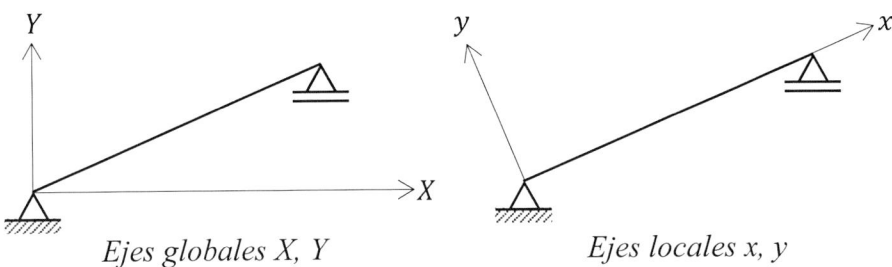

Ejes globales X, Y   *Ejes locales x, y*

Figura 3.95 Viga inclinada con ejes de referencias.

3.14.1. TRANSFORMACIÓN DE CARGAS

Para analizar los esfuerzos internos en vigas inclinadas, se pueden aplicar los métodos analítico y número, previa transformación de sus cargas. Veamos los siguientes casos de transformación:

a) **Carga puntual horizontal**

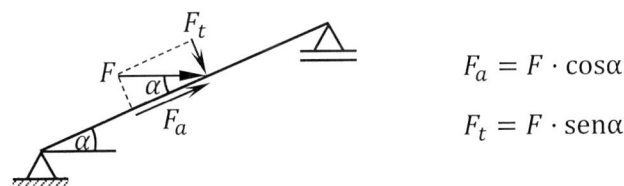

$$F_a = F \cdot \cos\alpha$$
$$F_t = F \cdot \mathrm{sen}\alpha$$

Figura 3.96 Viga inclinada con fuerza horizontal *(F)*.

b) *Carga puntual vertical*

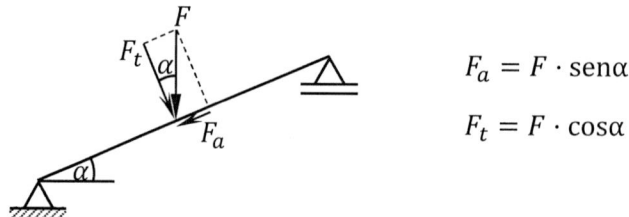

$$F_a = F \cdot \text{sen}\alpha$$

$$F_t = F \cdot \cos\alpha$$

Figura 3.97 Viga inclinada con carga vertical *(F)*.

c) *Carga distribuida rectangular en* x

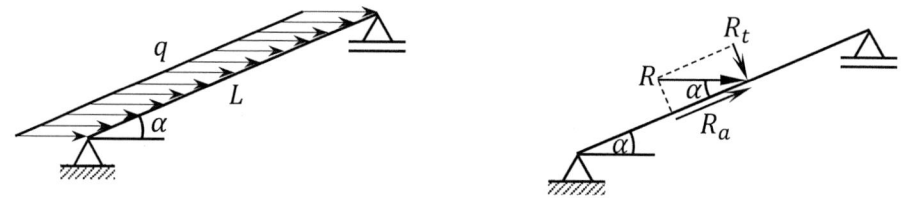

Figura 3.98 Viga con carga horizontal *(q)* distribuida.

Calculamos la resultante *R* y sus componentes *Ra* y *Rt*:

$$R = q \cdot L$$

$$R_a = R \cdot \cos\alpha = q \cdot L \cdot \cos\alpha$$

$$R_t = R \cdot \text{sen}\alpha = q \cdot L \cdot \text{sen}\alpha$$

Transformamos las componentes *Ra* y *Rt* a cargas distribuidas.

$$q_a = \frac{R_a}{L} = q \cdot \cos\alpha$$

$$q_t = \frac{R_t}{L} = q \cdot \text{sen}\alpha$$

Figura 3.99 Descomposición de carga distribuida.

d) **Carga distribuida rectangular en y**

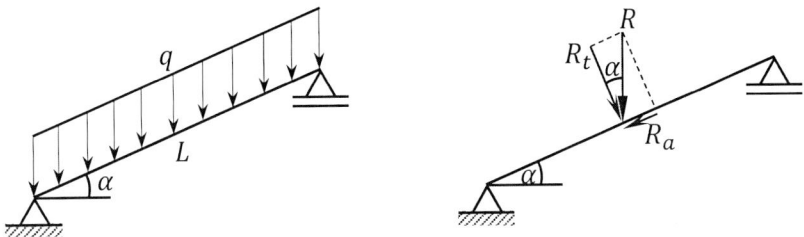

Figura 3.100 Viga con carga vertical *(q)* distribuida.

Calculamos la resultante *R* y sus componentes *Ra* y *Rt*:

$$R = q \cdot L$$

$$R_a = R \cdot \text{sen}\alpha = q \cdot L \cdot \text{sen}\alpha$$

$$R_t = R \cdot \cos\alpha = q \cdot L \cdot \cos\alpha$$

Transformamos las componentes *Ra* y *Rt* a cargas distribuidas.

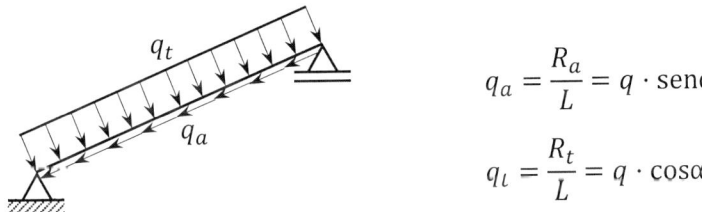

$$q_a = \frac{R_a}{L} = q \cdot \text{sen}\alpha$$

$$q_l = \frac{R_t}{L} = q \cdot \cos\alpha$$

Figura 3.101 Descomposición de *q*.

e) **Carga distribuida rectangular en x proyectadas en y**

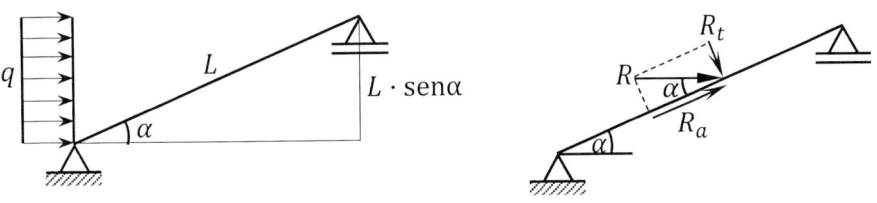

Figura 3.102 Viga con carga horizontal *(q)* distribuida y proyectada.

Calculamos la resultante *R* y sus componentes *Ra* y *Rt:*

$$R = q \cdot L \cdot \mathrm{sen}\alpha$$

$$R_a = R \cdot \cos\alpha = q \cdot L \cdot \mathrm{sen}\alpha \cdot \cos\alpha$$

$$R_t = R \cdot \mathrm{sen}\alpha = q \cdot L \cdot \mathrm{sen}^2\alpha$$

Transformamos las componentes *Ra* y *Rt* a cargas distribuidas.

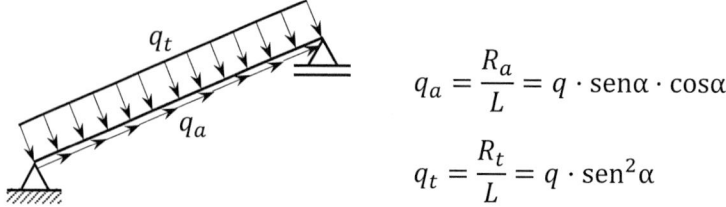

$$q_a = \frac{R_a}{L} = q \cdot \mathrm{sen}\alpha \cdot \cos\alpha$$

$$q_t = \frac{R_t}{L} = q \cdot \mathrm{sen}^2\alpha$$

Figura 3.103 Descomposición de *q*.

f) **Carga distribuida rectangular en y proyectada en x**

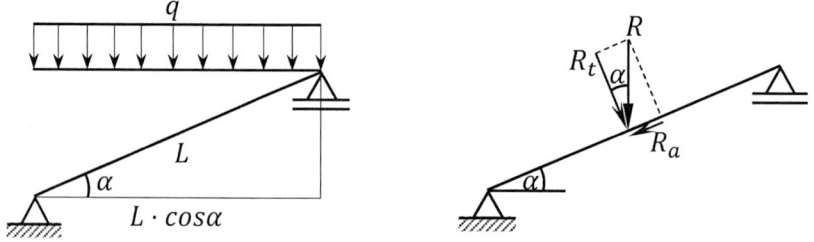

Figura 3.104 Viga con carga vertical *(q)* distribuida y proyectada.

Calculamos la resultante *R* y sus componentes *Ra* y *Rt:*

$$R = q \cdot L \cdot \cos\alpha$$

$$R_a = R \cdot \mathrm{sen}\alpha = q \cdot L \cdot \mathrm{sen}\alpha \cdot \cos\alpha$$

$$R_t = R \cdot \cos\alpha = q \cdot L \cdot \cos^2\alpha$$

Transformamos las componentes *Ra* y *Rt* a cargas distribuidas.

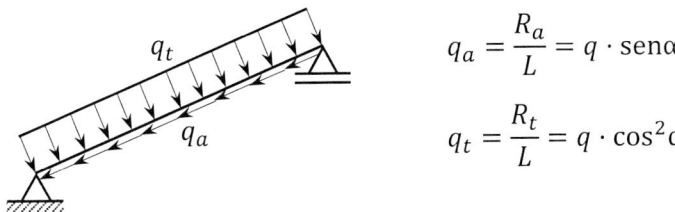

$$q_a = \frac{R_a}{L} = q \cdot \mathrm{sen}\alpha \cdot \cos\alpha$$

$$q_t = \frac{R_t}{L} = q \cdot \cos^2\alpha$$

Figura 3.105 Descomposición de *q*.

g) Carga distribuida triangular en x

Figura 3.106 Viga con carga triangular horizontal *(q)* distribuida.

Calculamos la resultante *R* y sus componentes *Ra* y *Rt:*

$$R = \frac{q \cdot L}{2}$$

$$R_a = R \cdot \cos\alpha = \frac{q \cdot L}{2} \cdot \cos\alpha$$

$$R_t = R \cdot \mathrm{sen}\alpha = \frac{q \cdot L}{2} \cdot \mathrm{sen}\alpha$$

Transformamos las componentes *Ra* y *Rt* a cargas distribuidas:

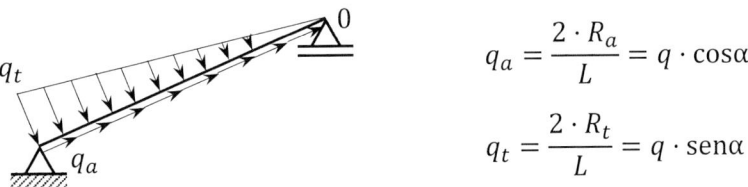

$$q_a = \frac{2 \cdot R_a}{L} = q \cdot \cos\alpha$$

$$q_t = \frac{2 \cdot R_t}{L} = q \cdot \mathrm{sen}\alpha$$

Figura 3.107 Descomposición de *q*.

h) **Carga distribuida triangular en y**

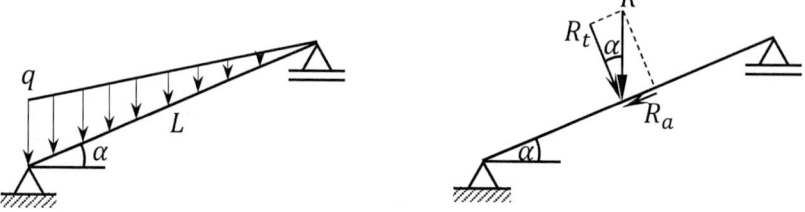

Figura 3.108 Viga con carga triangular vertical *(q)* distribuida.

Calculamos la resultante R y sus componentes Ra y Rt:

$$R = \frac{q \cdot L}{2}$$

$$R_a = R \cdot \text{sen}\alpha = \frac{q \cdot L}{2} \cdot \text{sen}\alpha$$

$$R_t = R \cdot \cos\alpha = \frac{q \cdot L}{2} \cdot \cos\alpha$$

Transformamos las componentes Ra y Rt a cargas distribuidas.

$$q_a = \frac{2 \cdot R_a}{L} = q \cdot \text{sen}\alpha$$

$$q_t = \frac{2 \cdot R_t}{L} = q \cdot \cos\alpha$$

Figura 3.109 Descomposición de q.

i) **Carga distribuida triangular en x proyectadas en y**

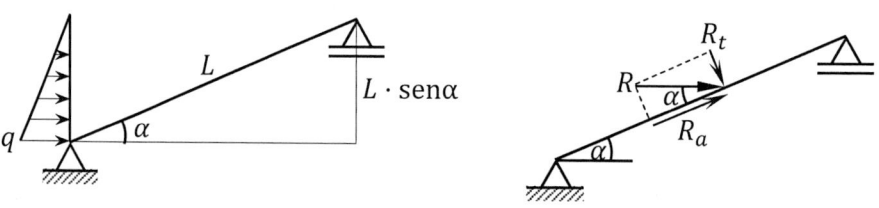

Figura 3.110 Viga con carga triangular horizontal *(q)* distribuida.

Calculamos la resultante *R* y sus componentes *Ra* y *Rt:*

$$R = \frac{q \cdot L \cdot \text{sen}\alpha}{2}$$

$$R_a = R \cdot \cos\alpha = \frac{q \cdot L}{2} \cdot \text{sen}\alpha \cdot \cos\alpha$$

$$R_t = R \cdot \text{sen}\alpha = \frac{q \cdot L}{2} \cdot \text{sen}^2\alpha$$

Transformamos las componentes *Ra* y *Rt* a cargas distribuidas.

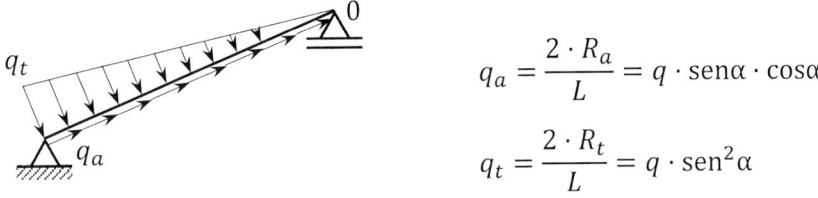

$$q_a = \frac{2 \cdot R_a}{L} = q \cdot \text{sen}\alpha \cdot \cos\alpha$$

$$q_t = \frac{2 \cdot R_t}{L} = q \cdot \text{sen}^2\alpha$$

Figura 3.111 Descomposición de *q*.

j) *Carga distribuida triangular en y proyectadas en x*

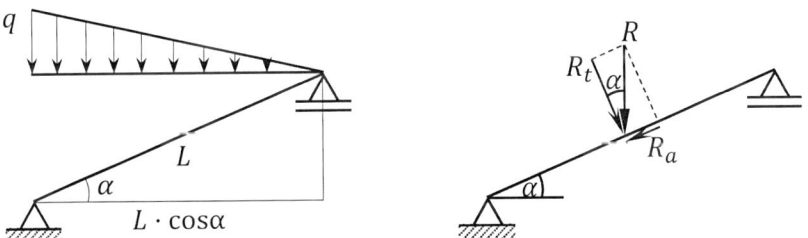

Figura 3.112 Viga con carga vertical triangular *(q)* distribuida.

Calculamos la resultante *R* y sus componentes *Ra* y *Rt:*

$$R = \frac{q \cdot L \cdot \cos\alpha}{2}$$

$$R_a = R \cdot \text{sen}\alpha = \frac{q \cdot L}{2} \cdot \text{sen}\alpha \cdot \cos\alpha$$

$$R_t = R \cdot \cos\alpha = \frac{q \cdot L}{2} \cdot \cos^2\alpha$$

Transformamos las componentes *Ra* y *Rt* a cargas distribuidas.

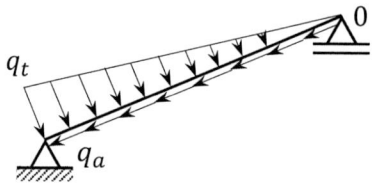

Figura 3.113 Descomposición de *q*.

$$q_a = \frac{2 \cdot R_a}{L} = q \cdot \text{sen}\alpha \cdot \cos\alpha$$

$$q_t = \frac{2 \cdot R_t}{L} = q \cdot \cos^2\alpha$$

En la tabla 6, se resumen todos los casos analizados.

Tabla 6. Descomposición de cargas.

Cargas comunes y su descomposición		Para otras cargas	Fórmulas
			$F_a = F \cdot \cos\alpha$ $F_t = F \cdot \text{sen}\alpha$
		$\alpha = 90 - \beta$	$F_a = F \cdot \text{sen}\alpha$ $F_t = F \cdot \cos\alpha$
			$q_a = q \cdot \cos\alpha$ $q_t = q \cdot \text{sen}\alpha$
			$q_a = q \cdot \text{sen}\alpha$ $q_t = q \cdot \cos\alpha$
			$q_a = q \cdot \text{sen}\alpha \cdot \cos\alpha$ $q_t = q \cdot \text{sen}^2\alpha$
			$q_a = q \cdot \text{sen}\alpha \cdot \cos\alpha$ $q_t = q \cdot \cos^2\alpha$

EJERCICIOS

EJERCICIO 56

Calcule las reacciones y diagrame los esfuerzos internos (método analítico).

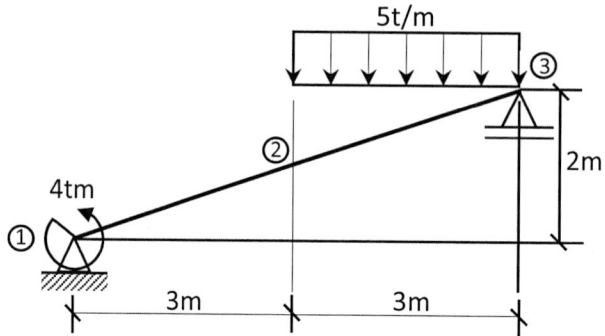

Figura 3.114 Viga 42.

1.- Cálculo de reacciones

$$\alpha = \text{Arctag}\left(\frac{2}{6}\right) = 18{,}435°$$

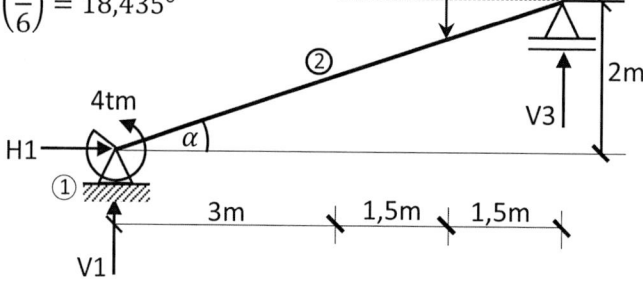

$\Sigma F_H = 0 \rightarrow \oplus$

$H_1 = 0$

$\Sigma M_1 = 0 \circlearrowleft \oplus$

$-4 + 15 \cdot 4{,}5 - V_3 \cdot 6 = 0$

$V_3 = 10{,}583 \text{ t}$

$\Sigma F_V = 0 \uparrow \oplus$

$V_1 - 15 + 10{,}583 = 0$

$V_1 = 4{,}417 \text{ t}$

2.- Descomposición de fuerzas

$V1a = 4{,}471 \cdot \text{sen}\alpha = 1{,}414 \text{ t}$

$V1t = 4{,}471 \cdot \cos\alpha = 4{,}242$

$V3a = 10{,}583 \cdot \text{sen}\alpha = 3{,}347 \text{ t}$

$V3t = 10{,}583 \cdot \cos\alpha = 10{,}040 \text{ t}$

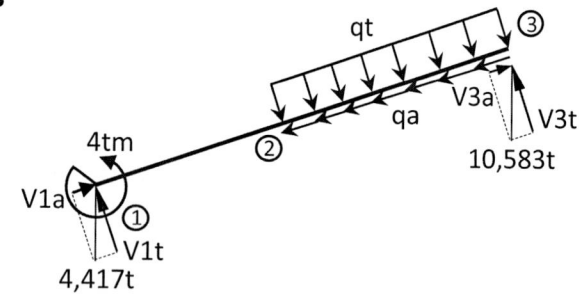

$qa = 5 \cdot sen\alpha \cdot cos\alpha$

$qa = 1,5 \text{ t/m}$

$qt = 5 \cdot cos^2\alpha = 4,5 \text{ t/m}$

3.- Cálculo de esfuerzos internos

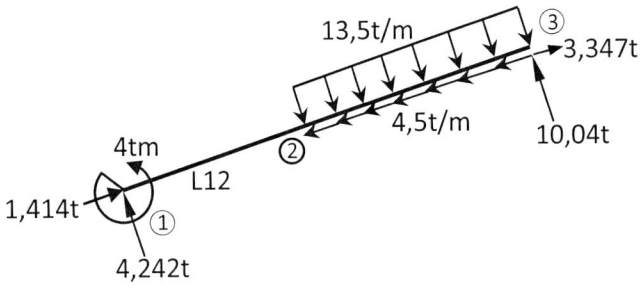

$$L_{1-2} = L_{2-3} = \frac{3}{Cos(18,435)} = 3,1623 \text{ m}$$

Tramo 1-2 ($0 \le x \le 3,1623$)

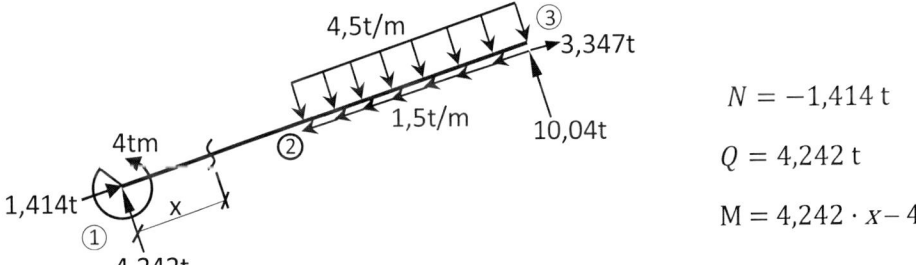

$N = -1,414 \text{ t}$

$Q = 4,242 \text{ t}$

$M = 4,242 \cdot x - 4$

Tramo 2-3 ($3,1623 \le x \le 6,3246$)

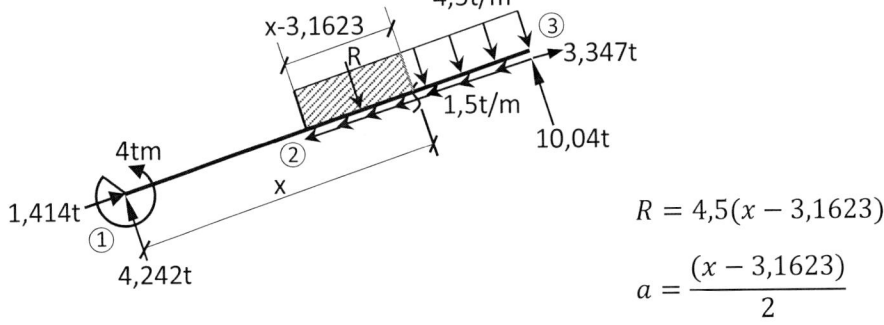

$R = 4,5(x - 3,1623)$

$$a = \frac{(x - 3,1623)}{2}$$

$$N = -1,414 + 1,5 \cdot (x - 3,1623) = 1,5 \cdot x - 6,1575$$

$$Q = 4,242 - 4,5(x - 3,1623) = -4,5 \cdot x + 18,4724$$

$$M = -4 + 4,242 \cdot x - 4,5(x - 3,1623) \cdot \frac{(x - 3,1623)}{2}$$

$$M = -4 + 4,242 \cdot x - 2,25(x^2 - 6,3246 \cdot x + 10)$$

$$M = -2,25 \cdot x^2 + 18,47235 \cdot x - 26,5$$

4.- Diagramas de esfuerzos internos

a) Normal (1 m = 1 cm / 0,707 t = 1 cm)

Tramo	x[m]	N[t]
1-2	0	−1,414
	3,1623	−1,414
2-3	3,1623	−1,414
	6,3246	3,330

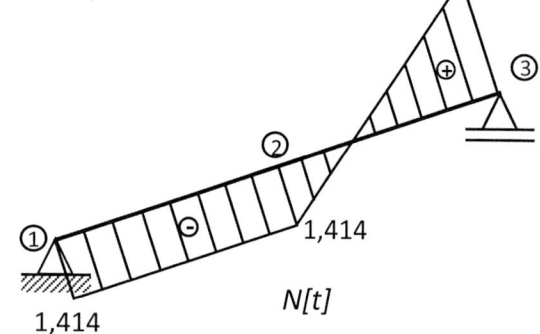

b) Cortante (1 m = 1 cm / 4 t = 1 cm)

Tramo	x[m]	Q[t]
1-2	0	4,242
	3,1623	4,242
2-3	3,1623	4,242
	6,3246	−9,988

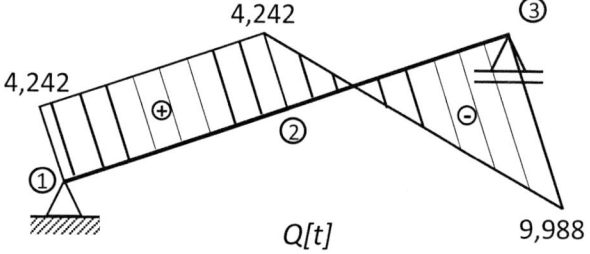

c) Momento (1 m = 1 cm / 4 tm = 1 cm)

Tramo	x[m]	M[tm]
1-2	0	−4
	3,1623	9,414
2-3	3,1623	9,414
	4,7435	10,497
	6,3246	0

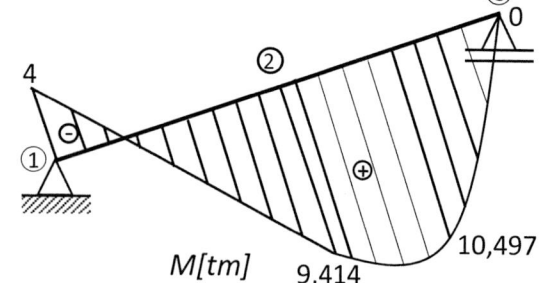

EJERCICIO 57

Calcule las reacciones y diagrame los esfuerzos internos (método analítico).

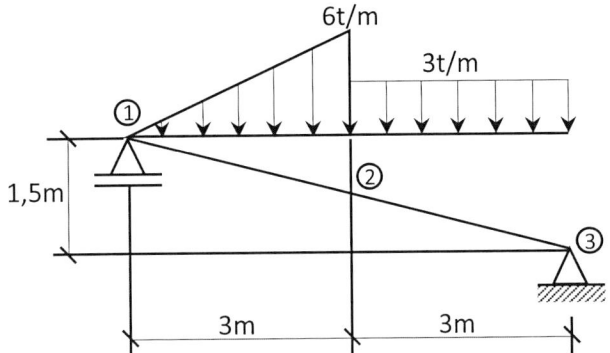

Figura 3.115 Viga 43.

1.- Cálculo de reacciones

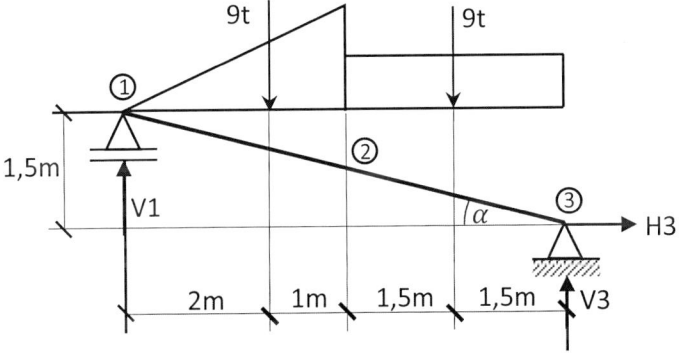

$\Sigma F_H = 0 \rightarrow \oplus$ $\Sigma M_1 = 0 \circlearrowleft \oplus$ $\Sigma F_V = 0 \uparrow \oplus$

$H_3 = 0$ $9 \cdot 2 + 9 \cdot 4,5 - V_3 \cdot 6 = 0$ $V_1 - 9 - 9 + 9,75 = 0$

$V_3 = 9,75 \text{ t}$ $V_1 = 8,25 \text{ t}$

2.- Descomposición de fuerzas

$$\alpha = \text{Arctag}\left(\frac{1,5}{6}\right) = 14,036°$$

$$L_{1-2} = L_{2-3} = \frac{3}{\text{Cos}(14,036)} = 3,0923 \text{ m}$$

V1a = 8,25 · senα = 2 t

V1t = 8,25 · cosα = 8 t

V3a = 9,75 · senα = 2,365 t

V3t = 9,75 · cosα = 9,459 t

q1a = 6 · senα · cosα = 1,412 t/m

q1t = 6 · cos²α = 5,647 t/m

q2a = 3 · senα · cosα = 0,706 t/m

q2t = 3 · cos²α = 2,824 t/m

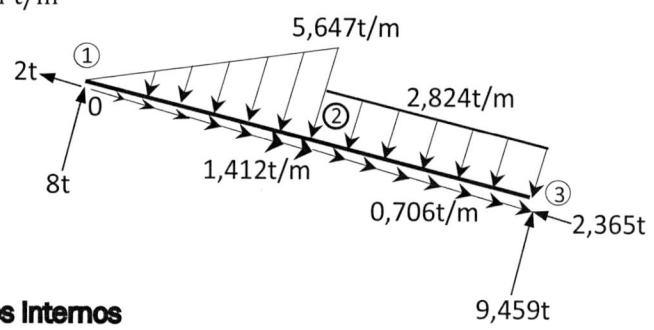

3.- Cálculo de esfuerzos Internos
a) Tramo 1-2 ($0 \le x \le 3,0923$ m)

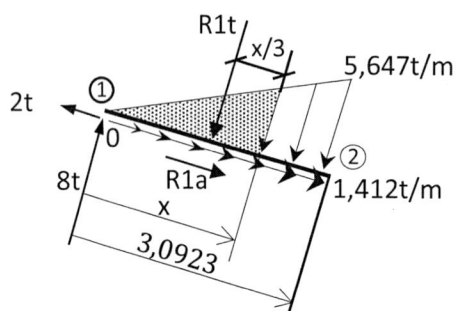

Interpolamos la carga transversal:

$$qt = \frac{5,647}{3,0923} x$$

Interpolamos la carga axial:

$$qa = \frac{1,412}{3,0923} x$$

Calculamos las resultantes de las cargas distribuidas:

$$R1t = \frac{5,647}{3,0923} x \cdot \frac{x}{2} = 0,913 \cdot x^2$$

$$R1a = \frac{1,412}{3,0923} x \cdot \frac{x}{2} = 0,228 \cdot x^2$$

Calculamos las ecuaciones de esfuerzos internos:

$N = 2 - R1a = 2 - 0,228 \cdot x^2$

$Q = 8 - R1t = 8 - 0,913 \cdot x^2$

$M = 8 \cdot x - R1t \cdot a = 8 \cdot x - 0,913 \cdot x^2 \cdot \dfrac{x}{3}$

$M = 8 \cdot x - 0,304 \cdot x^3$

b) Tramo 2-3 $(3,0923 \text{ m} \le x \le 6,1846)$

Calculamos las resultantes:

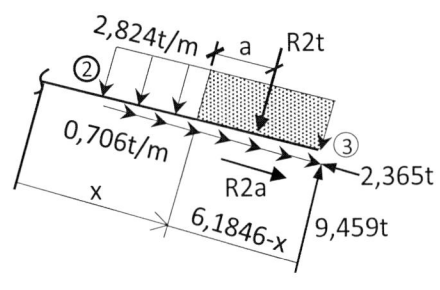

$R2a = 0,706 \cdot (6,1846 - x)$

$R2a = 4,366 - 0,706 \cdot x$

$R2t = 2,824 \cdot (6,1846 - x)$

$a = \dfrac{6,1846 - x}{2}$

Calculamos los esfuerzos internos:

$N = -2,365 + R2a = -2,365 + 4,366 - 0,706 \cdot x$

$N = 2 - 0,706 \cdot x$

$Q = -9,459 + R2t = -9,459 + 2,824 \cdot (6,1846 - x)$

$Q = -2,824 \cdot x + 8$

$M = 9,459 \cdot (6,1846 - x) - R2t \cdot a$

$M = 9,459 \cdot (6,1846 - x) - 2,824 \cdot (6,1846 - x) \cdot \left(\dfrac{6,1846 - x}{2}\right)$

$M = 58,5 - 9,459 \cdot x - 1,412 \cdot (38,249 - 12,3692 \cdot x + x^2)$

$M = 4,492 + 8 \cdot x - 1,412 \cdot x^2$

4.- Diagramas de esfuerzos internos

a) Normal (1 m = 1 cm / 1 t = 1 cm)

Tramo	x[m]	N[t]
1-2	0	2
	1,546	1,455
	3,092	−0,180
2-3	3,092	−0.180
	6,185	−2,366

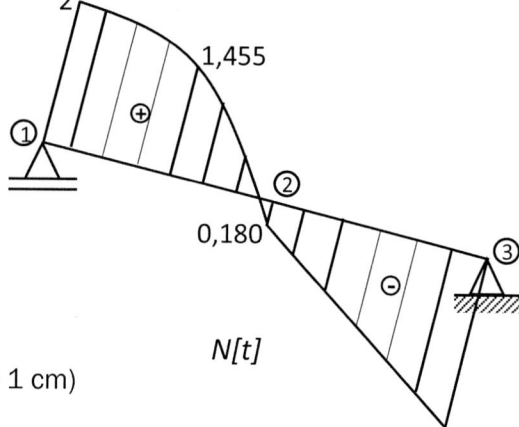

b) Cortante (1 m = 1 cm / 4 t = 1 cm)

Tramo	x[m]	Q[t]
1-2	0	8
	1,546	5,817
	3,092	−0,730
2-3	3,092	−0,730
	6,185	−9,465

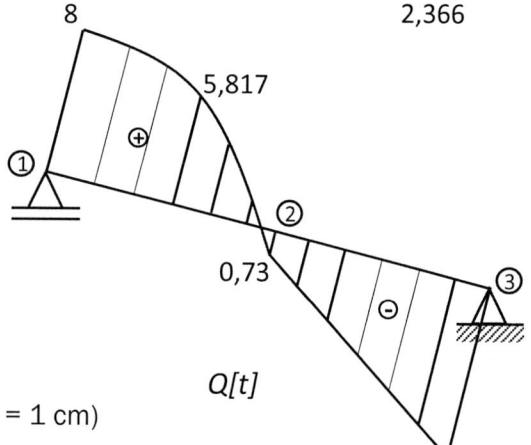

c) Momento (1 m = 1 cm / 6 tm = 1 cm)

Tramo	x[m]	M[tm]
1-2	0	0
	1,546	11,246
	3,092	15,740
2-3	3,092	15,740
	4,638	11,220
	6,184	0

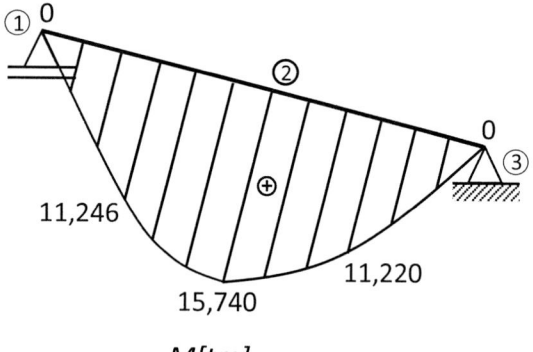

CAPÍTULO 4

PÓRTICOS O MARCOS

4.1. OBJETIVO DEL CAPÍTULO

Una vez concluido el tema, el lector estará capacitado para diagramar los esfuerzos internos N, Q y M en estructuras porticadas interpretando sus resultados más críticos.

4.2. CONCEPTO DE «PÓRTICO»

Es un sistema estructural compuesto de columnas y vigas formando un marco resistente capaz de soportar cargas para luego transmitirlas al suelo.

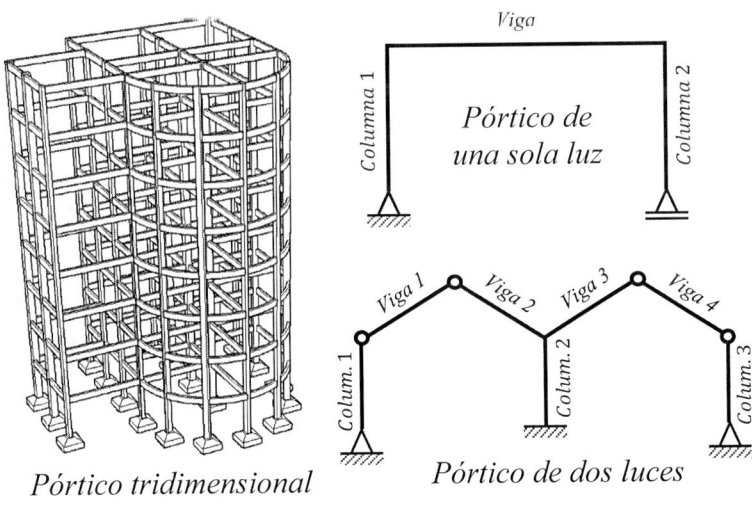

Figura 4.1 Tipología de pórticos.

4.3. PARTES DE UN PÓRTICO

Todo sistema porticado está compuesto de las partes de la figura 4.2.

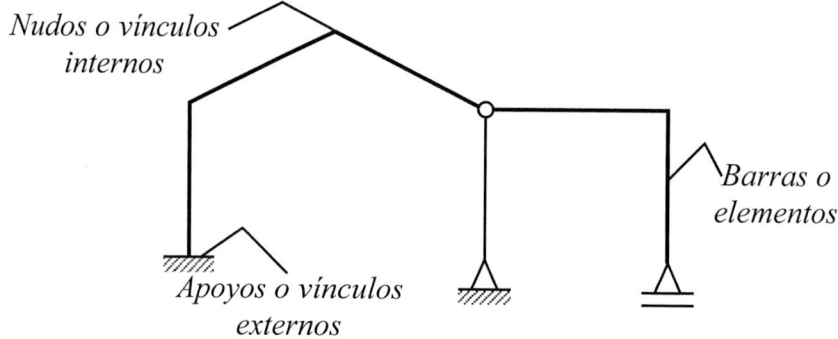

Figura 4.2 Partes de un pórtico.

a) **Apoyos:** llamados también «vínculos externos», pueden ser de tipo móvil, fijo y empotrado.

b) **Nudos:** llamados también «vínculos internos», los nudos pueden ser rígidos y articulados.

c) **Barras:** llamados también «elementos», por las características de su composición y comportamiento, estas pueden clasificarse como «columnas» y «vigas».

4.4. CLASIFICACIÓN DE LOS PÓRTICOS

Según sus características geométricas vinculadas a determinados tipos de uniones y apoyos, los pórticos se clasifican en:

- Pórticos en voladizos

- Pórticos simples

- Pórticos compuestos

- Pórticos con bielas o tirantes

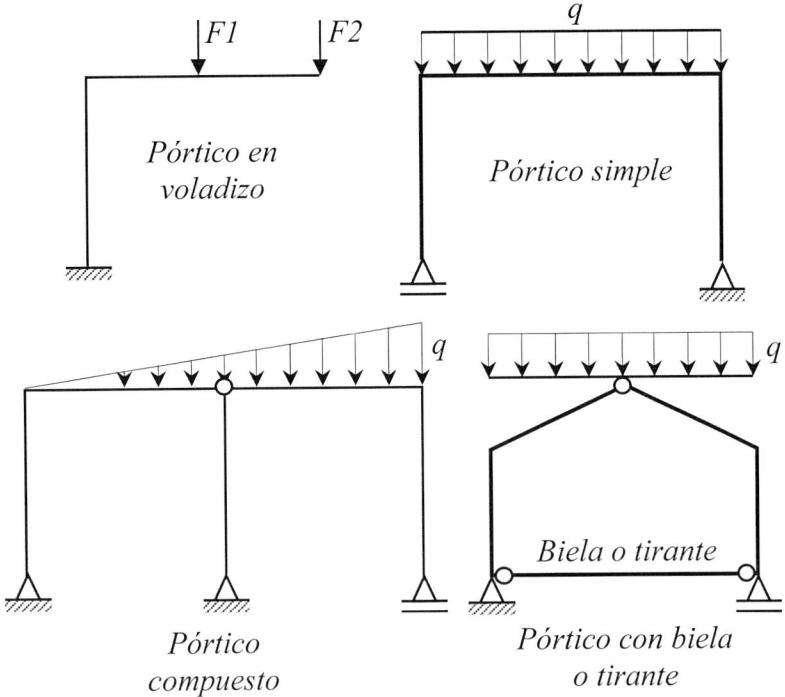

Figura 4.3 Diferentes tipos de pórticos.

4.5. TIPOS DE CARGAS

Las cargas que actúan en un pórtico pueden ser «puntuales» (fuerzas y momentos) y «distribuidas» (rectangulares, triangulares y trapezoldales). Estas últimas pueden estar repartidas sobre sus barras o proyectadas sobre un eje de referencia. Véase el ejemplo de la figura 4.4.

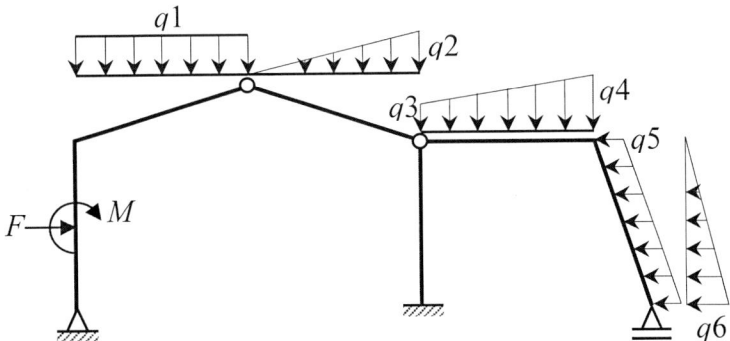

Figura 4.4 Cargas aplicadas en un pórtico.

F y M = cargas puntuales

$q1$ = carga rectangular proyectada sobre el eje x

$q2$ = carga triangular proyectada sobre el eje x

$q3$ y $q4$ = carga trapezoidal repartida sobre la viga

$q5$ = carga rectangular repartida sobre la columna

$q6$ = carga triangular proyectada sobre el eje y

El tratamiento de cada una de estas cargas ha sido estudiado en los temas anteriores.

4.6. EJES DE REFERENCIA

Para analizar los esfuerzos internos en cada una de las barras de un pórtico, debemos adoptar para cada segmento o tramo un sistema de ejes particulares llamados «ejes locales».

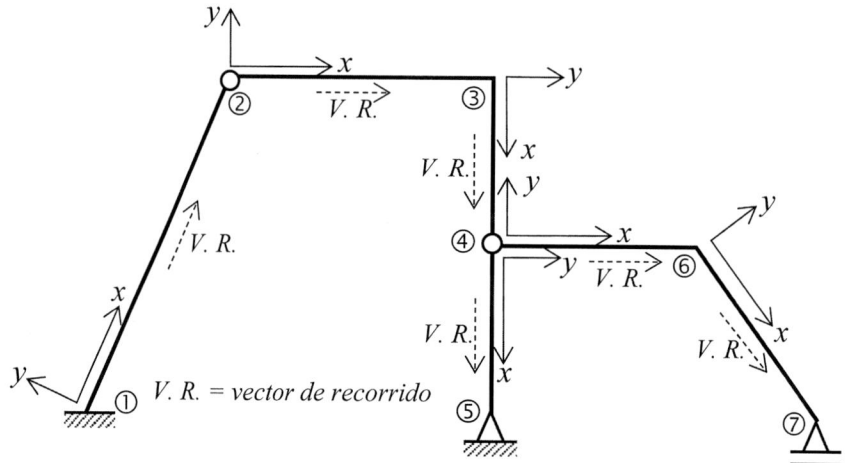

Figura 4.5 Ejes de referencia para el análisis de un pórtico.

En la figura 4.5:

Primero: se define una numeración para sus nudos siguiendo un orden horario.

Segundo: para cada barra, se define un vector de recorrido *(V. R.)* cuya dirección es paralela a la barra y cuyo sentido es de menor a mayor numeración.

Tercero: para cada barra, el eje *x* tiene el mismo sentido y dirección que el vector de recorrido; en el caso del eje *y,* hacemos girar el vector un recorrido de 90 grados en sentido antihorario.

4.7. TRASLACIÓN DE FUERZAS

Para analizar los esfuerzos internos en una barra, es importante trasladar las fuerzas y momentos de las barras que lo anteceden y/o proceden. Veamos los casos expuestos a continuación.

Caso 1. Fuerza

Para trasladar una fuerza *F* del nudo 1 al nudo 2, debemos considerar que, por la distancia que tiene, ejerce también un momento sobre el nudo 2.

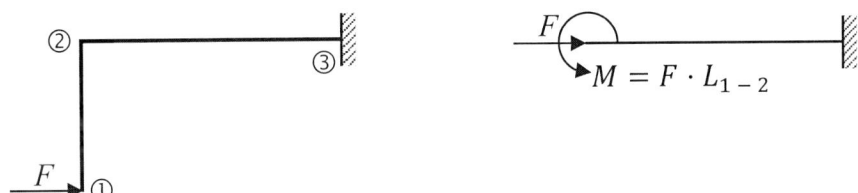

Figura 4.6 Traslación de una fuerza *F* puntual.

Caso 2. Momento

Para trasladar un momento *M* de un nudo 1 a un nudo 2, se mantiene su magnitud y sentido, sin registrarse ninguna variante.

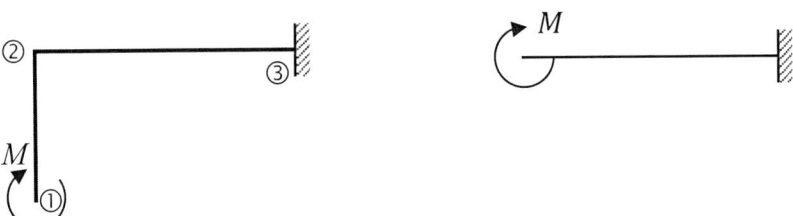

Figura 4.7 Traslación de un momento *M*.

Caso 3. Carga distribuida rectangular

Para trasladar la fuerza procedente de cualquier carga distribuida, debemos trabajar con su valor resultante para, luego, aplicar el caso 1.

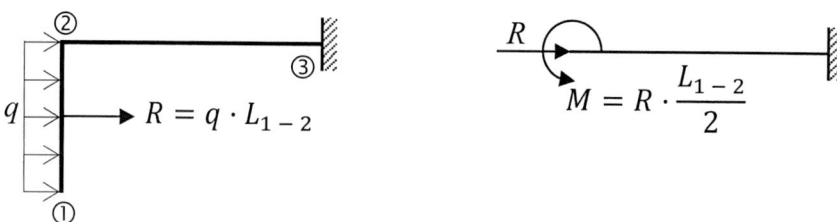

Figura 4.8 Traslación de una carga distribuida rectangular.

Caso 4. Carga distribuida triangular

Se mantiene el criterio expuesto en el caso anterior.

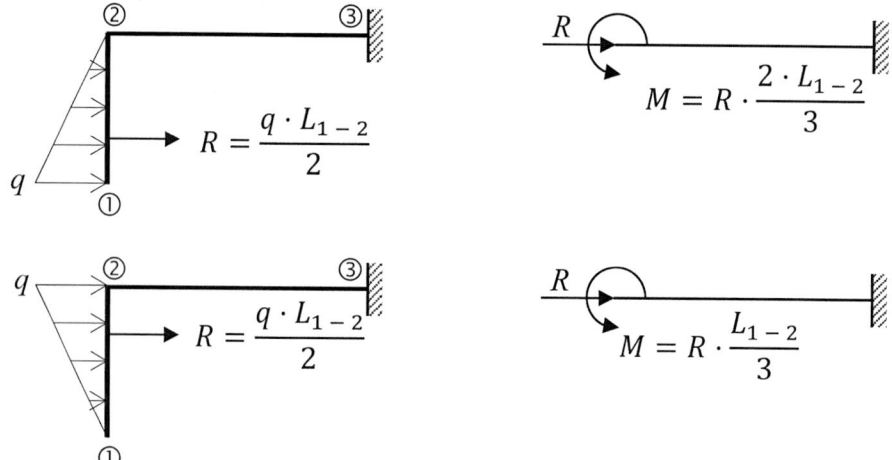

Figura 4.9 Traslación de una carga distribuida triangular.

4.8. CONVENIO DE SIGNOS PARA CALCULAR ESFUERZOS INTERNOS

Los sentidos positivos de los esfuerzos internos están referidos al eje de referencia, tal como se muestra a continuación.

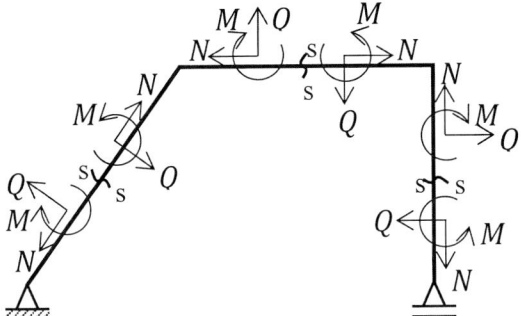

Figura 4.10 Sentidos convencionales para el cálculo de esfuerzos internos.

4.9. CONVENIO PARA DIAGRAMAR LOS ESFUERZOS INTERNOS

Para representar gráficamente la variación de los esfuerzos internos, la normal N y cortante Q positivos mantiene como referencia el eje y; en cambio, el momento M positivo se graficará al lado opuesto del eje y. Es importante aclarar que los esfuerzos internos siempre se trazarán de manera perpendicular a la barra.

Un modo sencillo de orientar los diagramas de esfuerzos internos en pórticos simples es adoptando el convenio de la figura 4.11.

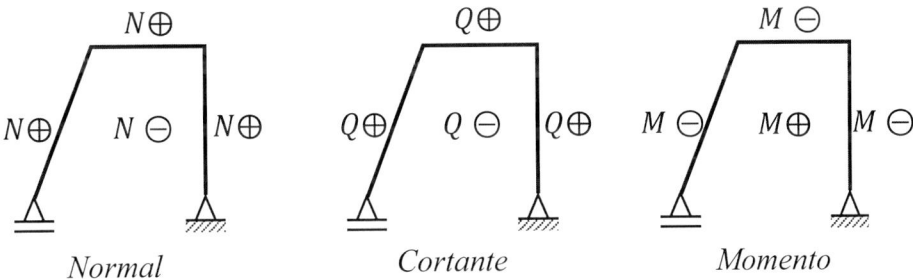

Figura 4.11 Convenio para diagramar esfuerzos internos.

4.10. MÉTODO DE ANÁLISIS

Los métodos de análisis son los mismos que para vigas (analítico y numérico) y su aplicación en pórticos se resume en aplicar todo lo aprendido hasta el momento en segmentos o tramos del pórtico.

EJERCICIOS

EJERCICIO 58

Calcule las reacciones y diagrame los esfuerzos internos (método analítico).

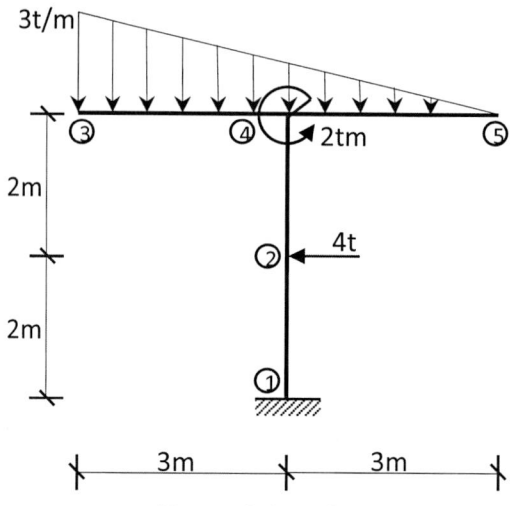

Figura 4.12 Pórtico 1.

1.- Cálculo de reacciones

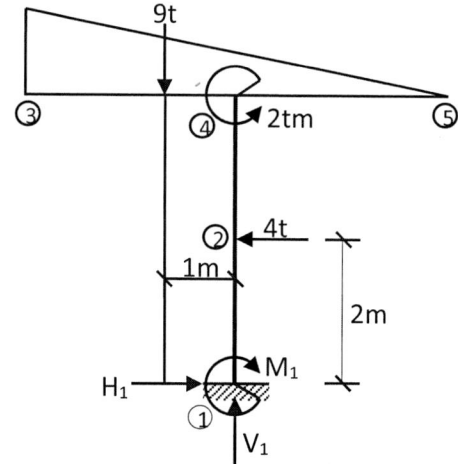

$\Sigma F_H = 0 \to \oplus$

$H_1 - 4 = 0$

$H_1 = 4 \text{ t}$

$\Sigma F_V = 0 \uparrow \oplus$

$V_1 - 9 = 0$

$V_1 = 9 \text{ t}$

$\Sigma M_1 = 0 \circlearrowleft \oplus$

$M_1 - 4 \cdot 2 - 2 - 9 \cdot 1 = 0$

$M_1 = 19 \text{ tm}$

2.- Cálculo de esfuerzos internos

a) Tramo 1-2 ($0 \le x \le 2$)

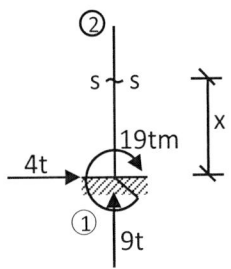

$N = -9 \text{ t}$

$Q = -4 \text{ t}$

$M = 19 - 4 \cdot x$

b) Tramo 2-4 ($2 \le x \le 4$)

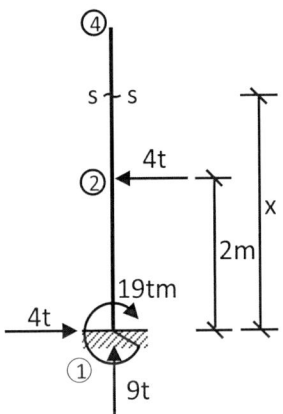

$N = -9 \text{ t}$

$Q = -4 + 4 = 0$

$M = 19 - 4 \cdot x + 4 \cdot (x - 2)$

$M = 19 - 4 \cdot x + 4 \cdot x - 8$

$M = 11 \text{ tm}$

c) Tramo 3-4 ($0 \le x \le 3$)

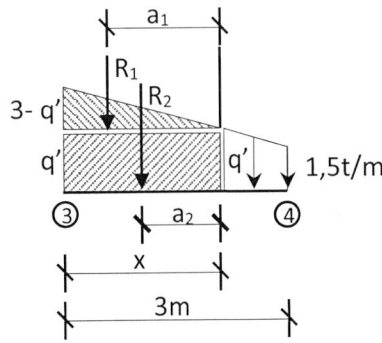

$$\frac{3 - q'}{x} = \frac{3 - 1,5}{3} \rightarrow q' = 3 - 0,5x$$

$$R_1 = \frac{(3 - q') \cdot x}{2} = \frac{(3 - 3 + 0,5x) \cdot x}{2}$$

$$R_1 = 0,25 \cdot x^2$$

$$a_1 = \frac{2}{3} \cdot x = 0,667 \cdot x$$

$$R_2 = q' \cdot x = (3 - 0,5 \cdot x) \cdot x$$

$$R_2 = 3 \cdot x - 0{,}5 \cdot x^2$$

$$a_2 = \frac{x}{2} = 0{,}5 \cdot x$$

$$N = 0$$

$$Q = -R_1 - R_2$$

$$Q = -0{,}25 \cdot x^2 - (3 \cdot x - 0{,}5 \cdot x^2)$$

$$Q = 0{,}25 \cdot x^2 - 3 \cdot x$$

$$M = -R_1 \cdot a_1 - R_2 \cdot a_2$$

$$M = -0{,}25 \cdot x^2 (0{,}667 \cdot x) - (3 \cdot x - 0{,}5 \cdot x^2) \cdot 0{,}5 \cdot x$$

$$M = -0{,}1668 \cdot x^3 - 1{,}5 \cdot x^2 + 0{,}25 \cdot x^3$$

$$M = 0{,}0832 \cdot x^3 - 1{,}5 \cdot x^2$$

d) **Tramo 4-5** $(0 \leq x \leq 3)$

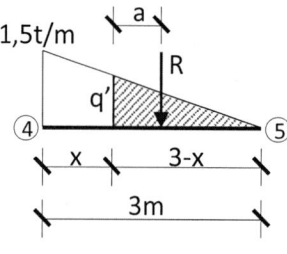

$$\frac{q'}{3-x} = \frac{1{,}5}{3} \longrightarrow q' = 0{,}5 \cdot (3-x)$$

$$R = \frac{q'(3-x)}{2} = \frac{0{,}5(3-x)(3-x)}{2}$$

$$R = 0{,}25(3-x)^2$$

$$a = \frac{3-x}{3}$$

$$N = 0$$

$$Q = R = 0{,}25 \cdot (3-x)^2$$

$$Q = 0{,}25 \cdot (9 - 6 \cdot x + x^2) = 2{,}25 - 1{,}5 \cdot x + 0{,}25 \cdot x^2$$

$$M = -R \cdot a = -0{,}25 \cdot (3-x)^2 \cdot \frac{(3-x)}{3}$$

$$M = -\frac{0{,}25}{3} \cdot (3-x)^3$$

$$M = -\frac{0,25}{3} \cdot (27 - 27x + 9x^2 - x^3)$$
$$M = -2,25 + 2,25 \cdot x - 0,75 \cdot x^2 + 0,0833 \cdot x^3$$

3.- Diagramas de esfuerzos internos

a) Normal (1 m = 1 cm / 9 t = 1 cm)

Tramo	x[m]	N[t]
1-2	0	−9
	2	−9
2-4	2	−9
	4	−9
3-4	0	0
	3	0
4-5	0	0
	3	0

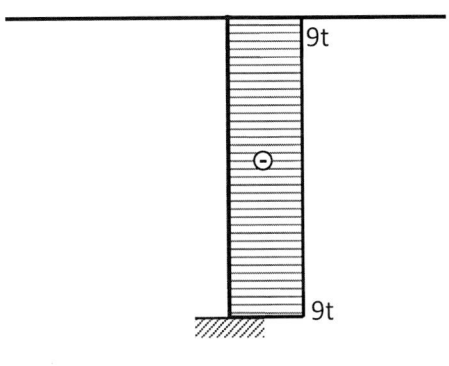

b) Cortante (1 m = 1 cm / 4 t = 1 cm)

Tramo	x[m]	Q[t]
1-2	0	−4
	2	−4
2-4	2	0
	4	0
3-4	0	0
	1,5	−3,94
	3	−6,75
4-5	0	2,25
	1,5	0,5625
	3	0

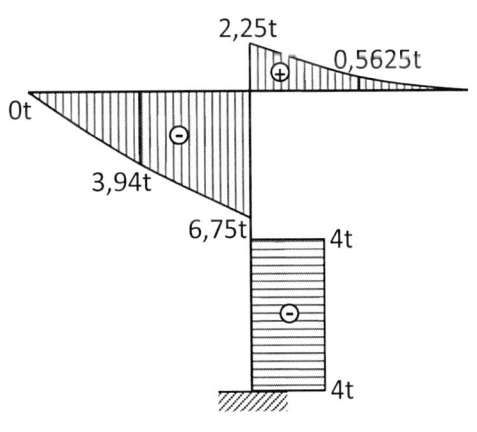

c) Momento (1 m = 1 cm / 10 tm = 1 cm)

Tramo	x[m]	M[tm]
1-2	0	19
	2	11
2-4	2	11
	4	11
3-4	0	0
	1,5	−3,09
	3	−11,25
4-5	0	−2,25
	1,5	−0,28
	3	0

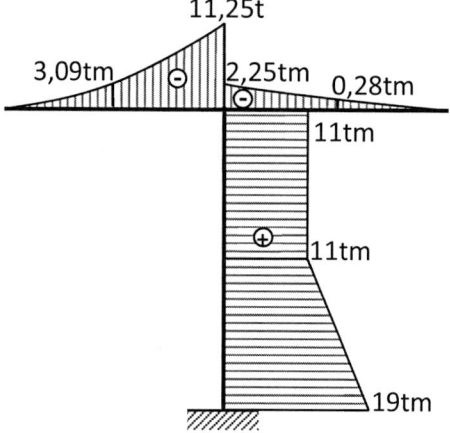

EJERCICIO 59

Calcule las reacciones y diagrame los esfuerzos internos (método analítico).

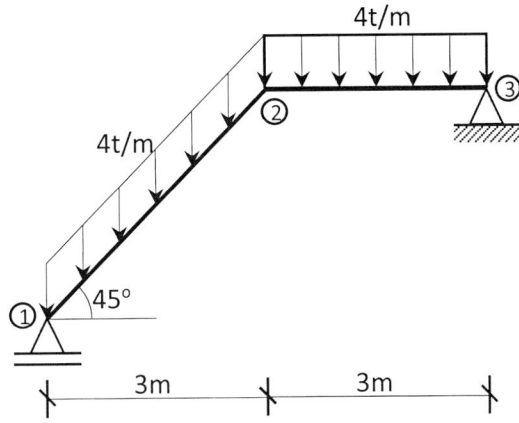

Figura 4.13 Pórtico 2.

1.- Cálculo de reacciones

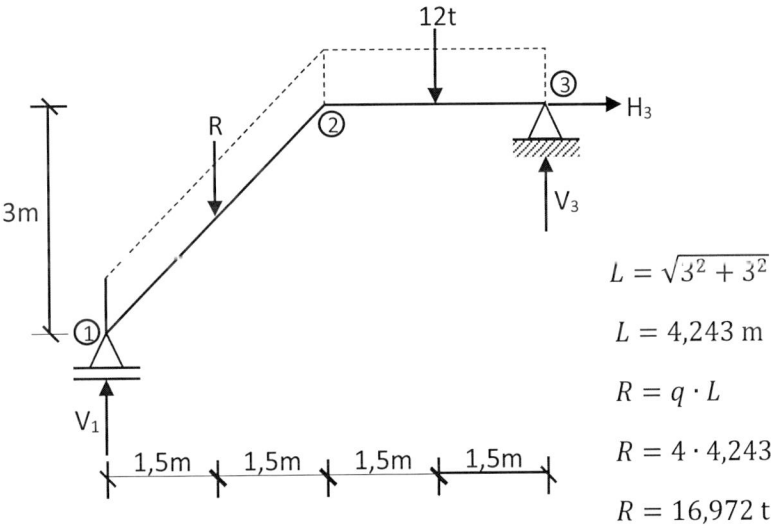

$$L = \sqrt{3^2 + 3^2}$$

$$L = 4,243 \text{ m}$$

$$R = q \cdot L$$

$$R = 4 \cdot 4,243$$

$$R = 16,972 \text{ t}$$

Como no existen cargas horizontales, la reacción H_3 vale cero:

$$\Sigma M_1 = 0 \circlearrowleft \oplus \qquad\qquad \Sigma F_V = 0 \uparrow \oplus$$

$$16,972 \cdot 1,5 + 12 \cdot 4,5 - V_3 \cdot 6 = 0 \qquad\qquad V_1 - 16,972 - 12 + 13,243 = 0$$

$$V_3 = 13,243 \text{ t} \qquad\qquad V_1 = 15,729 \text{ t}$$

2.- Cálculo de esfuerzos internos

a) Tramo 1-2

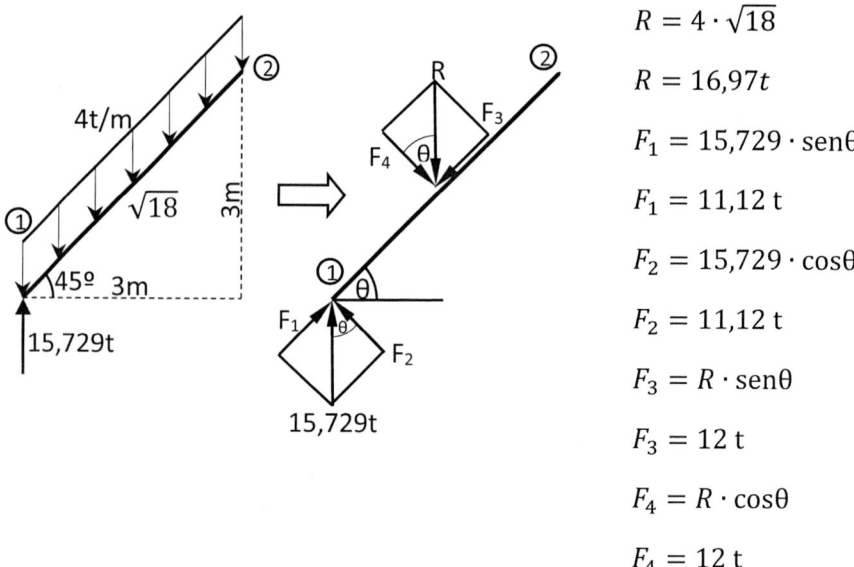

$$R = 4 \cdot \sqrt{18}$$

$$R = 16,97t$$

$$F_1 = 15,729 \cdot \text{sen}\theta$$

$$F_1 = 11,12 \text{ t}$$

$$F_2 = 15,729 \cdot \cos\theta$$

$$F_2 = 11,12 \text{ t}$$

$$F_3 = R \cdot \text{sen}\theta$$

$$F_3 = 12 \text{ t}$$

$$F_4 = R \cdot \cos\theta$$

$$F_4 = 12 \text{ t}$$

Las fuerzas F_3 y F_4 se transforman a cargas distribuidas axiales y transversales, respectivamente:

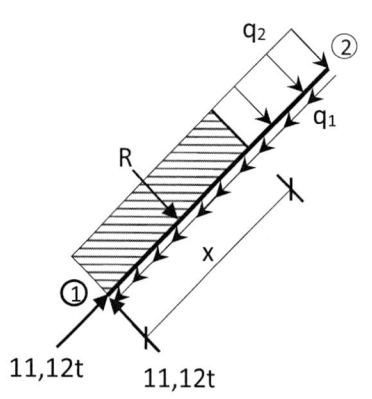

$$q_1 = \frac{F_3}{\sqrt{18}} = \frac{12}{\sqrt{18}} = 2,828 \text{ t/m}$$

$$q_2 = \frac{F_4}{\sqrt{18}} = \frac{12}{\sqrt{18}} = 2,828 \text{ t/m}$$

$$N = -11,12 + q_1 \cdot x$$

$$N = -11,12 + 2,828 \cdot x$$

$$Q = 11,12 - q_2 \cdot x$$

$$Q = 11,12 - 2,828 \cdot x$$

$$M = 11,12 \cdot x - q_2 \cdot x \cdot \frac{x}{2}$$

$$M = 11,12 \cdot x - 2,828 \cdot \frac{x^2}{2}$$

$$M = 11,12 \cdot x - 1,414 \cdot x^2$$

b) Tramo 2-3

Cargas a la derecha de la sección:

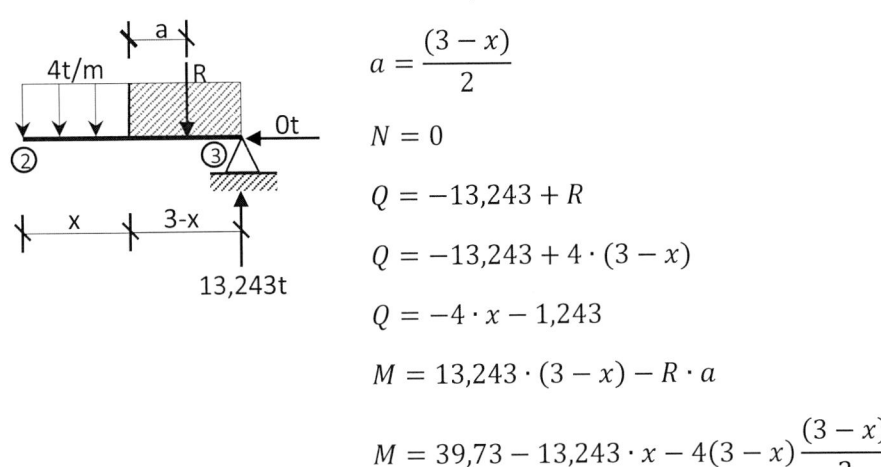

$$R = 4 \cdot (3 - x)$$

$$a = \frac{(3 - x)}{2}$$

$$N = 0$$

$$Q = -13{,}243 + R$$

$$Q = -13{,}243 + 4 \cdot (3 - x)$$

$$Q = -4 \cdot x - 1{,}243$$

$$M = 13{,}243 \cdot (3 - x) - R \cdot a$$

$$M = 39{,}73 - 13{,}243 \cdot x - 4(3 - x)\frac{(3 - x)}{2}$$

$$M = 39{,}73 - 13{,}243x - 2(9 - 6x + x^2)$$

$$M = -2 \cdot x^2 - 1{,}243 \cdot x + 21{,}73$$

3.- Diagramas de esfuerzos Internos

a) **Normal** (1 m = 1 cm / 10 t = 1 cm)

Tramo	x [m]	N [t]
1-2	0	−11,12
	$\sqrt{18}$	0,878
2-3	0	0
	3	0

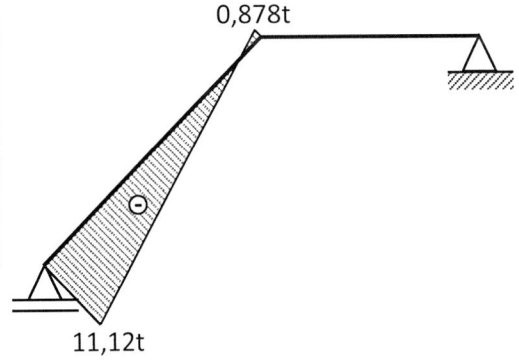

b) Cortante (1 m = 1 cm / 10 t = 1 cm)

Tramo	x [m]	Q [t]
1-2	0	11,12
	$\sqrt{18}$	−0,878
2-3	0	−1,243
	3	−13,243

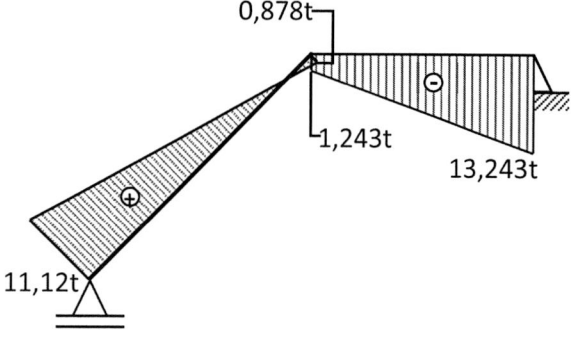

c) Momento (1 m = 1 cm / 10 tm = 1cm)

Tramo	x [m]	M [tm]
1-2	0	0
	$0,5\sqrt{18}$	17,23
	$\sqrt{18}$	21,73
2-3	0	21,73
	1,5	15,37
	3	0

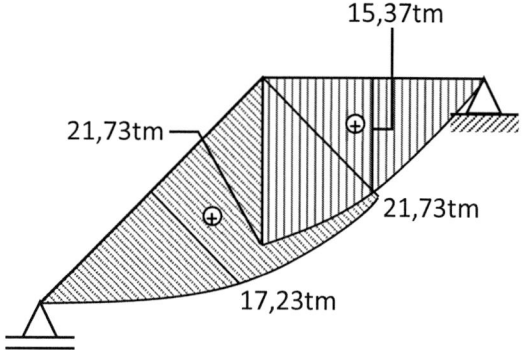

EJERCICIO 60

Calcule las reacciones y diagrame los esfuerzos internos (método analítico).

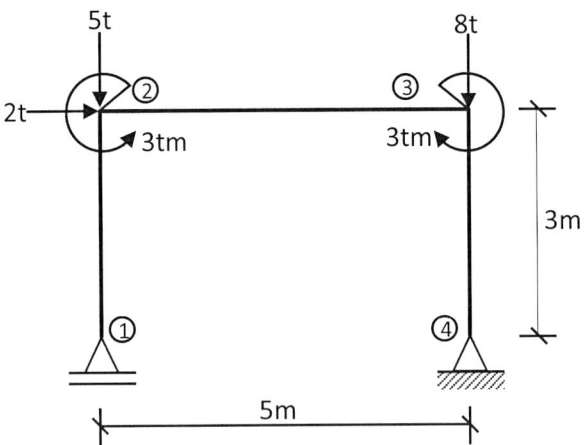

Figura 4.14 Pórtico 3.

1.- Cálculo de reacciones

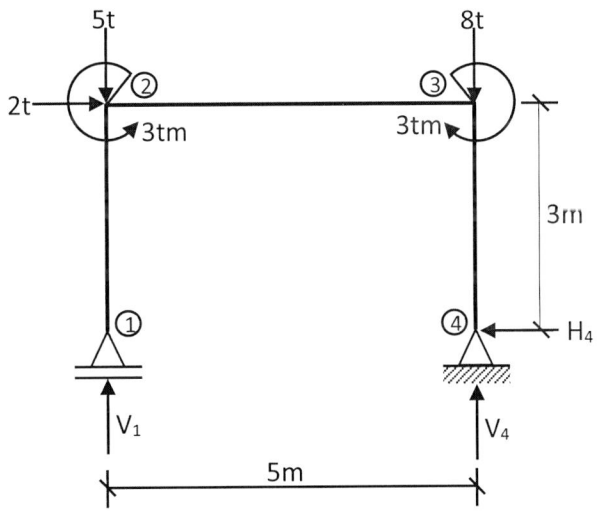

$\Sigma F_H = 0 \rightarrow \oplus$

$2 - H_4 = 0$

$H_4 = 2\text{ t}$

$\Sigma M_1 = 0 \ \circlearrowright \oplus$

$2 \cdot 3 - 3 + 3 + 8 \cdot 5 - V_4 \cdot 5 = 0$

$V_4 = 9{,}2\text{ t}$

$\Sigma F_V = 0 \uparrow \oplus$

$V_1 - 5 - 8 + 9{,}2 = 0$

$V_1 = 3{,}8\text{ t}$

2.- Cálculo de esfuerzos internos

a) Tramo 1-2 ($0 \leq x \leq 3$)

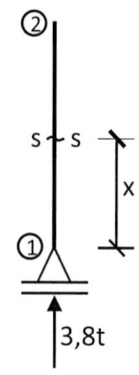

$$N = -3,8 \text{ t}$$

$$Q = 0$$

$$M = 0$$

b) Tramo 2-3 ($0 \leq x \leq 5$)

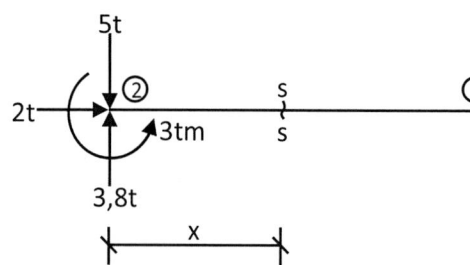

$$N = -2 \text{ t}$$

$$Q = 3,8 - 5 = -1,2 \text{ t}$$

$$M = (3,8 - 5)x - 3$$

$$M = -1,2x - 3$$

c) Tramo 3-4 ($0 \leq x \leq 3$)

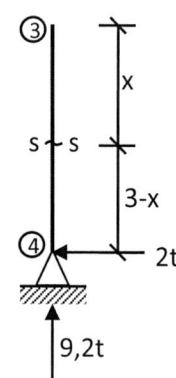

Consideramos las cargas por debajo de s-s:

$$N = -9,2 \text{ t}$$

$$Q = 2$$

$$M = -2(3 - x)$$

$$M = -6 + 2x$$

3.- Diagramas de esfuerzos internos

a) Normal (1 m = 1 cm / 4 t = 1 cm)

Es constante en cada tramo.

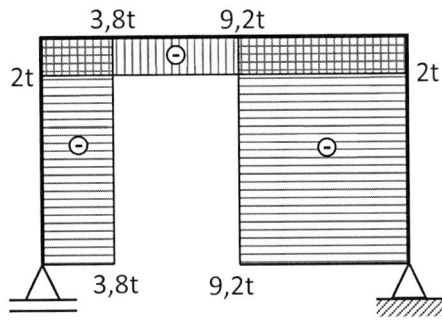

Barra	N[t]
1-2	−3,8
2-3	−2
3-4	−9,2

b) Cortante (1 m = 1 cm / 1 t = 1 cm)

Es constante en cada tramo.

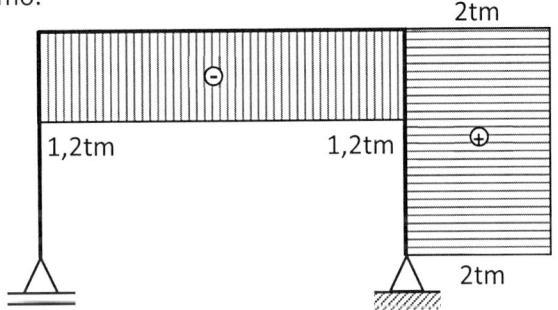

Barra	Q[t]
1-2	0
2-3	-1,2
3-4	2

c) Momento (1 m = 1 cm / 6 tm = 1 cm)

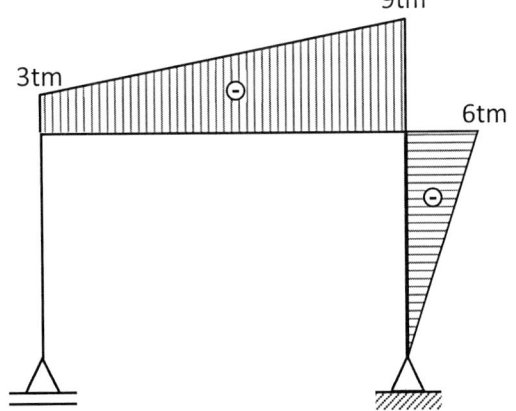

Tramo	x[m]	M[tm]
1-2	0	0
	3	0
2-3	0	−3
	5	−9
3-4	0	−6
	3	0

EJERCICIO 61

Calcule las reacciones y diagrame los esfuerzos internos (método analítico).

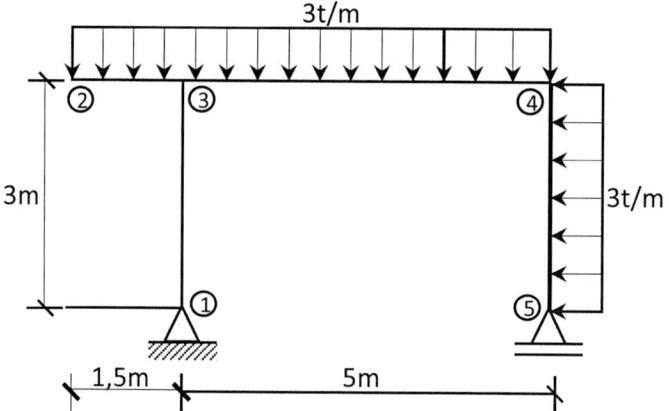

Figura 4.15 Pórtico 4.

1.- Cálculo de reacciones

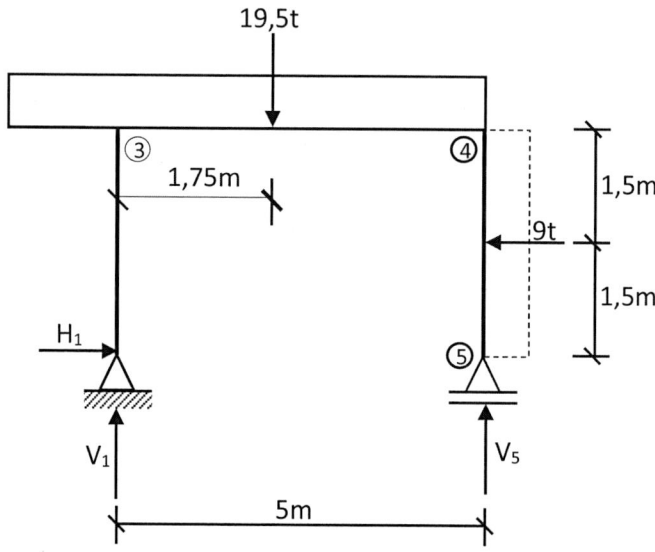

$\Sigma F_H = 0 \rightarrow \oplus$

$H_1 - 9 = 0$

$H_1 = 9\,t$

$\Sigma M_1 = 0 \circlearrowleft \oplus$

$19,5 \cdot 1,75 - 9 \cdot 1,5 - V_5 \cdot 5 = 0$

$V_5 = 4,125\,t$

$\Sigma F_V = 0 \uparrow \oplus$

$V_1 - 19,5 + 4,125 = 0$

$V_1 = 15,375\,t$

2.- Cálculo de esfuerzos internos

a) Tramo 1-3 ($0 \leq x \leq 3$)

$N = -15,375$ t

$Q = -9$ t

$M = -9 \cdot x$

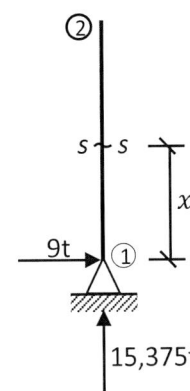

b) Tramo 2-3 ($0 \leq x \leq 1.5$)

$N = 0$

$Q = -R = -3x$

$M = -R \cdot a = -3x \cdot \dfrac{x}{2}$

$M = -1,5 \cdot x^2$

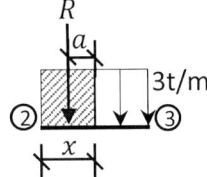

c) Tramo 3-4 ($0 \leq x \leq 5$)

$m = 9 \cdot 3 + 3 \cdot 1,5 \cdot 0,75$

$m = 30,375$ tm

$R = 3x$

$a = \dfrac{x}{2} = 0,5x$

$N = -9t$

$Q = 15,375 - 4,5 - R$

$Q = 10,875 - 3x$

$M = (15,375 - 4,5)x - m - R \cdot a$

$M = 10,875x - 30,375 - 3x \cdot 0,5x$

$M = -1,5x^2 + 10,875x - 30,375$

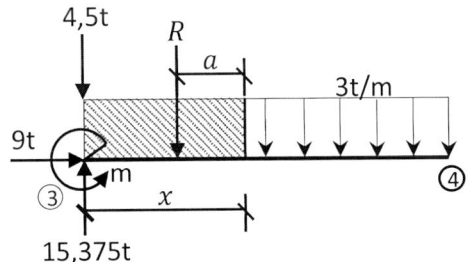

d) **Tramo 4-5** ($0 \leq x \leq 3$)

$R = 3(3 - x)$

$a = \dfrac{3 - x}{2}$

$N = -4{,}125$ t

$Q = R$

$Q = 3(3 - x) = 9 - 3x$

$M = -R \cdot a$

$M = -3(3 - x)\dfrac{(3 - x)}{2} = -1{,}5(3 - x)^2$

$M = -1{,}5(9 - 6x + x^2)$

$M = -1{,}5x^2 + 9x - 13{,}5$

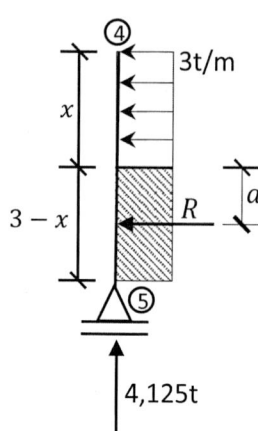

3.-Diagramas de esfuerzos internos

a) **Normal** (1 m = 1 cm / 8 t = 1 cm)

Es constante en cada tramo.

Barra	N [t]
1-3	−15,375
2-3	0
3-4	−9
4-5	−4,125

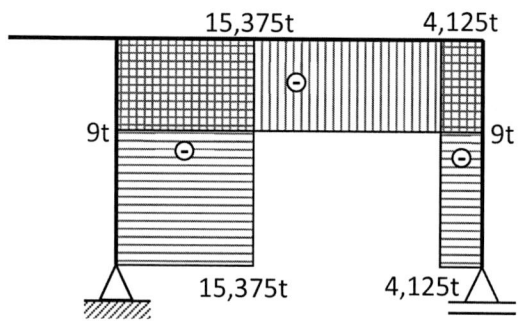

b) Cortante (1 m = 1 cm / 9 t = 1 cm)

Tramo	x[m]	Q[t]
1-3	0	−9
	3	−9
2-3	0	0
	1,5	−4,5
3-4	0	10,875
	5	−4,125
4-5	0	9
	3	0

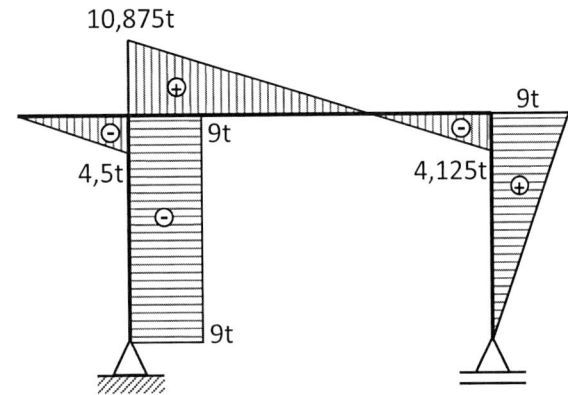

b) Momento (1 m = 1 cm / 15 tm = 1 cm)

Tramo	x[m]	M[tm]
1-3	0	0
	3	−27
2-3	0	0
	0,75	−0,84
	1,5	−3,375
3-4	0	−30,375
	2,5	−12,56
	5	−13,5
4-5	0	−13,5
	1,5	−3,375
	3	0

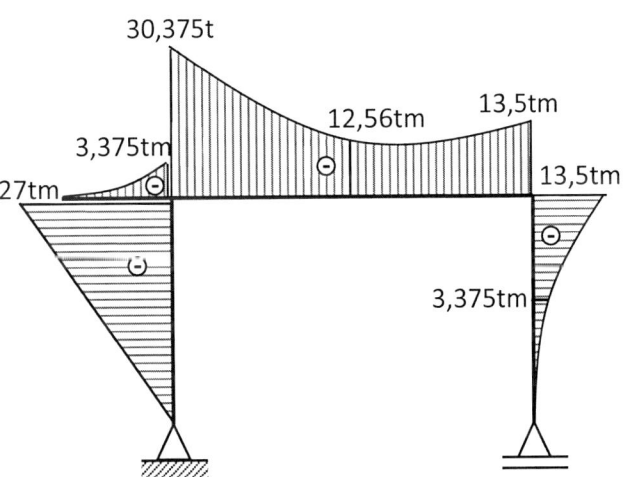

EJERCICIO 62

Calcule las reacciones y diagrame los esfuerzos internos (método analítico).

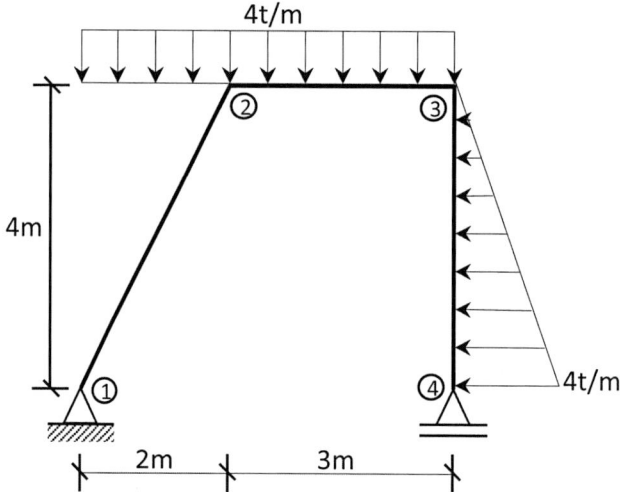

Figura 4.16 Pórtico 5.

1.- Cálculo de reacciones

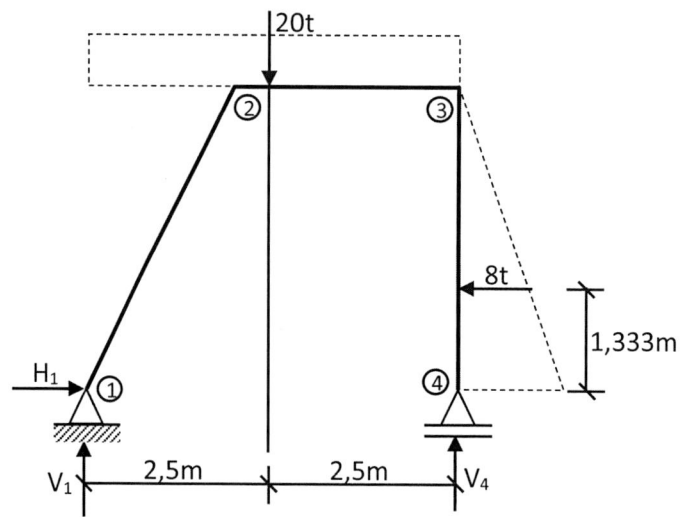

$\Sigma F_H = 0 \to \oplus$

$H_1 - 8 = 0$

$H_1 = 8 \text{ t}$

$\Sigma M_1 = 0 \circlearrowright \oplus$

$20 \cdot 2,5 - 8 \cdot 1,333 - V_4 \cdot 5 = 0$

$V_4 = 7,8672 \text{ t}$

$\Sigma F_V = 0 \uparrow \oplus$

$V_1 - 20 + 7,8672 = 0$

$V_1 = 12,1328 \text{ t}$

2.- Cálculo de esfuerzos internos

a) Tramo 1-2 ($0 \leq x \leq \sqrt{20}$)

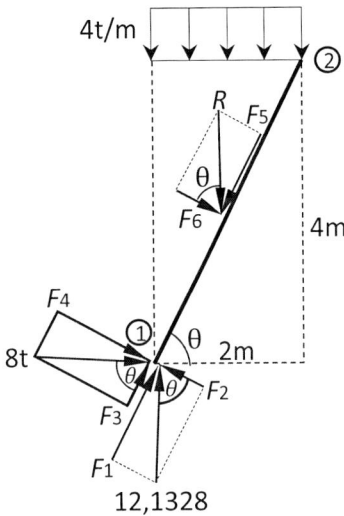

$\theta = \text{arctag}\left(\dfrac{4}{2}\right) = 63,43°$

$F_1 = 12,1328 \cdot \text{Sen}\theta = 10,85 \text{ t}$

$F_2 = 12,1328 \cdot \text{Cos}\theta = 5,43 \text{ t}$

$F_3 = 8 \cdot \text{Cos}\theta = 3,58 \text{ t}$

$F_4 = 8 \cdot \text{Sen}\theta = 7,16 \text{ t}$

$R = 4 \cdot 2 = 8 \text{ t}$

$F_5 = R \cdot \text{Sen}\theta = 7,16 \text{ t}$

$F_6 = R \cdot \text{Cos}\theta = 3,58 \text{ t}$

Las fuerzas F_5 y F_6 deben transformarse a cargas distribuidas axiales y transversales, respectivamente:

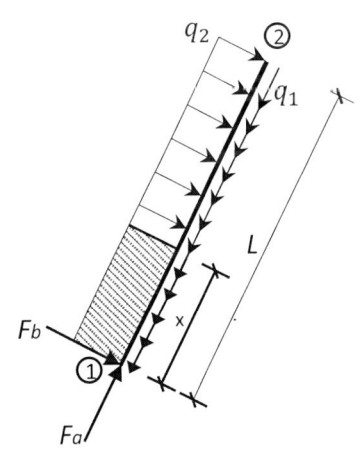

$L = \sqrt{2^2 + 4^2} \quad L = \sqrt{20}$

$q_1 = \dfrac{F_5}{L} = \dfrac{7,16}{\sqrt{20}} = 1,6 \text{ t/m}$

$q_2 = \dfrac{F_6}{L} = \dfrac{3,58}{\sqrt{20}} = 0,8 \text{ t/m}$

$F_a = F_1 + F_3$

$F_a = 10,85 + 3,58 = 14,43 \text{ t}$

$F_b = F_4 - F_2$

$F_b = 7,16 - 5,43 = 1,73 \text{ t}$

$N = -F_a + q_1 \cdot x$

$N = -14,43 + 1,6 \cdot x$

$$Q = -F_b - q_2 \cdot x$$

$$Q = -1{,}73 - 0{,}8 \cdot x$$

$$M = -F_b \cdot x - q_2 \cdot x \cdot \frac{x}{2}$$

$$M = -1{,}73 \cdot x - 0{,}8 \cdot \frac{x^2}{2}$$

$$M = -0{,}4 \cdot x^2 - 1{,}73 \cdot x$$

b) Tramo 2-3 ($0 \leq x \leq 3$)

$$m = 4 \cdot 2 \cdot 1 + 8 \cdot 4 - 12{,}1328 \cdot 2$$

$$m = 15{,}7344 \text{ tm}$$

$$R = 4 \cdot x$$

$$a = 0{,}5 \cdot x$$

$$N = -8\ t$$

$$Q = 12{,}1328 - 8 - R$$

$$Q = 4{,}1328 - 4 \cdot x$$

$$M = 12{,}1328 \cdot x - 8 \cdot x - m - R \cdot a$$

$$M = 4{,}1328 \cdot x - 15{,}7344 - 4 \cdot x \cdot 0{,}5 \cdot x$$

$$M = -2x^2 + 4{,}1328x - 15{,}7344$$

c) Tramo 3-4 ($0 \leq x \leq 4$)

$$\frac{q'}{x} = \frac{4}{4} \longrightarrow q' = x$$

$$R_1 = q' \cdot (4 - x)$$

$$R_1 = x \cdot (4 - x)$$

$$a_1 = \frac{4 - x}{2}$$

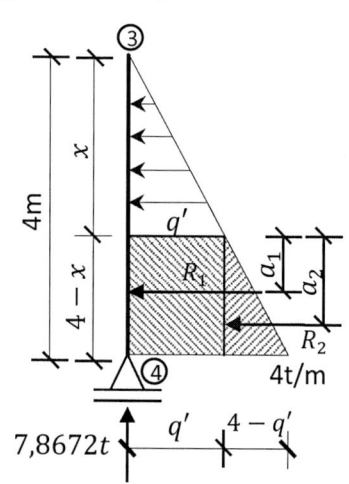

$$R_2 = \frac{(4 - q')(4 - x)}{2} = \frac{(4 - x)(4 - x)}{2}$$

$$R_2 = \frac{(4 - x)^2}{2}$$

$$a_2 = \frac{2}{3}(4 - x)$$

$$N = -7,8672 \text{ t}$$

$$Q = R_1 + R_2$$

$$Q = x(4 - x) + \frac{(4 - x)^2}{2}$$

$$Q = 4x - x^2 + \frac{16 - 8x + x^2}{2}$$

$$Q = 4x - x^2 + 8 - 4x + 0,5x^2$$

$$Q = -0,5x^2 + 8$$

$$M = -R_1 \cdot a_1 - R_2 \cdot a_2$$

$$M = -x \cdot (4 - x) \cdot \left(\frac{4 - x}{2}\right) - \frac{(4 - x)^2}{2} \cdot \frac{2}{3}(4 - x)$$

$$M = -\frac{x}{2}(4 - x)^2 - \frac{1}{3}(4 - x)^3$$

$$M = -\frac{x}{2}(16 - 8x + x^2) - \frac{1}{3}(64 - 48x + 12x^2 - x^3)$$

$$M = -0,1667x^3 + 8x - 21,333$$

3.- Diagramas de esfuerzos internos

a) Normal (1 m = 1 cm / 8 t = 1 cm)

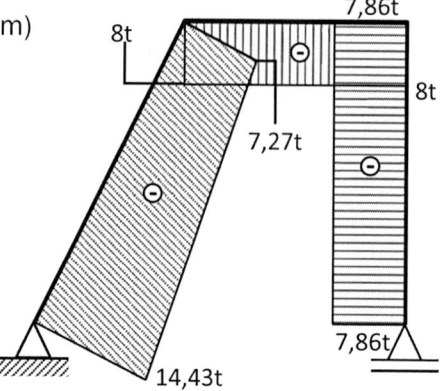

Tramo	x[m]	N[t]
1-2	0	−14,43
	$\sqrt{20}$	−7,27
2-3	0	−8
	3	−8
3-4	0	−7,8672
	4	−7,8672

b) Cortante (1 m = 1 cm / 8 t = 1 cm)

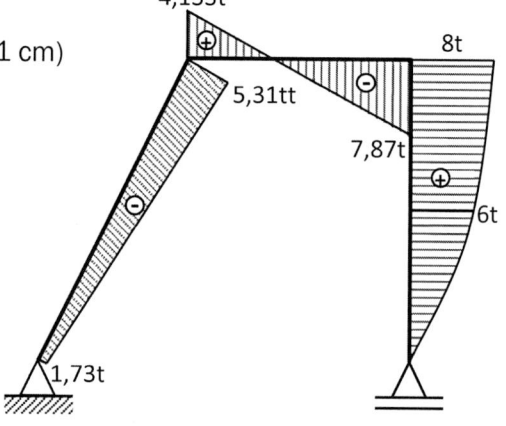

Tramo	x[m]	Q[t]
1-2	0	−1,73
	$\sqrt{20}$	−5,31
2-3	0	4,133
	3	−7,87
3-4	0	8
	2	6
	4	0

c) Momento (1 m = 1 cm / 10 tm = 1 cm)

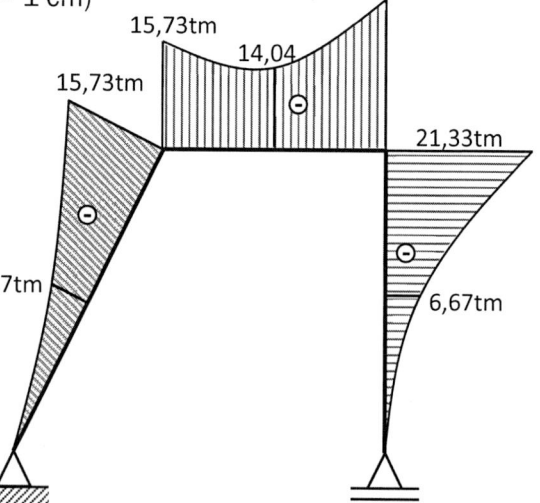

Tramo	x[m]	M[tm]
1-2	0	0
	$0,5\sqrt{20}$	−5,87
	$\sqrt{20}$	−15,73
2-3	0	−15,73
	1,5	−14,04
	3	−21,333
3-4	0	−21,333
	2	−6,67
	4	0

EJERCICIO 63

Calcule las reacciones y diagrame los esfuerzos internos (método numérico).

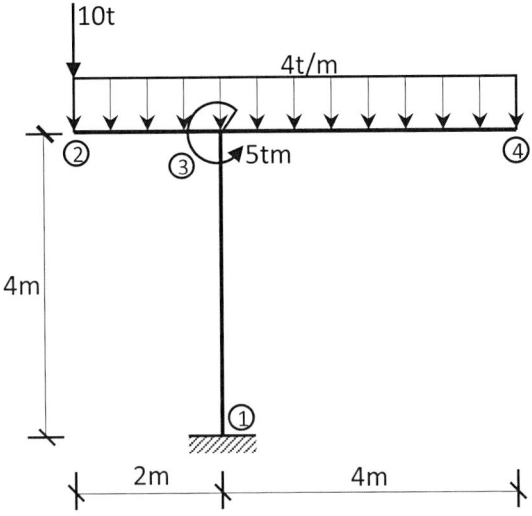

Figura 4.17 Pórtico 6.

1.- Cálculo de reacciones

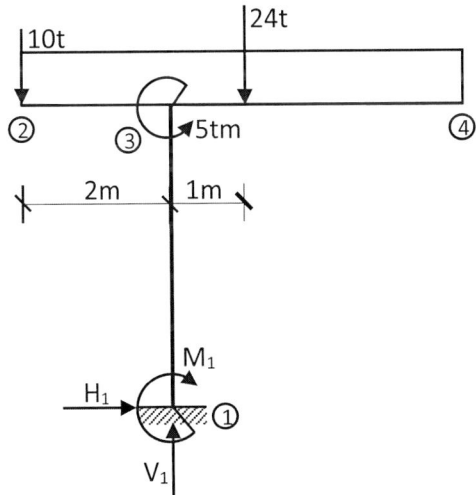

$\Sigma F_H = 0 \to \oplus$

$H_1 = 0$

$\Sigma F_V = 0 \uparrow \oplus$

$V_1 - 10 - 24 = 0$

$V_1 = 34 \text{ t}$

$\Sigma M_1 = 0 \circlearrowleft \oplus$

$M_1 - 10 \cdot 2 - 5 + 24 \cdot 1 = 0$

$M_1 = 1 \text{ tm}$

2.- Cálculo de esfuerzos Internos

a) Normal

$N_{1-3} = -34\ t$

$N_{3-1} = -34\ t$

$N_{2-3} = 0$

$N_{3-2} = 0$

$N_{3-4} = 0$

$N_{4-3} = 0$

b) Cortante

$Q_{1-3} = 0$

$Q_{3-1} = 0$

$Q_{2-3} = -10\ t$

$Q_{3-2} = -10 - 4 \cdot 2 = -18\ t$

$Q_{3-4} = 4 \cdot 4 = 16\ t$

$Q_{4-3} = 0$

c) Momento

$M_{1-3} = 1\ tm$

$M_{3-1} = 1\ tm$

$M_{2-3} = 0$

$M_{3-2} = -10 \cdot 2 - 4 \cdot 2 \cdot 1 = -28\ tm$

$M_{3-4} = -4 \cdot 4 \cdot 2 = -32\ tm$

$M_{4-3} = 0$

3.- Diagramas de esfuerzos Internos

a) Normal (1 m = 1 cm / 34 t = 1 cm)

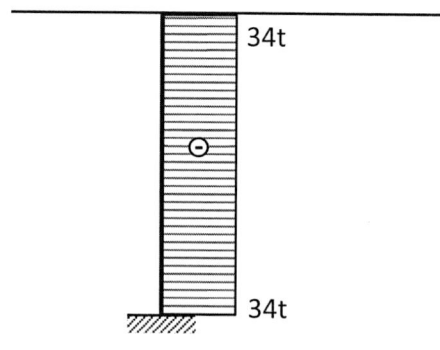

b) Cortante (1 m = 1 cm / 10 t = 1 cm)

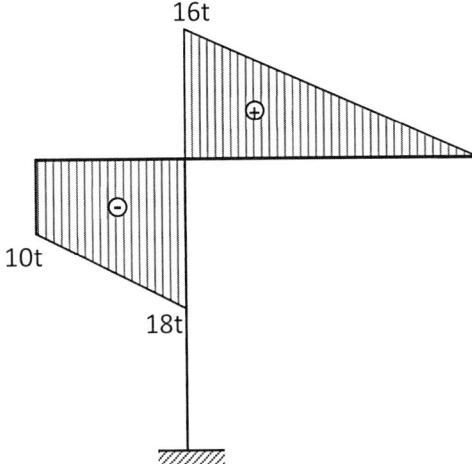

c) Momento (1 m = 1 cm / 10 tm = 1 cm)

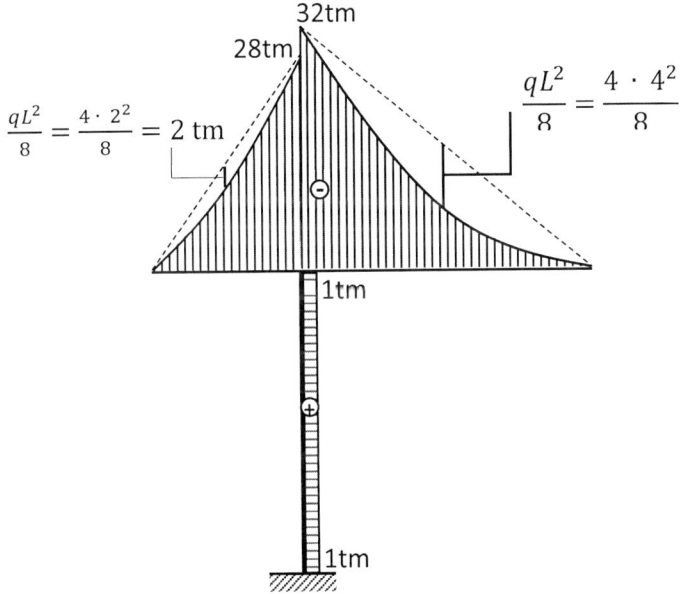

Las fórmulas utilizadas en los diagramas anteriores han sido extraídas de la tabla 2 y representan el valor de Q y M a L/2 del tramo correspondiente.

EJERCICIO 64

Calcule las reacciones y diagrame los esfuerzos internos (método numérico).

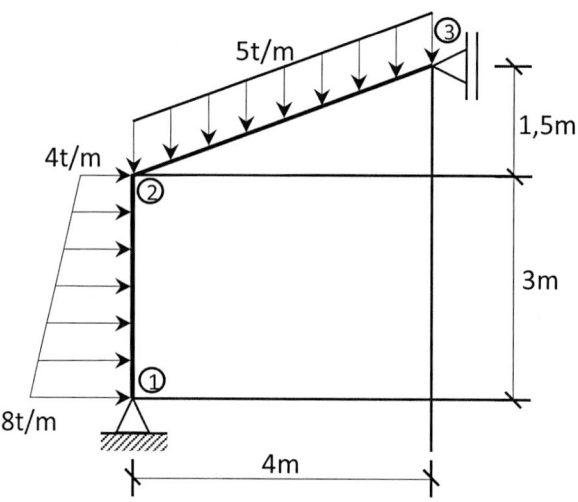

Figura 4.18 Pórtico 7.

1.- Cálculo de reacciones

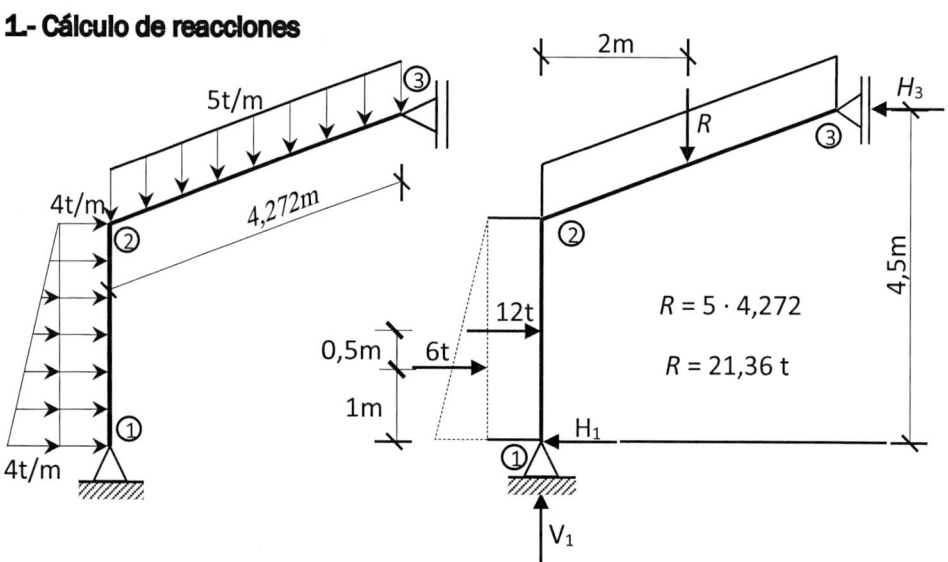

$R = 5 \cdot 4,272$

$R = 21,36 \text{ t}$

$\Sigma F_V = 0 \uparrow \oplus$

$V_1 - 21,36 = 0$

$V_1 = 21,36 \text{ t}$

$\Sigma M_1 = 0 \circlearrowleft \oplus$

$6 \cdot 1 + 12 \cdot 1,5 + 21,36 \cdot 2 - H_3 \cdot 4,5 = 0$

$H_3 = 14,827 \text{ t}$

$\Sigma F_H = 0 \rightarrow \oplus$

$-H_1 + 6 + 12 - 14{,}827 = 0$

$H_1 = 3{,}173t$

3.- Cálculo de esfuerzos internos

a) Normal

$N_{1-2} = -21{,}36\ t$

$N_{2-1} = -21{,}36\ t$

Para analizar los esfuerzos en la barra 2-3, deben descomponerse las fuerzas:

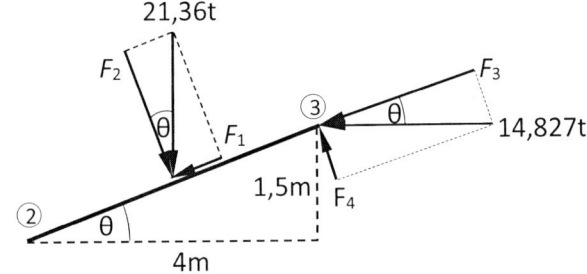

$\theta = \mathrm{arctag}\left(\dfrac{1{,}5}{4}\right) = 20{,}56°$

$F_1 = 21{,}36 \cdot \mathrm{sen}\theta = 7{,}5\ t$

$F_2 = 21{,}36 \cdot \cos\theta = 20\ t$

$F_3 = 14{,}827 \cdot \cos\theta = 13{,}88\ t$

$F_4 = 14{,}827 \cdot \mathrm{sen}\theta = 5{,}21\ t$

$N_{2-3} = -F_1 - F_3 = -7{,}5 - 13{,}88 = -21{,}38\ t$

$N_{3-2} = -F_3 = -13{,}88\ t$

Importante

F_2 se debe transformar a *q'* para, luego, graficar el momento flector en el paso 3:

$$q' = \frac{F_2}{L} = \frac{20}{\sqrt{4^2 + 1,5^2}}$$

$$q' = 4,682 \, {}^t/_m$$

b) Cortante

$$Q_{1-2} = 3,173 \text{ t}$$
$$Q_{2-1} = 3,173 - 6 - 12 = -14,827 \text{ t}$$
$$Q_{2-3} = F_2 - F_4 = 20 - 5,21 = 14,79 \text{ t}$$
$$Q_{3-2} = -F_4 = -5,21 \text{ t}$$

c) Momento

$$M_{1-2} = 0$$
$$M_{2-1} = 3,173 \cdot 3 - 6 \cdot 2 - 12 \cdot 1,5 = -20,481 \text{ tm}$$
$$M_{2-3} = 14,827 \cdot 1,5 - 21,36 \cdot 2 = -20,48 \text{ tm}$$
$$M_{3-2} = 0$$

3.- Diagramas de esfuerzos internos

a) Normal (1 m = 1 cm / 10 t = 1 cm)

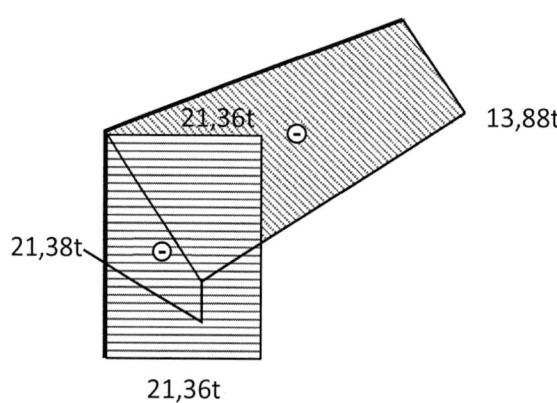

b) Cortante (1 m =1 cm / 10 t = 1 cm)

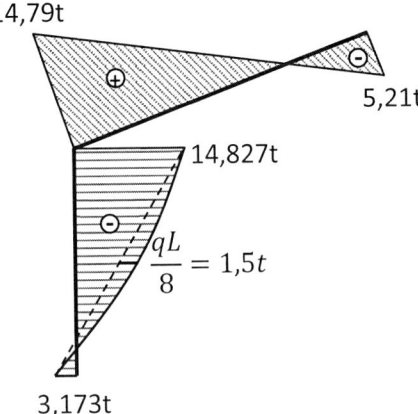

q = carga triangular

c) Momento (1 m = 1 cm / 10 tm = 1 cm)

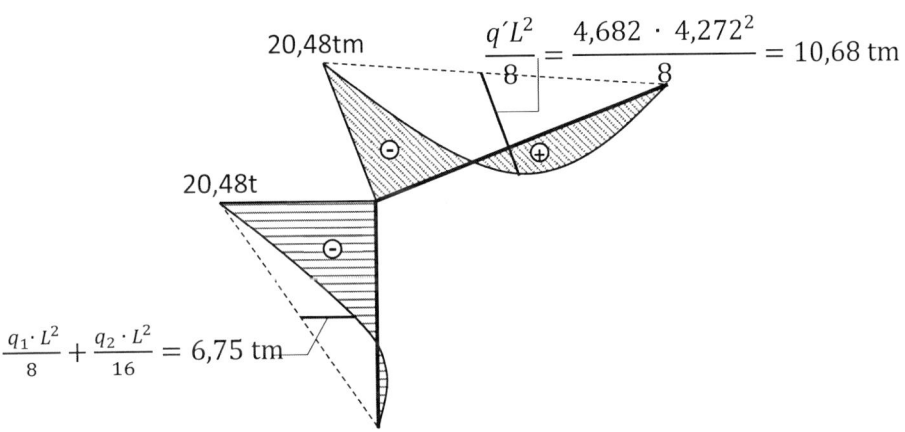

$q´$ = carga transversal

L = longitud de la barra o de la carga

q_1 = carga rectangular

q_2 = carga triangular

Las fórmulas utilizadas en los diagramas anteriores han sido extraídas de la tabla 2 y representan el valor de Q y M a L/2 del tramo correspondiente.

EJERCICIO 65

Calcule las reacciones y diagrame los esfuerzos internos (método numérico).

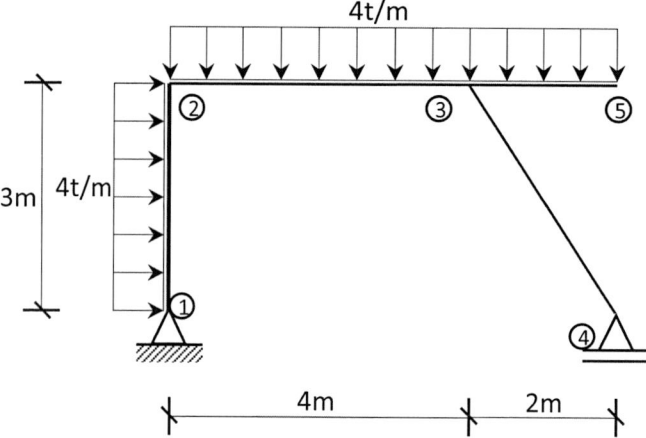

Figura 4.19 Pórtico 8.

1.- Cálculo de reacciones

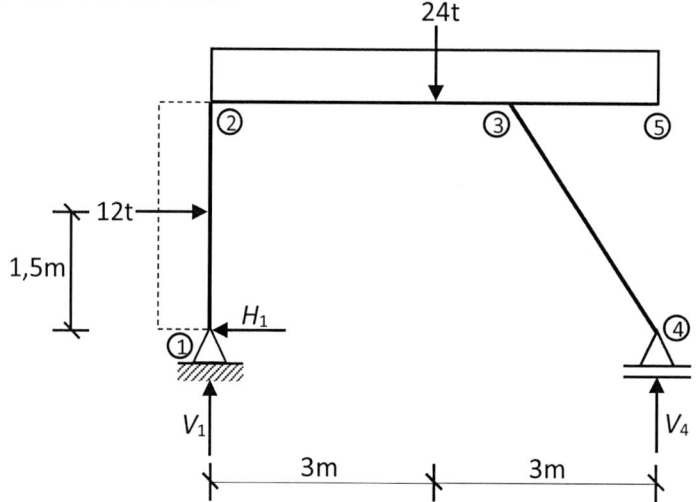

$\Sigma F_H = 0 \rightarrow \oplus$	$\Sigma M_1 = 0 \circlearrowleft \oplus$	$\Sigma F_V = 0 \uparrow \oplus$
$12 - H_1 = 0$	$12 \cdot 1{,}5 + 24 \cdot 3 - V_4 \cdot 6 = 0$	$V_1 - 24 + 15 = 0$
$H_1 = 12$ t	$V_4 = 15$ t	$V_1 = 9$ t

2.- Cálculo de esfuerzos internos

a) Normales

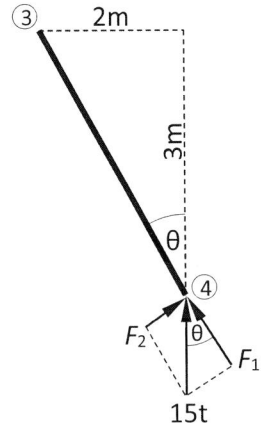

$$N_{1-2} = -9\text{ t}$$

$$N_{2-1} = -9\text{ t}$$

$$N_{2-3} = 12 - 12 = 0$$

$$N_{3-2} = 0$$

$$N_{3-5} = 0$$

$$N_{5-3} = 0$$

$$\theta = \text{arctag}\left(\frac{2}{3}\right) = 33,69°$$

$$F_1 = 15 \cdot \cos(33,69) = 12,48\text{ t}$$
$$F_2 = 15 \cdot \text{sen}(33,69) = 8,32\text{ t}$$

$$N_{3-4} = -F_1 = -12,48\text{ t}$$

$$N_{4-3} = -F_1 = -12,48\text{ t}$$

b) Cortante

$$Q_{1-2} = 12\text{ t}$$

$$Q_{2-1} = 12 - 12\text{ t} = 0\text{ t}$$

$$Q_{2-3} = 9\text{ t}$$

$$Q_{3-2} = 9 - 4 \cdot 4 = -7\text{ t}$$

$$Q_{3-5} = 4 \cdot 2 = 8\text{ t}$$

$$Q_{5-3} = 0\text{ t}$$

$$Q_{3-4} = -F_2 = -8,32\text{ t}$$

$$Q_{4-3} = -F_2 = -8,32\text{ t}$$

c) Momento

$M_{1-2} = 0$ tm

$M_{2-1} = 12 \cdot 3 - 12 \cdot 1,5 = 18$ tm

$M_{2-3} = M_{2-1} = 18$ tm

$M_{3-2} = 9 \cdot 4 + 12 \cdot 3 - 12 \cdot 1,5 - 4 \cdot 2 \cdot 2 = 22$ tm

$M_{3-5} = -4 \cdot 2 \cdot 1 = -8$ t

$M_{5-3} = 0$ tm

$M_{3-4} = 15 \cdot 2 = 30$ tm

$M_{4-3} = 0$ tm

3.- Diagramas de esfuerzos internos

a) Normal (1 m = 1 cm / 9 t = 1 cm)

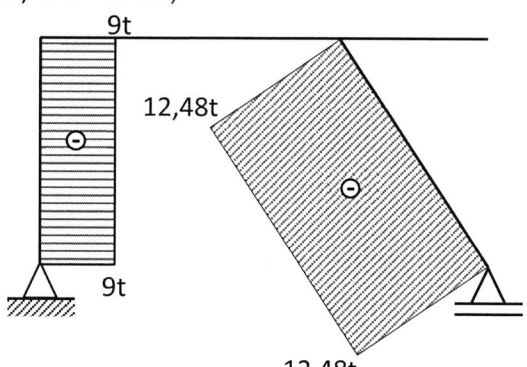

b) Cortante (1 m = 1 cm / 8 t = 1 cm)

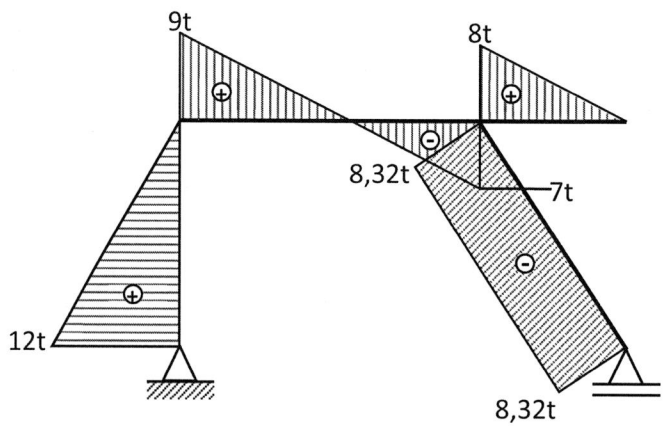

c) Momento (1 m = 1 cm / 15 tm = 1 cm)

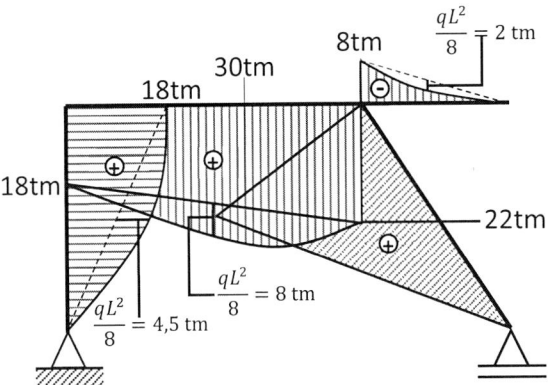

Las fórmulas utilizadas en los diagramas anteriores han sido extraídas de la tabla 2 y representan el valor de Q y M a L/2 del tramo correspondiente.

EJERCICIO 66

Calcule las reacciones y diagrame los esfuerzos internos (método numérico).

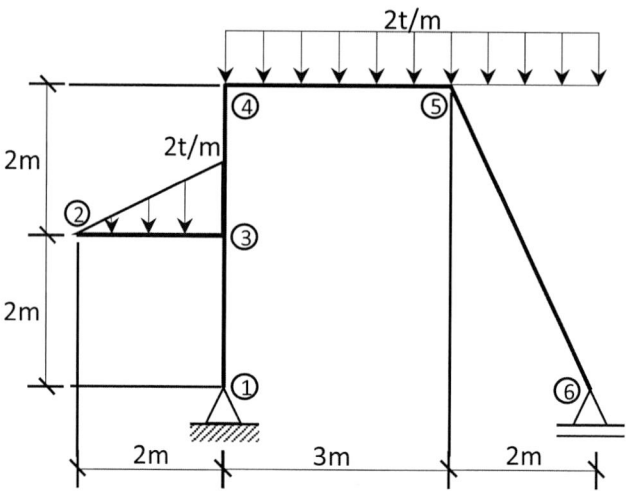

Figura 4.20 Pórtico 9.

1.- Cálculo de reacciones

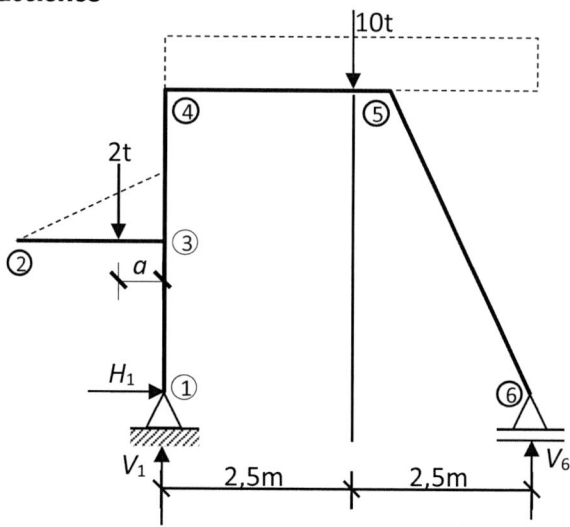

$\Sigma F_H = 0 \to \oplus$

$H_1 = 0$

$\Sigma M_1 = 0 \circlearrowleft \oplus$

$-2 \cdot 0,667 + 10 \cdot 2,5 - V_6 \cdot 5 = 0$

$V_6 = 4,733 \text{ t}$

$\Sigma F_V = 0 \uparrow \oplus$

$V_1 - 2 - 10 + 4,733 = 0$

$V_1 = 7,267 \text{ t}$

2.- Cálculo de esfuerzos internos

a) Normal

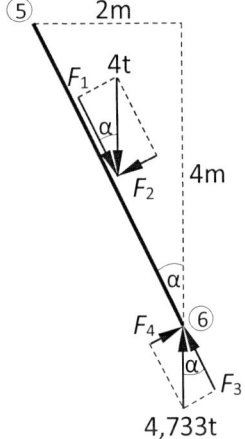

$$N_{1-3} = -7{,}267 \text{ t}$$

$$N_{3-1} = -7{,}267 \text{ t}$$

$$N_{2-3} = 0$$

$$N_{3-2} = 0$$

$$N_{3-4} = -7{,}267 + 2 = -5{,}267 \text{ t}$$

$$N_{4-3} = -7{,}267 + 2 = -5{,}267 \text{ t}$$

$$N_{4-5} = 0$$

$$N_{5-4} = 0$$

$$\alpha = \text{arctag}\left(\frac{2}{4}\right) = 26{,}56°$$

$$F_1 = 4\cos\alpha = 3{,}58 \text{ t}$$

$$F_2 = 4\sin\alpha = 1{,}79 \text{ t}$$

$$F_3 = 4{,}733\cos\alpha = 4{,}23 \text{ t}$$

$$F_4 = 4{,}733\sin\alpha = 2{,}12 \text{ t}$$

$$N_{5-6} = F_1 - F_3$$

$$N_{5-6} = 3{,}58 - 4{,}23 = -0{,}65 \text{ t}$$

$$N_{6-5} = -F_3$$

$$N_{6-5} = -4{,}23 \text{ t}$$

b) Cortante

$$Q_{1-3} = 0$$

$$Q_{3-1} = 0$$

$$Q_{2-3} = 0$$

$$Q_{3-2} = -\frac{2 \cdot 2}{2} = -2 \text{ t}$$

$$Q_{3-4} = 0$$

$$Q_{4-3} = 0$$

$$Q_{4-5} = 7,267 - 2 = 5,267 \text{ t}$$

$$Q_{5-4} = 7,267 - 2 - 6 = -0,733 \text{ t}$$

$$Q_{5-6} = F_2 - F_4 = 1,79 - 2,12 = -0,33 \text{ t}$$

$$Q_{6-5} = -F_4 = -2,12 \text{ t}$$

c) Momentos

$$M_{1-3} = 0$$

$$M_{3-1} = 0$$

$$M_{2-3} = 0$$

$$M_{3-2} = \frac{-2 \cdot 2}{2} \cdot \frac{2}{3} = -1,333 \text{ tm}$$

$$M_{3-4} = \frac{-2 \cdot 2}{2} \cdot \frac{2}{3} = -1,333 \text{ tm}$$

$$M_{4-3} = \frac{-2 \cdot 2}{2} \cdot \frac{2}{3} = -1,333 \text{ tm}$$

$$M_{4-5} = M_{4-3} = -1,333 \text{ tm}$$

$$M_{5-4} = 4,733 \cdot 2 - 2 \cdot 2 \cdot 1 = 5,466 \text{ tm}$$

$$M_{5-6} = M_{5-4} = 5,466 \text{ tm}$$

$$M_{6-5} = 0$$

3.- Diagramas de esfuerzos internos

a) Normal (1 m = 1 cm / 5 t = 1 cm)

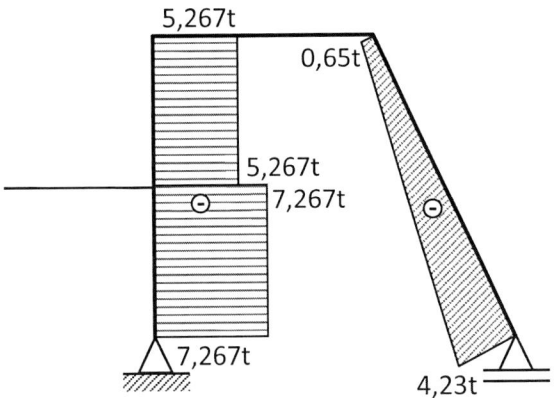

b) Cortante (1 m = 1 cm / 2 t = 1 cm)

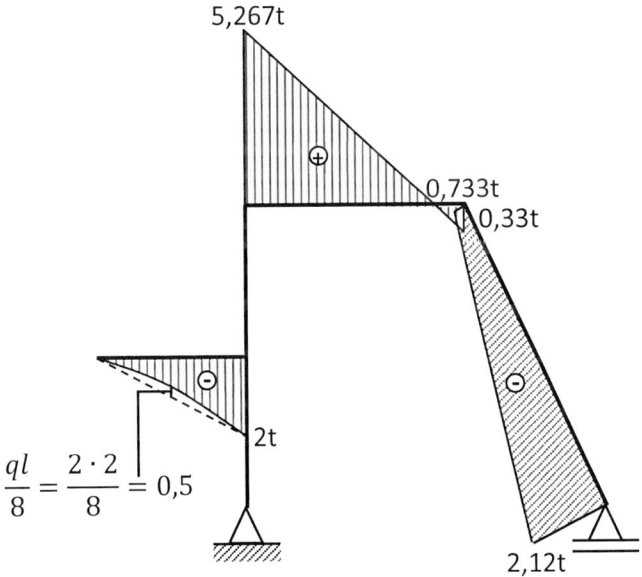

c) Momento (1 m = 1 cm / 3 tm = 1 cm)

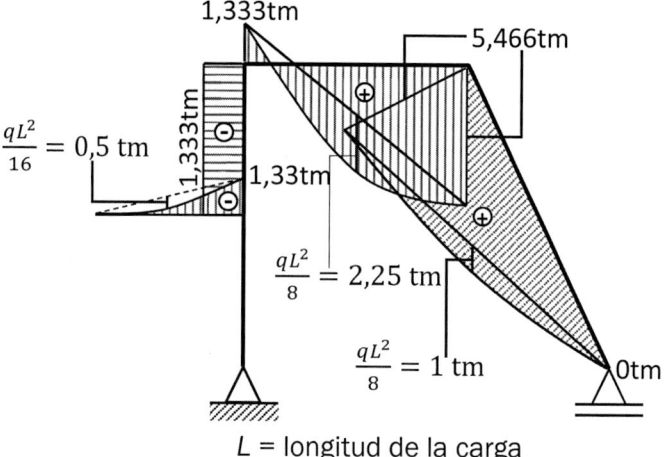

L = longitud de la carga

Las fórmulas utilizadas en los diagramas anteriores han sido extraídas de la tabla 2 y representan el valor de Q y M a L/2 del tramo correspondiente.

4.11. PÓRTICOS COMPUESTOS

Antes de analizar los esfuerzos internos en este tipo de pórticos, es importante verificar su estabilidad isostática, la misma que debe entenderse como las restricciones necesarias que ha de tener nuestro pórtico para mantenerse en equilibrio estático.

Para verificar la estabilidad de un pórtico compuesto o articulado, se deben efectuar los siguientes pasos:

Paso 1: desensamblar el pórtico a partir de sus articulaciones

Paso 2: transformar sus articulaciones en apoyos fijos, considerando lo siguiente:

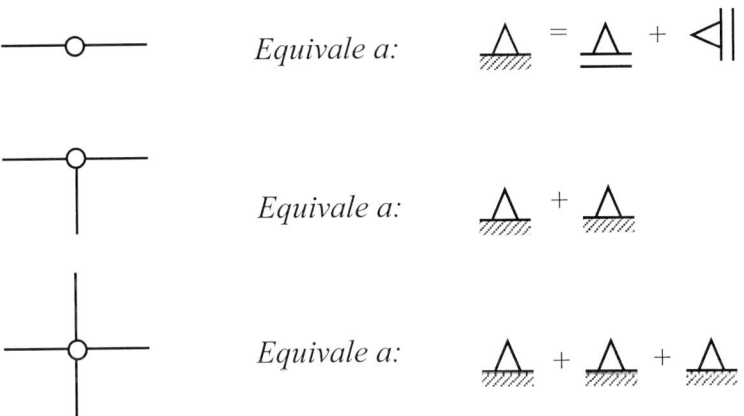

Figura 4.21 Equivalencia de articulación en apoyos internos.

En resumen:

$$N^{\underline{o}}\ de\ apoyos\ fijos = N^{\underline{o}}\ de\ barras\ articuladas - 1$$

Paso 3: verificar la estabilidad isostática en cada una de las partes desensambladas, considerando que una estructura en el plano, para ser estable, necesita como mínimo las siguientes restricciones:

- Una reacción horizontal, una vertical y un momento

- Dos reacciones verticales no colineales más una reacción horizontal

- Dos reacciones horizontales no colineales más una reacción vertical

Veamos el siguiente ejemplo:

Verifique la estabilidad del pórtico de la figura 4.22.

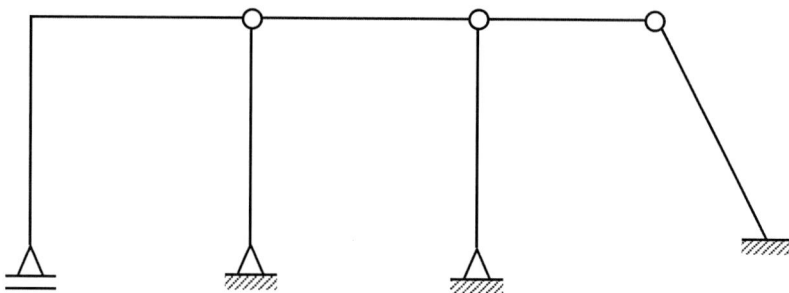

Figura 4.22 Pórtico de tres luces.

Desensamblamos la estructura, sustituyendo sus articulaciones por apoyos fijos donde se requieran y verificamos la estabilidad de cada una de sus partes.

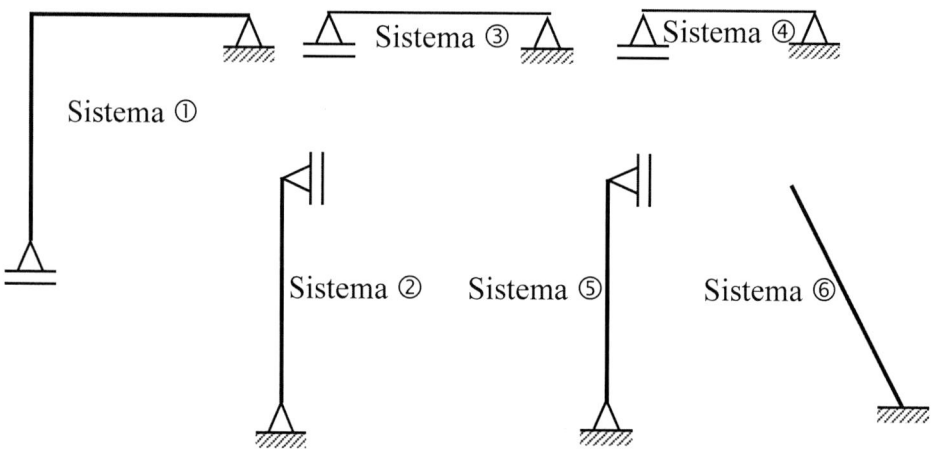

Figura 4.23 Desensamblado de pórtico.

En la figura 4.23, se puede observar que todos los sistemas poseen las reacciones necesarias para estar en equilibrio estático.

EJERCICIOS

EJERCICIO 67

Calcule las reacciones y diagrame los esfuerzos internos (método analítico).

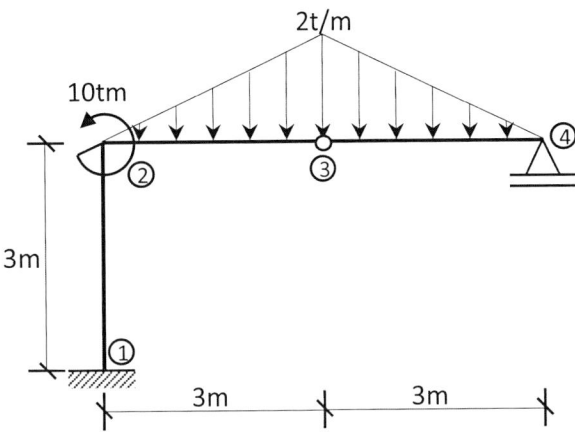

Figura 4.24 Pórtico 10.

1.- Cálculo de reacciones

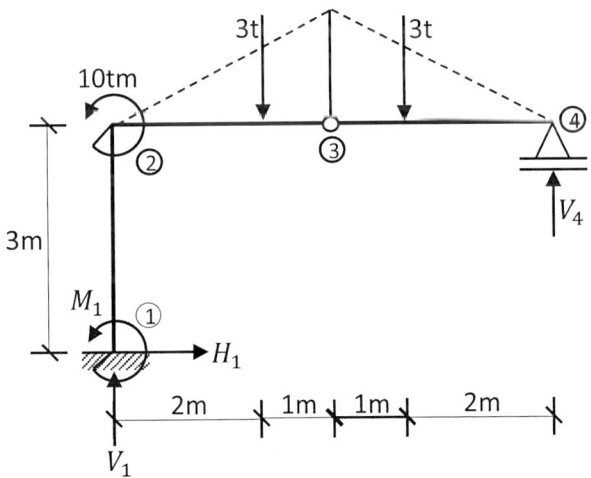

$\Sigma F_H = 0 \rightarrow \oplus$

$H_1 = 0$

$\Sigma M_3 = 0 \; \circlearrowleft \oplus \; (\text{der})$

$3 \cdot 1 - V_4 \cdot 3 = 0$

$V_4 = 1 \text{ t}$

$\Sigma F_V = 0 \; \uparrow \oplus$

$V_1 - 3 - 3 + 1 = 0$

$V_1 = 5 \text{ t}$

$\Sigma M_1 = 0 \circlearrowright \oplus$

$-M_1 - 10 + 3 \cdot 2 + 3 \cdot 4 - 1 \cdot 6 = 0$

$M_1 = 2$ tm

2.- Cálculo de esfuerzos internos

a) Tramo 1-2 $(0 \leq x \leq 3)$

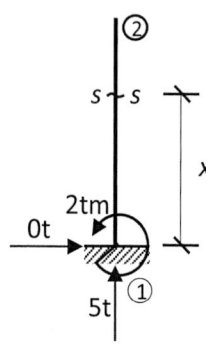

$N = -5$ t

$Q = 0$

$M = -2$ tm

b) Tramo 2-3 $(0 \leq x \leq 3)$

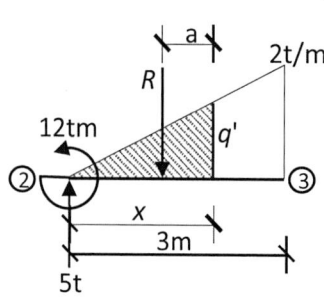

$\dfrac{q'}{x} = \dfrac{2}{3}$

$q' = 0{,}667x$

$R = \dfrac{q' \cdot x}{2} = \dfrac{0{,}667x^2}{2} = 0{,}333x^2$

$a = \dfrac{x}{3} = 0{,}333x$

$N = 0$

$Q = 5 - R = 5 - 0{,}333x^2$

$M = -12 + 5x - Ra$

$M = -12 + 5x - 0{,}333x^2 \cdot 0{,}333x$

$M = -12 + 5x - 0{,}111x^3$

c) Tramo 3-4 $(0 \le x \le 3)$

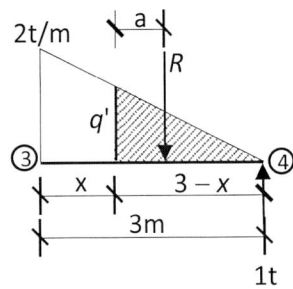

$$\frac{q'}{3-x} = \frac{2}{3} => q' = \frac{2}{3}(3-x)$$

$$R = \frac{q'(3-x)}{2} = \frac{1}{3}(3-x)^2$$

$$a = \frac{3-x}{3}$$

$$N = 0$$

$$Q = -1 + R = -1 + \frac{1}{3}(3-x)^2$$

$$Q = -1 + \frac{1}{3}(9 - 6x + x^2)$$

$$Q = 0{,}333x^2 - 2x + 2$$

$$M = 1(3-x) - R \cdot a$$

$$M = 3 - x - \frac{1}{3}(3-x)^2 \frac{(3-x)}{3}$$

$$M = 3 - x - \frac{1}{9}(3-x)^3$$

3.- Diagramas de esfuerzos internos

a) Normal (1 m = 1 cm / 5 t = 1 cm)

Es constante en cada tramo:

Tramo	N[t]
1-2	−5
2-3	0
3-4	0

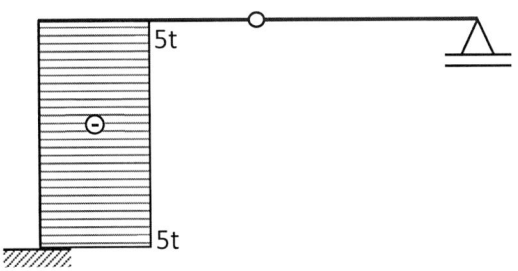

b) Cortante (1 m = 1 cm / 4 t – 1 cm)

Tramo	x [m]	Q[t]
1-2	0	0
	3	0
2-3	0	5
	1.5	4,25
	3	2
3-4	0	2
	1,5	−0,25
	3	−1

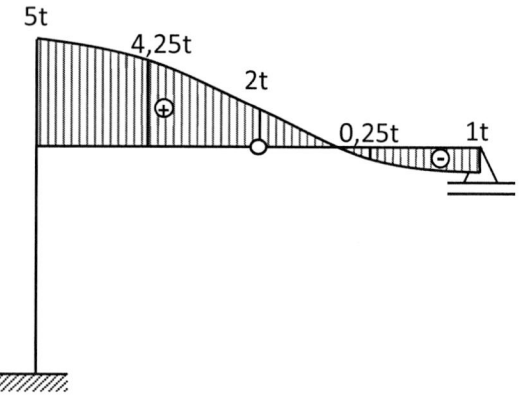

c) Momento (1 m = 1 cm / 4 tm = 1 cm)

Tramo	x[m]	M[tm]
1-2	0	−2
	3	−2
2-3	0	−12
	1,5	−4,87
	3	0
3-4	0	0
	1,5	1,125
	3	0

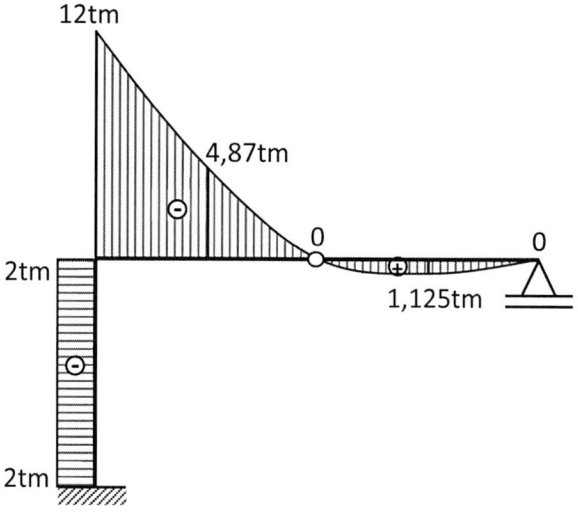

EJERCICIO 68

Calcule las reacciones y diagrame los esfuerzos internos (método analítico).

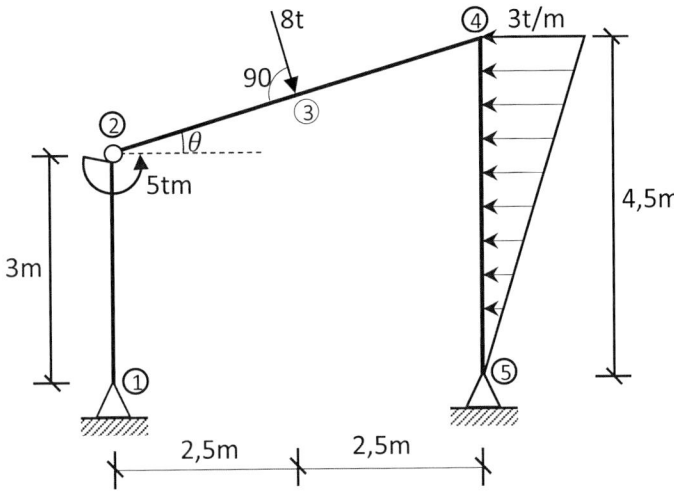

Figura 4.25 Pórtico 11.

1.- Cálculo de reacciones

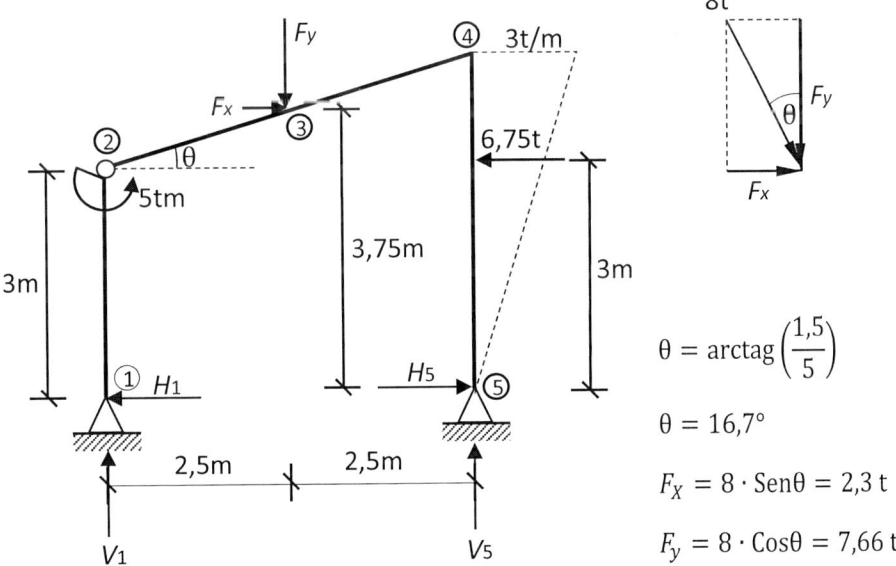

$$\theta = \text{arctag}\left(\frac{1,5}{5}\right)$$

$$\theta = 16,7°$$

$$F_X = 8 \cdot \text{Sen}\theta = 2,3 \text{ t}$$

$$F_y = 8 \cdot \text{Cos}\theta = 7,66 \text{ t}$$

$\Sigma M_1 = 0 \circlearrowleft \oplus$

$-5 + 2,3 \cdot 3,75 + 7,66 \cdot 2,5 - 6,75 \cdot 3 - V_5 \cdot 5 = 0$

$V_5 = 0,505$ t

$\Sigma M_2 = 0 \circlearrowleft \oplus (abajo)$	$\Sigma F_H = 0 \to \oplus$	$\Sigma F_V = 0 \uparrow \oplus$
$H_1 \cdot 3 - 5 = 0$	$H_5 - 1,667 + 2,3 - 6,75 = 0$	$V_1 - 7,66 + 0,505 = 0$
$H_1 = 1,667$ t	$H_5 = 6,117$ t	$V_1 = 7,155$ t

2.- Cálculo de esfuerzos internos

a) Tramo 1-2 ($0 \le x \le 3$)

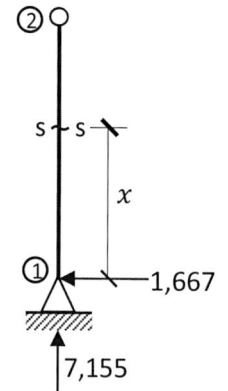

$N = -7,155$ t

$Q = 1,667$ t

$M = 1,667 \cdot x$

b) Tramo 2-3 ($0 \le x \le 2,61$)

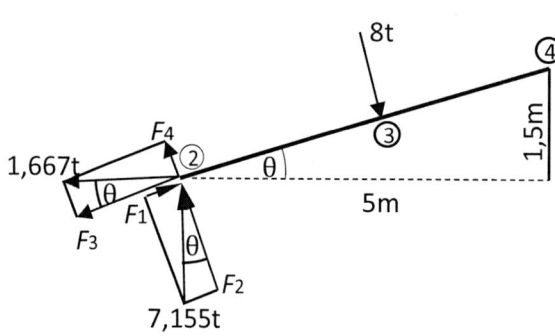

$\theta = \text{arctag}\left(\frac{1,5}{5}\right) = 16,7°$

$F_1 = 7,155 \cdot \text{Sen}\theta = 2,06$ t

$F_2 = 7,155 \cdot \text{Cos}\theta = 6,85$ t

$F_3 = 1,667 \cdot \text{Cos}\theta = 1,60t$

$F_4 = 1,667 \cdot \text{Sen}\theta = 0,48$ t

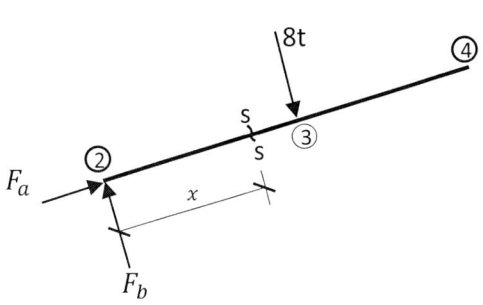

$$L = \sqrt{5^2 + 1{,}5^2} = 5{,}22 \text{ m}$$

$$F_a = F_1 - F_3$$

$$F_a = 2{,}06 - 1{,}60 = 0{,}46 \text{ t}$$

$$F_b = F_2 + F_4$$

$$F_b = 6{,}85 + 0{,}48 = 7{,}33 \text{ t}$$

$$N = -Fa = -0{,}46 \text{ t}$$

$$Q = Fb = 7{,}33 \text{ t}$$

$$M = Fb \cdot x = 7{,}333 \text{ x}$$

c) Tramo 3-4 ($2{,}61 \leq x \leq 5{,}22$)

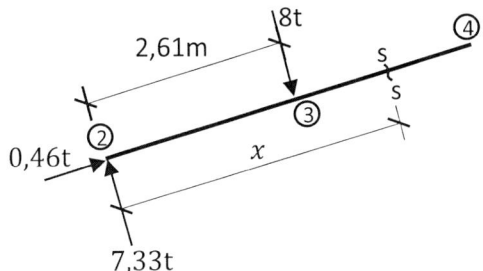

$$N = -0{,}46 \text{ t}$$

$$Q = 7{,}33 - 8 = -0{,}67 \text{ t}$$

$$M = 7{,}33 \cdot x - 8(x - 2{,}61)$$

$$M = -0{,}67x + 20{,}88$$

d) Tramo 4-5 ($0 \leq x \leq 4{,}5$)

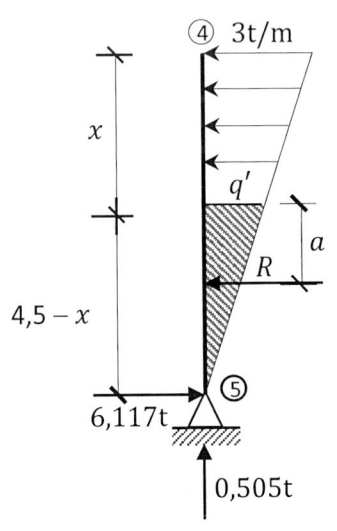

$$\frac{q'}{4{,}5 - x} = \frac{3}{4{,}5}$$

$$q' = 0{,}667(4{,}5 - x)$$

$$R = \frac{q'(4{,}5 - x)}{2} = 0{,}667(4{,}5 - x)\frac{(4{,}5 - x)}{2}$$

$$R = 0{,}333(4{,}5 - x)^2$$

$$a = \frac{(4{,}5 - x)}{3}$$

$N = -0,505t$

$Q = -6,117 + R$

$Q = -6,117 + 0,333(4,5 - x)^2$

$Q = -6,117 + 0,333(20,25 - 9x + x^2)$

$Q = 0,333x^2 - 3x + 0,633$

$M = 6,117(4,5 - x) - R \cdot a$

$M = 27,53 - 6,117x - 0,333(4,5 - x)^2 \cdot \dfrac{(4,5 - x)}{3}$

$M = 27,53 - 6,117x - 0,111(4,5 - x)^3$

$M = 27,53 - 6,117x - 0,111(91,125 - 60,75x + 13,5x^2 - x^3)$

$M = 0,111x^3 - 1,499x^2 + 0,626x + 17,415$

3.- Diagramas de esfuerzos internos

a) Normal (1 m = 1 cm / 4 t = 1 cm)

Es constante en cada tramo.

Tramo	N[t]
1-2	−7,155
2-3	−0,46
3-4	−0,46
4-5	−0,505

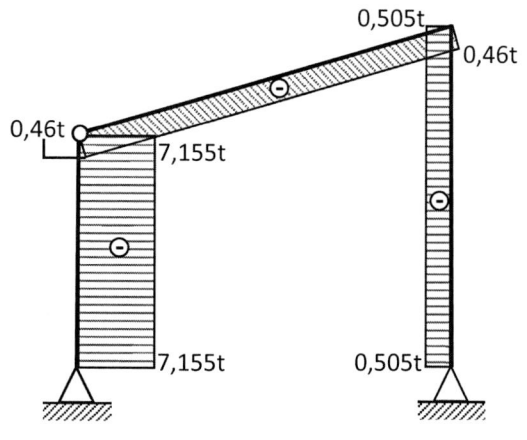

b) Cortante (1 m = 1 cm / 4 t = 1 cm)

Tramo	x[m]	Q[t]
1-2	–	1,667
2-3	–	7,33
3-4	–	−0,67
	0	0,633
	2,25	−4,43
4-5	4,5	−6,124

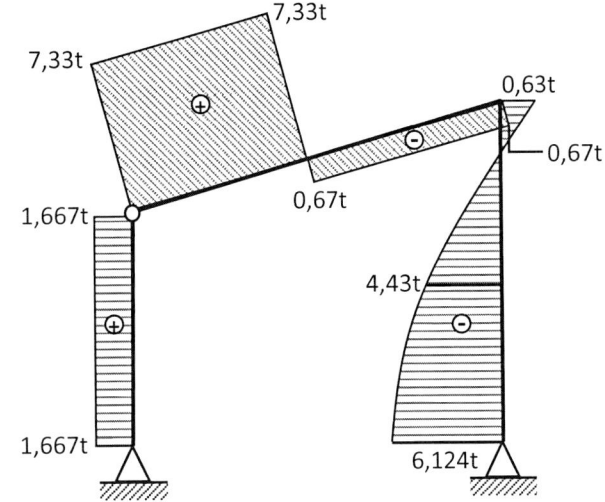

c) Momento (1 m = 1 cm / 10 tm = 1 cm)

Tramo	x[m]	M[tm]
1-2	0	0
	3	5
2-3	0	0
	2,61	19,13
3-4	2,61	19,13
	5,22	17,4
4-5	0	17,4
	2,25	12,5
	4,5	0

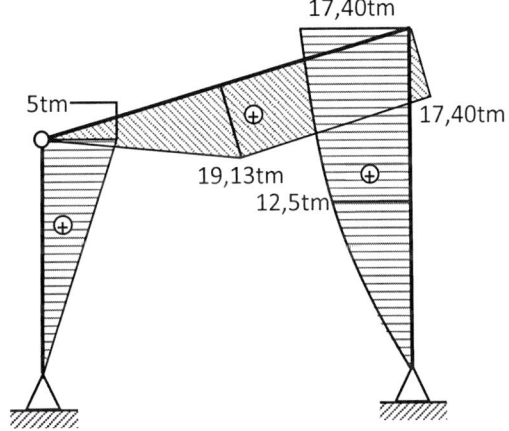

EJERCICIO 69

Calcule las reacciones y diagrame los esfuerzos internos (método analítico).

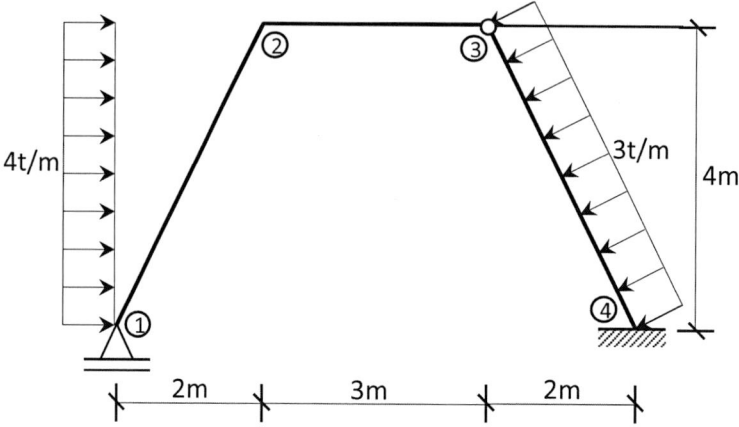

Figura 4.26 Pórtico 12.

1.- Cálculo de reacciones

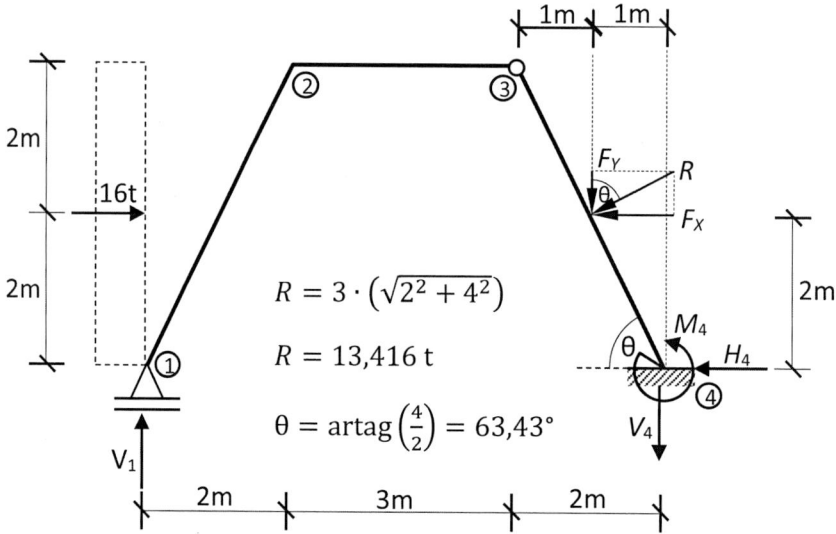

$$R = 3 \cdot \left(\sqrt{2^2 + 4^2}\right)$$

$$R = 13{,}416 \text{ t}$$

$$\theta = \operatorname{artag}\left(\frac{4}{2}\right) = 63{,}43°$$

$$F_x = R \cdot \operatorname{Sen}\theta \qquad\qquad F_y = R \cdot \operatorname{Cos}\theta$$

$$F_X = 13{,}416 \cdot \operatorname{Sen}(63{,}43°) = 12 \text{ t} \qquad F_y = 13{,}416 \cdot \operatorname{Cos}(63{,}43°) = 6 \text{ t}$$

$\Sigma F_H = 0 \to \oplus$ $\Sigma M_3 = 0 \; \circlearrowleft \; \oplus (\text{izq})$ $\Sigma F_V = 0 \uparrow \oplus$

$-H_4 + 16 - 12 = 0$ $V_1 \cdot 5 - 16 \cdot 2 = 0$ $6,4 - 6 - V_4 = 0$

$H_4 = 4 \text{ t}$ $V_1 = 6,4 \text{ t}$ $V_4 = 0,4 \text{ t}$

$\Sigma M_3 = 0 \; \circlearrowleft \; \oplus (\text{der})$

$12 \cdot 2 + 6 \cdot 1 + 4 \cdot 4 + 0,4 \cdot 2 - M_4 = 0$

$M_4 = 46,8 \text{tm}$

2.- Cálculo de esfuerzos internos

a) Tramo 1-2 ($0 \leq x \leq \sqrt{20}$)

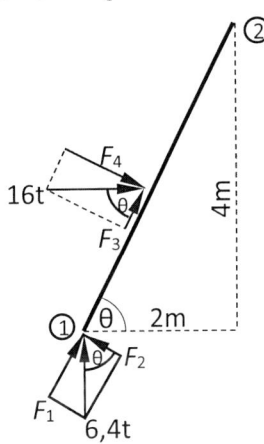

$\theta = \text{arctag} \left(\dfrac{4}{2} \right) = 63,43°$

$F_1 = 6,4 \cdot \text{Sen}\theta = 5,724 \text{ t}$

$F_2 = 6,4 \cdot \text{Cos}\theta = 2,86 \text{ t}$

$F_3 = 16 \cdot \text{Cos}\theta = 7,16 \text{ t}$

$F_4 = 16 \cdot \text{Sen}\theta = 14,31 \text{ t}$

Las fuerzas F_3 y F_4 deben transformarse a cargas distribuidas axial y transversal, respectivamente.

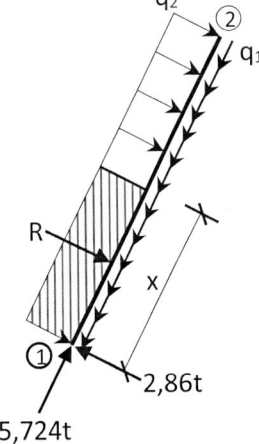

$q_1 = \dfrac{F_3}{\sqrt{20}} = \dfrac{7,16}{\sqrt{20}} = 1,6 \dfrac{t}{m}$

$q_2 = \dfrac{F_4}{\sqrt{20}} = \dfrac{14,31}{\sqrt{20}} = 3,2 \dfrac{t}{m}$

$N = -5,724 - q_1 \cdot x$

$N = -5,724 - 1,6 \cdot x$

$Q = 2,86 - q_2 \cdot x$

$$Q = 2,86 - 3,2 \cdot x$$

$$M = 2,86 \cdot x - q_2 \cdot x \cdot \frac{x}{2}$$

$$M = 2,86 \cdot x - 3,2 \cdot x \cdot \frac{x}{2}$$

$$M - 1,6 \cdot x^2 + 2,86 \cdot x$$

b) Tramo 2-3 ($0 \leq x \leq 3$)

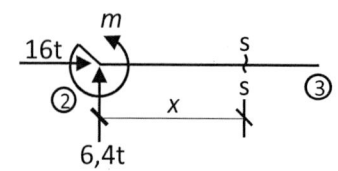

$$m = 16 \cdot 2 - 6,4 \cdot 2$$

$$m = 19,2 \text{ tm}$$

$$N = -16 \text{ t}$$

$$Q = 6,4 \text{ t}$$

$$M = 6,4 \cdot x - m$$

$$M = 6,4 \cdot x - 19,2$$

c) Tramo 3-4 ($0 \leq x \leq \sqrt{20}$)

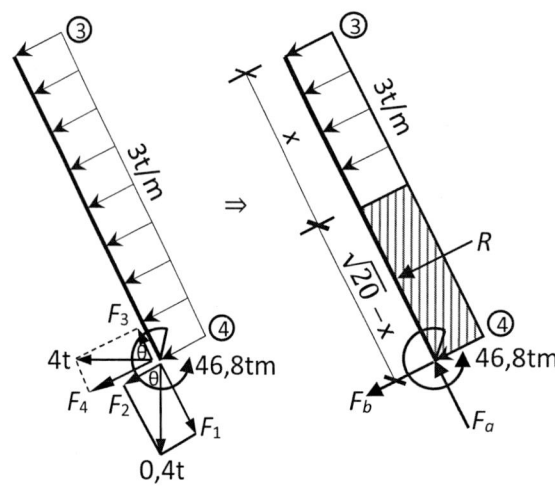

$$\theta = \text{arctag}\left(\frac{4}{2}\right) = 63,43°$$

$$F_1 = 0,4 \cdot \text{Sen}\theta = 0,36 \text{ t}$$

$$F_2 = 0,4 \cdot \text{Cos}\theta = 0,18 \text{ t}$$

$$F_3 = 4 \cdot \text{Cos}\theta = 1,79 \text{ t}$$

$$F_4 = 4 \cdot \text{Sen}\theta = 3,58 \text{ t}$$

$$F_a = F_3 - F_1$$

$$F_a = 1,79 - 0,36 = 1,43 \text{ t}$$

$$F_b = F_2 + F_4$$

$$F_b = 0,18 + 3,58 = 3,76 \text{ t}$$

$$N = -F_a$$

$$N = -1,43 \text{ t}$$

$$Q = F_b + 3 \cdot \left(\sqrt{20} - x\right)$$

$$Q = 3,76 + 13,42 - 3 \cdot x$$

$$Q = -3 \cdot x + 17,18$$

$$M = 46,8 - F_b\left(\sqrt{20} - x\right) - 3\left(\sqrt{20} - x\right) \cdot \frac{\left(\sqrt{20} - x\right)}{2}$$

$$M = 46,8 - 3,76\left(\sqrt{20} - x\right) - 1,5\left(\sqrt{20} - x\right)^2$$

$$M = 30 + 3,76 \cdot x - 30 + 13,41 \cdot x - 1,5 \cdot x^2$$

$$M = -1,5 \cdot x^2 + 17,17 \cdot x$$

3.- Diagramas de esfuerzos internos

a) Normal (1 m = 1 cm / 8 t = 1 cm)

Tramo	x[m]	N[t]
1-2	0	−5,724
	$\sqrt{20}$	−12,88
2-3	0	−16
	3	−16
3-4	0	−1,43
	$\sqrt{20}$	−1,43

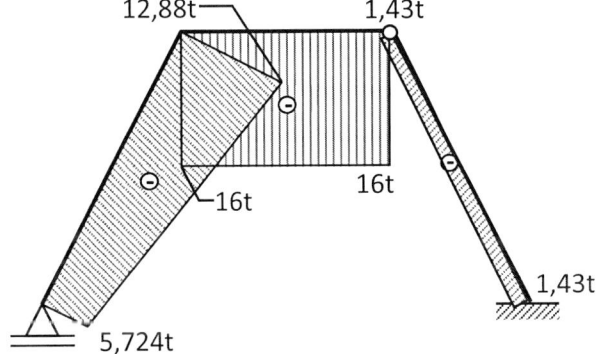

b) Cortante (1 m = 1 cm / 6 t = 1 cm)

Tramo	x[m]	Q[t]
1-2	0	2,86
	$\sqrt{20}$	−11,45
2-3	0	6,4
	3	6,4
3-4	0	17,18
	$\sqrt{20}$	3,76

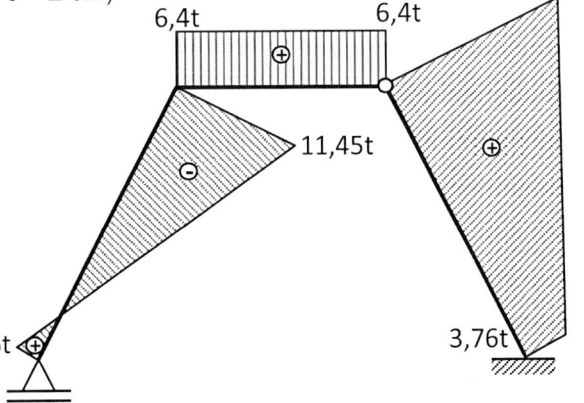

c) Momento (1 m = 1 cm / 20 t = 1 cm)

Tramo	x[m]	M[tm]
	0	0
1-2	$\sqrt{20}/2$	−1,605
	$\sqrt{20}$	−19,21
2-3	0	−19,21
	3	0
	0	0
3-4	$\sqrt{20}/2$	30,89
	$\sqrt{20}$	46,8

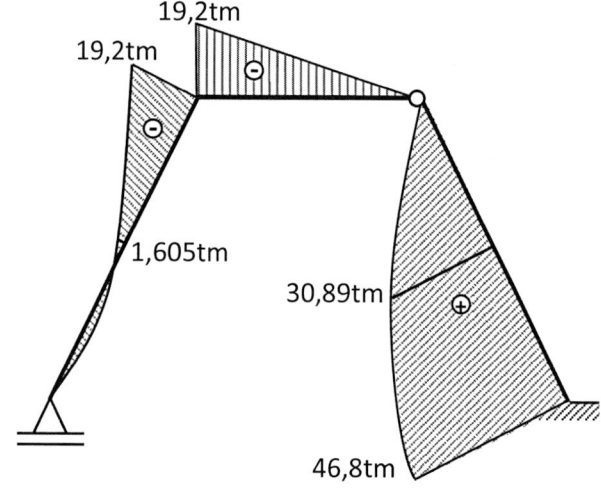

EJERCICIO 70

Calcule las reacciones y diagrame los esfuerzos internos (método analítico).

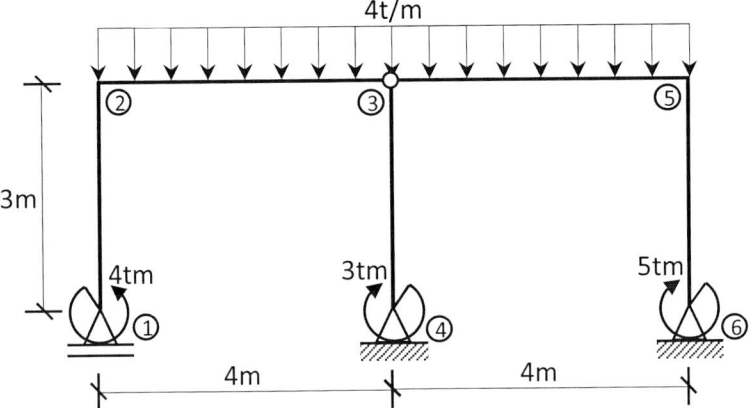

Figura 4.27 Pórtico 13.

1.- Cálculo de reacciones

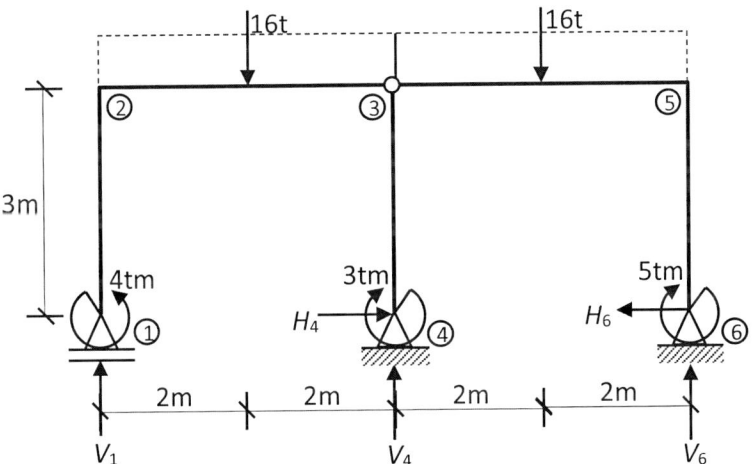

$\Sigma M_3 = 0 \circlearrowleft \oplus (izq)$

$V_1 \cdot 4 - 4 - 16 \cdot 2 = 0$

$V_1 = 9 \text{ t}$

$\Sigma M_3 = 0 \circlearrowleft \oplus (abajo)$

$3 - H_4 \cdot 3 = 0$

$H_4 = 1 \text{ t}$

$\Sigma F_H = 0 \rightarrow \oplus$

$1 - H_6 = 0$

$H_6 = 1 \text{ t}$

$\Sigma M_3 = 0 \circlearrowleft \oplus (\text{der})$

$16 \cdot 2 + 5 + 1 \cdot 3 - V_6 \cdot 4 = 0$

$V_6 = 10 \text{ t}$

$\Sigma F_V = 0 \uparrow \oplus$

$9 - 16 + V_4 - 16 + 10 = 0$

$V_4 = 13 \text{ t}$

2.- Cálculo de esfuerzos Internos

a) Tramo 1-2 ($0 \leq x \leq 3$)

$N = -9 \text{ t}$

$Q = 0$

$M = -4 \text{ tm}$

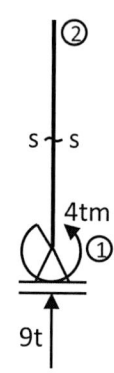

b) Tramo 2-3 ($0 \leq x \leq 4$)

$N = 0$

$Q = 9 - R$

$Q = 9 - 4 \cdot x$

$M = -4 + 9 \cdot x - R \cdot a$

$M = -4 + 9 \cdot x - 4 \cdot x \cdot 0{,}5 \cdot x$

$M = -4 + 9 \cdot x - 2 \cdot x^2$

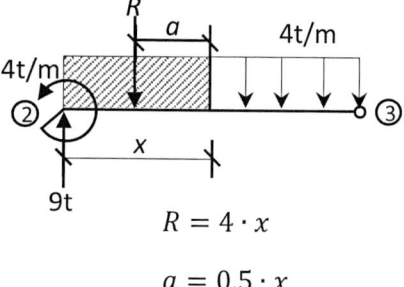

$R = 4 \cdot x$

$a = 0{,}5 \cdot x$

c) Tramo 3-4 ($0 \leq x \leq 3$)

$N = -13 \text{ t}$

$Q = -1$

$M = 3 - 1(3 - x)$

$M = x$

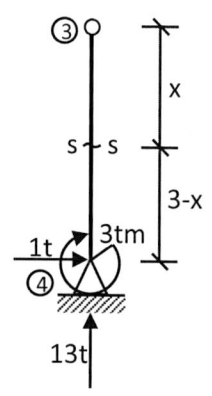

d) Tramo 3-5 ($0 \leq x \leq 4$)

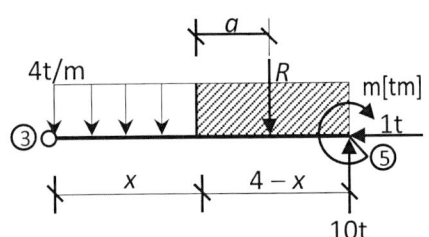

$$m = 5 + 1 \cdot 3 = 8 \text{ tm}$$

$$R = 4(4 - x)$$

$$a = \frac{(4 - x)}{2}$$

$$N = -1 \text{ t}$$

$$Q = -10 + R$$

$$Q = -10 + 4(4 - x)$$

$$Q = -10 + 16 - 4 \cdot x$$

$$Q = 6 - 4 \cdot x$$

$$M = 10(4 - x) - m - R \cdot a$$

$$M = 40 - 10 \cdot x - 8 - 4(4 - x) \cdot \frac{(4 - x)}{2}$$

$$M = 32 - 10 \cdot x - 2(16 - 8 \cdot x + x^2)$$

$$M = -2x^2 + 6 \cdot x$$

e) Tramo 5-6 ($0 \leq x \leq 3$)

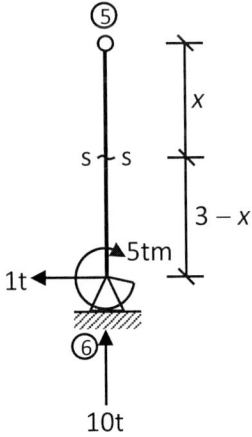

$$N = -10 \text{ t}$$

$$Q = 1 \text{ t}$$

$$M = -5 - 1(3 - x)$$

$$M = -8 + x$$

3.- Diagramas de esfuerzos internos

a) Normal (1 m = 1 cm / 10 t = 1 cm)

Es constante en cada tramo.

Tramo	N[t]
1-2	−9
2-3	0
3-4	−13
3-5	−1
5-6	−10

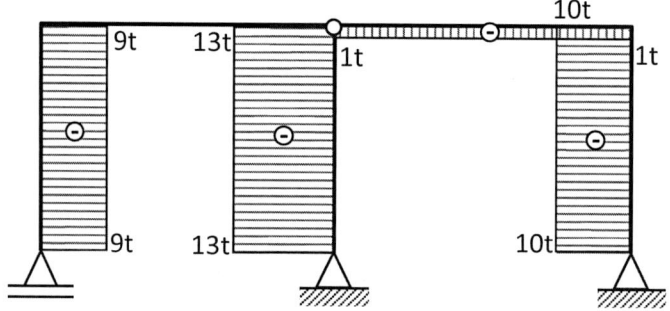

b) Cortante (1 m = 1 cm / 5 t = 1 cm)

Tramo	x	Q[t]
1-2	0	0
	3	0
2-3	0	9
	2	1
	4	−7
3-4	0	−1
	3	−1
3-5	0	6
	2	−2
	4	−10
5-6	0	1
	3	1

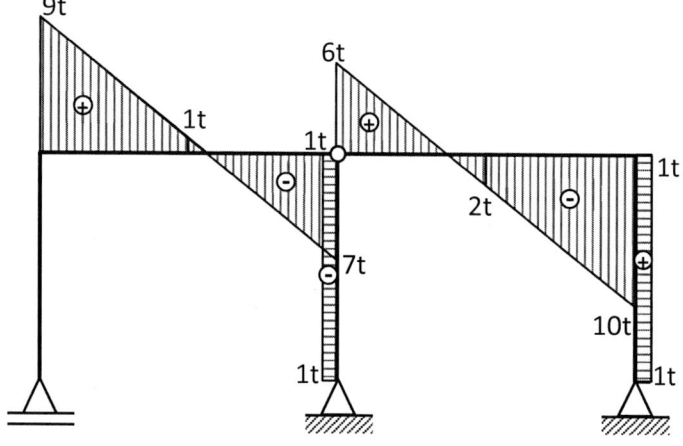

c) Momento (1 m = 1 cm / 6 tm = 1 cm)

Tramo	x[m]	M[tm]
1-2	0	−4
	3	−4
2-3	0	−4
	2	6
	4	0
3-4	0	0
	3	3
3-5	0	0
	2	4
	4	−8
5-6	0	−8
	3	−5

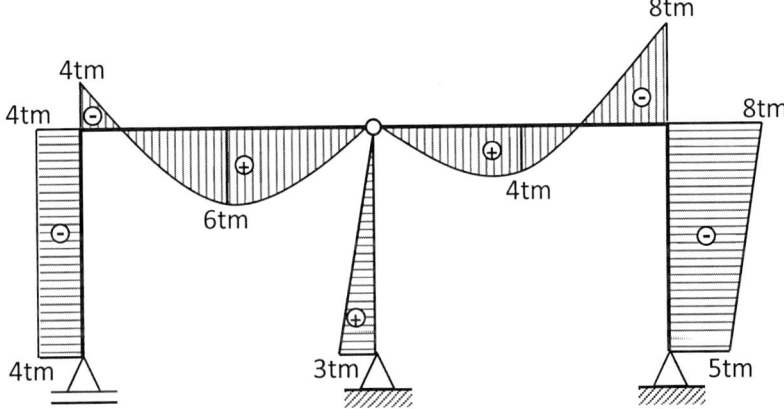

EJERCICIO 71

Calcule las reacciones y diagrame los esfuerzos internos (método numérico).

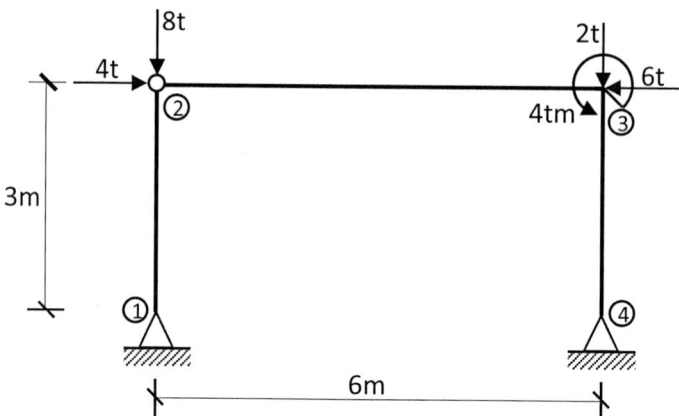

Figura 4.28 Pórtico 14.

1.- Cálculo de reacciones

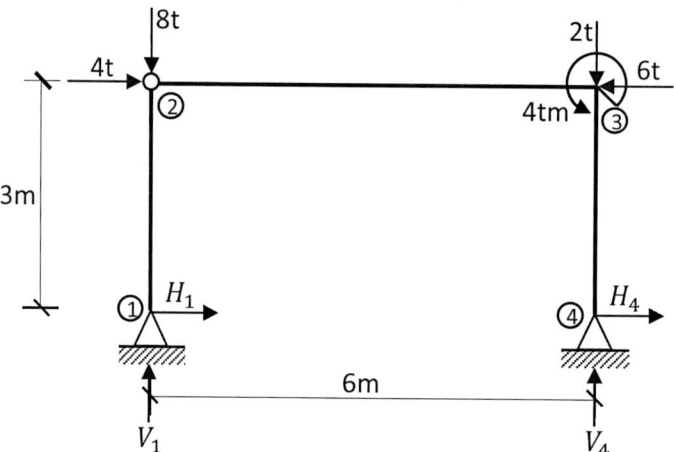

$\Sigma M_2 = 0 \circlearrowleft \oplus (\text{abajo})$

$-H_1 \cdot 3 = 0$

$H_1 = 0$

$\Sigma M_1 = 0 \circlearrowleft \oplus$

$4 \cdot 3 - 6 \cdot 3 + 2 \cdot 6 - 4 - V_4 \cdot 6 = 0$

$V_4 = 0,333 \text{ t}$

$\Sigma F_H = 0 \to \oplus$ $\qquad\qquad$ $\Sigma F_V = 0 \uparrow \oplus$

$4 - 6 + H_4 = 0$ $\qquad\qquad$ $V_1 - 8 - 2 + 0,333 = 0$

$H_4 = 2t$ $\qquad\qquad$ $V_1 = 9,667$ t

2.- Cálculo de esfuerzos internos

a) Normal

$$N_{1-2} = -9,667 \text{ t}$$
$$N_{2-1} = -9,667 \text{ t}$$
$$N_{2-3} = -4 \text{ t}$$
$$N_{3-2} = -4 \text{ t}$$
$$N_{3-4} = -0,333 \text{ t}$$
$$N_{4-3} = -0,333 \text{ t}$$

b) Cortante

$$Q_{1-2} = 0$$
$$Q_{2-1} = 0$$
$$Q_{2-3} = 9,667 - 8 = 1,667 \text{ t}$$
$$Q_{3-2} = 9,667 - 8 = 1,667 \text{ t}$$
$$Q_{3-4} = -2 \text{ t}$$
$$Q_{4-3} = -2 \text{ t}$$

c) Momento

$$M_{1-2} = 0$$
$$M_{2-1} = 0$$
$$M_{2-3} = 0$$
$$M_{3-2} = 2 \cdot 3 + 4 = 10 \text{ tm}$$
$$M_{3-4} = 2 \cdot 3 = 6 \text{ tm}$$
$$M_{4-3} = 0$$

3.- Diagramas de esfuerzos Internos

a) Normal (1 m = 1 cm / 6 t = 1 cm)

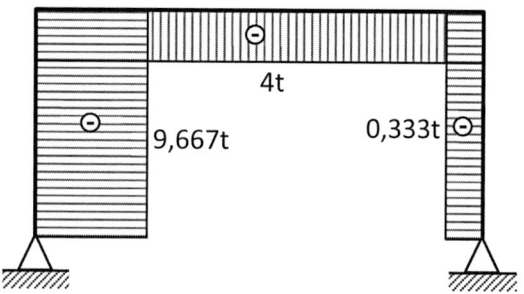

b) Cortante (1 m = 1 cm / 2 t = 1 cm)

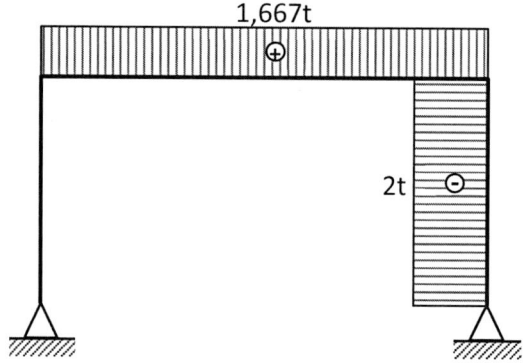

c) Momento (1 m = 1 cm / 5 tm = 1 cm)

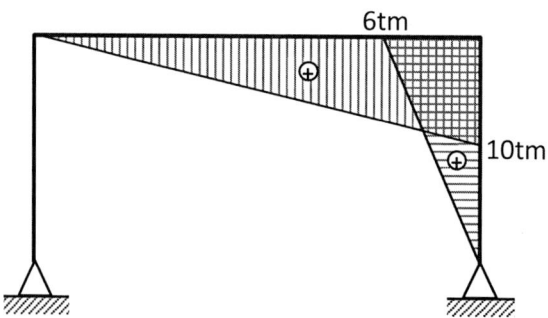

EJERCICIO 72

Calcule las reacciones y diagrame los esfuerzos internos (método numérico).

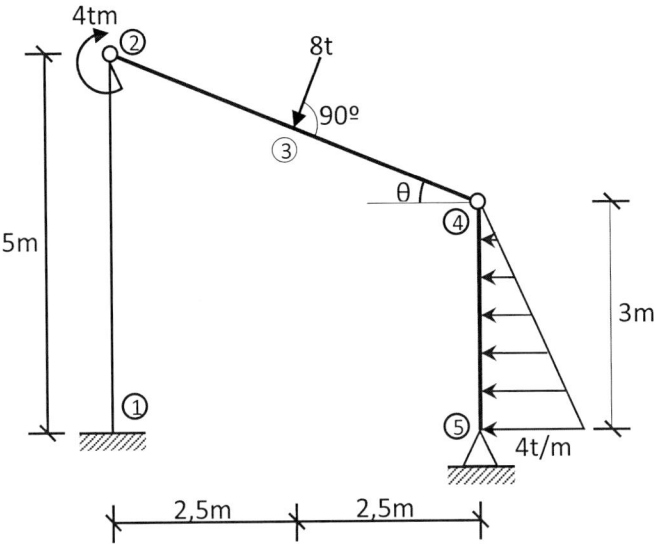

Figura 4.29 Pórtico 15.

1.- Cálculo de reacciones

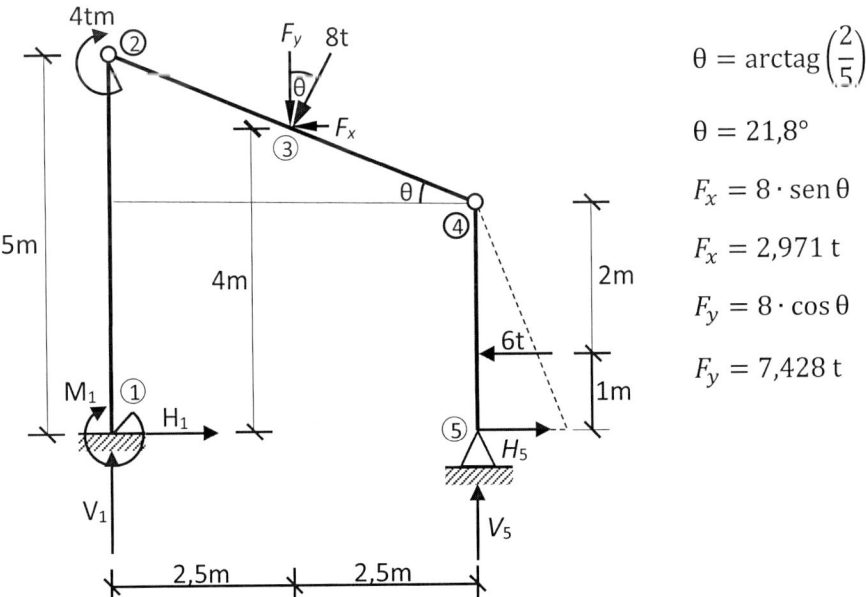

$$\theta = \text{arctag}\left(\frac{2}{5}\right)$$

$$\theta = 21{,}8°$$

$$F_x = 8 \cdot \text{sen}\,\theta$$

$$F_x = 2{,}971\ t$$

$$F_y = 8 \cdot \cos\theta$$

$$F_y = 7{,}428\ t$$

$\Sigma M_4 = 0 \circlearrowright \oplus (abajo)$

$6 \cdot 2 - H_5 \cdot 3 = 0$

$H_5 = 4$ t

$\Sigma M_2 = 0 \circlearrowright \oplus$

$2,971 \cdot 1 + 7,428 \cdot 2,5 + 6 \cdot 4 - 4 \cdot 5 - V_5 \cdot 5 = 0$

$V_5 = 5,108$ t

$\Sigma F_H = 0 \rightarrow \oplus$

$H_1 - 2,971 - 6 + 4 = 0$

$H_1 = 4,971$ t

$\Sigma F_V = 0 \uparrow \oplus$

$V_1 - 7,428 + 5,108 = 0$

$V_1 = 2,32$ t

$\Sigma M_2 = 0 \circlearrowright \oplus$

$4 - 4,971 \cdot 5 + M_1 = 0$

$M_1 = 20,855$ t

2.- Cálculo de esfuerzos internos

a) Normal

$N_{1-2} = -2,32$ t

$N_{2-1} = -2,32$ t

Para la barra 2-4, deben descomponerse las fuerzas de manera axial y transversal:

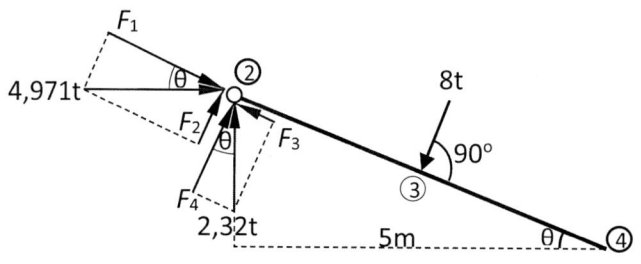

$\theta = \tan^{-1}\left(\dfrac{2}{5}\right) = 21,8°$

$F_1 = 4,971 \cdot \cos\theta = 4,62$ t

$F_2 = 4,971 \cdot \sin\theta = 1,85$ t

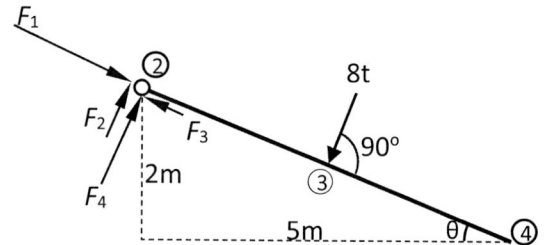

$F_3 = 2,320 \cdot \operatorname{sen} \theta = 0,86 \text{ t}$

$F_4 = 2,320 \cdot \cos \theta = 2,15 \text{ t}$

$N_{2-3} = -F_1 + F_3 = -4,62 + 0,86 = -3,76 \text{ t}$

$N_{3-2} = -F_1 + F_3 = -4,62 + 0,86 = -3,76 \text{ t}$

$N_{3-4} = -F_1 + F_3 = -4,62 + 0,86 = -3,76 \text{ t}$

$N_{4-3} = -F_1 + F_3 = -4,62 + 0,86 = -3,76 \text{ t}$

$N_{4-5} = -5,108 \text{ t}$

$N_{5-4} = -5,108 \text{ t}$

b) Cortante

$Q_{1-2} = -4,971 \text{ t}$

$Q_{2-1} = -4,971 \text{ t}$

$Q_{2-3} = F_2 + F_4 = 1,85 + 2,15 = 4 \text{ t}$

$Q_{3-2} = F_2 + F_4 = 4 \text{ t}$

$Q_{3-4} = F_2 + F_4 - 8 = 1,85 + 2,15 - 8 = -4 \text{ t}$

$Q_{4-3} = Q_{3-4} = -4 \text{ t}$

$Q_{4-5} = -4 + 6 = 2 \text{ t}$

$Q_{5-4} = -4 \text{ t}$

c) Momento

$M_{1-2} = 20,855 \text{ tm}$

$M_{2-1} = 20,855 - 4,971 \cdot 5 = -4 \text{ tm}$

$M_{2-3} = 0$

$M_{3-2} = 20,855 + 2,32 \cdot 2,5 - 4,971 \cdot 4 + 4 = 10,771 \text{ tm}$

$M_{3-4} = M_{3-2} = 10,771 \text{ tm}$

$M_{4-3} = 0$

$M_{4-5} = 0$

$M_{5-4} = 0$

3.- Diagramas de esfuerzos internos

a) Normal (1 m = 1 cm / 2,5 t = 1 cm)

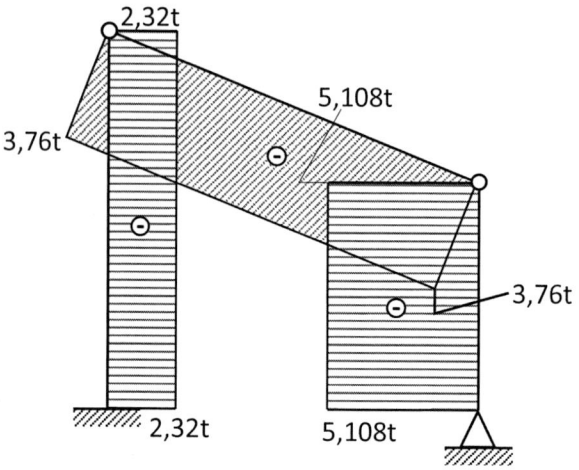

b) Cortante (1 m = 1 cm / 4 t = 1 cm)

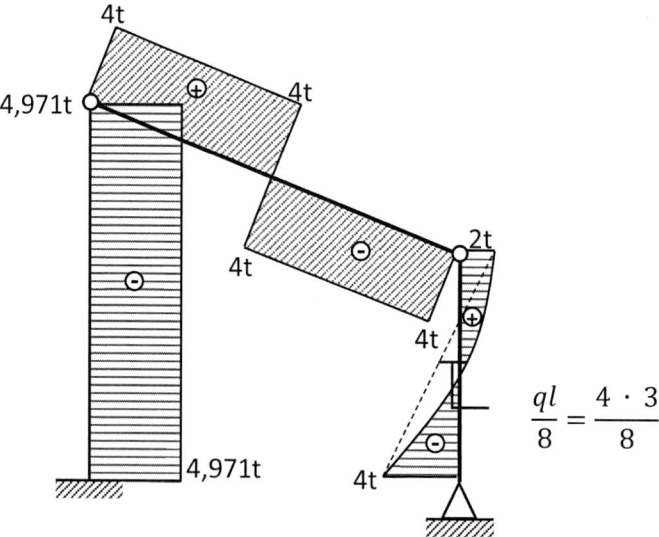

$$\frac{ql}{8} = \frac{4 \cdot 3}{8}$$

c) Momento (1 m = 1 cm / 10 tm = 1 cm)

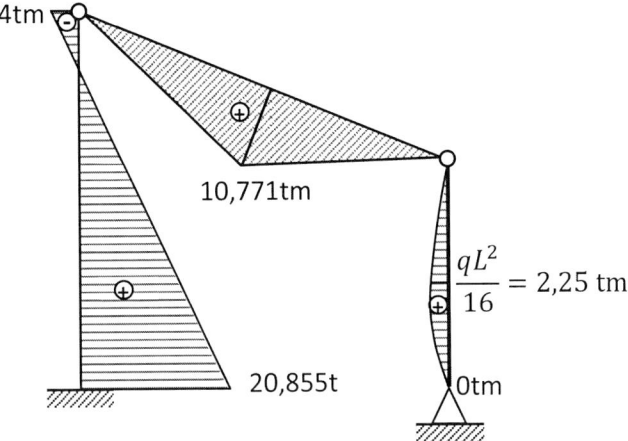

Las fórmulas utilizadas en los diagramas anteriores han sido extraídas de la tabla 2 y representan el valor de Q y M a L/2 del tramo correspondiente.

EJERCICIO 73

Calcule las reacciones y diagrame los esfuerzos internos (método numérico).

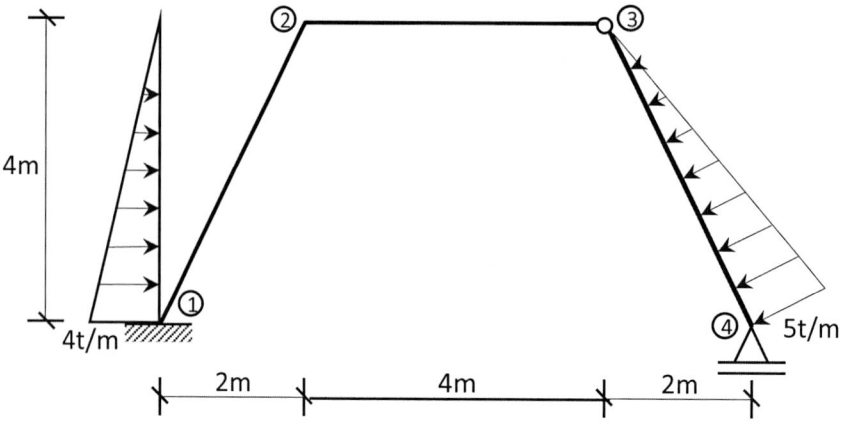

Figura 4.30 Pórtico 16.

1.- Cálculo de reacciones

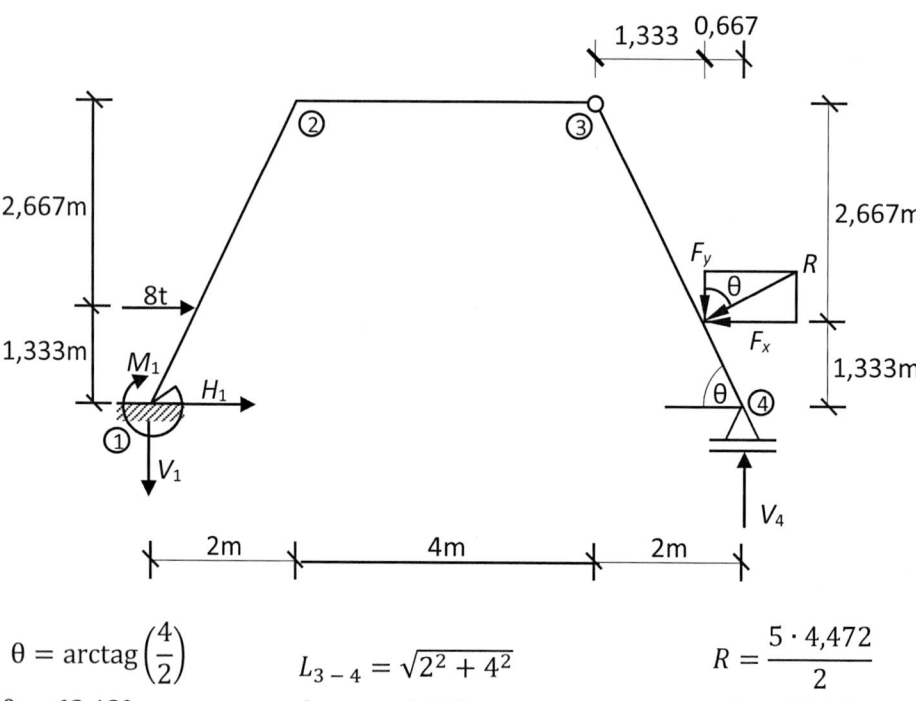

$$\theta = \text{arctag}\left(\frac{4}{2}\right)$$

$$\theta = 63,43°$$

$$L_{3-4} = \sqrt{2^2 + 4^2}$$

$$L_{3-4} = 4,472 \text{ m}$$

$$R = \frac{5 \cdot 4,472}{2}$$

$$R = 11,18 \text{ t}$$

$F_x = R \cdot \text{sen}\theta$ $\qquad$ $F_y = R \cdot \cos\theta$

$F_x = 10\ t$ $\qquad$ $F_y = 5\ t$

$\Sigma M_3 = 0\ \circlearrowleft \oplus \text{(der)}$ $\qquad$ $\Sigma F_V = 0 \uparrow \oplus$ $\qquad$ $\Sigma F_H = 0 \rightarrow \oplus$

$-V_4 \cdot 2 + 10 \cdot 2,667 + 5 \cdot 1,333 = 0$ $\quad$ $-V_1 - 5 + 16,667 = 0$ $\qquad$ $H_1 + 8 - 10 = 0$

$V_4 = 16,667\ t$ $\qquad$ $V_1 = 11,667\ t$ $\qquad$ $H_1 = 2\ t$

$\Sigma M_3 = 0\ \circlearrowleft \oplus \text{(izq)}$

$M_1 - 2 \cdot 4 - 11,667 \cdot 6 - 8 \cdot 2,667 = 0$

$M_1 = 99,338\ tm$

2.- Cálculo de esfuerzos internos

a) Normal

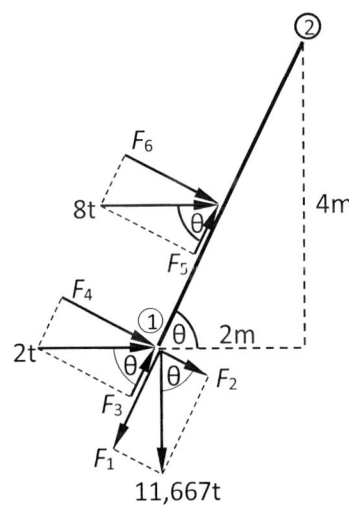

$F_1 = 11,667 \cdot \text{sen}\theta = 10,43\ t$

$F_2 = 11,667 \cdot \cos\theta = 5,22\ t$

$F_3 = 2 \cdot \cos\theta = 0,89\ t$

$F_4 = 2 \cdot \text{sen}\theta = 1,79\ t$

$F_5 = 8 \cdot \cos\theta = 3,58\ t$

$F_6 = 8 \cdot \text{sen}\theta = 7,16\ t$

$N_{1-2} = F_1 - F_3$

$N_{1-2} = 10,43 - 0,89 = 9,54\ t$

$N_{2-1} = F_1 - F_3 - F_5$

$N_{2-1} = 10,43 - 0,89 - 3,58 = 5,96\ t$

$N_{2-3} = -2 - \dfrac{4 \cdot 4}{2} = -10\ t$

$N_{3-2} = -2 - \dfrac{4 \cdot 4}{2} = -10\ t$

$\theta = \text{arctag}\left(\dfrac{4}{2}\right)$

$\theta = 63,43°$

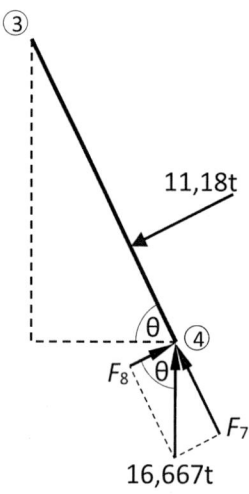

$$\theta = 63,43°$$

$$F_7 = 16,667 \cdot \text{sen}\theta = 14,91 \text{ t}$$

$$F_8 = 16,667 \cdot \cos\theta = 7,45 \text{ t}$$

$$N_{3-4} = -F_7 = -14,91 \text{ t}$$

$$N_{4-3} = -F_7 = -14,91 \text{ t}$$

b) Cortante

$$Q_{1-2} = -F_2 - F_4 = -5,22 - 1,79 = -7,01 \text{ t}$$

$$Q_{2-1} = -F_2 - F_4 - F_6 = -5,22 - 1,79 - 7,16 = -14,17 \text{ t}$$

$$Q_{2-3} = -11.667 \text{ t}$$

$$Q_{3-2} = -11,667 \text{ t}$$

$$Q_{3-4} = -F_8 + 11,18 = -7,45 + 11,18 = 3,73 \text{ t}$$

$$Q_{4-3} = -F_8 = -7,45 \text{ t}$$

c) Momento

$$M_{1-2} = 99,338 \text{ tm}$$

$$M_{2-1} = 99,338 - 11,667 \cdot 2 - 2 \cdot 4 - 8 \cdot 2,667 = 46,67 \text{ tm}$$

$$M_{2-3} = M_{2-1} = 46,67 \text{ tm}$$

$$M_{3-2} = 0$$

$$M_{3-4} = 0$$

$$M_{4-3} = 0$$

3.- Diagramas de esfuerzos internos

a) Normal (1 m = 1 cm / 5 t = 1 cm)

Para graficar normales en el tramo 1-2, transformamos la fuerza F_6 a una carga distribuida:

$$q' = \frac{F_6 \cdot 2}{L_{1-2}} = \frac{7,16 \cdot 2}{\sqrt{20}} = 3,202 \text{ t/m}$$

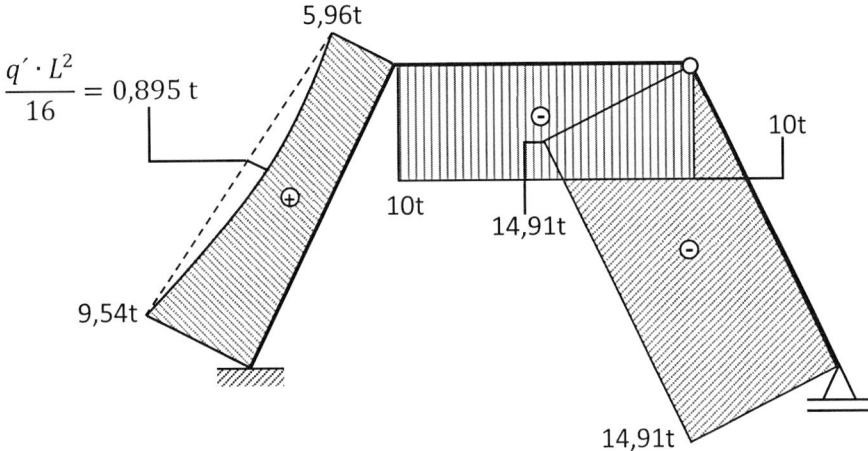

b) Cortante (1 m = 1 cm / 7 t = 1 cm)

La fuerza F_6 del paso 2 debe transformarse a carga distribuida triangular para utilizarse en la grafica de corte:

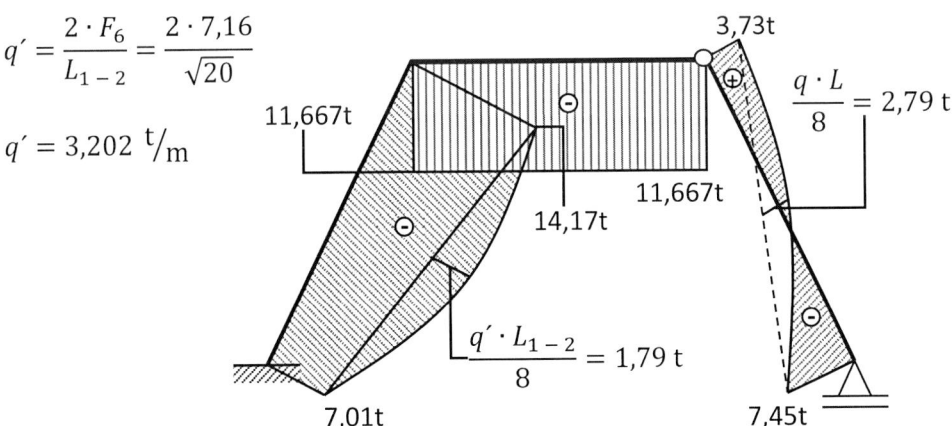

Las fórmulas utilizadas en los diagramas anteriores han sido extraídas de la tabla 2 y representan el valor de Q y M a L/2 del tramo correspondiente.

c) Momento (1 m = 1 cm / 50 tm = 1 cm)

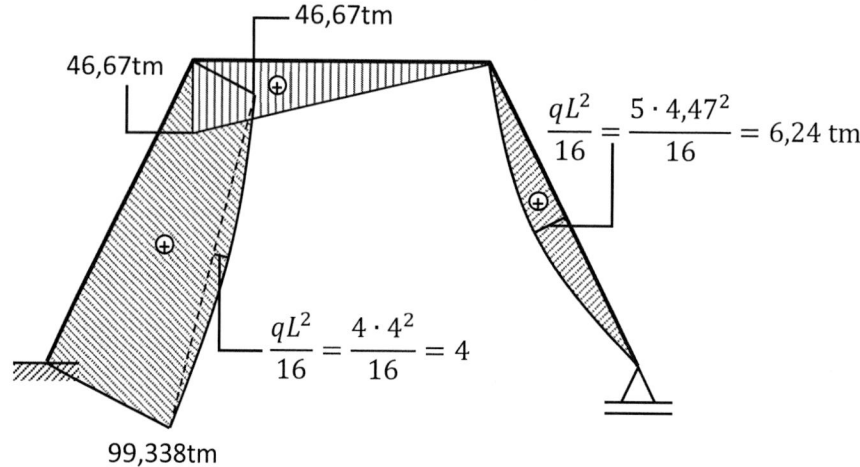

Las fórmulas utilizadas en los diagramas anteriores han sido extraídas de la tabla 2 y representan el valor de Q y M a L/2 del tramo correspondiente.

EJERCICIO 74

Calcule las reacciones y diagrame los esfuerzos internos (método numérico).

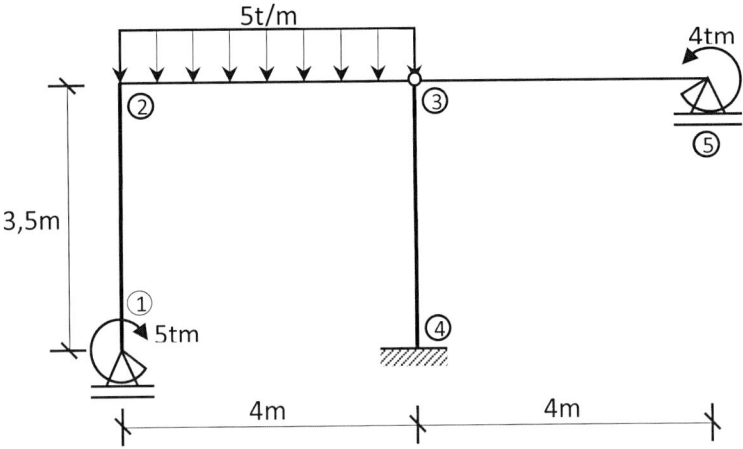

Figura 4.31 Pórtico 17.

1.- Cálculo de reacciones

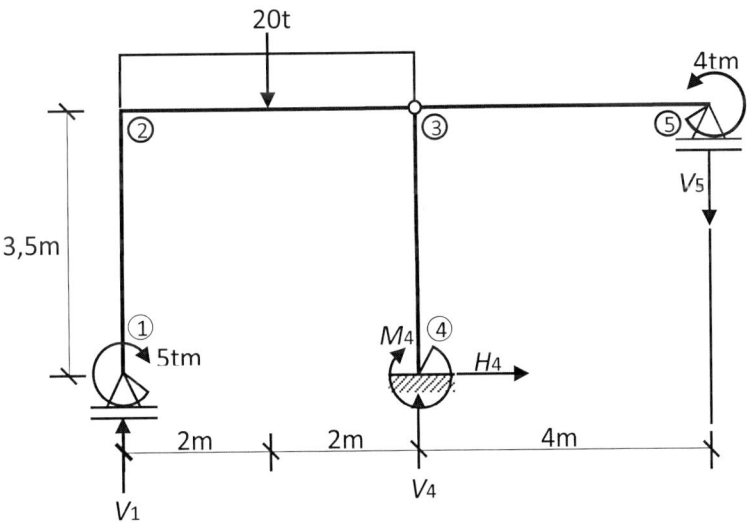

$\Sigma M_3 = 0 \ \circlearrowleft\oplus$ (izq)

$V_1 \cdot 4 + 5 - 20 \cdot 2 = 0$

$V_1 = 8{,}75$ t

$\Sigma M_3 = 0 \ \circlearrowleft\oplus$ (der)

$-4 + V_5 \cdot 4 = 0$

$V_5 = 1$ t

$\Sigma F_H = 0 \ \rightarrow\oplus$

$H_4 = 0$

$\Sigma F_V = 0 \uparrow \oplus$

$8{,}75 - 20 + V_4 - 1 = 0$

$V_4 = 12{,}25$ t

$\Sigma M_3 = 0 \ \circlearrowleft \oplus$ (abajo)

$M_4 = 0$

2.- Cálculo de esfuerzos internos

a) Normal

$N_{1-2} = -8{,}75$ t

$N_{2-1} = -8{,}75$ t

$N_{2-3} = 0$

$N_{3-2} = 0$

$N_{3-4} = -12{,}25$ t

$N_{4-3} = -12{,}25$ t

$N_{3-5} = 0$

$N_{5-3} = 0$

b) Cortante

$Q_{1-2} = 0$

$Q_{2-1} = 0$

$Q_{2-3} = 8{,}75$ t

$Q_{3-2} = -5 \cdot 4 = -20$ t

$Q_{3-4} = 0$

$Q_{4-3} = 0$

$Q_{3-5} = 1$ t

$Q_{5-3} = 1$ t

c) Momento

$M_{1-2} = 5$ tm

$M_{2-1} = 5$ tm

$M_{2-3} = 5$ tm

$M_{3-2} = 0$

$M_{3-4} = 0$

$M_{4-3} = 0$

$M_{3-5} = 0$

$M_{5-3} = 4$ tm

3.- Diagramas de esfuerzos internos

a) **Normal (**$1\ m = 1\ cm / 10\ t = 1\ cm$)

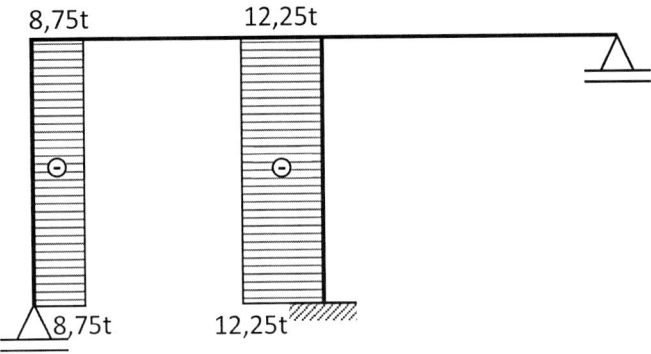

b) Cortante ($10 = 1\ cm / 10\ t = 1\ cm$)

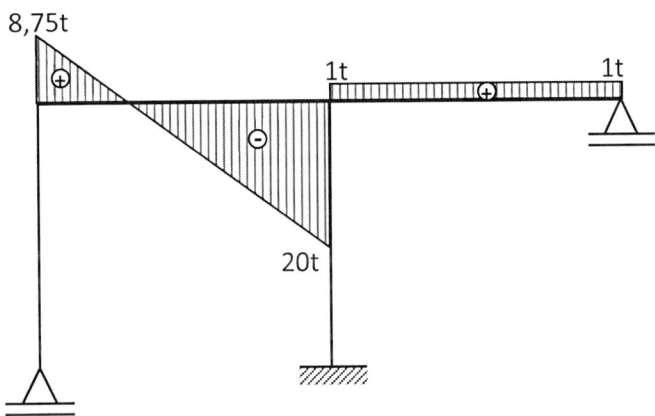

c) Momento ($1\ m = 1\ cm / 5\ tm = 1\ cm$)

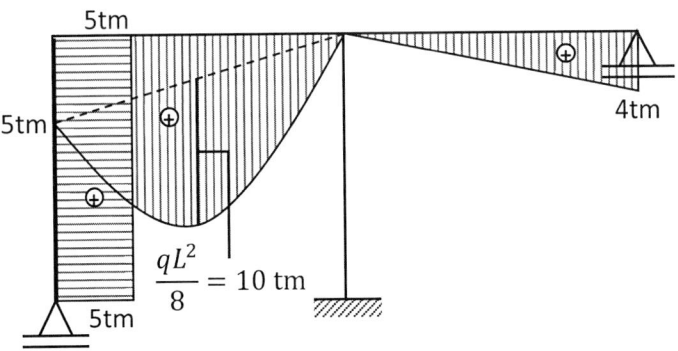

EJERCICIO 75

Calcule las reacciones y diagrame los esfuerzos internos (método numérico).

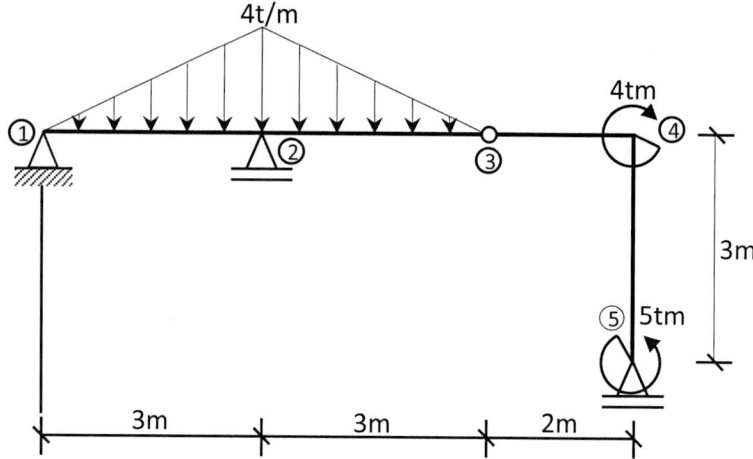

Figura 4.32 Pórtico 18.

1.- Cálculo de reacciones

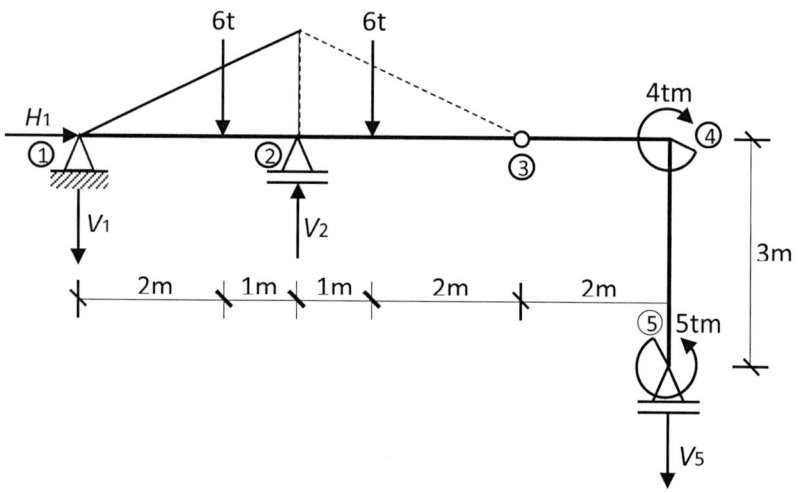

$\Sigma F_H = 0 \to \oplus$ $\Sigma M_3 = 0 \; \cup\oplus$ (der) $\Sigma M_1 = 0 \; \cup\oplus$

$H_1 = 0$ $4 - 5 - V_5 \cdot 2 = 0$ $6 \cdot 2 - V_2 \cdot 3 + 6 \cdot 4 + 4 - 5 + 0,5 \cdot 8 = 0$

$V_5 = 0,5 \, t$ $V_2 = 13 \, t$

$\Sigma F_V = 0 \uparrow \oplus$

$-V_1 - 6 - 6 + 13 - 0,5 = 0$

$V_1 = 0,5$

2.- Cálculo de esfuerzos internos

a) Normal

$N_{12} = 0$

$N_{21} = 0$

$N_{23} = 0$

$N_{32} = 0$

$N_{34} = 0$

$N_{43} = 0$

$N_{45} = 0,5$ t

$N_{54} = 0,5$ t

b) Cortante

$Q_{12} = -0,5$ t

$Q_{21} = -0,5 - 6 = -6,5$ t

$Q_{23} = -0,5 - 6 + 13 = 6,5$ t

$Q_{32} = -0,5 - 6 + 13 - 6 = 0,5$ t

$Q_{34} = -0,5$ t $- 6 + 13 - 6 = 0,5$ t

$Q_{43} = 0,5$ t

$Q_{45} = 0$

$Q_{54} = 0$

c) Momento

$M_{12} = 0$

$M_{21} = -0,5 \cdot 3 - 6 \cdot 1 = -7,5$ tm

$M_{23} = -7,5$ tm

$M_{32} = 0$

$M_{34} = 0$

$M_{43} = -0,5 \cdot 8 - 6 \cdot 6 + 13 \cdot 5 - 6 \cdot 4 = 1$ tm

$M_{45} = M_{43} + 4 = 5$ tm

$M_{54} = 5$ tm

3.- Diagramas de esfuerzos internos

a) Normal

Escalas:

Longitud: 1 m = 1 cm

Normal: 0,5 t = 1 cm

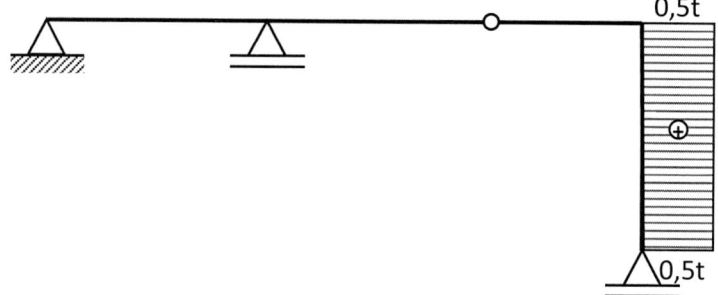

b) Cortante

Escalas

Longitud: 1 m = 1 cm

Cortante: 2 t = 1 cm

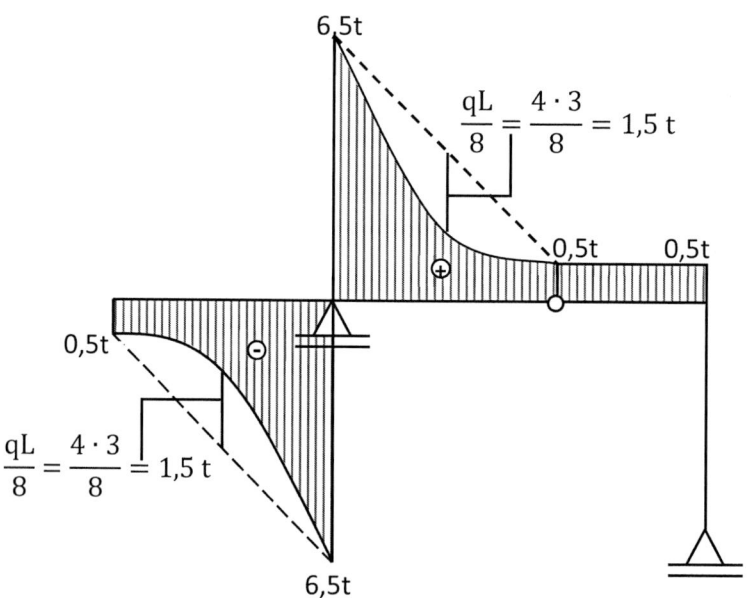

c) Momento

Escalas

Longitud: 1 m = 1 cm

Momento: 5 tm = 1 cm

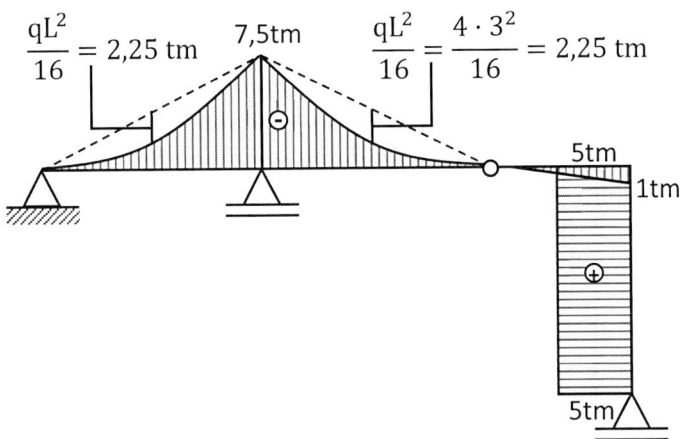

$$\frac{qL^2}{16} = 2,25 \text{ tm} \qquad 7,5\text{tm} \qquad \frac{qL^2}{16} = \frac{4 \cdot 3^2}{16} = 2,25 \text{ tm}$$

5tm

1tm

5tm

4.12. PÓRTICOS CON BIELAS O TIRANTES

Los tirantes son elementos flexibles (cables) que soportan únicamente esfuerzo de tracción; en cambio, las bielas son elementos rígidos que, generalmente, soportan comprensión; sin embargo, también pueden soportar esfuerzo de tracción.

Los tirantes o bielas soportan en el sistema manteniendo el equilibrio horizontal o lateral de los pórticos, porque la función principal de estos es restringir cualquier tipo de traslación horizontal en las proximidades de sus apoyos. Veamos ejemplos a continuación.

El siguiente pórtico es inestable porque las fuerzas F1 y F2, al accionar verticalmente sobre el pórtico, hacen que su apoyo móvil se deslice libremente de manera horizontal hasta desplomar la estructura.

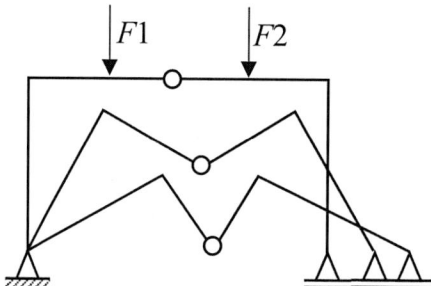

Figura 4.33 Estructura inestable.

Esta inestabilidad podría solucionarse incorporando un tirante al nivel de sus apoyos, que restringiría el desplazamiento libre del apoyo móvil por un desplazamiento controlado.

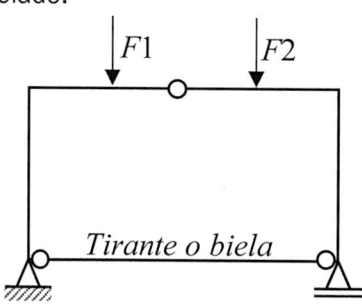

Figura 4.34 Pórtico con tirante o biela.

Para resolver este tipo de pórtico, se debe inicialmente determinar el esfuerzo normal de tracción del tirante aplicando una ecuación de equilibrio de momento en el lado de la articulación donde se encuentra el apoyo móvil; para nuestro caso, el lado derecho.

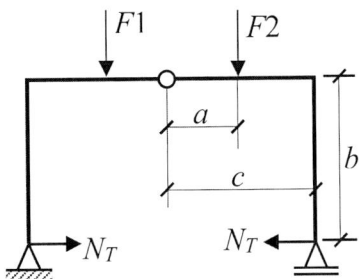

Figura 4.35 Esfuerzo normal en el tirante.

Considerando que previamente se calcularon las reacciones en los apoyos, aplicaremos la siguiente ecuación de momento:

$$\Sigma M_{art} = 0 \; \circlearrowright \oplus(\text{derecha})$$

$$F_2 \cdot a + N_T \cdot b - V_2 \cdot c = 0$$

$$N_T = \frac{V_2 \cdot c - F_2 \cdot a}{b}$$

Los mismos criterios se emplean cuando, en lugar de tensores, tenemos bielas, pero modificando únicamente el sentido del esfuerzo normal, en el caso de que sea compresión.

En varios casos, podemos disponer más de un solo tirante para mantener el equilibrio isostático del pórtico. Véase el ejemplo de la figura 4.36.

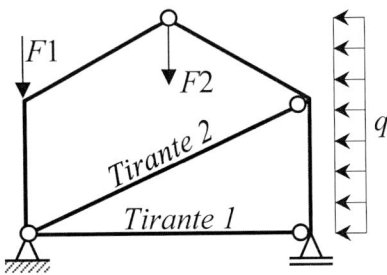

Figura 4.36 Pórtico con dos tirantes.

EJERCICIOS

EJERCICIO 76

Calcule las reacciones y diagrame los esfuerzos internos (método numérico).

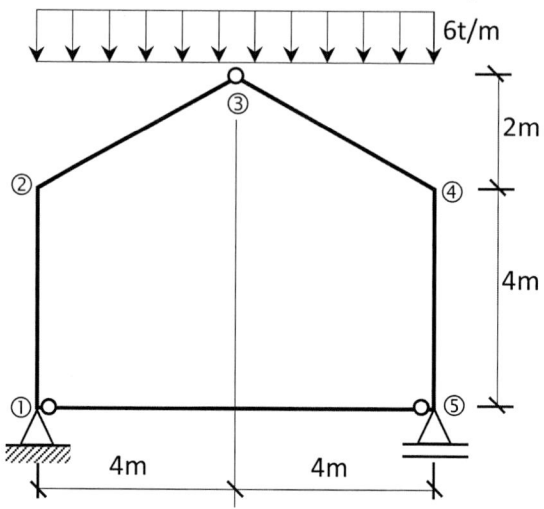

Figura 4.37 Pórtico 19.

1.- Cálculo de reacciones

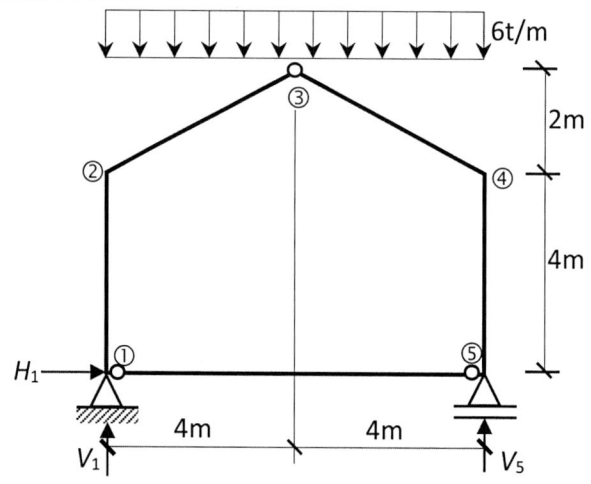

$\Sigma F = 0 \rightarrow \oplus$

$H_1 = 0$

$\Sigma M_1 = 0 \ \circlearrowleft \oplus$

$48 \cdot 4 - V_5 \cdot 8 = 0$

$V_5 = 6{,}117 \text{ t}$

$\Sigma F_V = 0 \uparrow \oplus$

$V_1 - 6 \cdot 8 + 24 = 0$

$V_1 = 24 \text{ t}$

2.- Cálculo del esfuerzo en el tirante

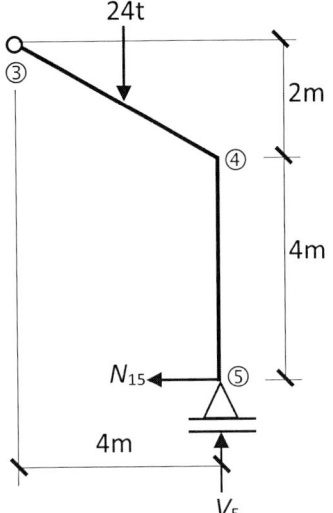

Aplicamos la ecuación de momento en la articulación 3, al lado derecho del pórtico 4:

$$\Sigma M_3 = 0 \ \circlearrowleft \ \oplus(\text{derecha})$$

$$24 \cdot 2 + N_{15} \cdot 6 - 24 \cdot 4 = 0$$

$$N_{15} = 8T \ (\text{tracción})$$

El esfuerzo del tirante es el mismo en el otro extremo del pórtico.

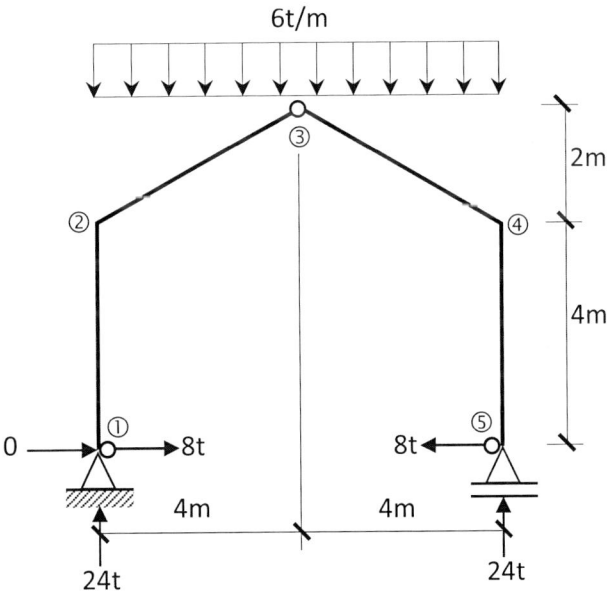

3.- Cálculo de esfuerzos internos

a) Barra 1-2 ($0 \leq x \leq 4$)

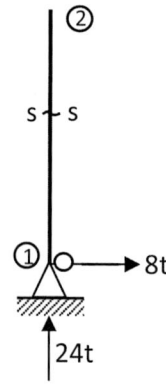

$$N_1 = -24 \text{ t}$$
$$Q_1 = -8 \text{ t}$$
$$M_1 = 0$$
$$N_2 = -24 \text{ t}$$
$$Q_2 = -8 \text{ t}$$
$$M_2 = -8 \cdot 4 = -32 \text{ tm}$$

b) Barra 2-3 ($0 \leq x \leq \sqrt{20}$)

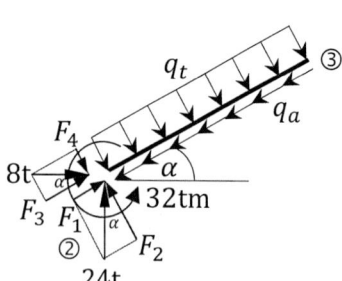

$$\alpha = \text{Arctag}\left(\frac{2}{4}\right) = 26{,}565°$$

$$L = \sqrt{4^2 + 2^2} = \sqrt{20}$$
$$F_1 = 24 \cdot \text{Sen}\alpha = 10{,}733 \text{ t}$$
$$F_2 = 24 \cdot \text{Cos}\alpha = 21{,}466 \text{ t}$$
$$F_3 = 8 \cdot \text{Cos}\alpha = 7{,}155 \text{ t}$$
$$F_4 = 8 \cdot \text{Sen}\alpha = 3{,}578 \text{ t}$$
$$q_a = 6 \cdot \text{Sen}\alpha \cdot \text{Cos}\alpha = 2{,}4 \text{ t/m}$$
$$q_t = 6 \cdot \text{Cos}\alpha^2 = 4{,}8 \text{ t/m}$$
$$N_2 = -F1 - F3 = -17{,}888 \text{ t}$$
$$Q_2 = F2 - F4 = 17{,}888 \text{ t}$$
$$M_2 = -32 \text{ tm}$$
$$N_3 = N2 + q_a \cdot L = -17{,}888 + 2{,}4 \cdot \sqrt{20}$$
$$N_3 = -7{,}155 \text{ t}$$
$$Q_3 = Q2 - q_t \cdot L = 17{,}888 - 4{,}8 \cdot \sqrt{20}$$
$$Q_3 = -3{,}578 \text{ t}$$
$$M_3 = Q2 \cdot L - 32 - \frac{q_t \cdot L^2}{2}$$
$$M_3 = 17{,}888 \cdot \sqrt{20} - 32 - \frac{4{,}8 \cdot \left(\sqrt{20}\right)^2}{2}$$
$$M_3 = 0 \text{ tm}$$

c) Barra 3-4 ($0 \leq x \leq \sqrt{20}$)

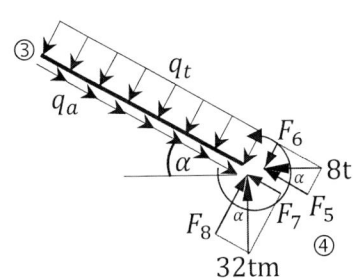

$F_5 = 24 \cdot \text{Sen}\alpha = 10{,}733 \text{ t}$

$F_6 = 24 \cdot \text{Cos}\alpha = 21{,}466 \text{ t}$

$F_7 = 8 \cdot \text{Cos}\alpha = 7{,}155 \text{ t}$

$F_8 = 8 \cdot \text{Sen}\alpha = 3{,}578 \text{ t}$

$q_a = 6 \cdot \text{Sen}\alpha \cdot \text{Cos}\alpha = 2{,}4 \text{ t/m}$

$q_t = 6 \cdot \text{Cos}\alpha^2 = 4{,}8 \text{ t/m}$

$N_4 = -F5 - F7 = -17{,}888 \text{ t}$

$Q_4 = F8 - F6 = -17{,}888 \text{ t}$

$M_4 = -32 \text{ tm}$

$N_3 = N4 + q_a \cdot L = -17{,}888 + 2{,}4 \cdot \sqrt{20}$

$N_3 = -7{,}155 \text{ t}$

$Q_3 = Q4 + q_t \cdot L = -17{,}888 + 4{,}8 \cdot \sqrt{20}$

$Q_3 = 3{,}578 \text{ t}$

$M_3 = -32 - Q4 \cdot L - \dfrac{q_t \cdot L^2}{2}$

$M_3 = -32 - (-17{,}888) \cdot \sqrt{20} - \dfrac{4{,}8 \cdot \left(\sqrt{20}\right)^2}{2}$

$M_3 = 0 \text{ tm}$

d) Barra 4-5 ($0 \leq x \leq 4$)

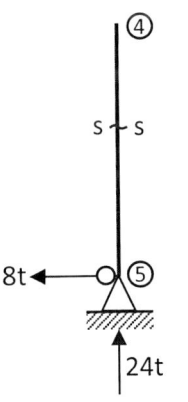

$N_5 = -24 \text{ t}$

$Q_5 = 8 \text{ t}$

$M_5 = 0$

$N_4 = -24 \text{ t}$

$Q_4 = 8 \text{ t}$

$M_4 = -8 \cdot 4 = -32 \text{ tm}$

4.- Diagramas de esfuerzos internos en la biela

a) Normal (1 m = 1 cm / 4 t = 1 cm)

Es constante en cada tramo.

a) Normal

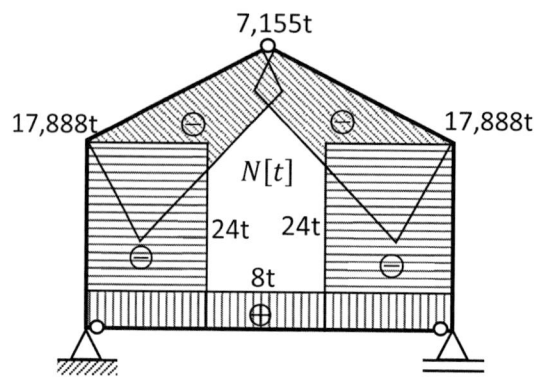

b) Cortante

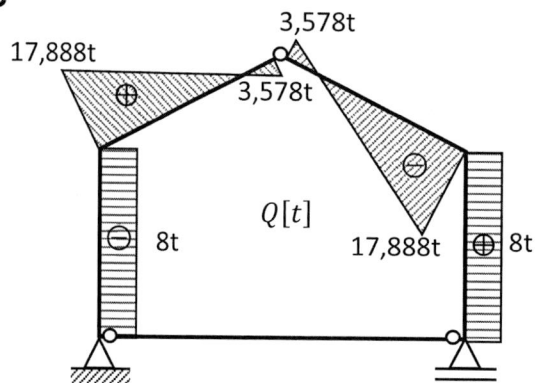

c) Momento

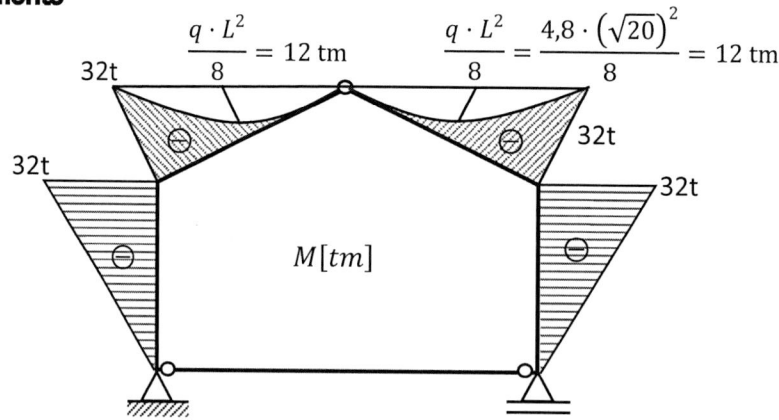

EJERCICIO 77

Calcule las reacciones y diagrame los esfuerzos internos (método analítico).

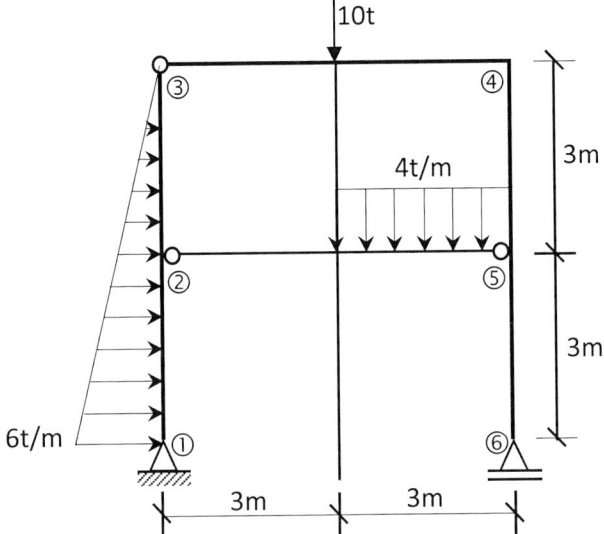

Figura 4.38 Pórtico 20.

1.- Cálculo de reacciones

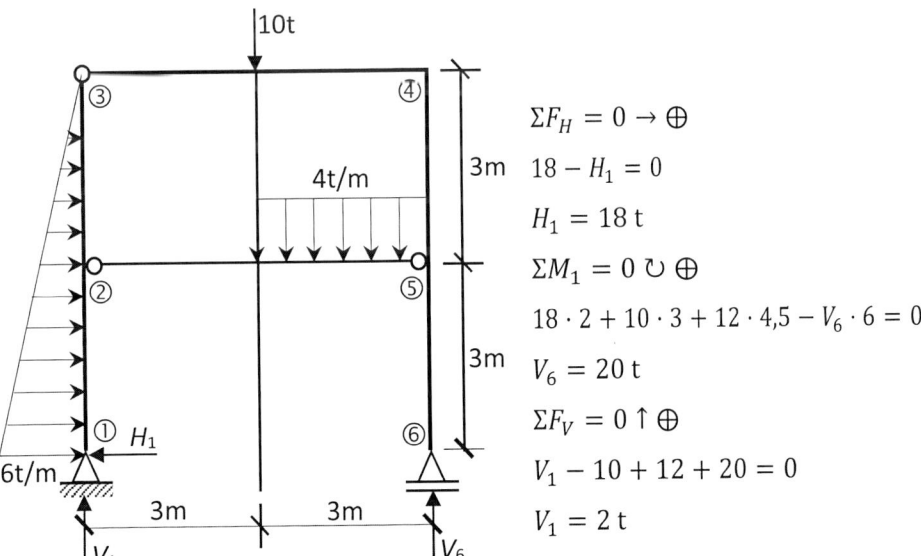

$\Sigma F_H = 0 \rightarrow \oplus$

$18 - H_1 = 0$

$H_1 = 18 \text{ t}$

$\Sigma M_1 = 0 \circlearrowleft \oplus$

$18 \cdot 2 + 10 \cdot 3 + 12 \cdot 4,5 - V_6 \cdot 6 = 0$

$V_6 = 20 \text{ t}$

$\Sigma F_V = 0 \uparrow \oplus$

$V_1 - 10 + 12 + 20 = 0$

$V_1 = 2 \text{ t}$

2.- Cálculo de esfuerzos en bielas

Debemos analizar las fuerzas de transmisión de la biela al pórtico.

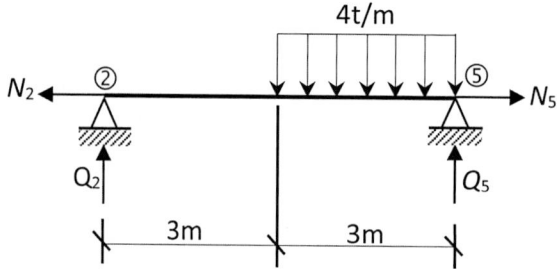

$\Sigma F_H = 0 \rightarrow \oplus$

$-N_2 + N_5 = 0$

$\Sigma M_2 = 0 \circlearrowleft \oplus$

$12 \cdot 4{,}5 - Q_5 \cdot 6 = 0$

$Q_5 = 9 \text{ t}$

$\Sigma F_V = 0 \uparrow \oplus$

$Q_2 - 12 + 9 = 0$

$Q_2 = 3 \text{ t}$

Calculamos el esfuerzo normal en la biela.

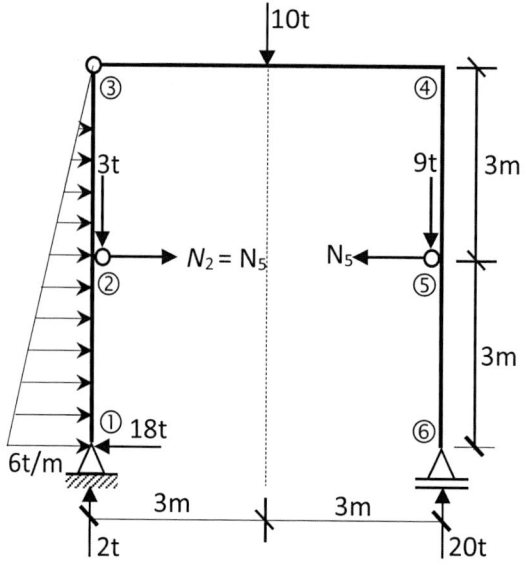

$\Sigma M_3 = 0 \circlearrowleft \oplus (\text{derecha})$

$10 \cdot 3 + 9 \cdot 6 + N_5 \cdot 3 - 20 \cdot 6 = 0$

$N_5 = 12 \text{ t}$

3.- Ecuaciones de esfuerzos internos en la biela

a) Tramo 2-7 ($0 \leq x \leq 3$)

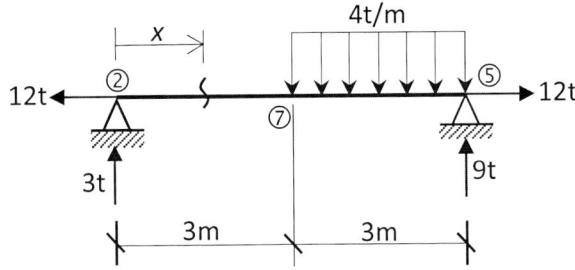

$N = 12$ t

$Q = 3$ t

$M = 3 \cdot x$

b) Tramo 7-5 ($3 \leq x \leq 6$)

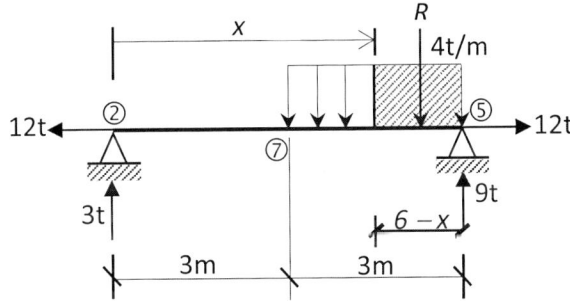

$N = 12$ t

$Q = -9 + 4 \cdot (6 - x)$

$Q = -4 \cdot x + 15$

$M = 9 \cdot (6 - x) - 4 \cdot (6 - x) \cdot \dfrac{(6 - x)}{2}$

$M = 54 - 9 \cdot x - 2 \cdot (x^2 - 12 \cdot x + 36)$

$M = -2 \cdot x^2 + 15 \cdot x - 18$

4.- Diagramas de esfuerzos internos

Tramo	x	N	Q	M
1-2	0	12	3	0
	3	12	3	9
2-3	3	12	3	9
	4,5	12	−3	9
	6	12	−9	0

a) Normal (1 m = 1 cm / 4 t = 1 cm)

Es constante en cada tramo.

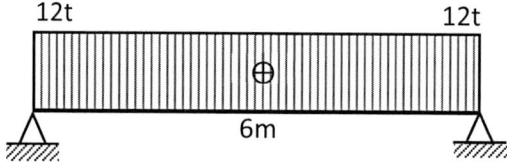

b) Cortante (1 m = 1 cm / 3 t = 0,5 cm)

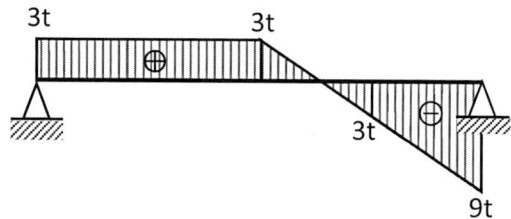

c) Momento (1 m = 1 cm / 9 tm = 1 cm)

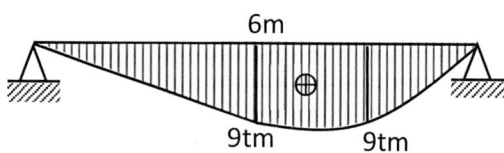

CAPÍTULO 5

ESFUERZOS EN ARCOS

5.1. OBJETIVO DEL CAPÍTULO

Una vez concluido el aprendizaje del presente tema, el lector estará capacitado para diagramar los esfuerzos internos en arcos circulares y parabólicos.

5.2. CONCEPTO DE «ARCOS»

Los arcos son estructuras cuya trayectoria están definidas por expresiones matemáticas (funciones). Su geometría, además de tener cualidades estéticas, permite cubrir grandes espacios abiertos, debido a que se prioriza su capacidad a flexión, transformándola a esfuerzo de compresión. Véanse los ejemplos de la figura 5.1.

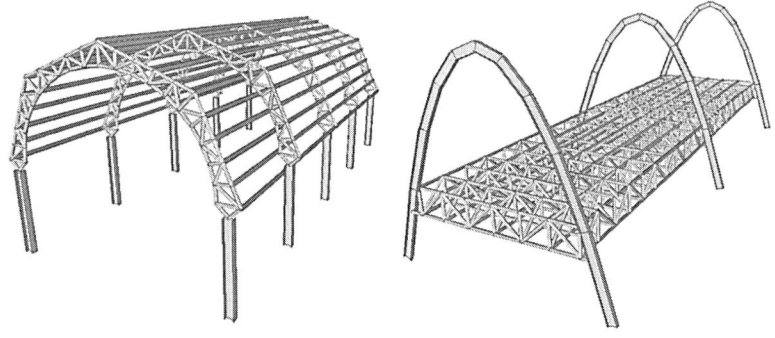

Figura 5.1 Estructuras compuestas de arco circular y arco parabólico.

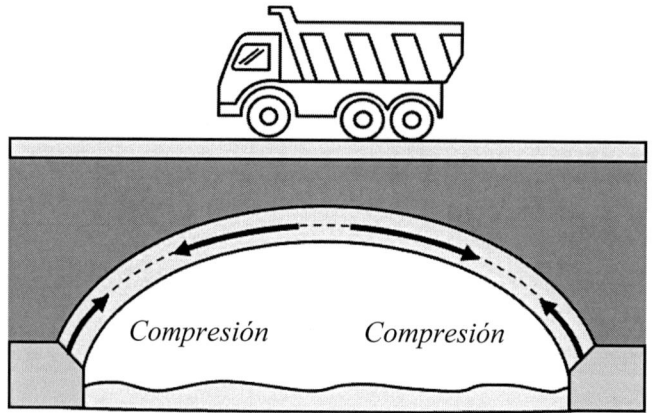

Figura 5.2 Transformación de la carga en esfuerzo de compresión en el arco circular.

5.3. CLASIFICACIÓN DE LOS ARCOS

Los arcos se clasifican en «arcos circulares» y «arcos parabólicos»; véanse los ejemplos de la figura 5.3.

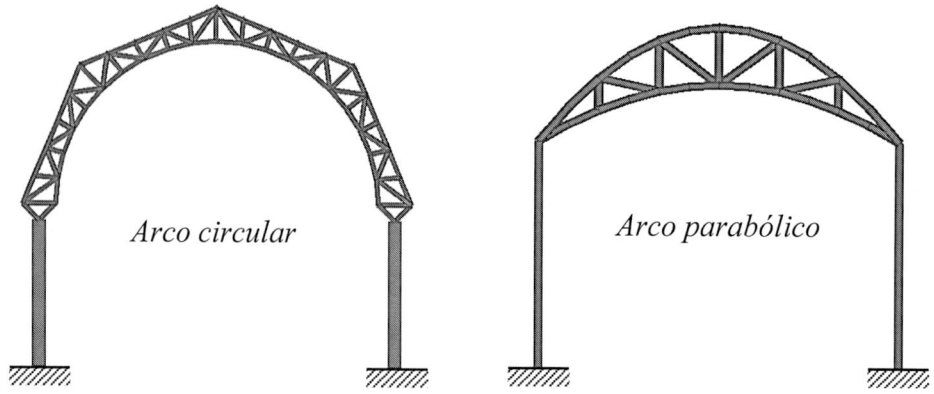

Figura 5.3 Tipos de arcos.

5.4. ARCOS CIRCULARES

Para analizar la variación de los esfuerzos internos en arcos circulares, debemos tomar en cuenta los siguientes criterios:

1.er criterio: las coordenadas x e y de las secciones de análisis de un arco deberán ser función del radio (constante) y un ángulo θ variable.

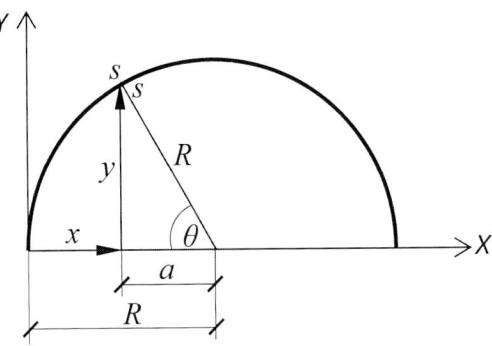

Figura 5.4 Análisis de la sección s-s.

$x + a = R$ ①

$\mathrm{Cos}(\theta) = \dfrac{a}{R}$

Despejamos a:

$a = R \cdot \mathrm{Cos}(\theta)$ ②

Sustituir ② en ①

$x + R \cdot \mathrm{Cos}(\theta) = R$

$$\boxed{x = R - R \cdot \mathrm{Cos}(\theta)}$$

$\mathrm{Sen}(\theta) = \dfrac{y}{R}$

$$\boxed{y = R \cdot \mathrm{Sen}(\theta)}$$

2.º criterio: el ángulo θ se mide en sentido horario, el cual se debe medir a partir del cuadrante izquierdo, tal como se muestra en la figura 5.5.

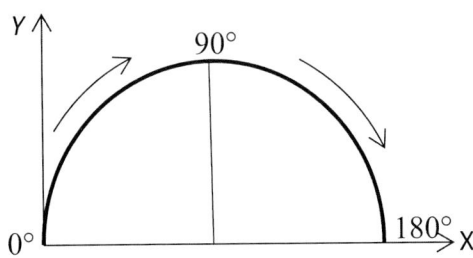

Figura 5.5 Medición angular.

3.er criterio: cuando el ángulo θ es superior a 90 grados (π / 2), será importante la aplicación de las siguientes identidades trigonométricas:

$$Sen\ (A + B) = SenA \cdot CosB + SenB \cdot CosA$$

$$Sen\ (A - B) = SenA \cdot CosB - SenB \cdot CosA$$

$$Cos\ (A + B) = CosA \cdot CosB - SenA \cdot SenB$$

$$Cos\ (A - B) = CosA \cdot CosB + SenA \cdot SenB$$

4.° criterio: los esfuerzos internos Normal y Cortante se direccionan de manera tangencial y radial, respectivamente.

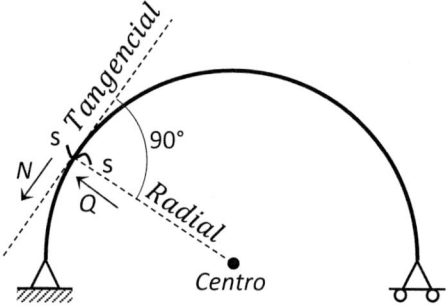

Figura 5.6 Dirección radial y tangencial.

5.4.1. TIPOS DE CARGAS

Las cargas en arcos circulares pueden ser puntuales dispuestas según sus ejes cartesianos o en dirección radial y tangencial, tal como se muestran en la figura 5.7.

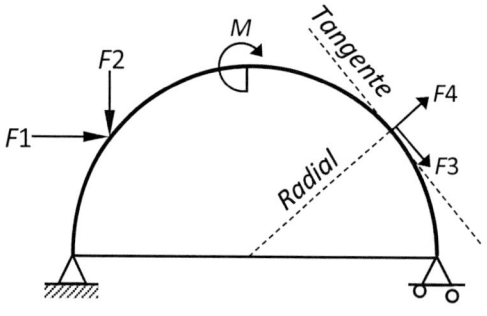

$F1$ = fuerza en la dirección x

$F2$ = fuerza en la dirección y

$F3$ = fuerza en la dirección tangencial

$F4$ = fuerza en la dirección radial

M = momento puntual horario

Figura 5.7 Dirección radial y tangencial.

También admiten cargas distribuidas rectangulares, triangulares y trapezoidales.

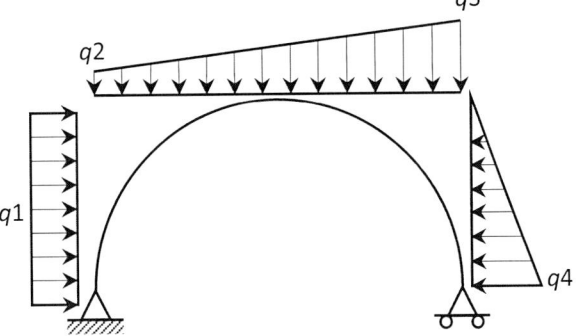

Figura 5.8 Arco con cargas distribuidas convencionales.

Otras cargas no tan usuales se distribuyen de manera radial o repartidas en la trayectoria de su arco.

a) Carga radial

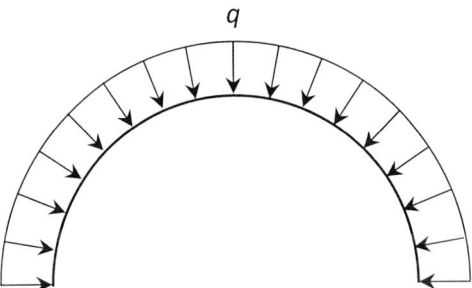

Figura 5.9 Arco con carga radial.

Para este tipo de cargas, será necesario incluir variables que nos permitan realizar un análisis diferencial de la resultante y de su punto de aplicación

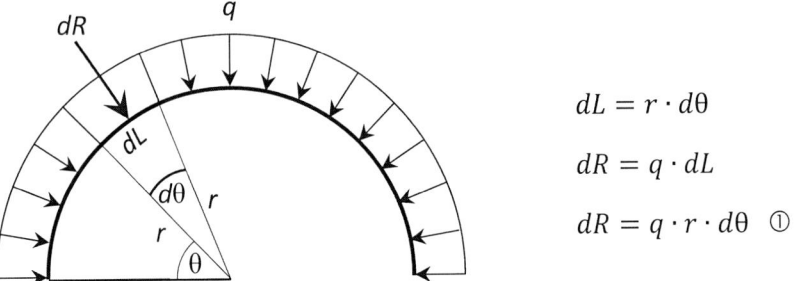

$$dL = r \cdot d\theta$$

$$dR = q \cdot dL$$

$$dR = q \cdot r \cdot d\theta \quad ①$$

Figura 5.10 Análisis de la resultante de la carga.

Descomponemos la resultante.

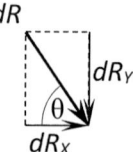

Figura 5.11 Descomposición de dR.

$$dR_X = dR \cdot \cos\theta \quad ②$$

$$dR_Y = dR \cdot \text{sen}\theta \quad ③$$

Reemplazamos ① en ② y ③:

$$dR_X = q \cdot r \cdot d\theta \cdot \cos\theta$$

$$dR_Y = q \cdot r \cdot d\theta \cdot \text{sen}\theta$$

Integramos ambas ecuaciones:

$$R_X = \int_0^\pi q \cdot r \cdot \cos\theta \cdot d\theta$$

$$R_X = \left[q \cdot r \cdot \text{sen}\theta \right]_0^\pi$$

$$R_X = q \cdot r \cdot \text{sen}\pi - q \cdot r \cdot \text{sen}0$$

$$R_X = 0$$

Este valor ($R_X = 0$) se debe a la simetría que tiene la carga, pues la resultante Rx desde 0 a π / 2 es opuesta a la resultante Rx desde π / 2 a π y, por lo tanto, se anulan entre sí:

$$R_Y = \int_0^\pi q \cdot r \cdot \text{sen}\theta \cdot d\theta$$

$$R_Y = \left[-q \cdot r \cdot cos\theta \right]_0^\pi$$

$$R_Y = -q \cdot r(\cos\pi - \cos0)$$

$$R_Y = -q \cdot r(-1 - 1)$$

$$R_Y = -q \cdot r(-2)$$

$$R_Y = 2 \cdot q \cdot r$$

Como la resultante en X es nula, solamente calculamos la posición de su resultante para Y; para esto, determinamos el momento en el punto A debido a la resultante:

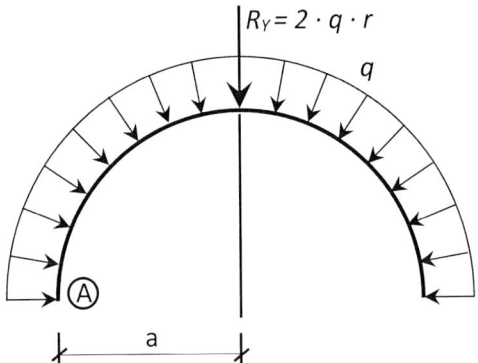

Figura 5.12 Distancia a de posición de Ry.

$$M_A = 2 \cdot q \cdot r \cdot a \quad ①$$

Calculemos ahora el momento de dR con respecto al punto A.

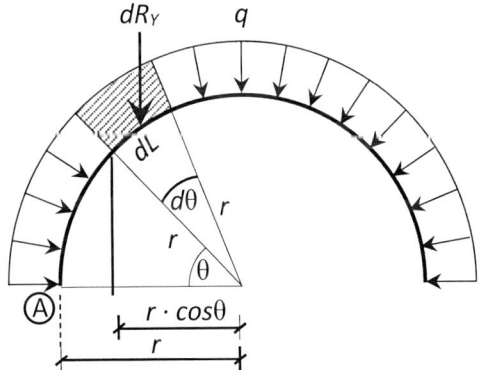

Figura 5.13 Análisis del momento flector.

$$dM_A = dR_Y \cdot (r - r \cdot \cos\theta)$$

$$dR_Y = q \cdot r \cdot \mathrm{sen}\theta \cdot d\theta$$

$$dM_A = q \cdot r \cdot \mathrm{sen}\theta \cdot d\theta \cdot (r - r \cdot \cos\theta)$$

$$dM_A = q \cdot r^2 \cdot \mathrm{sen}\theta \cdot d\theta - q \cdot r^2 \cdot \mathrm{sen}\theta \cdot \cos\theta \cdot d\theta$$

Integramos ambos miembros:

$$M_A = \int_0^\pi q \cdot r^2 \cdot \text{sen}\theta \cdot d\theta - \int_0^\pi q \cdot r^2 \cdot \text{sen}\theta \cdot \cos\theta \cdot d\theta$$

$$M_A = \int_0^\pi q \cdot r^2 \cdot \text{sen}\theta \cdot d\theta - \int_0^\pi q \cdot r^2 \cdot \text{sen}\theta \cdot \cos\theta \cdot d\theta$$

$$M_A = 2 \cdot q \cdot r^2 - 0$$

$$M_A = 2 \cdot q \cdot r^2 \quad ②$$

Igualamos las ecuaciones ① con ②:

$$2 \cdot q \cdot r \cdot a = 2 \cdot q \cdot r^2$$

$$\boxed{a = r}$$

a) Carga distribuida sobre el arco

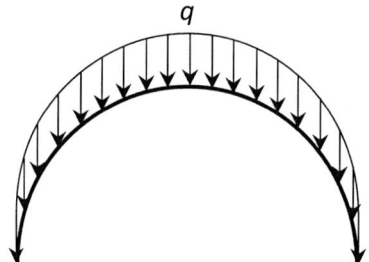

Figura 5.14 Arco con carga vertical distribuida sobre el arco.

Realizamos el siguiente análisis diferencial.

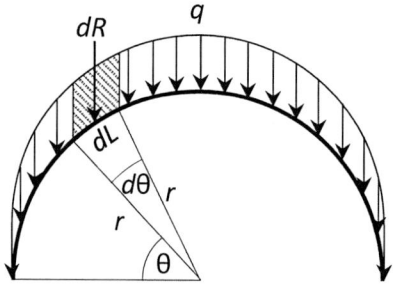

Figura 5.15 Análisis de la resultante de la carga.

$$dL = r \cdot d\theta$$

$$dR = q \cdot dL$$

$$dR = q \cdot r \cdot d\theta$$

Integrando desde 0 hasta π:

$$R = \int_0^\pi q \cdot r \cdot d\theta$$

$$R = \left[q \cdot r \cdot \theta \right]_0^\pi$$

$$\boxed{R = \pi \cdot q \cdot r}$$

Para conocer el punto de aplicación de la resultante, calculamos primero el momento en el punto *A* debido a la Resultante.

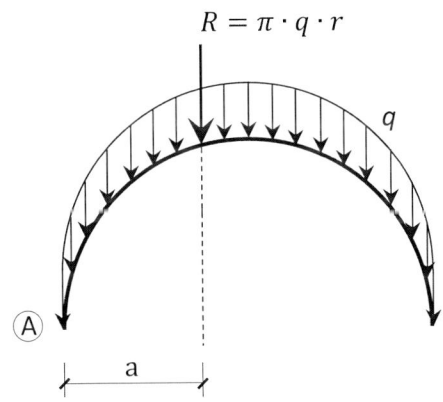

Figura 5.16 Distancia *a* de posición de *R*.

$$M_A = R \cdot a = \pi \cdot q \cdot r \cdot a \quad \textcircled{1}$$

Calculamos ahora el momento en el punto *A*, debido a la resultante diferencial (*dR*).

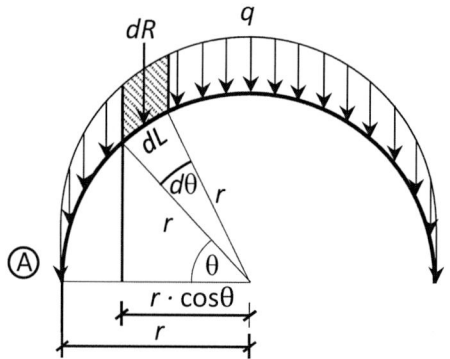

Figura 5.17 Análisis del momento flector.

$$dM_A = dR \cdot (r - r \cdot cos\theta) \quad ②$$

$$dR = q \cdot r \cdot d\theta \quad ③$$

Reemplazamos ③ en ②:

$$dM_A = q \cdot r \cdot d\theta \cdot (r - r \cdot cos\theta)$$

$$dM_A = q \cdot r^2 \cdot d\theta - q \cdot r^2 \cdot cos\theta \cdot d\theta$$

Integramos ambos miembros:

$$M_A = \int_0^\pi q \cdot r^2 \cdot d\theta - \int_0^\pi q \cdot r^2 \cdot cos\theta \cdot d\theta$$

$$M_A = \left[q \cdot r^2 \cdot d\theta \right]_0^\pi - \left[q \cdot r^2 \cdot sen\theta \right]_0^\pi$$

$$M_A = q \cdot r^2 \cdot \pi - (q \cdot r^2 \cdot sen\pi - q \cdot r^2 \cdot sen0)$$

$$M_A = q \cdot r^2 \cdot \pi - (q \cdot r^2 \cdot sen\pi - q \cdot r^2 \cdot sen0)$$

$$M_A = q \cdot r^2 \cdot \pi \quad ④$$

Igualamos las ecuaciones ① con ④:

$$\pi \cdot q \cdot r \cdot a = q \cdot r^2 \cdot \pi$$

$$\boxed{a = r}$$

5.4.2. CONVENIO DE SIGNOS PARA EL CÁLCULO DE ESFUERZOS INTERNOS

Para calcular las ecuaciones de esfuerzos internos, utilizamos el convenio de signos mostrado en la figura 5.18. Para este cálculo, debemos descomponer previamente las fuerzas en dirección tangencial y radial.

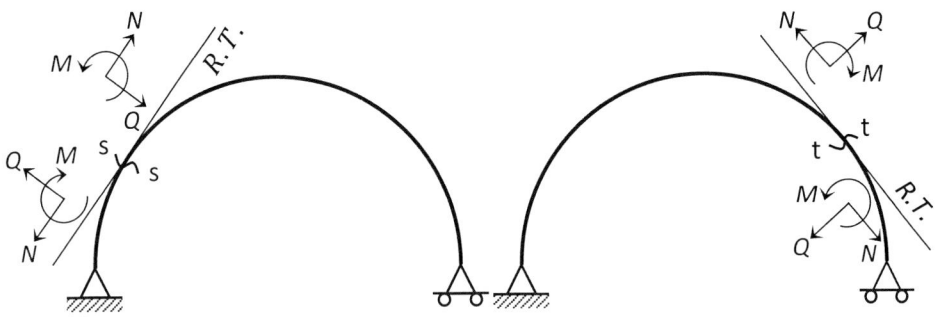

Figura 5.18 Convenio de signos para el cálculo de esfuerzos internos.

5.4.3. CONVENIO PARA DIAGRAMAR ESFUERZOS INTERNOS

Los esfuerzos internos N, Q y M se grafican a lo largo del arco circular de manera radial; para estos, se debe seccionar el arco según una constante angular para, luego, graficar su valor correspondiente según el convenio indicado en la figura 5.19.

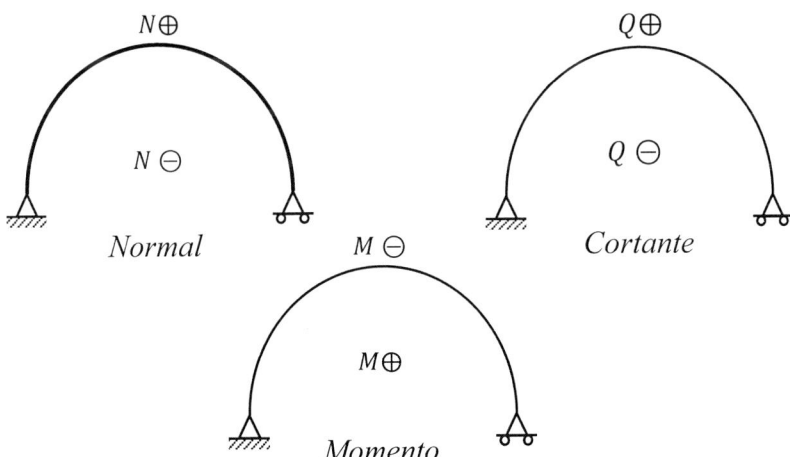

Figura 5.19 Convenio para diagramar los esfuerzos en arcos.

EJERCICIOS

EJERCICIO 78

Calcule las reacciones y diagrame los esfuerzos internos.

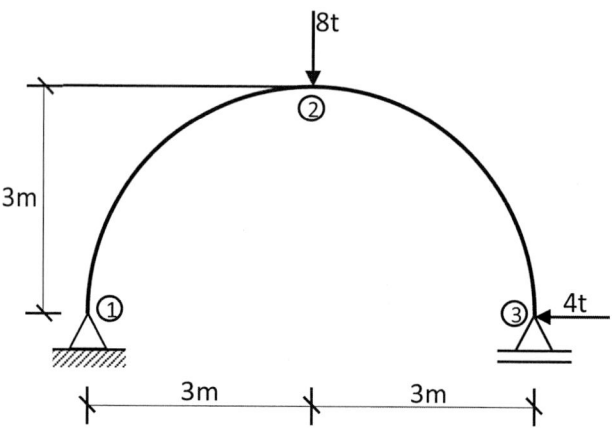

Figura 5.20 Arco circular 1.

1.- Cálculo de reacciones

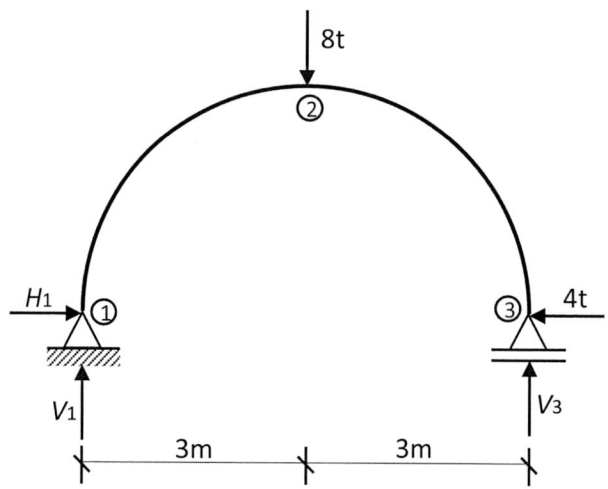

$\Sigma F_H = 0 \rightarrow \oplus$

$H_1 - 4 = 0$

$H_1 = 4\,t$

$\Sigma M_1 = 0 \;\circlearrowleft\oplus\;(\text{der})$

$8 \cdot 3 - V_3 \cdot 6 = 0$

$V_3 = 4\,t$

$\Sigma F_V = 0 \;\uparrow\oplus$

$V_1 - 8 + 4 = 0$

$V_1 = 4\,t$

2.- Cálculo de esfuerzos Internos

2.1. Tramo 1-2 $(0 \leq \theta \leq 90°)$

a) Normal y Cortante

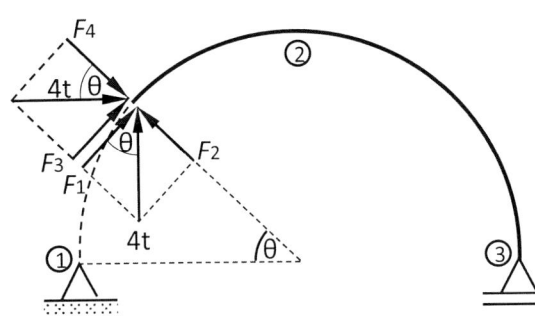

$$F_1 = 4 \cdot \cos\theta$$
$$F_2 = 4 \cdot \sin\theta$$
$$F_3 = 4 \cdot \sin\theta$$
$$F_4 = 4 \cdot \cos\theta$$
$$N = -F_1 - F_3$$
$$N = -4\cos\theta - 4\sin\theta$$
$$Q = F_2 - F_4$$
$$Q = 4\sin\theta - 4\cos\theta$$

b) Momento

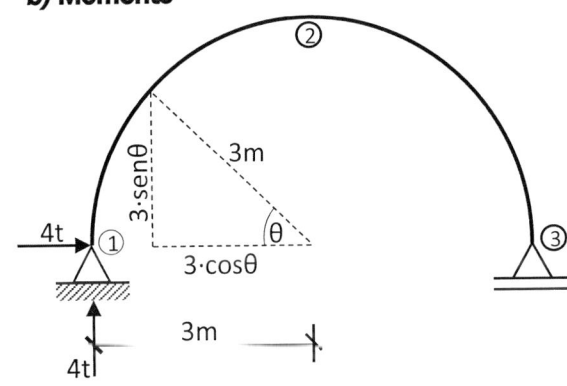

$$M = 4\,(3 - 3\cos\theta) - 4(3\sin\theta)$$
$$M = 12 - 12\cos\theta - 12\sin\theta$$

2.2. Tramo 2-3 $(90° \leq \theta \leq 180°)$

a) Normal y Cortante

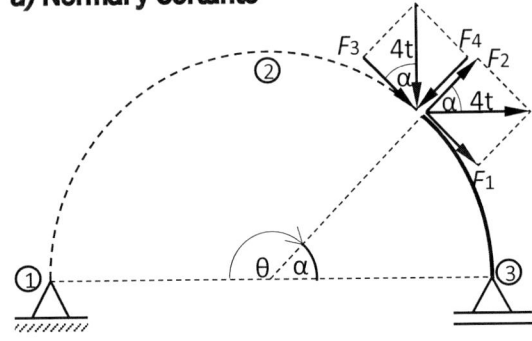

$$\alpha = 180 - \theta$$
$$F_1 = 4 \cdot \sin\alpha = 4\sin(180 - \theta)$$
$$F_2 = 4\cos\alpha = 4\cos(180 - \theta)$$
$$F_3 = 4\cos\alpha = 4\cos(180 - \theta)$$
$$F_4 = 4\sin\alpha = 4\sin(180 - \theta)$$

Sabiendo que:

$$\sin(180 - \theta) = \sin\theta$$
$$\cos(180 - \theta) = -\cos\theta$$

$$F_1 = 4 \operatorname{sen} \theta$$

$$F_2 = -4 \cos \theta$$

$$F_3 = -4 \cos \theta$$

$$F_4 = 4 \operatorname{sen} \theta$$

$$N = -F_1 - F_3 = -4 \cdot \operatorname{sen} \theta - (-4 \cos \theta)$$

$$N = -4 \operatorname{sen} \theta + 4 \cos \theta$$

$$Q = F_2 - F_4 = -4 \cos \theta - 4 \operatorname{sen} \theta$$

b) Momento

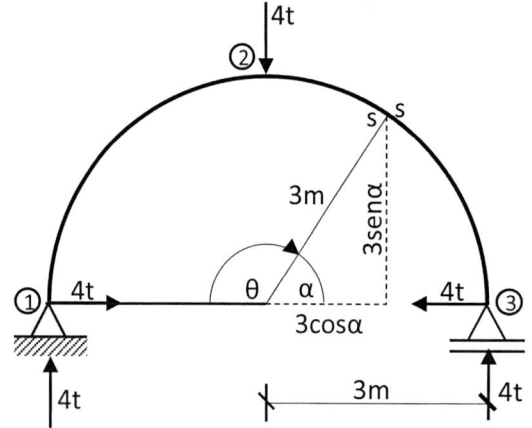

Consideramos las cargas a la derecha de s-s:

$$M = 4(3 - 3 \cos \alpha) - 4(3 \operatorname{sen} \alpha)$$
$$M = 12 - 12 \cos \alpha - 12 \operatorname{sen} \alpha$$

Sabiendo que:

$$\alpha = 180 - \theta$$
$$\operatorname{sen}(180 - \theta) = \operatorname{sen} \theta$$
$$\cos(180 - \theta) = -\cos \theta$$
$$M = 12 + 12 \cos \theta - 12 \operatorname{sen} \theta$$

3.- Diagramas de esfuerzos internos

a) Normal (1 m = 1 cm / 4 t = 1 cm)

Tramo	θ°	N[t]
1-2	0	−4
	30	−5,46
	60	−5,46
	90	−4
2-3	90	−4
	120	−5,46
	150	−5,46
	180	−4

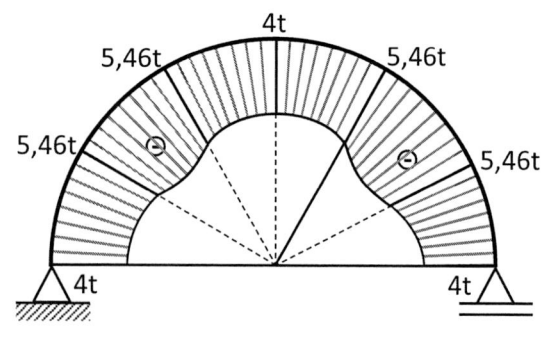

b) Cortante (1 m = 1 cm / 4 t = 1 cm)

Tramo	$\theta°$	Q[t]
1-2	0	−4
	30	−1,46
	60	1,46
	90	4
2-3	90	−4
	120	−1,46
	150	1,46
	180	4

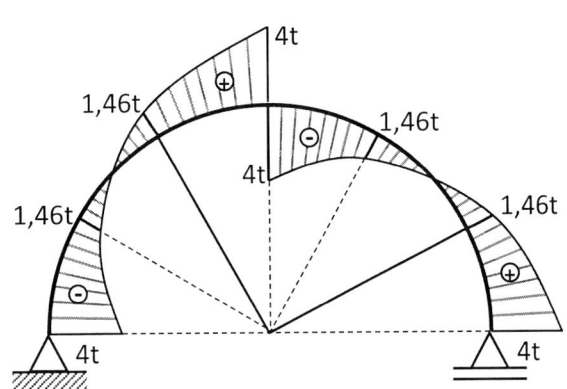

c) Momento (1 m = 1 cm / 4,39 tm = 1 cm)

Tramo	$\theta°$	M[tm]
1-2	0	0
	30	−4,39
	60	−4,39
	90	0
2-3	90	0
	120	−4,39
	150	−4,39
	180	0

EJERCICIO 79

Calcule las reacciones y diagrame los esfuerzos internos.

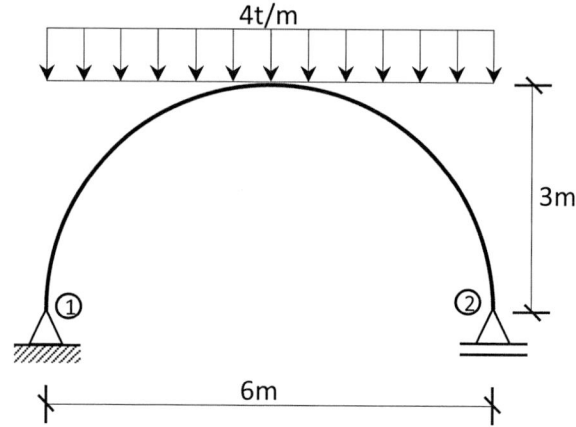

Figura 5.21 Arco circular 2.

1.-Cálculo de reacciones

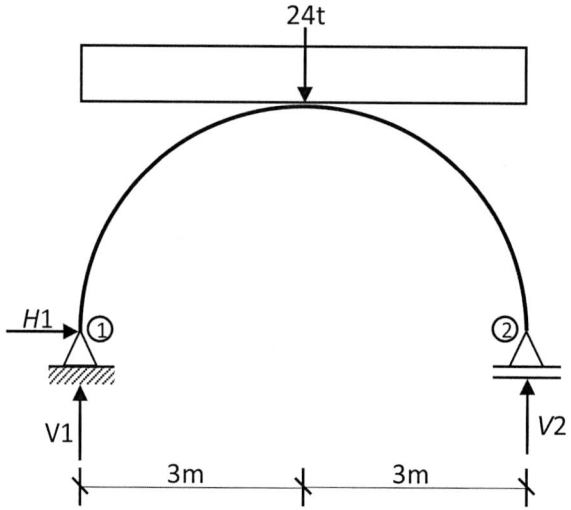

$\Sigma F_H = 0 \rightarrow \oplus$

$H_1 = 0$

$\Sigma M_1 = 0 \circlearrowright \oplus$

$24 \cdot 3 - V_2 \cdot 6 = 0$

$V_2 = 12 \text{ t}$

$\Sigma F_V = 0 \uparrow \oplus$

$V_1 - 24 + 12 = 0$

$V_1 = 12 \text{ t}$

2.-Cálculo de esfuerzos Internos

a) Normal y Corte

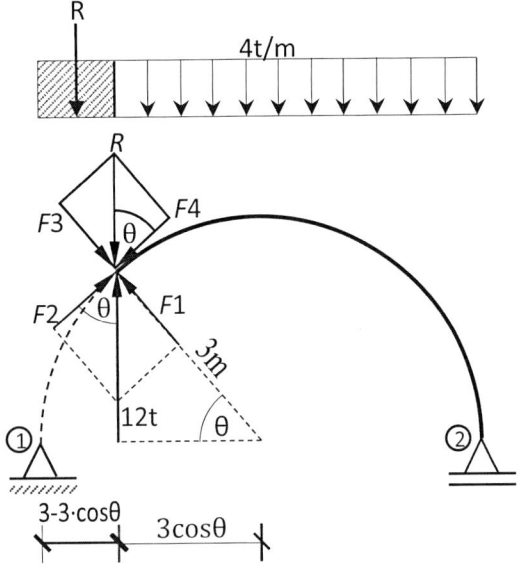

$$F_1 = 12 \cdot \text{sen}\theta$$

$$F_2 = 12 \cdot \cos\theta$$

$$R = 4 \cdot (3 - 3\cos\theta)$$

$$R = 12 - 12 \cdot \cos\theta$$

$$F_3 = R \cdot \text{sen}\theta$$

$$F_3 = (12 - 12 \cdot \cos\theta) \cdot \text{sen}\theta$$

$$F_3 = 12 \cdot \text{sen}\theta - 12 \cdot \text{sen}\theta \cdot \cos\theta$$

$$F_4 = R \cdot \cos\theta = (12 - 12 \cdot \cos\theta)\cos\theta$$

$$F_4 = 12 \cdot \cos\theta - 12 \cdot \cos^2\theta$$

$$N = -F_2 + F_4 = -12\cos\theta + 12\cos\theta - 12\cos^2\theta$$

$$N - 12\cos^2\theta$$

$$Q = F_1 - F_3 = 12\text{sen}\theta - 12\text{sen}\theta - 12\text{sen}\theta\cos\theta$$

$$Q = -12\text{sen}\theta\cos\theta$$

b) Momento

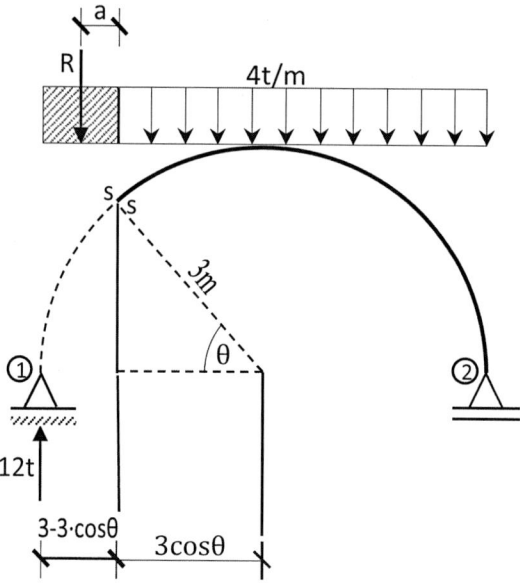

$$a = \frac{3 - 3\cos\theta}{2}$$

$$R = 4(3 - 3\cos\theta)$$

$$M = 12(3 - 3\cos\theta) - R \cdot a$$

$$M = 36 - 36\cos\theta - 4(3 - 3\cos\theta) \cdot \frac{(3 - 3\cos\theta)}{2}$$

$$M = 36 - 36\cos\theta - 2(3 - 3\cos)^2$$

$$M = 36 - 36\cos\theta - 2(9 - 18\cos\theta + 9\cos^2\theta)$$

$$M = 18 - 18\cos^2\theta$$

3.-Diagramas de esfuerzos internos

a) Normal (1 m = 1 cm / 6 t = 1 cm)

$\theta°$	$N[t]$
0	−12
45	−6
90	0
135	−6
180	−12

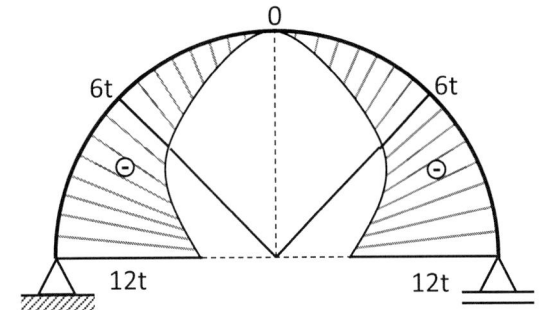

b) Cortante (1 m = 1 cm / 4 t = 1 cm)

$\theta°$	$Q[t]$
0	0
45	−6
90	0
135	6
180	0

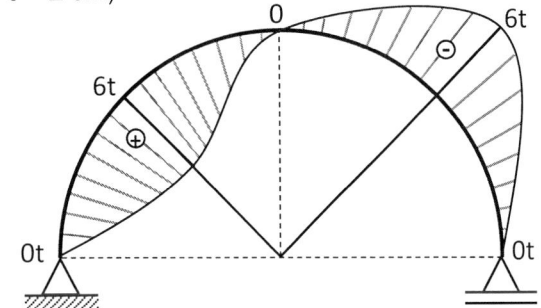

c) Momento (1 m = 1 cm / 9 tm = 1 cm)

$\theta°$	$M[tm]$
0	0
45	9
90	18
135	9
180	0

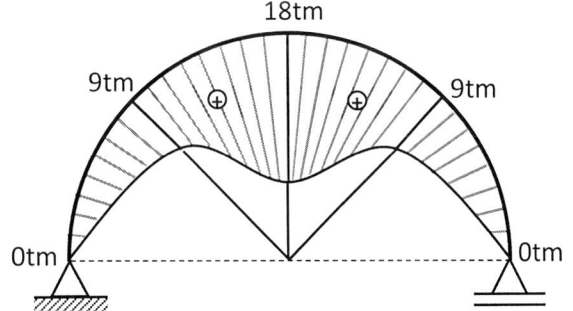

EJERCICIO 80

Calcule las reacciones y diagrame los esfuerzos internos.

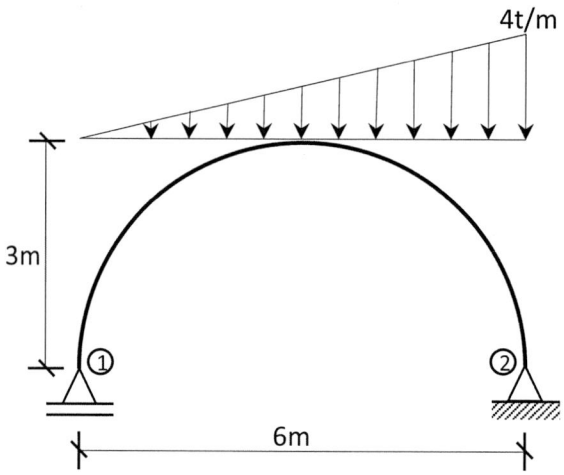

Figura 5.22 Arco circular 3.

1.-Cálculo de reacciones

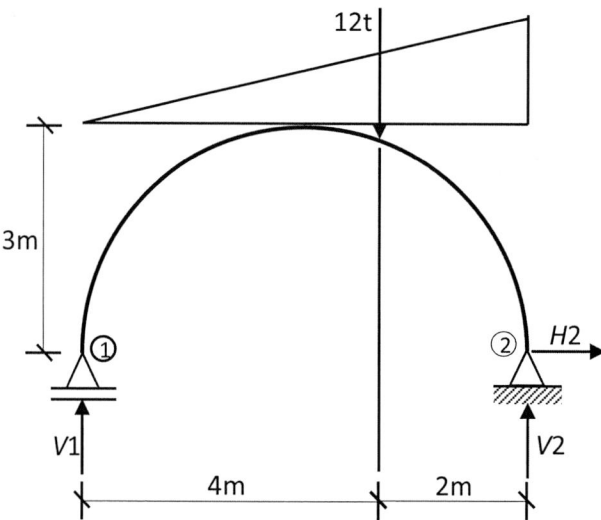

$\Sigma F_H = 0 \rightarrow \oplus$ $\Sigma M_1 = 0 \circlearrowleft \oplus$ $\Sigma F_V = 0 \uparrow \oplus$

$H_2 = 0$ $12 \cdot 4 - V_2 \cdot 6 = 0$ $V_1 - 12 + 8 = 0$

$V_2 = 8\ t$ $V_1 = 4\ t$

2.-Cálculo de esfuerzos internos

a) Normal y corte

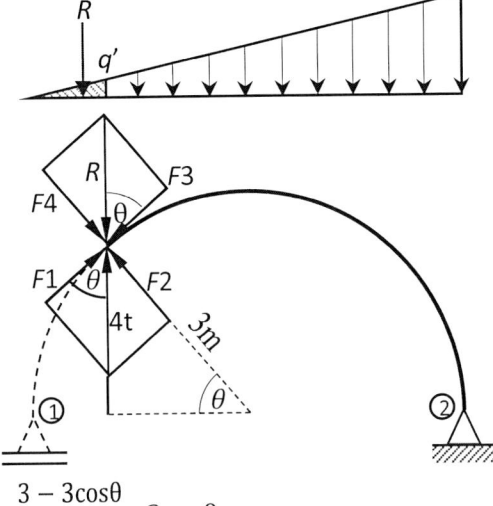

$$\frac{q'}{3-3\cos\theta} = \frac{4}{6}$$

$$q' = \frac{2}{3} \cdot (3-3\cos\theta)$$

$$R = \frac{2}{3} \cdot (3-3\cos\theta) \cdot \frac{(3-3\cos\theta)}{2}$$

$$R = \frac{(3-3\cos\theta)^2}{3}$$

$$F_1 = 4 \cdot \cos\theta$$

$$F_2 = 4 \cdot \text{sen}\theta$$

$$F_3 = R \cdot \cos\theta = \frac{(3-3\cos\theta)^2}{3} \cdot \cos\theta$$

$$F_4 = R \cdot \text{sen}\theta = \frac{(3-3\cos\theta)^2}{3} \cdot \text{sen}\theta$$

$$N = -F_1 + F_3$$

$$N = -4\cos\theta + \frac{(3-3\cos\theta)^2}{3} \cdot \cos\theta$$

$$N = -4\cos\theta + 3(1-\cos\theta)^2\cos\theta$$

$$N = -4\cos\theta + 3(1-2\cos\theta + \cos^2\theta)\cos\theta$$

$$N = -4\cos\theta + 3\cos\theta - 6\cos^2\theta + 3\cos^3\theta$$

$$N = -\cos\theta - 6\cos^2\theta - 6\cos^3\theta$$

$$Q = F_2 - F_4$$

$$Q = 4\text{sen}\theta - \frac{(3-3\cos\theta)^2}{3} \cdot \text{sen}\theta$$

$$Q = 4\text{sen}\theta - 3(1-\cos\theta)^2\text{sen}\theta$$

$$Q = 4sen\theta - 3\text{sen}\theta(1-2\cos\theta + \cos^2\theta)$$

$$Q = 4\text{sen}\theta - 3\text{sen}\theta + 6\,\text{sen}\theta\cos\theta - 3\text{sen}\theta\cos^2\theta$$

$$Q = \text{sen}\theta + 6\text{sen}\theta\cos\theta - 3\text{sen}\theta\cos^2\theta$$

b) Momento

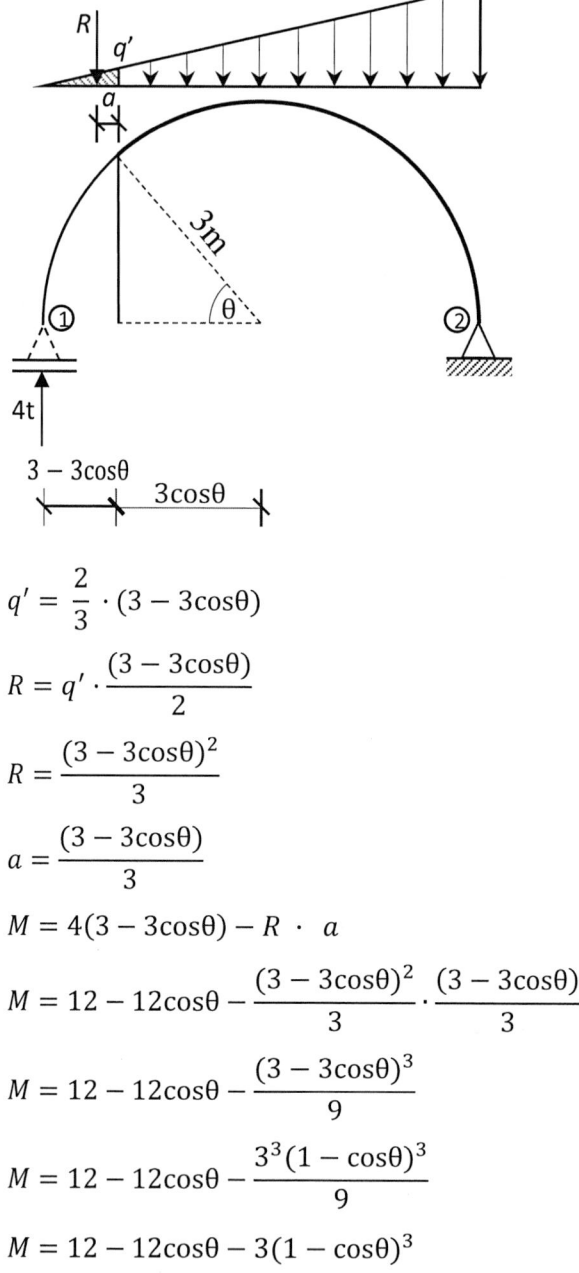

$$q' = \frac{2}{3} \cdot (3 - 3\cos\theta)$$

$$R = q' \cdot \frac{(3 - 3\cos\theta)}{2}$$

$$R = \frac{(3 - 3\cos\theta)^2}{3}$$

$$a = \frac{(3 - 3\cos\theta)}{3}$$

$$M = 4(3 - 3\cos\theta) - R \cdot a$$

$$M = 12 - 12\cos\theta - \frac{(3 - 3\cos\theta)^2}{3} \cdot \frac{(3 - 3\cos\theta)}{3}$$

$$M = 12 - 12\cos\theta - \frac{(3 - 3\cos\theta)^3}{9}$$

$$M = 12 - 12\cos\theta - \frac{3^3(1 - \cos\theta)^3}{9}$$

$$M = 12 - 12\cos\theta - 3(1 - \cos\theta)^3$$

3.-Diagramas de esfuerzos internos

a) Normal (1 m = 1 cm / 4 t = 1 cm)

$\theta°$	N[t]
0	−4
45	−2,65
90	0
135	−3,35
180	-8

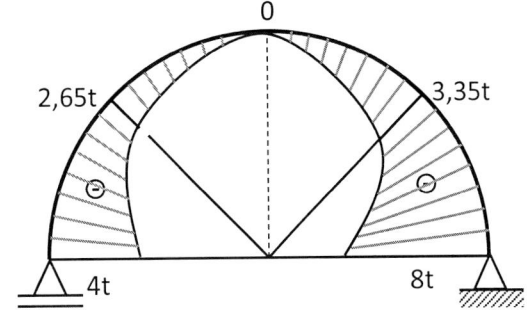

b) Cortante (1 m = 1 cm / 2 t = 1 cm)

$\theta°$	Q[t]
0	0
45	2,65
90	1
135	−3,35
180	0

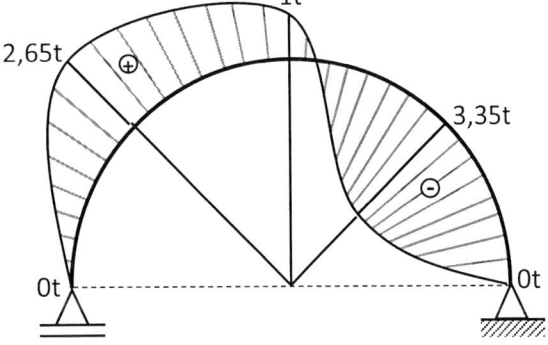

c) Momento (1 m = 1 cm / 5 tm = 1 cm)

$\theta°$	M[tm]
0	0
45	3,44
90	9
135	5,56
180	0

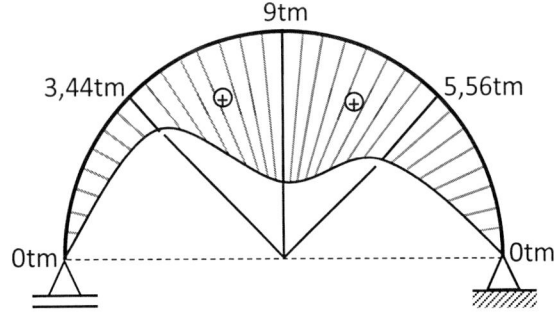

EJERCICIO 81

Calcule las reacciones y diagrame los esfuerzos internos.

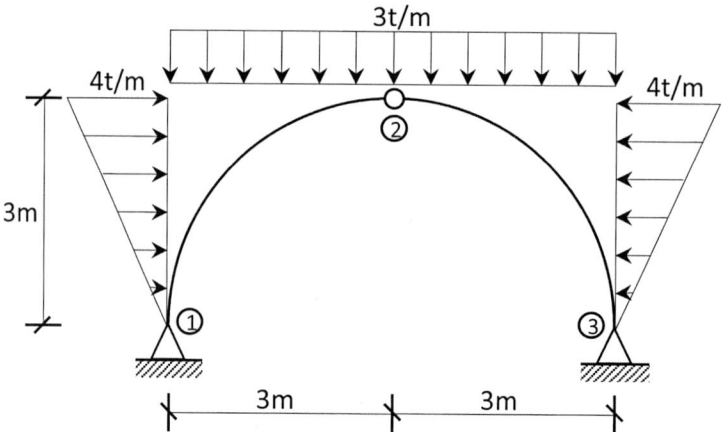

Figura 5.23 Arco circular 4.

1.-Cálculo de reacciones

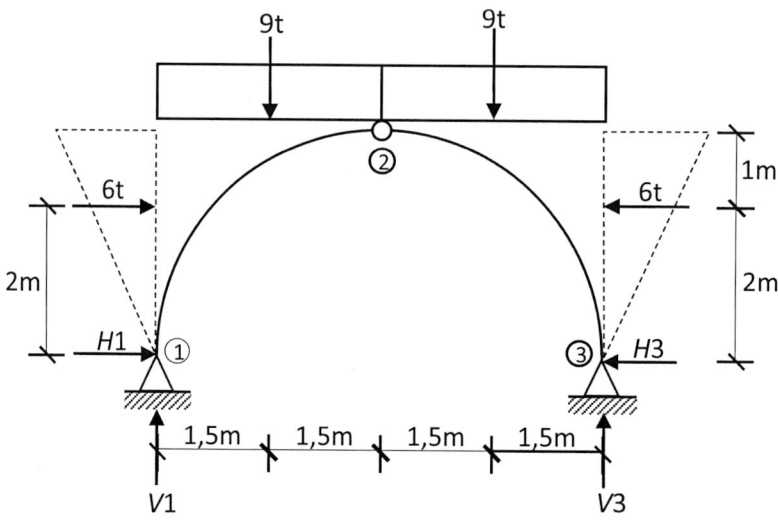

$\Sigma M_1 = 0 \; \circlearrowleft \oplus$

$6 \cdot 2 + 9 \cdot 1,5 + 9 \cdot 4,5 - 6 \cdot 2 - V_3 \cdot 6 = 0$

$V_3 = 9 \text{ t}$

$\Sigma M_2 = 0 \; \circlearrowleft \oplus (\text{der})$

$9 \cdot 1,5 + 6 \cdot 1 - 9 \cdot 3 + H_3 \cdot 3 = 0$

$H_3 = 2,5 \text{ t}$

$\Sigma F_V = 0 \uparrow \oplus$

$V_1 - 9 - 9 + 9 = 0$

$V_1 = 9 \text{ t}$

$\Sigma F_H = 0 \to \oplus$

$H_1 + 6 - 6 - 2,5 = 0$

$H_1 = 2,5 \text{ t}$

2.- Cálculo de esfuerzos Internos

2.1. Tramo 1-2

a) Normal y Corte

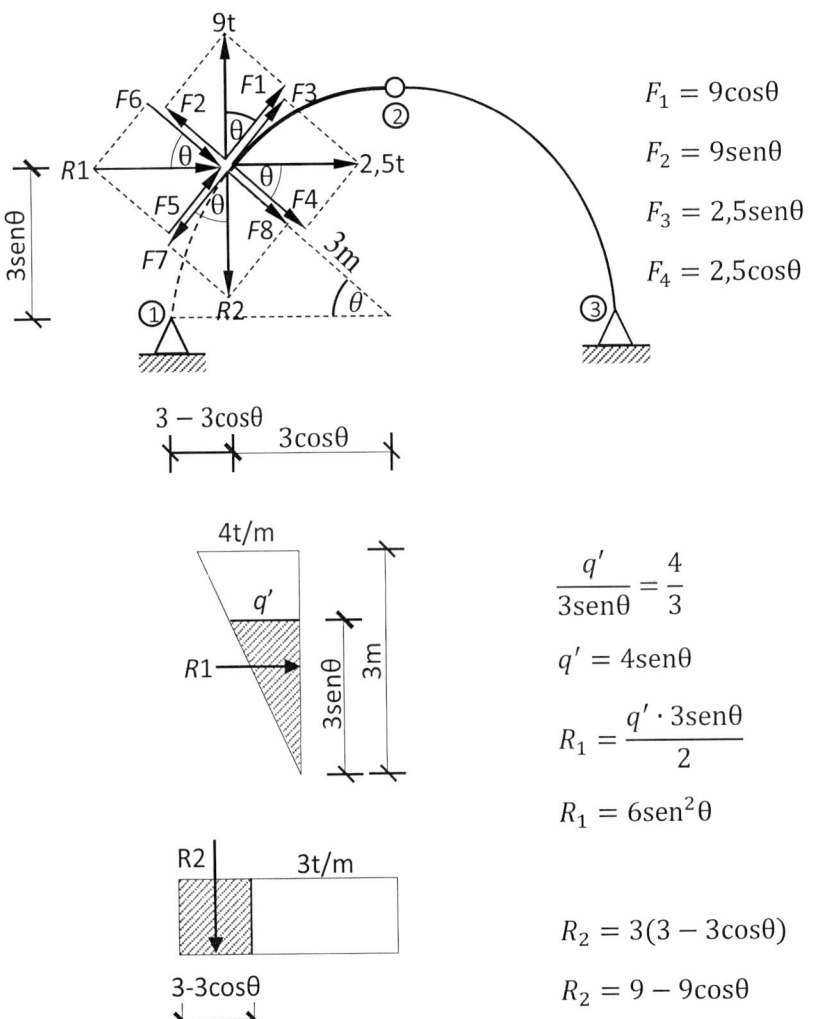

$F_1 = 9\cos\theta$

$F_2 = 9\text{sen}\theta$

$F_3 = 2,5\text{sen}\theta$

$F_4 = 2,5\cos\theta$

$$\frac{q'}{3\text{sen}\theta} = \frac{4}{3}$$

$q' = 4\text{sen}\theta$

$$R_1 = \frac{q' \cdot 3\text{sen}\theta}{2}$$

$R_1 = 6\text{sen}^2\theta$

$R_2 = 3(3 - 3\cos\theta)$

$R_2 = 9 - 9\cos\theta$

$F_5 = R_1 \cdot \text{sen}\theta = 6\text{sen}^3\theta$

$$F_6 = R_1 \cdot \cos\theta = 6\text{sen}^2\theta\cos\theta$$

$$F_7 = R_2 \cdot \cos\theta = (9 - 9\cos\theta)\cos\theta = 9\cos\theta - 9\cos^2\theta$$

$$F_8 = R_2 \cdot \text{sen}\theta = (9 - 9\cos\theta)\text{sen}\theta = 9\text{sen}\theta - 9\text{sen}\theta\cos\theta$$

$$N = -F_1 - F_3 - F_5 + F_7$$

$$N = -9\cos\theta - 2{,}5\text{sen}\theta - 6\text{sen}^3\theta + 9\cos\theta - 9\cos^2\theta$$

$$N = -2{,}5\text{sen}\theta - 6\text{sen}^3\theta - 9\cos^2\theta$$

$$Q = F_2 - F_4 - F_6 - F_8$$

$$Q = 9\text{sen}\theta - 2{,}5\cos\theta - 6\text{sen}^2\theta\cos\theta - 9\text{sen}\theta - 9\text{sen}\theta\cos\theta$$

$$Q = -2{,}5\cos\theta - 9\text{sen}\theta\cos\theta - 6\text{sen}^2\theta\cos\theta$$

b) Momento

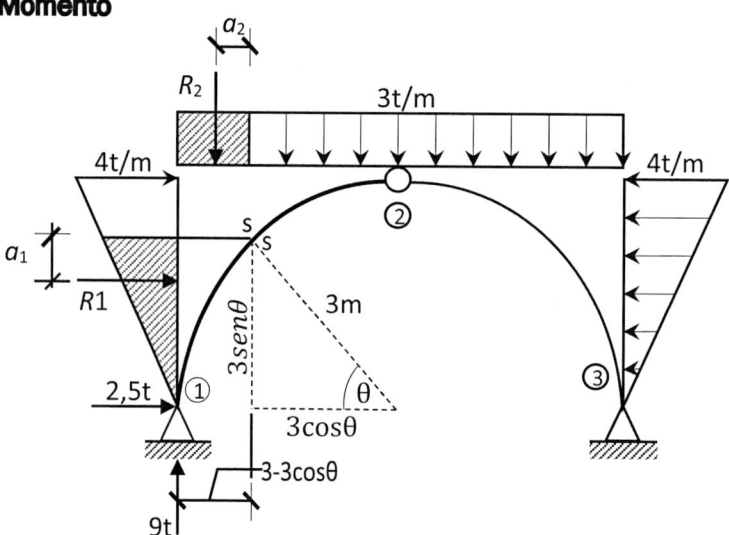

Del inciso anterior:

$$R_1 = 6\text{sen}^2\theta$$
$$R_2 = 3(3 - 3\cos\theta)$$

Del gráfico:

$$a_1 = \frac{1}{3}(3\text{sen}\theta) = \text{sen}\theta$$

$$a_2 = \frac{(3 - 3\cos\theta)}{2}$$

$$M = 9(3 - 3\cos\theta) - 2{,}5(3\,\text{sen}\theta) - R_1 \cdot a_1 - R_2 \cdot a_2$$

$$M = 27 - 27\cos\theta - 7{,}5\text{sen}\theta - 6\text{sen}^2\theta \cdot \text{sen}\theta - 3(3 - 3\cos\theta)\frac{(3 - 3\cos\theta)}{2}$$

$$M = 27 - 27\cos\theta - 7{,}5\text{sen}\theta - 6\text{sen}^3\theta - 1{,}5(9 - 18\cos\theta + 9\cos^2\theta)$$

$$M = 13{,}5 - 7{,}5\text{sen}\theta - 6\text{sen}^3\theta - 13{,}5\cos^2\theta$$

b) Tramo 3-2

Como la estructura es simétrica en su geometría, apoyos y cargas, las ecuaciones obtenidas en el tramo anterior son tambien válidas para el presente tramo.

Para hacer empleo de las ecuaciones anteriores, debe considerar que:

- El recorrido es de derecha a izquierda
- El esfuerzo normal y momento flector son simétricos
- El esfuerzo cortante es asimétrico; por lo tanto, debe cambiarse el signo

$$N_{3-2} = N_{1-2}$$

$$N_{3-2} = -2{,}5\text{sen}\theta - 6\text{sen}^3\theta - 9\cos^2\theta$$

$$Q_{3-2} = -Q_{1-2}$$

$$Q_{3-2} = 2{,}5\cos\theta + 9\text{sen}\theta\cos\theta + 6\text{sen}^2\theta\cos\theta$$

$$M_{3-2} = M_{1-2}$$

$$M_{3-2} = 13{,}5 - 7{,}5\text{sen}\theta - 6\text{sen}^3\theta - 13{,}5\cos^2\theta$$

3.-Diagramas de esfuerzos internos

a) Normal (1 m = 1 cm / 8 t = 1 cm)

θ°	N[t]
0	−9
30	−8,75
60	−8,31
90	−8,5

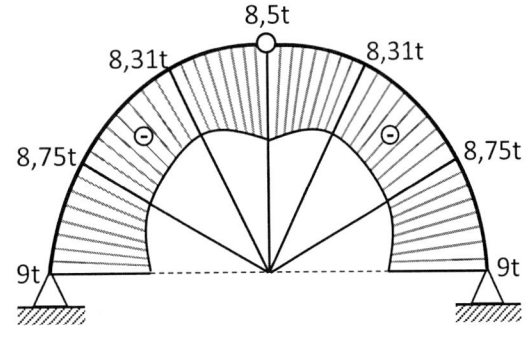

b) Cortante (1 m = 1 cm / 5 t = 1 cm)

θ°	Q[t]
0	−2,5
30	−7,36
60	−7,40
90	0

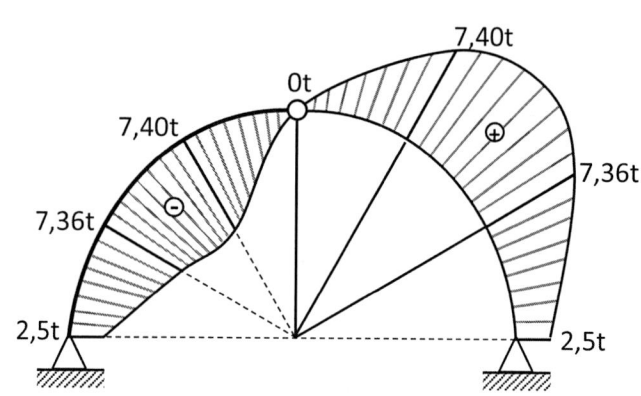

c) Momento (1 m = 1 cm / 0,5 tm = 1 cm)

θ°	M[tm]
0	0
30	−1,125
60	−0,267
90	0

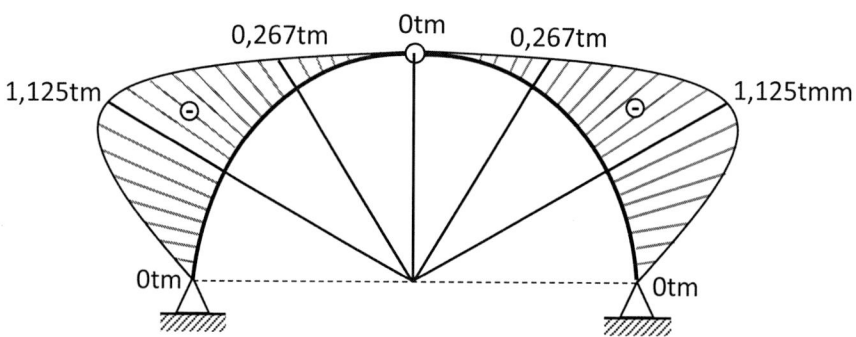

EJERCICIO 82

Calcule las reacciones y diagrame los esfuerzos internos.

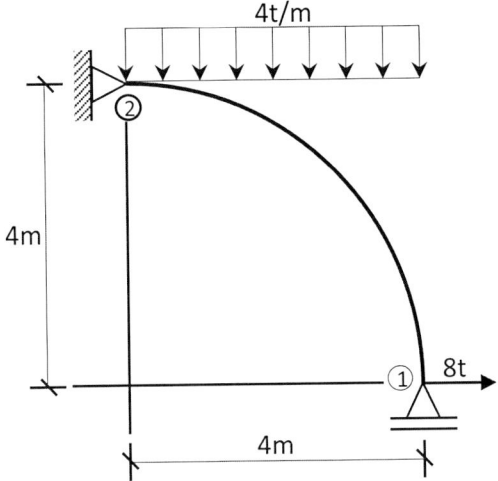

Figura 5.24 Arco circular 5.

1.- Cálculo de reacciones

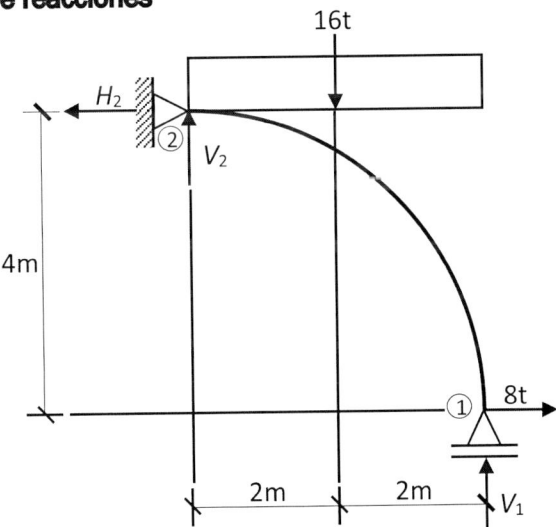

$$\Sigma F_H = 0 \rightarrow \oplus$$

$$-H_2 + 8 = 0$$

$$H_2 = 8 \text{ t}$$

$$\Sigma M_2 = 0 \circlearrowleft \oplus$$

$$16 \cdot 2 - 8 \cdot 4 - V_1 \cdot 4 = 0$$

$$V_1 = 0$$

$$\Sigma F_V = 0 \uparrow \oplus$$

$$V_2 - 16 = 0$$

$$V_2 = 16 \text{ t}$$

2.- Cálculo de esfuerzos internos

a) Normal y Cortante

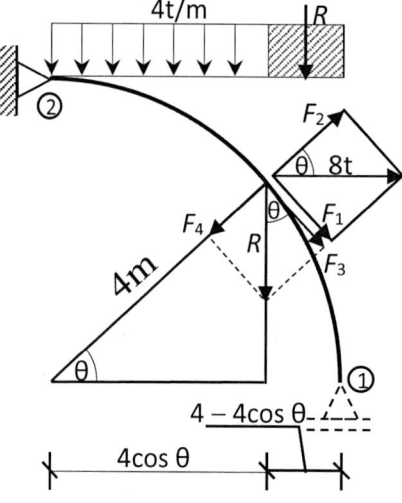

$R = 4 \cdot (4 - 4 \cdot \cos\theta)$

$R = 16 - 16 \cdot \cos\theta$

$F_1 = 8 \cdot \text{sen}\theta$

$F_2 = 8 \cdot \cos\theta$

$F_3 = R \cdot \cos\theta$

$F_3 = (16 - 16 \cdot \cos\theta) \cdot \cos\theta$

$F_3 = 16 \cdot \cos\theta - 16 \cdot \cos^2\theta$

$F_4 = R \cdot \text{sen}\theta$

$F_4 = (16 - 16 \cdot \cos\theta) \cdot \text{sen}\theta$

$F_4 = 16 \cdot \text{sen}\theta - 16 \cdot \text{sen}\theta \cdot \cos\theta$

$N = F_1 + F_3 = 8 \cdot \text{sen}\theta + 16 \cdot \cos\theta - 16 \cdot \cos^2\theta$

$Q = -F_2 + F_4$

$Q = -8 \cdot \cos\theta + 16 \cdot \text{sen}\theta - 16 \cdot \text{sen}\theta \cdot \cos\theta$

b) Momento flector

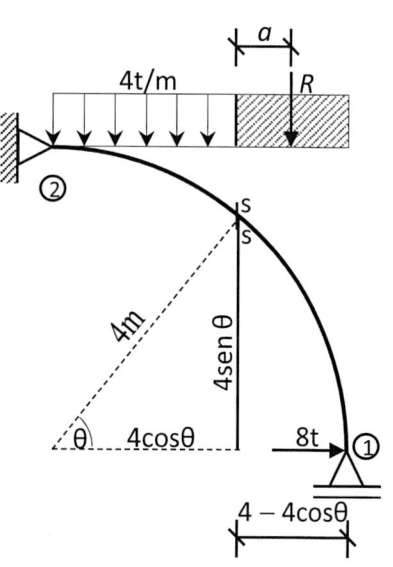

$R = 4 \cdot (4 - 4 \cdot \cos\theta)$

$a = \dfrac{4 - 4 \cdot \cos\theta}{2}$

$M = 8 \cdot (4 \cdot \text{sen}\theta) - R \cdot a$

$M = 32 \cdot \text{sen}\theta - 4 \cdot (4 - 4 \cdot \cos\theta) \cdot \dfrac{(4 - 4 \cdot \cos\theta)}{2}$

$M = 32 \cdot \text{sen}\theta - 2 \cdot (16 - 32 \cdot \cos\theta + 16 \cdot \cos^2\theta)$

$M = -32 + 32 \cdot \text{sen}\theta + 64 \cdot \cos\theta - 32 \cdot \cos^2\theta$

3.- Diagramas de esfuerzos internos

a) Normal (1 m = 1 cm / 5 t = 1 cm)

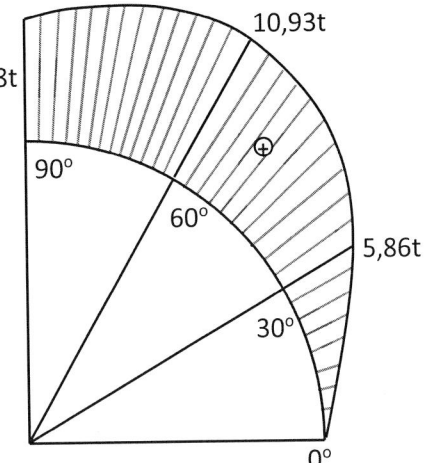

$\theta°$	N[t]
0	0
30	5,86
60	10,93
90	8

b) Cortante (1 m = 1 cm / 8 t = 1 cm)

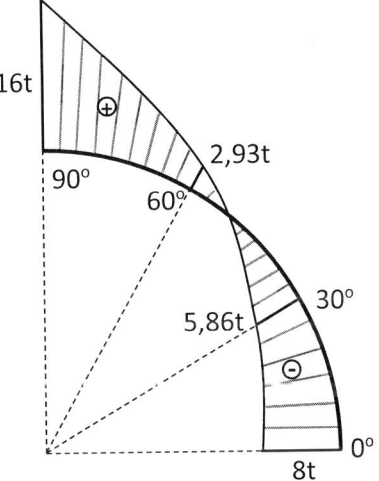

$\theta°$	Q[t]
0	−8
30	−5,86
60	2,93
90	16

c) Momento (1 m = 1 cm / 10 tm = 1 cm)

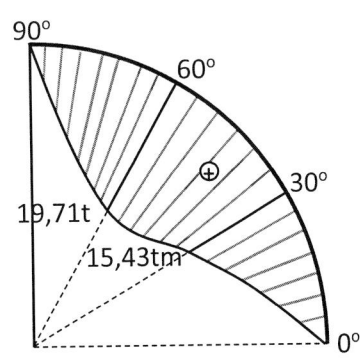

$\theta°$	M[tm]
0	0
30	15,43
60	19,71
90	0

EJERCICIO 83

Calcule las reacciones y diagrame los esfuerzos internos.

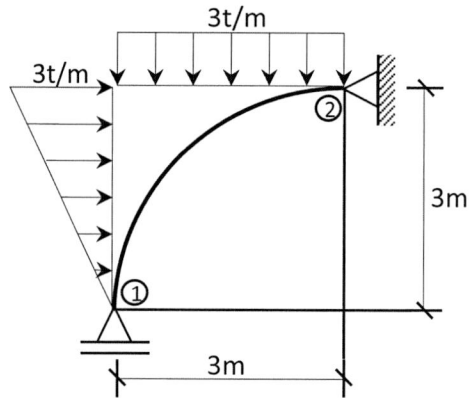

Figura 5.25 Arco circular 6.

1.- Cálculo de reacciones

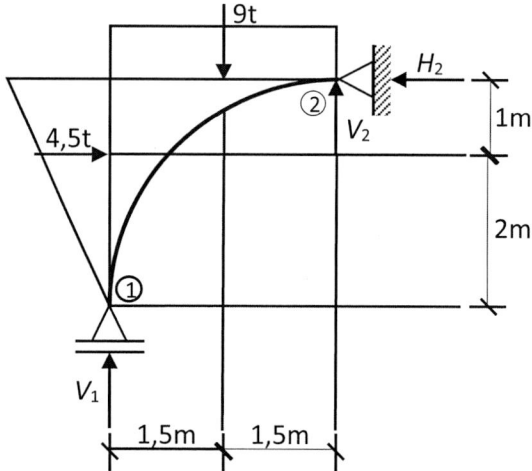

$\Sigma F_H = 0 \to \oplus$

$4,5 - H_2 = 0$

$H_2 = 4,5\ t$

$\Sigma M_1 = 0 \circlearrowleft \oplus$

$4,5 \cdot 2 + 9 \cdot 1,5 - 4,5 \cdot 3 - V_2 \cdot 3 = 0$

$V_2 = 3\ t$

$\Sigma F_V = 0 \uparrow \oplus$

$V_1 - 9 + 3 = 0$

$V_1 = 6\ t$

2.- Cálculo de esfuerzos internos

a) Normal y Cortante

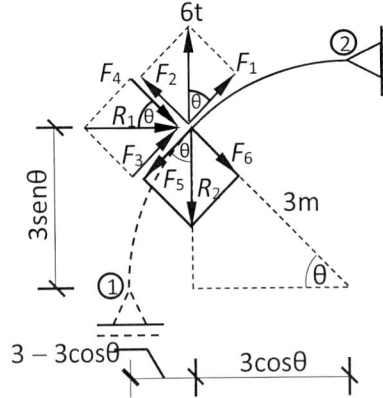

$$F_1 = 6 \cdot \cos\theta$$

$$F_2 = 6 \cdot \text{sen}\theta$$

$$\frac{q'}{3 \cdot \text{sen}\theta} = \frac{3}{3}$$

$$q' = 3 \cdot \text{sen}\theta$$

$$R_1 = \frac{q' \cdot 3 \cdot \text{sen}\theta}{2}$$

$$R_1 = 4{,}5 \cdot \text{sen}^2\theta$$

$$F_3 = R_1 \cdot \text{sen}\theta$$

$$F_3 = 4{,}5 \cdot \text{sen}^3\theta$$

$$F_4 = R_1 \cdot \cos\theta$$

$$F_4 = 4{,}5 \cdot \text{sen}^2\theta \cdot \cos\theta$$

$$R_2 = 3 \cdot (3 - 3 \cdot \cos\theta)$$

$$R_2 = 9 - 9 \cdot \cos\theta$$

$$F_5 = R_2 \cdot \cos\theta$$

$$F_5 = 9 \cdot \cos\theta - 9 \cdot \cos^2\theta$$

$$F_6 = R_2 \cdot \text{sen}\theta$$

$$F_6 = 9 \cdot \text{sen}\theta - 9 \cdot \text{sen}\theta \cdot \cos\theta$$

$$N = -F_1 - F_3 + F_5$$

$$N = -6 \cdot \cos\theta - 4,5 \cdot \text{sen}^3\theta + 9 \cdot \cos\theta - 9 \cdot \cos^2\theta$$

$$N = -4,5 \cdot \text{sen}^3\theta + 3 \cdot \cos\theta - 9 \cdot \cos^2\theta$$

$$Q = F_2 - F_4 - F_6$$

$$Q = 6 \cdot \text{sen}\theta - 4,5 \cdot \text{sen}^2\theta \cdot \cos\theta - (9 \cdot \text{sen}\theta - 9 \cdot \text{sen}\theta \cdot \cos\theta)$$

$$Q = -3 \cdot \text{sen}\theta + 9 \cdot \text{sen}\theta \cdot \cos\theta - 4,5 \cdot \text{sen}^2\theta \cdot \cos\theta$$

b) Momento

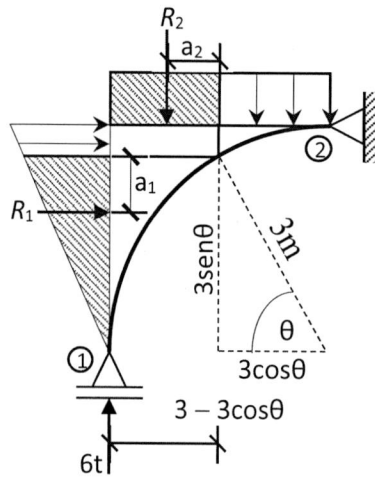

Del inciso anterior:

$$R_1 = 4,5 \cdot \text{sen}^2\theta$$

$$R_2 = 3(3 - 3 \cdot \cos\theta)$$

$$a_1 = \frac{1}{3}(3 \cdot \text{sen}\theta) = \text{sen}\theta$$

$$a_2 = \frac{1}{2}(3 - 3 \cdot \cos\theta)$$

$$M = 6(3 - 3 \cdot \cos\theta) - R_1 \cdot a_1 - R_2 \cdot a_2$$

$$M = 18 - 18 \cdot \cos\theta - 4,5 \cdot \text{sen}^2\theta \cdot \text{sen}\theta - 3(3 - 3 \cdot \cos\theta)\frac{1}{2}(3 - 3 \cdot \cos\theta)$$

$$M = 18 - 18 \cdot \cos\theta - 4,5 \cdot \text{sen}^3\theta - 1,5(9 - 18 \cdot \cos\theta + 9 \cdot \cos^2\theta)$$

$$M = 4,5 + 9 \cdot \cos\theta - 13,5 \cdot \cos^2\theta - 4,5 \cdot \text{sen}^3\theta$$

3.- Diagramas de esfuerzos internos

a) Normal (1 m = 1 cm / 4 t = 1 cm)

$\theta°$	N[t]
0	−6
30	−4,71
60	−3,67
90	−4,5

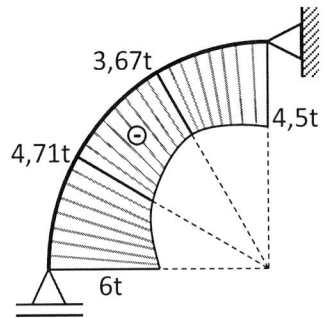

b) Cortante (1 m = 1 cm / 1,5 t = 1 cm)

$\theta°$	Q[t]
0	0
30	1,42
60	−0,39
90	−3

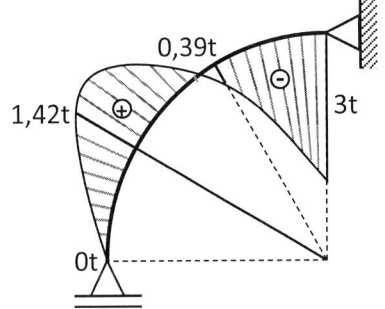

c) Momento (1 m = 1 cm / 2 tm − 1 cm)

$\theta°$	M[tm]
0	0
30	1,61
60	2,70
90	0

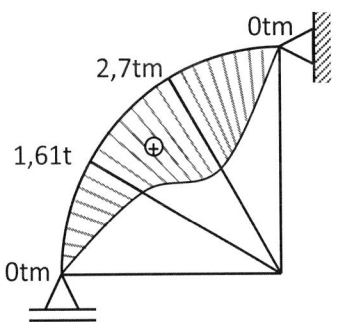

5.5. ARCOS PARABÓLICOS

Para analizar la variación de los esfuerzos internos en los arcos parabólicos, debemos tomar en cuenta los criterios expuestos a continuación.

1.er criterio

Es importante, antes de comenzar el análisis de esfuerzos internos, la adecuada obtención de la ecuación del arco parabólico, según las expresiones de la figura 5.26.

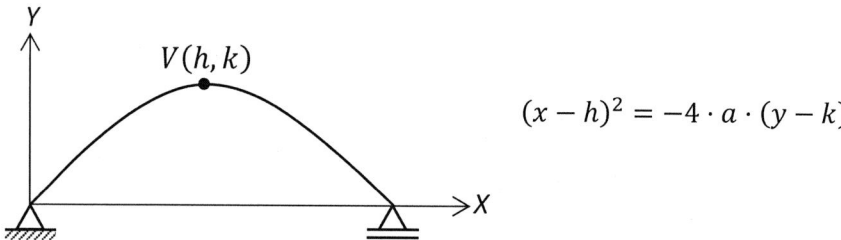

$$(x - h)^2 = -4 \cdot a \cdot (y - k)$$

Figura 5.26 Arco parabólico convexo.

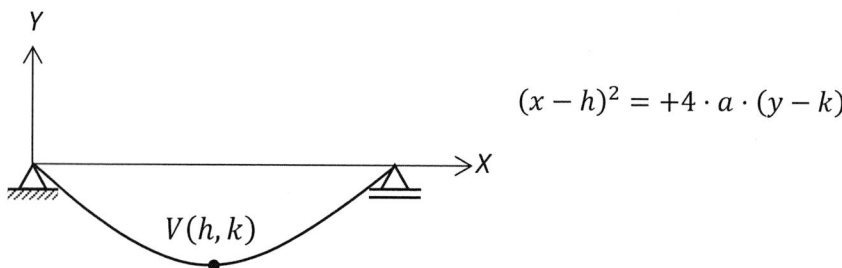

$$(x - h)^2 = +4 \cdot a \cdot (y - k)$$

Figura 5.27 Arco parabólico cóncavo.

Donde:

$(h, k) = vértice$

$a = distancia \, focal$

2.º criterio

Para calcular los esfuerzos normales y cortantes, es necesario definir el ángulo director de la recta tangente mediante la aplicación de derivadas. Para el caso del esfuerzo normal, se direcciona sobre la recta tangente y el cortante perpendicular a este. Véase la figura 5.28.

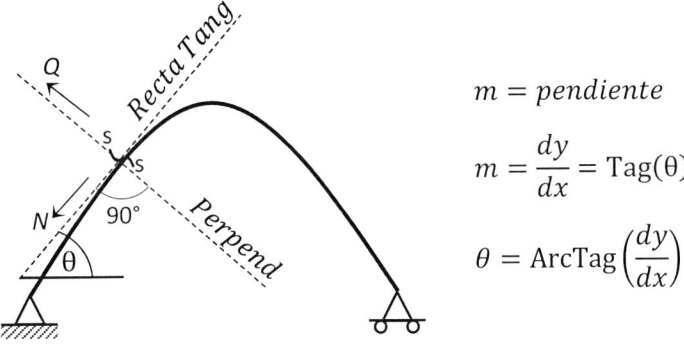

$$m = pendiente$$

$$m = \frac{dy}{dx} = \text{Tag}(\theta)$$

$$\theta = \text{ArcTag}\left(\frac{dy}{dx}\right)$$

Figura 5.28 Dirección de *N* y *Q*.

Para calcular los esfuerzos internos, las cargas y reacciones deberán descomponerse con la ayuda del ángulo θ de manera paralela y perpendicular a la recta tangente.

Cuando la pendiente de la recta tangente es negativa, debemos incluir un signo negativo, tal como se muestra en la figura 5.29.

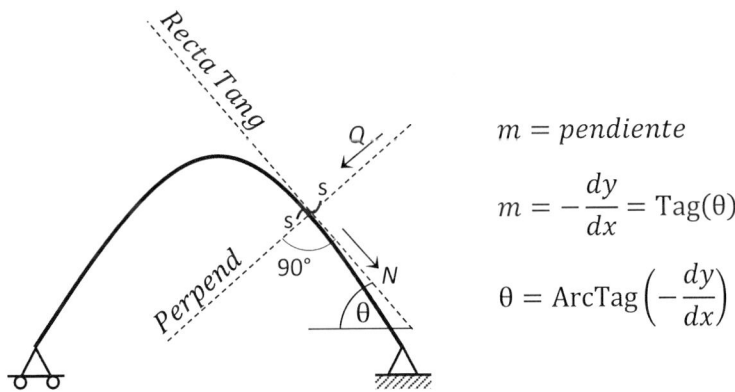

$$m = pendiente$$

$$m = -\frac{dy}{dx} = \text{Tag}(\theta)$$

$$\theta = \text{ArcTag}\left(-\frac{dy}{dx}\right)$$

Figura 5.29 Dirección de *N* y *Q*.

5.5.1. CONVENIO DE SIGNOS PARA CALCULAR ESFUERZOS INTERNOS

Los esfuerzos internos se direccionan respecto a la recta tangente a la curva, por lo cual es necesario descomponer las fuerzas de la izquierda o derecha de la sección s-s para, luego, aplicar el convenio de signos de la figura 5.30.

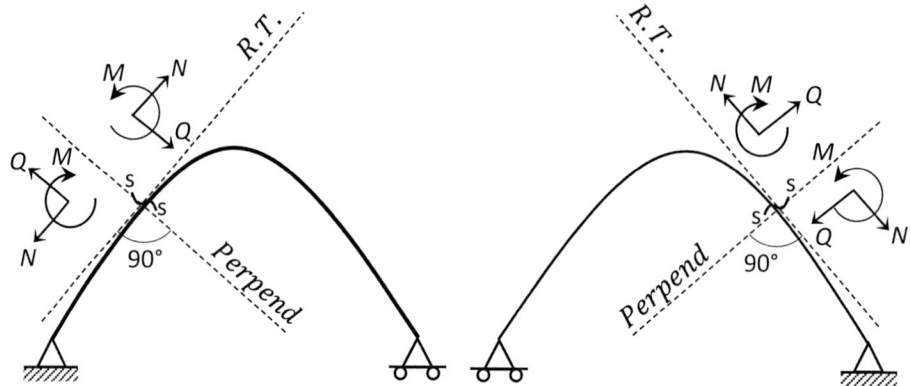

Figura 5.30 Sentidos convencionales para el cálculo de N, Q y M.

5.5.2. DIAGRAMA DE ESFUERZOS INTERNOS

Las ecuaciones de esfuerzos internos son funciones de la variable x; por lo tanto, su representación gráfica se realiza con respecto a dicho eje. Véase la figura 5.31.

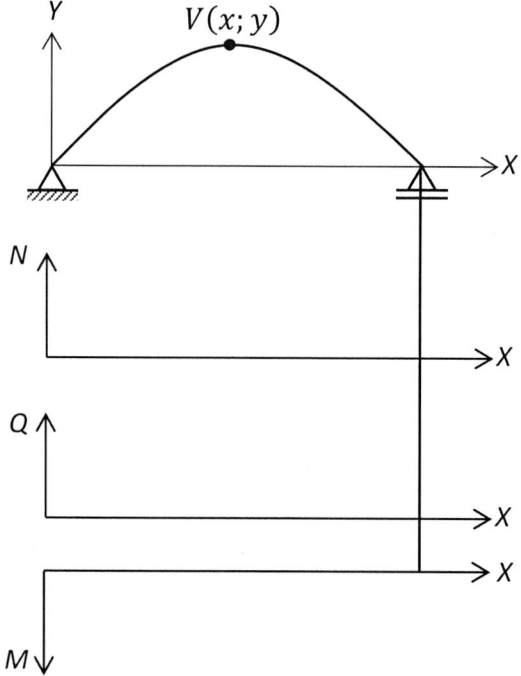

Figura 5.31 Ejes de referencia para los diagrams de N, Q y M.

EJERCICIOS

EJERCICIO 84

Calcule las reacciones y diagrame los esfuerzos internos.

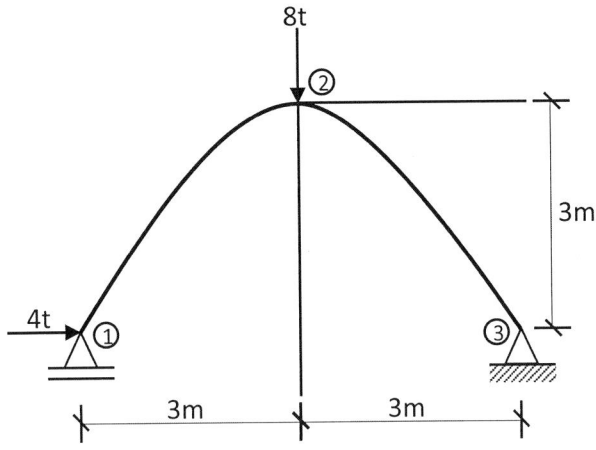

Figura 5.32 Arco parabólico 1.

1.- Cálculo de reacciones

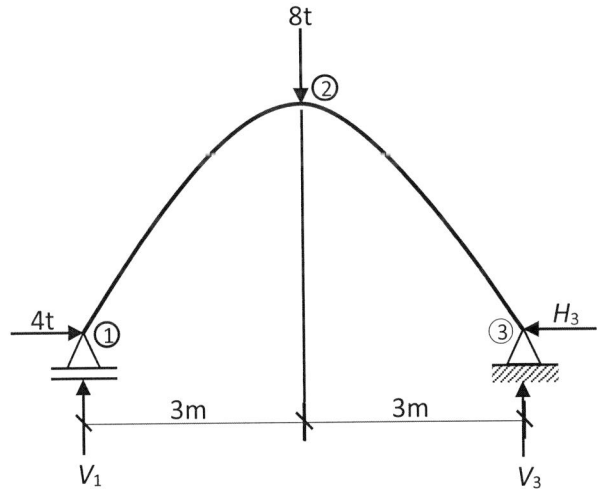

$\Sigma F_H = 0 \rightarrow \oplus$

$4 - H_3 = 0$

$H_3 = 4\,t$

$\Sigma M_1 = 0 \circlearrowright \oplus$

$8 \cdot 3 - V_3 \cdot 6 = 0$

$V_3 = 4\,t$

$\Sigma F_V = 0 \uparrow \oplus$

$V_1 - 8 + 4 = 0$

$V_1 = 4\,t$

2.- Cálculo de esfuerzos internos

Primero, calculamos la ecuación del arco parabólico.

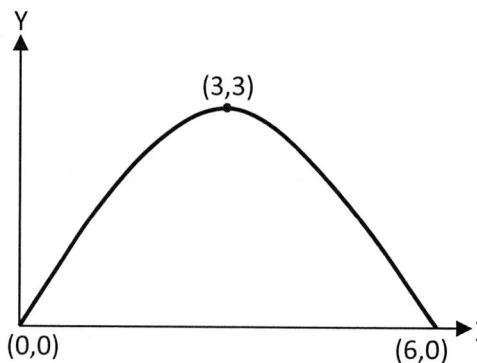

Datos

De la figura obtenemos:

$(x; y) = (0; 0)$

$(h; k) = (3; 3)$

Sustituimos en la ec. de la parábola:

$(x - h)^2 = -4 \cdot a \cdot (y - k)$

$(0 - 3)^2 = -4 \cdot a \cdot (0 - 3)$

$9 = 12 \cdot a$

$a = 0,75$

Datos

$a = 0,75$

$(h; k) = (3; 3)$

Sustituimos en la ec. de la parábola:

$(x - h)^2 = -4 \cdot a \cdot (y - k)$

$(x - 3)^2 = -4(0,75)(y - 3)$

$x^2 - 6 \cdot x + 9 = -3 \cdot y + 9$

$y = \dfrac{x^2 - 6 \cdot x}{-3}$

$$\boxed{y = -0{,}333x^2 + 2x}$$

2.1. Normal y Cortante

a) Tramo 1-2

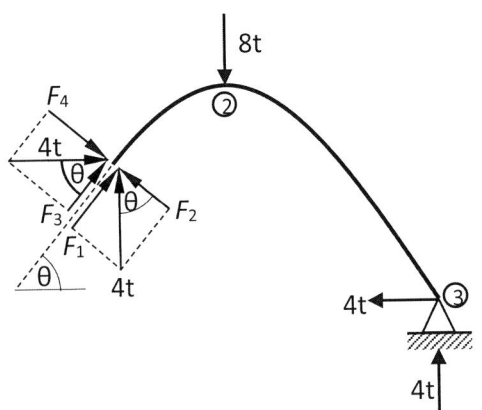

$$\text{Tag}\theta = \frac{dy}{dx}$$

$$\text{Tag}\theta = -0{,}666 \cdot x + 2$$

$$\theta = \text{arctag}(-0{,}666 \cdot x + 2)$$

$$F_1 = 4 \cdot \text{sen}\theta$$

$$F_1 = 4 \cdot \text{sen}[\text{arctag}(-0{,}666 \cdot x + 2)]$$

$$F_2 = 4 \cdot \cos\theta$$

$$F_2 = 4 \cdot \cos[\text{arctag}(-0{,}666 \cdot x + 2)]$$

$$F_3 = 4 \cdot \cos\theta$$

$$F_3 = 4 \cdot \cos[\text{arctag}(-0{,}666 \cdot x + 2)]$$

$$F_4 = 4 \cdot \text{sen}\theta$$

$$F_4 = 4 \cdot \text{sen}[\text{arctag}(-0{,}666 \cdot x + 2)]$$

$$N = -F_1 - F_3$$

$$N = -4 \cdot \text{sen}[\text{arctag}(-0{,}666 \cdot x + 2)] - 4 \cdot \cos[\text{arctag}(-0{,}666 \cdot x + 2)]$$

$$Q = F_2 - F_4$$

$$Q = 4 \cdot \cos[\text{arctag}(-0{,}666 \cdot x + 2)] - 4 \cdot \text{sen}[\text{arctag}(-0{,}666 \cdot x + 2)]$$

b) Tramo 2-3

$$\text{Tag}\theta = -\frac{dy}{dx}$$

El signo (−) es por la pendiente negativa:

$$\text{Tag}\theta = -(-0{,}666 \cdot x + 2)$$
$$\theta = \text{arctag}(0{,}666 \cdot x - 2)$$

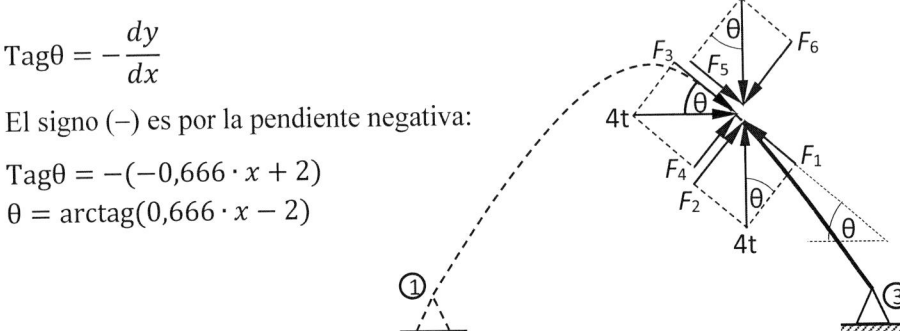

$$F_1 = 4 \cdot \text{sen}\theta$$

$$F_2 = 4 \cdot \cos\theta$$

$$F_3 = 4 \cdot \cos\theta$$

$$F_4 = 4 \cdot \text{sen}\theta$$

$$F_5 = 8 \cdot \text{sen}\theta$$

$$F_6 = 8 \cdot \cos\theta$$

$$N = F_1 - F_3 - F_5$$

$$N = 4 \cdot \text{sen}\theta - 4 \cdot \cos\theta - 8 \cdot \text{sen}\theta$$

$$N = -4 \cdot \text{sen}\theta - 4 \cdot \cos\theta$$

$$N = -4 \cdot \text{sen}[\text{arctag}(0{,}666 \cdot x - 2)] - 4 \cdot \cos[\text{arctag}(0{,}666 \cdot x - 2)]$$

$$Q = F_2 + F_4 - F_6$$

$$Q = 4 \cdot \cos\theta + 4 \cdot \text{sen}\theta - 8 \cdot \cos\theta$$

$$Q = -4 \cdot \cos\theta + 4 \cdot \text{sen}\theta$$

$$Q = -4 \cdot \cos[\text{arctag}(0{,}666 \cdot x - 2)] + 4 \cdot \text{sen}[\text{arctag}(0{,}666 \cdot x - 2)]$$

2.2. Momento

a) Tramo 1-2: consideramos las cargas a la izquierda de s-s.

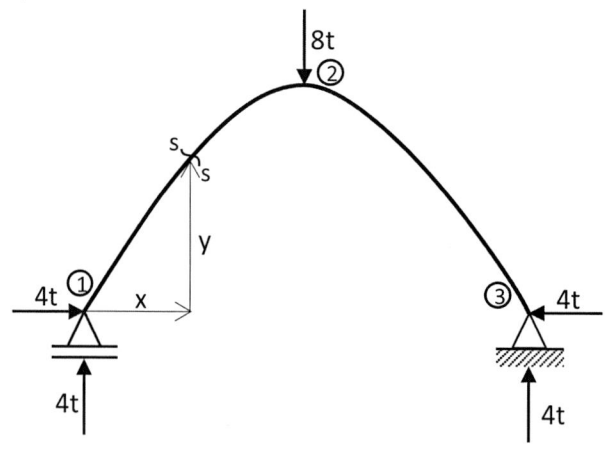

$M = 4 \cdot x - 4 \cdot y$ Sustituimos $y = f(x)$

$M = 4 \cdot x - 4 \cdot (-0,333 \cdot x^2 + 2x)$

$M = 1,332 \cdot x^2 - 4 \cdot x$

b) Tramo 2-3: consideramos las cargas a la derecha de r-r

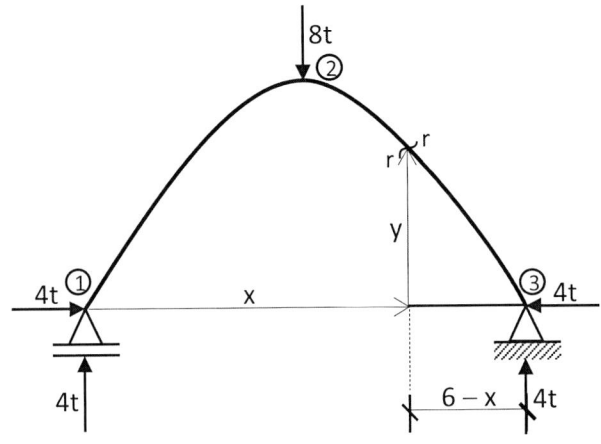

$M = 4 \cdot (6 - x) - 4 \cdot y$

$M = 24 - 4 \cdot x - 4 \cdot (-0,333 \cdot x^2 + 2 \cdot x)$

$M - 1,332 \cdot x^2 - 12 \cdot x + 24$

3.- Diagramas de esfuerzos internos

Tramo	x[m]	N[t]	Q[t]	M[tm]
1-2	0	−5,37	−1,79	0
	1	−5,6	−0,8	−2,7
	2	−5,55	1,12	−2,7
	3	−4	4	0
2-3	3	−4	−4	0
	4	−5,55	−1,12	−2,7
	5	−5,6	0,8	−2,7
	6	−5,37	1,79	0

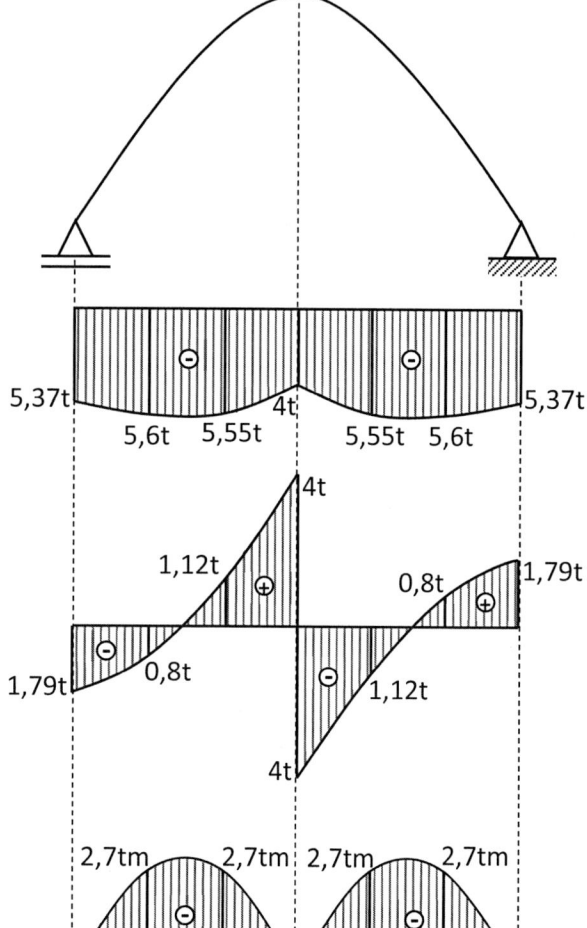

a) Normal

(1 m = 1 cm / 4 t= 1 cm)

b) Cortante

(1 m = 1 cm / 2 t= 1 cm)

c) Momento

(1 m = 1 cm / 2 tm= 1 cm)

EJERCICIO 85

Calcule las reacciones y diagrame los esfuerzos internos.

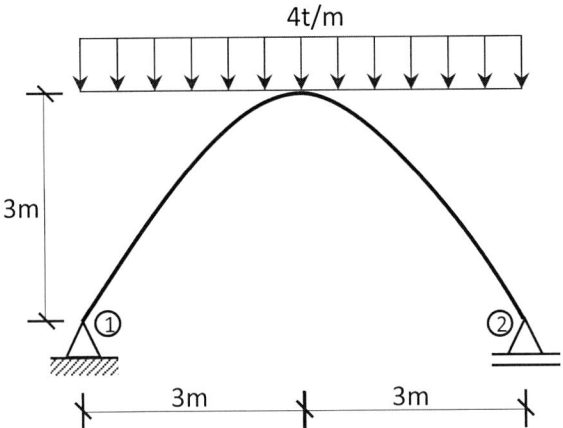

Figura 5.33 Arco parabólico 2.

1.- Cálculo de reacciones

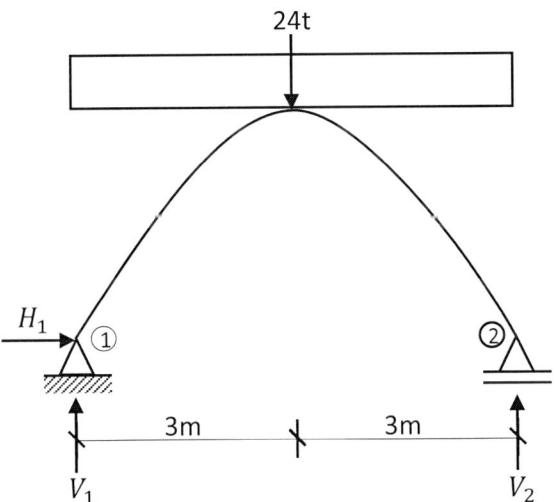

$\Sigma F_H = 0 \rightarrow \oplus$

$H_1 = 0$

$\Sigma M_1 = 0 \, \circlearrowleft\oplus$

$24 \cdot 3 - V_2 \cdot 6 = 0$

$V_2 = 12 \text{ t}$

$\Sigma F_V = 0 \uparrow\oplus$

$V_1 - 24 + 12 = 0$

$V_1 = 12 \text{ t}$

2.- Cálculo de esfuerzos internos

Primero, calculamos la ecuación del arco parabólico.

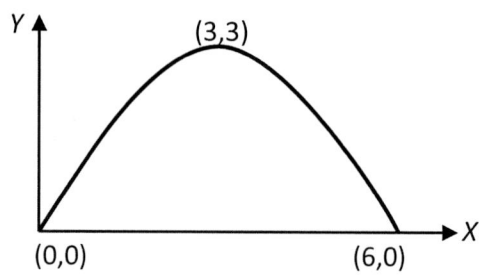

Datos:

$(x;y) = (0;0)$

$(h;k) = (3;3)$

Ecuación del arco parabólico:

$(x - h)^2 = -4a(y - k)$

$(0 - 3)^2 = -4a(0 - 3)$

$9 = 12a$

$a = 0,75$

Datos:

$a = 0,75$

$(h;k) = (3;3)$

Ecuación del arco parabólico:

$(x - h)^2 = -4a(y - k)$

$(x - 3)^2 = -4 \cdot 0,75(y - 3)$

$x^2 - 6x + 9 = -3y + 9$

$$y = \frac{6x - x^2}{3}$$

$y = 2x - 0,333x^2$

a) Normal y Cortante

$$\text{Tan}\theta = \frac{dy}{dx}$$

$\text{Tan}\theta = 2 - 0,666x$

$\theta = \arctan(2 - 0,666x)$

$F_1 = 12\,\text{sen}\theta$

$F_1 = 12\,\text{sen}[\arctan(2 - 0,666x)]$

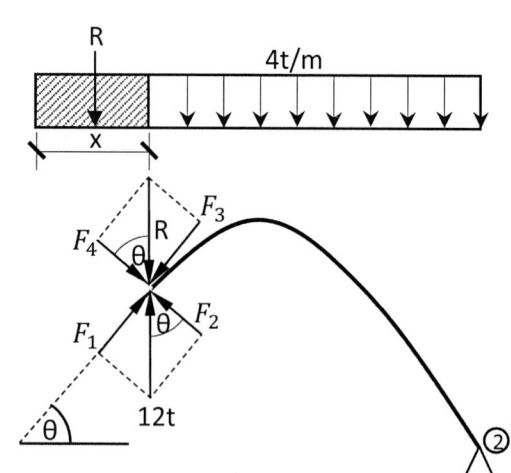

$F_2 = 12 \cos \theta$

$F_2 = 12 \cos [\arctan(2 - 0{,}666x)]$

$R = 4x$

$F_3 = R \operatorname{sen} \theta$

$F_3 = 4x \operatorname{sen} [\arctan(2 - 0{,}666x)]$

$F_4 = R \cos \theta$

$F_4 = 4x \cos [\arctan(2 - 0{,}666x)]$

$N = -F_1 + F_3$

$N = -12 \operatorname{sen} [\arctan(2 - 0{,}666x)] + 4x \operatorname{sen} [\arctan(2 - 0{,}666x)]$

$N = (4x - 12) \operatorname{sen} [\arctan(2 - 0{,}666x)]$

$Q = F_2 - F_4 = 12 \cos [\arctan(2 - 0{,}666x)] - 4x \cos [\arctan(2 - 0{,}666x)]$

$Q = (12 - 4x) \cos [\arctan(2 - 0{,}666x)]$

b) Momento

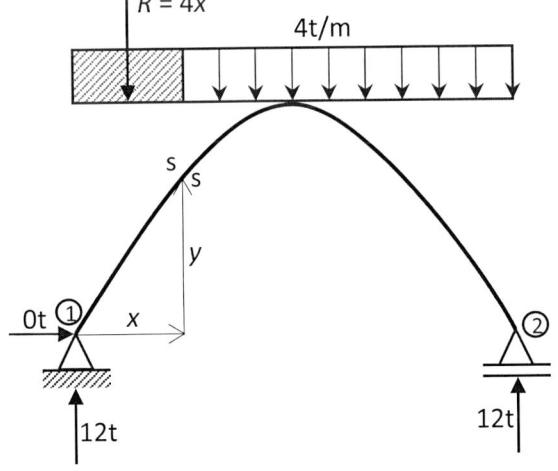

$$M = 12x - 4x \cdot \frac{x}{2}$$

$$M = 12x - 2x^2$$

3.- Diagramas de esfuerzos internos

x[m]	N[t]	Q[t]	M[tm]
0	−10,73	5,37	0
1	−6,4	4,8	10
2	−2,22	3,33	16
3	0	0	18
4	−2,22	−3,33	16
5	−6,4	−4,8	10
6	−10,7	−5,37	0

a) Normal
(1 m = 1 cm / 5 t = 1 cm)

b) Cortante
(1 m = 1 cm / 2 t = 1 cm)

c) Momento
(1 m = 1 cm / 10 tm = 1 cm)

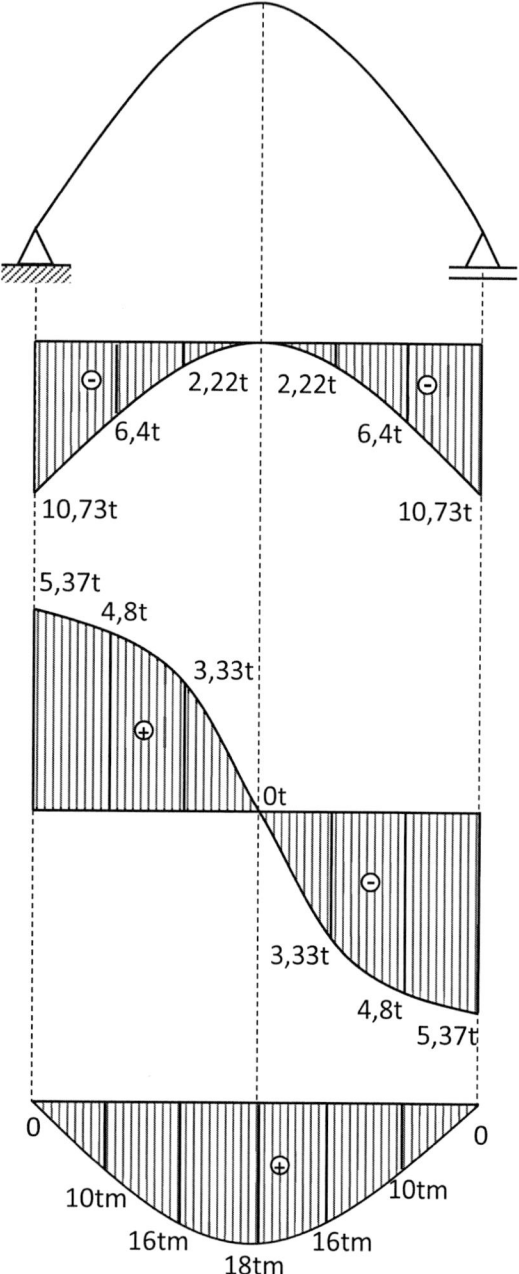

EJERCICIO 86

Calcule las reacciones y diagrame los esfuerzos internos.

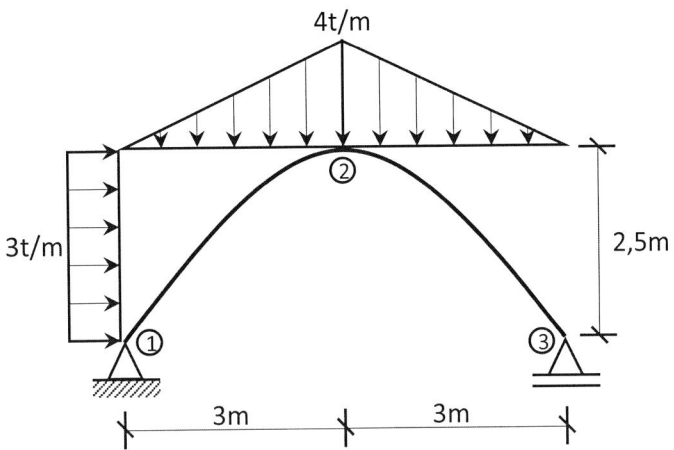

Figura 5.34 Arco parabólico 3.

1.- Cálculo de reacciones

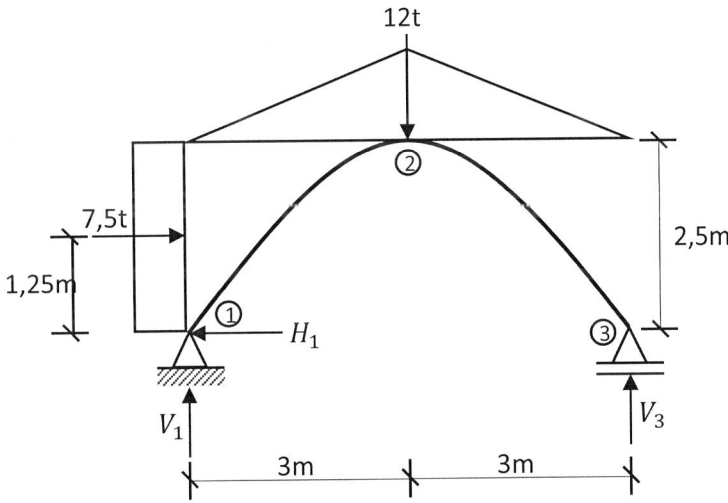

$\Sigma F_H = 0 \rightarrow \oplus$

$-H_1 + 7,5 = 0$

$H_1 = 7,5$

$\Sigma M_1 = 0 \circlearrowleft \oplus$

$7,5 \cdot 1,25 + 12 \cdot 3 - V_3 \cdot 6 = 0$

$V_3 = 7,5625 \text{ t}$

$\Sigma F_V = 0 \uparrow \oplus$

$V_1 - 12 + 7,5625 = 0$

$V_1 = 4,4375 \text{ t}$

2.- Cálculo de esfuerzos Internos

Primero, calculamos la ecuación del arco parabólico.

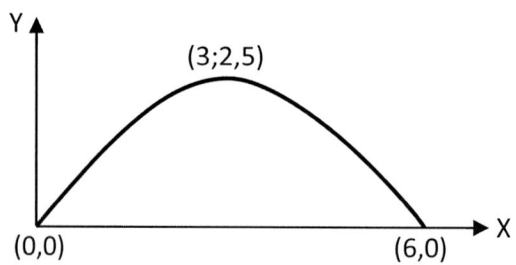

Datos:

(x;y) = (0;0)

(h;k) = (3;2,5)

Ecuación del arco parabólico:

$(x - h)^2 = -4a(y - k)$

$(0 - 3)^2 = -4a(0 - 2,5)$

$9 = 10a$

$a = 0,9$

Datos:

$a = 0,9$

(h;k) = (3;2,5)

Ecuación del arco parabólico:

$(x - h)^2 = -4a(y - k)$

$(x - 3)^2 = -4 \cdot 0,9(y - 2,5)$

$x^2 - 6x + 9 = -3,6y + 9$

$y = \dfrac{x^2 - 6x}{-3,6}$

$y = -0,278x^2 + 1,667x$

2.1. Normal y Cortante

a) Tramo 1-2

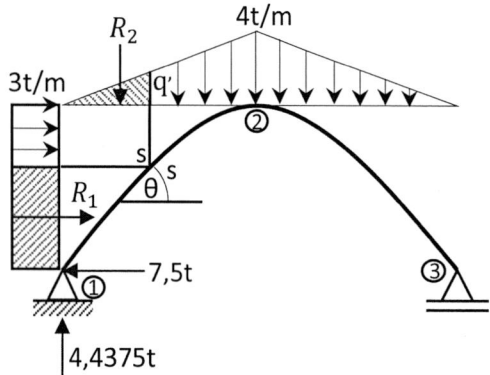

$\text{Tan}\theta = \dfrac{dy}{dx}$

$\theta = \text{arctag}\,(-0,556x + 1,667)$

$R_1 = q \cdot y$

$R_1 = 3(-0,278x^2 + 1,667x)$

$R_1 = -0,834x^2 + 5x$

$$\frac{q'}{x} = \frac{4}{3} \Rightarrow q' = 1,333x$$

$$R_2 = \frac{q' \cdot x}{2} = \frac{1,333x \cdot x}{2}$$

$$R_2 = 0,667x^2$$

Trasladamos las fuerzas a s-s:

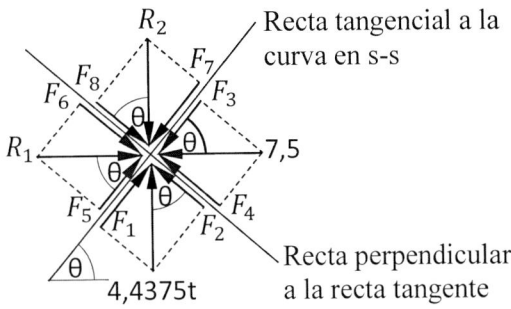

$F_1 = 4,4375 \operatorname{sen}\theta$

$F_2 = 4,4375 \cos\theta$

$F_3 = 7,5 \cos\theta$

$F_4 = 7,5 \operatorname{sen}\theta$

$F_5 = R_1 \cos\theta = (-0,834x^2 + 5x)\cos\theta$

$F_6 = R_1 \operatorname{sen}\theta = (-0,834x^2 + 5x)\operatorname{sen}\theta$

$F_7 = R_2 \operatorname{sen}\theta = 0,667x^2 \operatorname{sen}\theta$

$F_8 = R_2 \cos\theta = 0,667x^2\cos\theta$

$N = -F_1 + F_3 - F_5 + F_7$

$N = -4,4375 \operatorname{sen}\theta + 7,5\cos\theta - (-0,834x^2 + 5x)\cos\theta + 0,667x^2\operatorname{sen}\theta$

$N = (0,667x^2 - 4,4375)\operatorname{sen}\theta + (0,834x^2 - 5x + 7,5)\cos\theta$

Reemplazamos el valor de θ en función de x:

$N = (0,667x^2 - 4,4375)\operatorname{sen}[\text{arctag}(-0,556x + 1,667)] +$
$\quad + (0,834x^2 - 5x + 7,5)\cos[\text{arctag}(-0,556x + 1,667)]$

$$Q = F_2 + F_4 - F_6 - F_8$$

$$Q = 4,4375 \cos\theta + 7,5\text{sen}\theta - (-0,834x^2 + 5x)\text{ sen }\theta - 0,667\,x^2\cos\theta$$

$$Q = (4,4375 - 0,667\,x^2)\cos\theta + (7,5 - 5x + 0,834x^2)\text{ sen }\theta$$

Reemplazamos el valor de θ en función de *x:*

$$Q = (-0,667\,x^2 + 4,4375)\cos[\arctan(-0,556x + 1,667)] +$$

$$+ (0,834x^2 - 5x + 7,5)\text{ sen}[\arctan(-0,556x + 1,667)]$$

b) Tramo 2-3

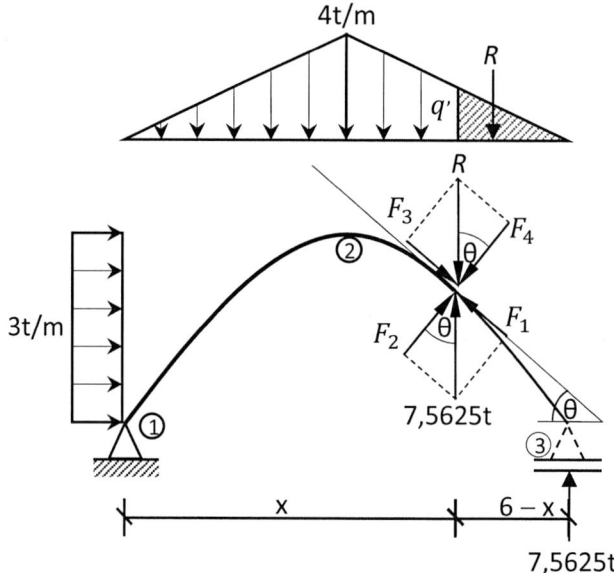

El signo negativo de la derivada es por la pendiente:

$$\text{Tag}\theta = -\frac{dy}{dx}$$

$$\theta = \text{arctag }(0,556x - 1,667)$$

$$\frac{q'}{6 - x} = \frac{4}{3} \Rightarrow q' = \frac{4}{3}(6 - x)$$

$$R = \frac{q' \cdot (6 - x)}{2} = \frac{4}{3}(6 - x)\frac{(6 - x)}{2} = \frac{2}{3}(6 - X)^2$$

$$R = \frac{2}{3}(36 - 12x + x^2)$$

$R = 24 - 8x + 0{,}667x^2$

$F_1 = 7{,}5625 \,\text{sen}\theta$

$F_2 = 7{,}5625 \cos\theta$

$F_3 = R\,\text{sen}\,\theta = (24 - 8x + 0{,}667x^2)\,\text{sen}\,\theta$

$F_4 = R\cos\theta = (24 - 8x + 0{,}667x^2)\cos\theta$

$N = F_1 - F_3$

$N = 7{,}5625\,\text{sen}\theta - (24 - 8x + 0{,}667x^2)\,\text{sen}\,\theta$

$N = (-0{,}667x^2 + 8x - 16{,}44)\text{sen}\theta$

$N = (-0{,}667x^2 + 8x - 16{,}44)\text{sen}[\arctan(0{,}556x - 1{,}667)]$

$Q = -F_2 + F_4$

$Q = -7{,}5625\cos\theta + (24 - 8x + 0{,}667x^2)\cos\theta$

$Q = (0{,}667x^2 - 8x + 16{,}44)\cos\theta$

$Q = (0{,}667x^2 - 8x + 16{,}44)\cos[\arctan(0{,}556x - 1{,}667)]$

2.2. Momento:

a) Tramo 1-2

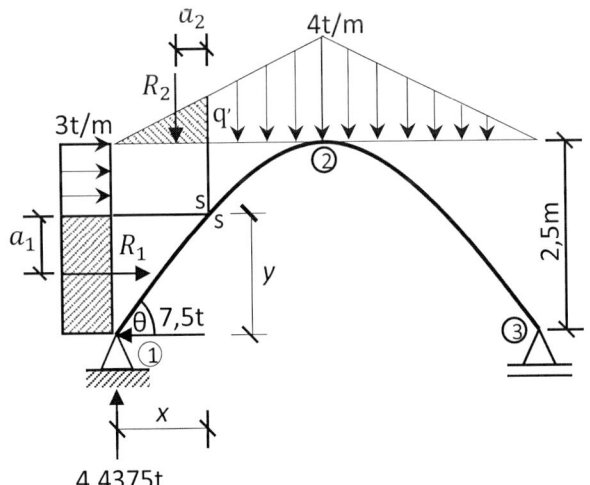

$\dfrac{q'}{x} = \dfrac{4}{3} \Rightarrow q' = 1{,}333x$

$R_1 = 3y$

$a_1 = \dfrac{y}{2} = 0{,}5\,y$

$R_2 = \dfrac{q' \cdot x}{2} = \dfrac{1{,}333x \cdot x}{2}$

$R_2 = 0{,}667x^2$

$a_2 = \dfrac{1}{3}x = 0{,}333x$

$$M = 4,4375x + 7,5y - R_1a_1 - R_2a_2$$

$$M = 4,4375x + 7,5y - 3y \cdot 0,5y - 0,667x^2 \cdot 0,333x$$

$$M = 4,4375x + 7,5y - 1,5y^2 - 0,222x^3$$

Sustituimos   y = f(x)

$$M = 4,4375x + 7,5(-0,278x^2 + 1,667x) - 1,5(-0,278x^2 + 1,667x)^2 - 0,222x^3$$

$$M = 4,4375x - 2,085X^2 + 12,5X - 1,5(0,0773x^4 - 0,927x^3 + 2,78x^2) - 0,222x^3$$

$$M = 16,94x - 6,255X^2 + 1,169x^3 - 0,116x^4$$

b) Tramo 2-3

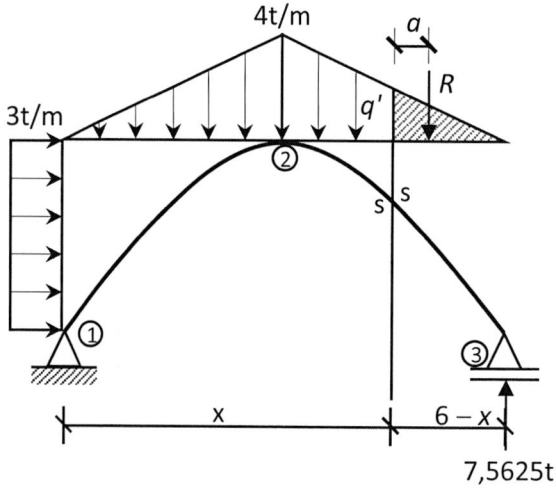

Cargas a la derecha de s-s

$$\frac{q'}{6-x} = \frac{4}{3}$$

$$q' = \frac{4}{3}(6-x)$$

$$R = \frac{q' \cdot (6-x)}{2}$$

$$R = \frac{4}{3}(6-x) \cdot \frac{(6-x)}{2}$$

$$R = \frac{2(6-x)^2}{3}$$

$$a = \frac{(6-x)}{3}$$

$$M = 7,5625(6-x) - R \cdot a$$

$$M = 7,5625(6-x) - \frac{2}{3}(6-x)^2 \cdot \frac{(6-x)}{3}$$

$$M = 45,38 - 7,5625x - \frac{2}{9}(6-x)^3$$

$$M = 45,38 - 7,5625x - 0,222(216 - 108x + 18x^2 - x^3)$$

$$M = 0,222x^3 - 4x^2 + 16,41x - 2,572$$

3.- Diagramas de esfuerzos internos

Tramo	x[m]	N[t]	Q[t]	M[tm]
1 a 2	0	0	8,71	0
	1	−0,57	5	11,74
	2	−0,13	1,95	16,36
	3	0	−1,56	16,7
a 3	3	0	−1,56	16,7
	4	2,38	−4,27	13,28
	5	5,12	−4,6	7,2
	6	6,47	−3,88	0

6

a) Normal
(1 m = 1 cm / 3 t = 1 cm)

b) Cortante
(1 m = 1 cm / 4 t = 1 cm)

c) Momento
(1 m = 1 cm / 8 tm = 1cm)

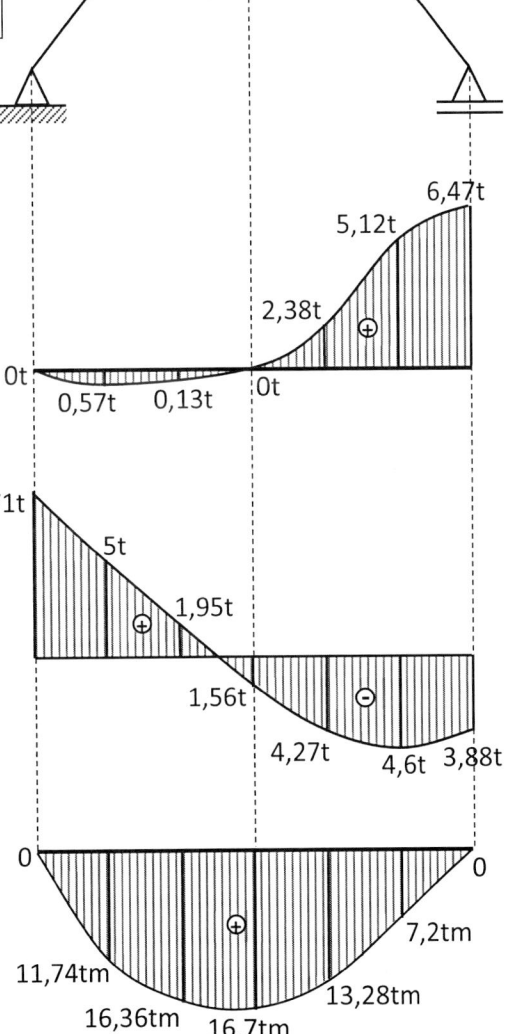

EJERCICIO 87

Calcule las reacciones y diagrame los esfuerzos internos.

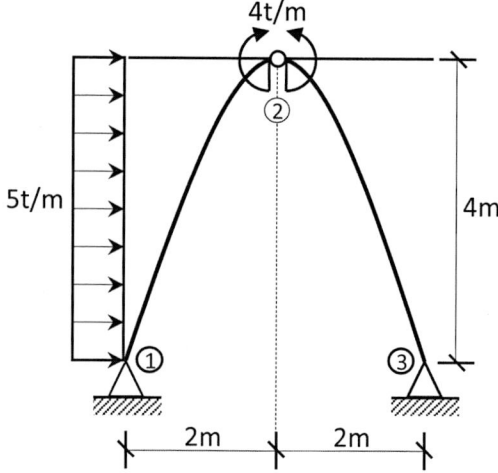

Figura 5.35 Arco parabólico 4.

1.- Cálculo de reacciones

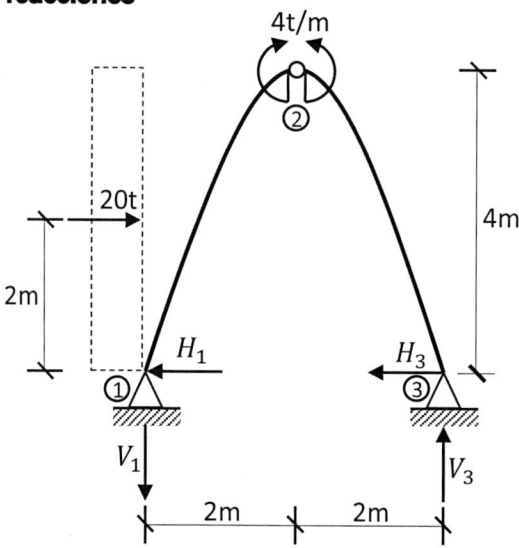

$\Sigma M_1 = 0 \circlearrowleft \oplus$

$20 \cdot 2 + 4 - 4 - V_3 \cdot 4 = 0$

$V_3 = 10 \text{ t}$

$\Sigma M_2 = 0 \circlearrowleft \oplus \text{(der)}$

$-4 - 10 \cdot 2 + H_3 \cdot 4 = 0$

$H_3 = 6 \text{ t}$

$\Sigma F_V = 0 \uparrow \oplus$

$-V_1 + 10 = 0$

$V_1 = 10 \text{ t}$

$\Sigma F_H = 0 \rightarrow \oplus$

$20 - H_1 - 6 = 0$

$H_1 = 14 \text{ t}$

2.- Cálculo de esfuerzos internos

Primero, calculamos la ecuación del arco parabólico.

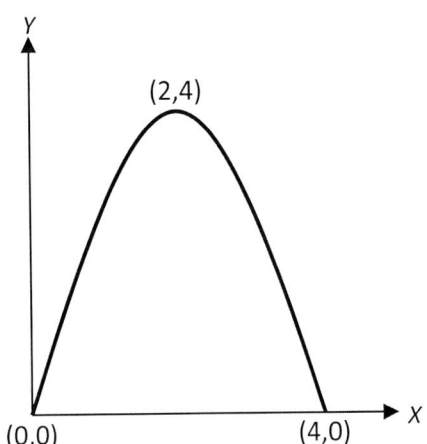

Datos

$(x; y) = (0; 0)$

$(h; k) = (2; 4)$

Ecuación de la parábola

$(x - h)^2 = -4a(y - k)$

$(0 - 2)^2 = -4 \cdot a(0 - 4)$

$4 = 16a$

$a = 0,25$

Datos

$(h; k) = (2; 4)$

$a = 0,25$

Ecuación de la parábola

$(x - h)^2 = -4a(y - k)$

$(x - 2)^2 = -4 \cdot 0,25(y - 4)$

$x^2 - 4x + 4 = -y + 4$

$y = 4x - x^2$

2.1. Normal y Cortante

a) Tramo 1-2

$R = 5 \cdot y$

$R = 5(4x - x^2) = 20x - 5x^2$

$\tan \theta = \dfrac{dy}{dx}$

$\tan \theta = 4 - 2x$

$\theta = \arctan(4 - 2x)$

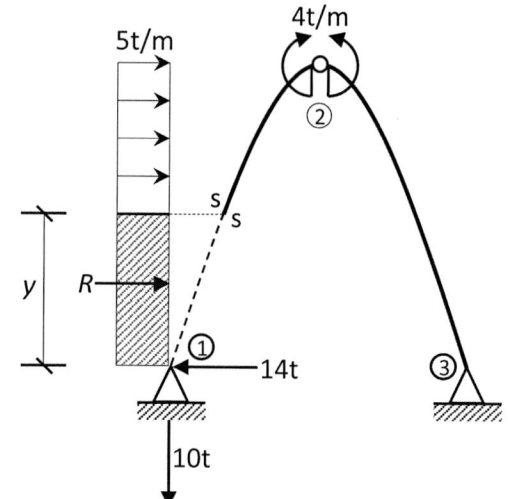

Trasladamos todas las fuerzas a la sección s-s.

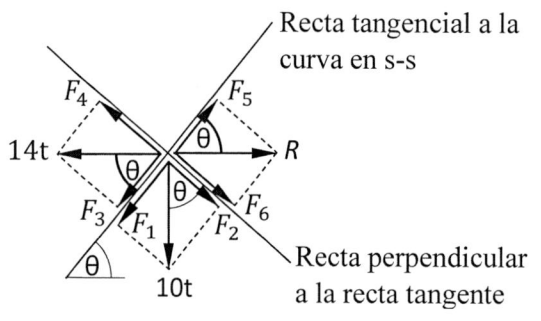

Recta tangencial a la curva en s-s

Recta perpendicular a la recta tangente

$F_1 = 10 \operatorname{sen} \theta$

$F_2 = 10 \cos \theta$

$F_3 = 14 \cos \theta$

$F_4 = 14 \operatorname{sen} \theta$

$F_5 = R \cos \theta$

$F_6 = R \operatorname{sen} \theta$

$N = F_1 + F_3 - F_5$

$N = 10 \operatorname{sen} \theta + 14 \cos \theta - R \cos \theta$

$N = 10 \operatorname{sen} \theta + (14 - R) \cos \theta$

Sustituimos R y θ:

$N = 10 \operatorname{sen}[\arctan(4 - 2x)] + (14 - 20x + 5x^2) \cos[\arctan(4 - 2x)]$

$Q = -F_2 + F_4 - F_6$

$Q = -10 \cos \theta + 14 \operatorname{sen} \theta - R \operatorname{sen} \theta$

$Q = -10 \cos \theta + (14 - R) \operatorname{sen} \theta$

$$Q = -10\cos[\text{arctag}(4 - 2x)] + (14 - 20x + 5x^2)\,\text{sen}[\text{arctag}(4 - 2x)]$$

b) Tramo 2-3

Consideramos las cargas a la derecha:

$$\text{tag}\,\theta = -\frac{dy}{dx} \; el \; signo \; (-) \; es \; por \; la \; pendiente$$

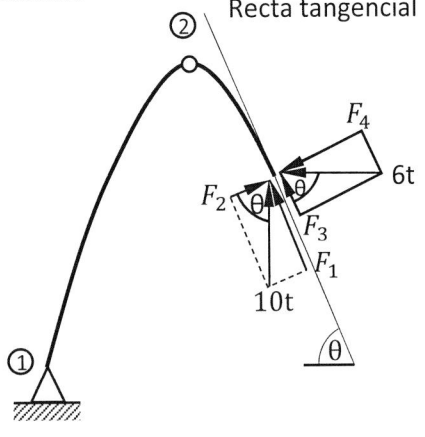

$$\text{tag}\,\theta = -(4 - 2x)$$

$$\theta = \text{arctag}(2x - 4)$$

$$F_1 = 10\,\text{sen}\,\theta$$

$$F_2 = 10\cos\theta$$

$$F_3 = 6\cos\theta$$

$$F_4 = 6\,\text{sen}\,\theta$$

$$N = -F_1 - F_3 = -10\,\text{sen}\,\theta - 6\cos\theta$$

Sustituimos θ:

$$N = -10\,\text{sen}[\text{arctag}(2x - 4)] - 6\cos[\text{arctag}(2x - 4)]$$

$$Q = -F_2 + F_4 = -10\cos\theta + 6\,\text{sen}\,\theta$$

$$Q = -10\cos[\text{arctan}(2x - 4)] + 6\,\text{sen}[\text{arctan}(2x - 4)]$$

2.2. Momento
a) Tramo 1-2

$$M = -10x + 14y - (5y)\frac{y}{2}$$

$$M = -10x + 14y - 2{,}5y^2$$

Sustituimos $y = f(x)$

$$M = -10x + 14(4x - x^2) - 2{,}5(4x - x^2)^2$$

$$M = -10x + 56x - 14x^2 - 2{,}5(16x^2 - 8x^3 + x^4)$$

$$M = -2{,}5x^4 + 20x^3 - 54x^2 + 46x$$

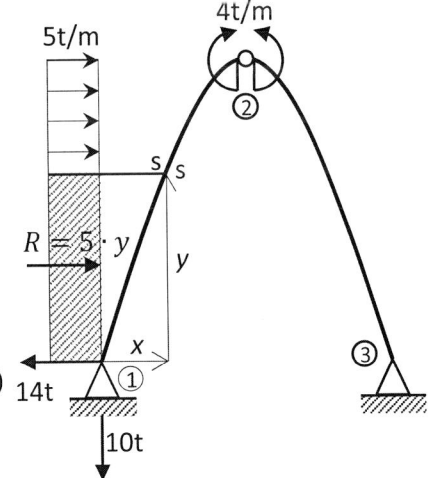

b) Tramo 2-3

Consideramos las cargas a la derecha de la sección s-s.

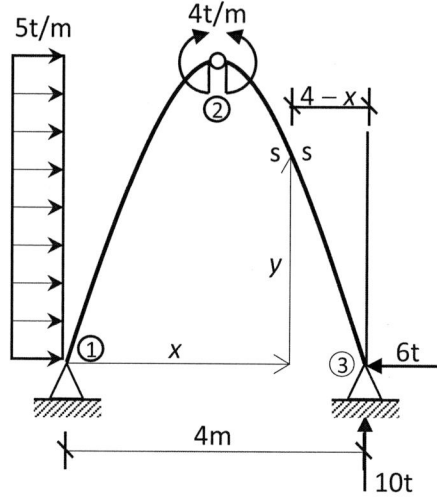

$$M = 10(4 - x) - 6y$$

$$M = 40 - 10x - 6y$$

Sustituimos $y = f(x)$

$$M = 40 - 10x - 6(4x - x^2)$$

$$M = 6x^2 - 34x + 40$$

3.- Diagramas de esfuerzos internos

Tramo	x[m]	N[t]	Q[t]	M[tm]
	0	13,1	11,16	0
1- 2	1	8,5	−5,37	9,5
	2	−6	−10	−4
	2	−6	−10	−4
2- 3	3	−11,63	0,89	−8
	4	−11,16	3,40	0

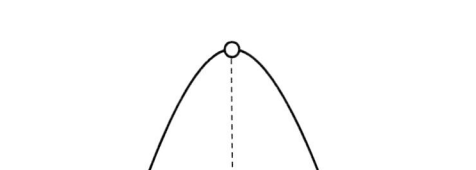

a) Normal

(1   m = 1 cm / 10 t = 1 cm)

b) Cortante

(1 m =1 cm / 10 t = 1 cm)

c) Momento

(1 m = 1 cm / 10 tm = 1 cm)

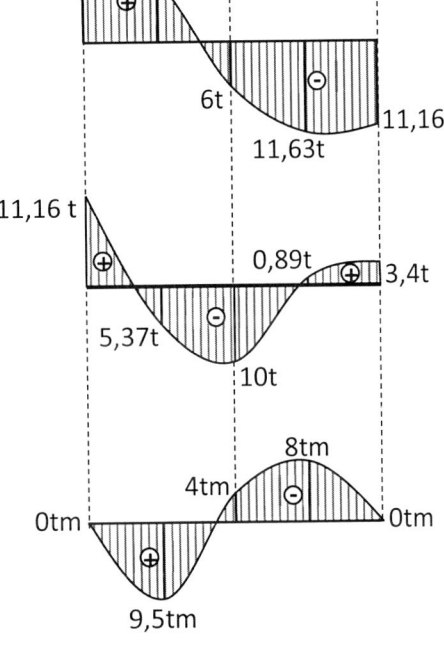

EJERCICIO 88

Calcule las reacciones y diagrame los esfuerzos internos.

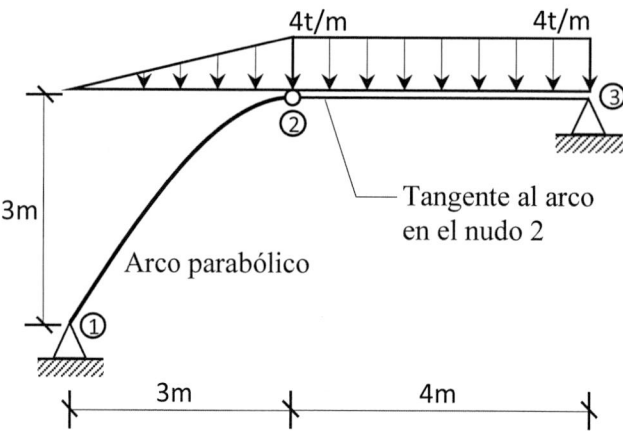

Figura 5.36 Arco parabólico 5.

1.- Cálculo de reacciones

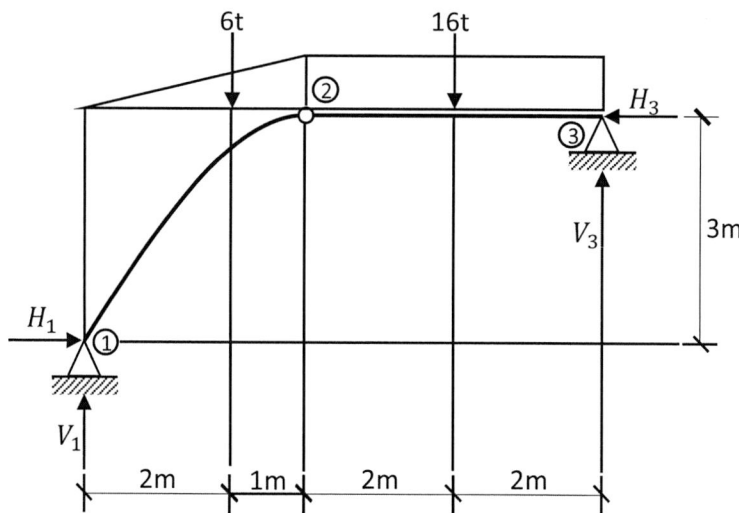

$\Sigma M_2 = 0 \circlearrowleft \oplus$ (der)

$16 \cdot 2 - V_3 \cdot 4 = 0$

$V_3 = 8$ t

$\Sigma F_V = 0 \uparrow \oplus$

$V_1 - 6 - 16 + 8 = 0$

$V_1 = 14$ t

$\Sigma M_2 = 0 \circlearrowleft \oplus$ (izq)

$14 \cdot 3 - H_1 \cdot 3 - 6 \cdot 1 = 0$

$H_1 = 12$ t

$\Sigma F_H = 0 \; \rightarrow \oplus$

$12 - H_3 = 0$

$H_3 = 12 \; t$

2.- Cálculo de esfuerzos internos

Primero, calculamos la ecuación del arco parabólico.

Datos

$(x; y) = (0; 0)$

$(h; k) = (3; 3)$

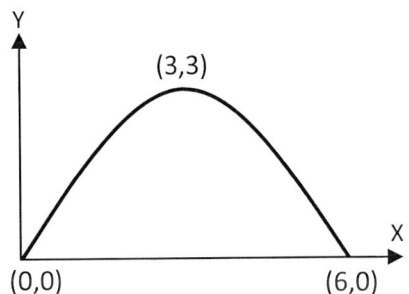

Ecuación del arco parabólico

$(x - h)^2 = -4a(y - k)$

$(0 - 3)^2 = -4 \cdot a(0 - 3)$

$9 = 12a$

$a = 0,75$

Datos

$(h; k) = (3; 3)$

$a = 0,75$

$(x - h)^2 = -4a(y - k)$

$(x - 3)^2 = -4 \cdot 0,75(y - 3)$

$x^2 - 6x + 9 = -3y + 9$

$y = \dfrac{6x - x^2}{3} = 2x - 0,333x^2$

2.1. Tramo 1-2

a) Normal y Cortante

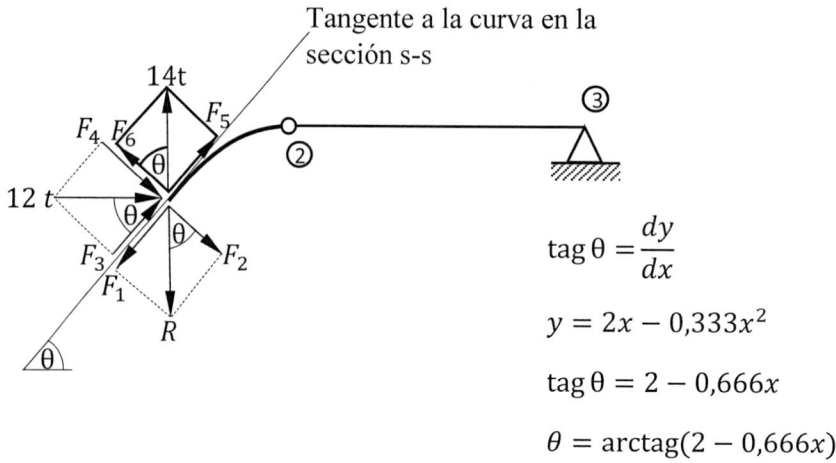

$$\tan\theta = \frac{dy}{dx}$$

$$y = 2x - 0.333x^2$$

$$\tan\theta = 2 - 0.666x$$

$$\theta = \text{arctag}(2 - 0.666x)$$

Consideramos las cargas a la izquierda de la sección:

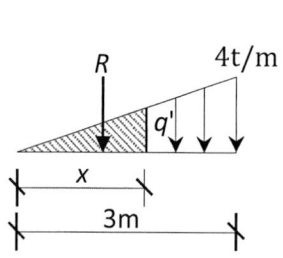

$$\frac{q'}{x} = \frac{4}{3}$$

$$q' = 1.333x$$

$$R = \frac{q'x}{2} = \frac{1.333x \cdot x}{2}$$

$$R = 0.667x^2$$

$$F_1 = R\,\text{sen}\,\theta = 0.667x^2\,\text{sen}\,\theta$$

$$F_2 = R\,\text{sen}\,\theta = 0.667x^2\cos\theta$$

$$F_3 = 12\cos\theta$$

$$F_4 = 12\,\text{sen}\,\theta$$

$$F_5 = 14\,\text{sen}\,\theta$$

$$F_6 = 14\cos\theta$$

$$N = F_1 - F_3 - F_5 = 0.667x^2\,\text{sen}\,\theta - 12\cos\theta - 14\,\text{sen}\,\theta$$

$$N = (0.667x^2 - 14)\,\text{sen}\,\theta - 12\cos\theta$$

Reemplazamos el valor de θ como función de *x:*

$N = (0{,}667x^2 - 14)\,\text{sen}[\text{arctag}(2 - 0{,}666x)] - 12\cos[\text{arctag}(2 - 0{,}666x)]$

$Q = -F_2 - F_4 + F_6 = -0{,}667x^2\cos\theta - 12\,\text{sen}\,\theta + 14\cos\theta$

$Q = (14 - 0{,}667x^2)\cos\theta - 12\,\text{sen}\,\theta$

Reemplazamos el valor de θ como función de *x:*

$Q = (14 - 0{,}667x^2)\cos[\text{arctag}(2 - 0{,}666x)] - 12\,\text{sen}[\text{arctag}(2 - 0{,}666x)]$

b) Momento

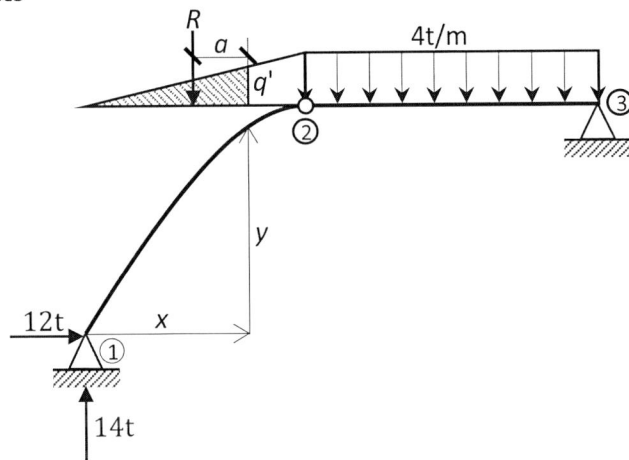

Consideramos las cargas a la izquierda de s-s:

$R = 0{,}667x^2$

$a = \dfrac{x}{3}$

$M = 14x - 12y - R \cdot a$

$M = 14x - 12(2x - 0{,}333x^2) - 0{,}667x^2 \cdot \dfrac{x}{3}$

$M = 14x - 24x + 4x^2 - 0{,}222x^3$

$M = -0{,}222x^3 + 4x^2 - 10x$

2.2. Tramo 2-3

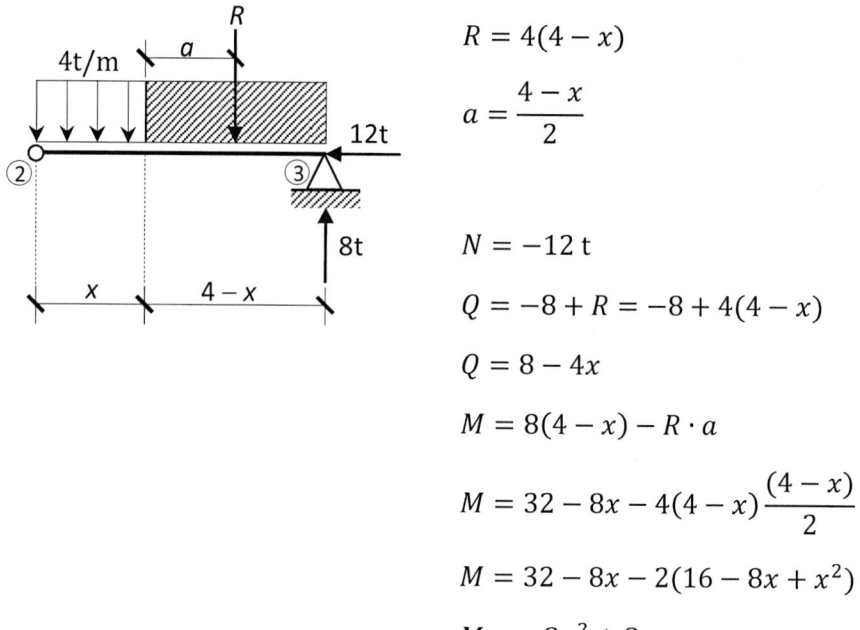

$$R = 4(4 - x)$$

$$a = \frac{4 - x}{2}$$

$$N = -12 \text{ t}$$

$$Q = -8 + R = -8 + 4(4 - x)$$

$$Q = 8 - 4x$$

$$M = 8(4 - x) - R \cdot a$$

$$M = 32 - 8x - 4(4 - x)\frac{(4 - x)}{2}$$

$$M = 32 - 8x - 2(16 - 8x + x^2)$$

$$M = -2x^2 + 8x$$

3.- Diagramas de esfuerzos internos

Tramo	x[m]	N[t]	Q[t]	M[tm]
1-2	0	−17,89	−4,47	0
	1	−17,87	−1,6	−6,222
	2	−16,27	2,76	−5,78
	3	−12	8	0
2-3	0	−12	8	0
	2	−12	0	8
	4	−12	−8	0

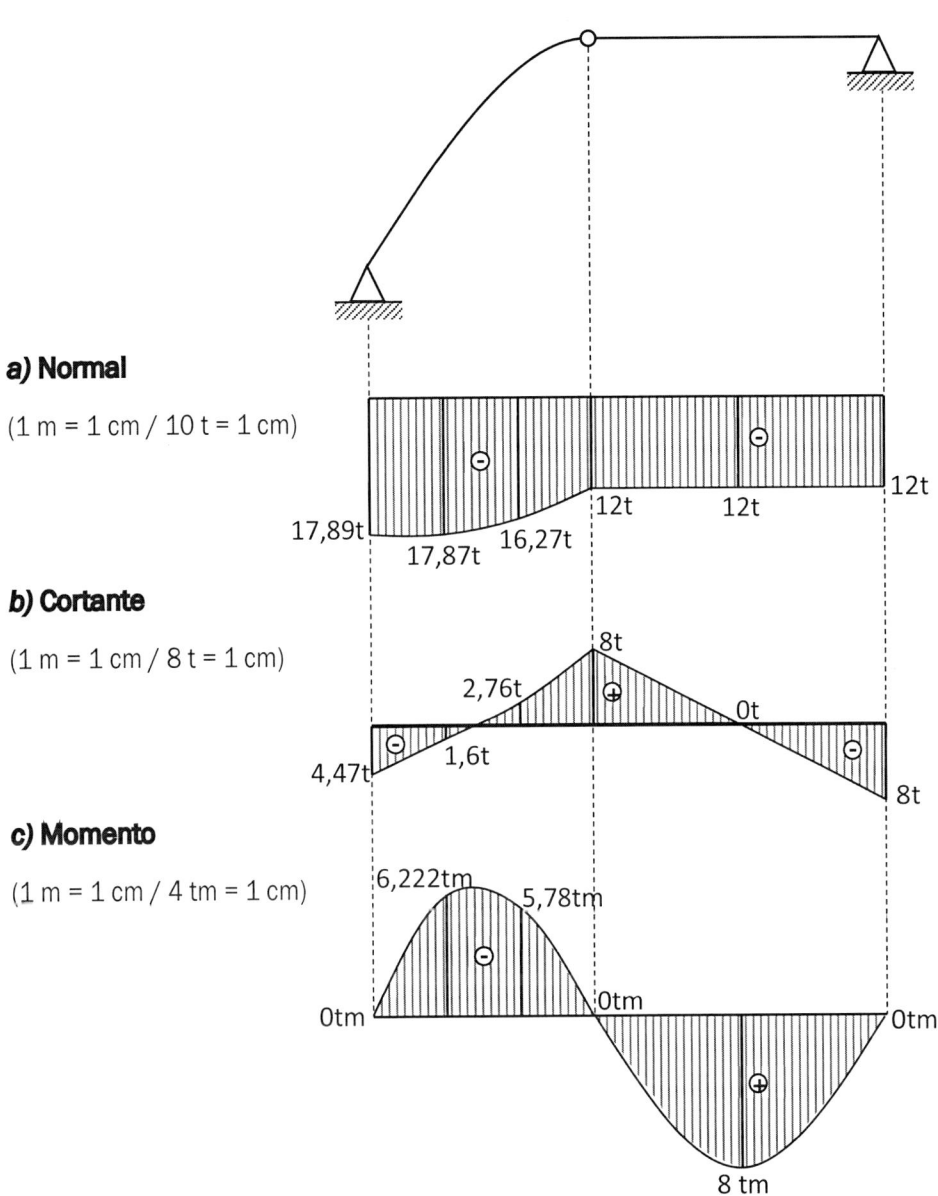

a) **Normal**

(1 m = 1 cm / 10 t = 1 cm)

17,89t   17,87t   16,27t   12t   12t   12t

b) **Cortante**

(1 m = 1 cm / 8 t = 1 cm)

8t   2,76t   0t   4,47t   1,6t   8t

c) **Momento**

(1 m = 1 cm / 4 tm = 1 cm)

6,222tm   5,78tm   0tm   0tm   0tm   8 tm

EJERCICIO 89

Calcule las reacciones y diagrame los esfuerzos internos.

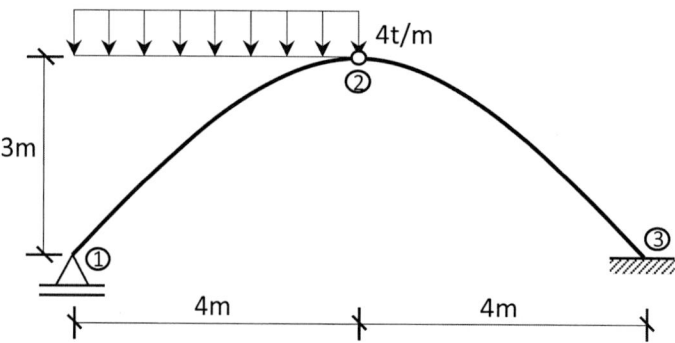

Figura 5.37 Arco parabólico 6.

1.- Cálculo de reacciones

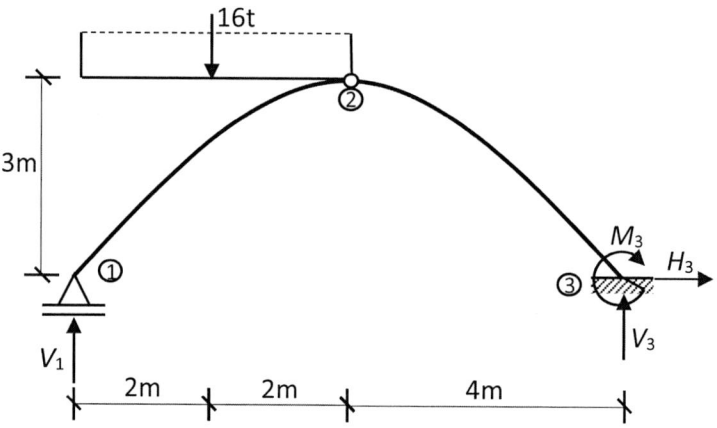

$\Sigma M_2 = 0 \circlearrowleft \oplus (izq)$

$V_1 \cdot 4 - 16 \cdot 2 = 0$

$V_1 = 8\,t$

$\Sigma F_H = 0 \rightarrow \oplus$

$H_3 = 0$

$\Sigma F_V = 0 \uparrow \oplus$

$8 - 16 + V_3 = 0$

$V_3 = 8\,t$

$\Sigma M_2 = 0 \circlearrowleft \oplus (der)$

$M_3 - 8 \cdot 4 = 0$

$M_3 = 32\,tm$

2.- Cálculo de esfuerzos Internos

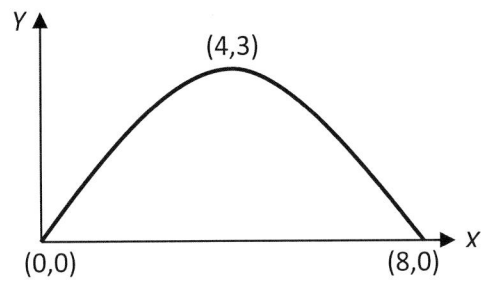

Datos

$(x; y) = (0; 0)$

$(h; k) = (4; 3)$

Ecuación del arco parabólico

$(x - h)^2 = -4a(y - k)$

$(0 - 4)^2 = -4a(0 - 3)$

$16 = 12a$

$a = 1,333$

Datos

$(h; k) = (4; 3)$

$a = 1,333$

Ecuaciòn del arco parabólico

$(x - h)^2 = -4a(y - k)$

$(x - 4)^2 = -4 \cdot 1,333(y - 3)$

$x^2 - 8x + 16 = -5,333y + 16$

$$y = \frac{x^2 - 8x}{-5,333}$$

$y = -0,1875x^2 + 1,5x$

2.1. Normal y Cortante

a) Tramo 1-2

$\text{Tag}\theta = \dfrac{dy}{dx}$

$\text{Tag}\theta = -0,375x + 1,5$

$\theta = \arctan(1,5 - 0,375x)$

$R = 4 \cdot x$

$F_1 = 8 \cdot \operatorname{sen}\theta$

Tangente a la curva en la sección s-s

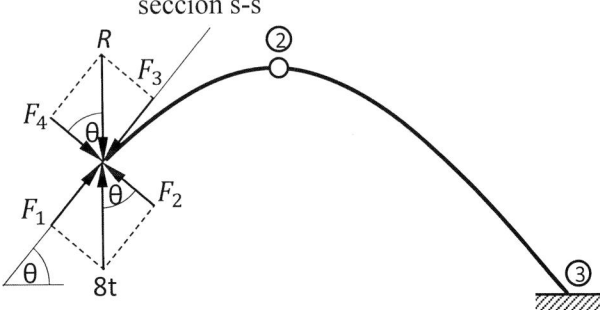

$F_1 = 8 \cdot \text{sen}[\text{arctag}(1{,}5 - 0{,}375x)]$

$F_2 = 8 \cdot \cos\theta = 8 \cdot \cos[\text{arctag}(1{,}5 - 0{,}375x)]$

$F_3 = R \cdot \text{sen}\theta = 4x \cdot \text{sen}[\text{arctag}(1{,}5 - 0{,}375x)]$

$F_4 = R \cdot \cos\theta = 4x \cdot \cos[\text{arctag}(1{,}5 - 0{,}375x)]$

$N = -F_1 + F_3$

$N = -8\text{sen}[\text{arctag}(1{,}5 - 0{,}375x)] + 4x \cdot \text{sen}[\text{arctag}(1{,}5 - 0{,}375x)]$

$N = (4x - 8)\text{sen}[\text{arctag}(1{,}5 - 0{,}375x)]$

$Q = F_2 - F_4$

$Q = 8\cos[\text{arctag}(1{,}5 - 0{,}375x)] - 4x \cdot \cos[\text{arctag}(1{,}5 - 0{,}375x)]$

$Q = (8 - 4x)\cos[\text{arctag}(1{,}5 - 0{,}375x)]$

b) Tramo 2-3

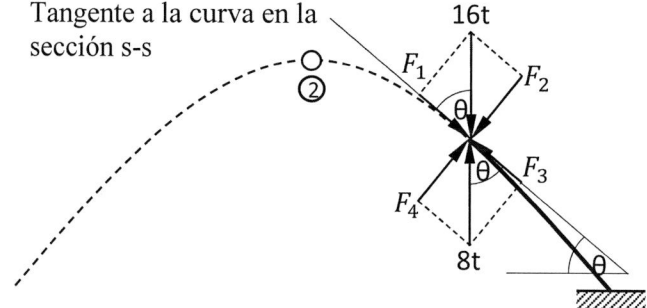

Como la pendiente es negativa, su derivada también es negativa:

$\text{Tag}\theta = -\dfrac{dy}{dx}$

$\text{Tag}\theta = -(-0{,}375x + 1{,}5)$

$\theta = \text{arctag}(0{,}375x - 1{,}5)$

$F_1 = 16\text{sen}\theta F_1 = 16\text{sen}[\text{arctag}(0{,}375x - 1{,}5)]$

$F_2 = 16\cos\theta = 16\cos[\text{arctag}(0{,}375x - 1{,}5)]$

$F_3 = 8\text{sen}\theta = 8\text{sen}[\text{arctag}(0{,}375x - 1{,}5)]$

$$F_4 = 8\cos\theta = 8\cos[\text{arctag}(0{,}375x - 1{,}5)]$$

$$N = -F_1 + F_3 = -8\text{sen}[\text{arctag}(0{,}375x - 1{,}5)]$$

$$Q = -F_2 + F_4 = -8\cos[\text{arctag}(0{,}375x - 1{,}5)]$$

2.2. Momento

a) Tramo 1-2

Consideremos las cargas a la izquierda:

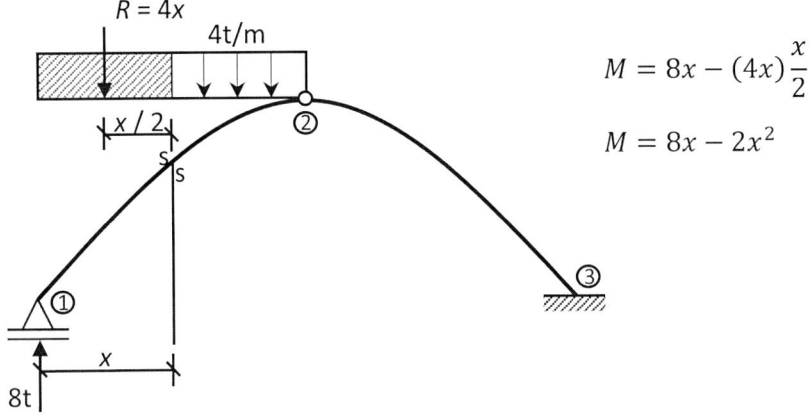

$$M = 8x - (4x)\frac{x}{2}$$

$$M = 8x - 2x^2$$

b) Tramo 2-3

Consideremos las cargas a la derecha:

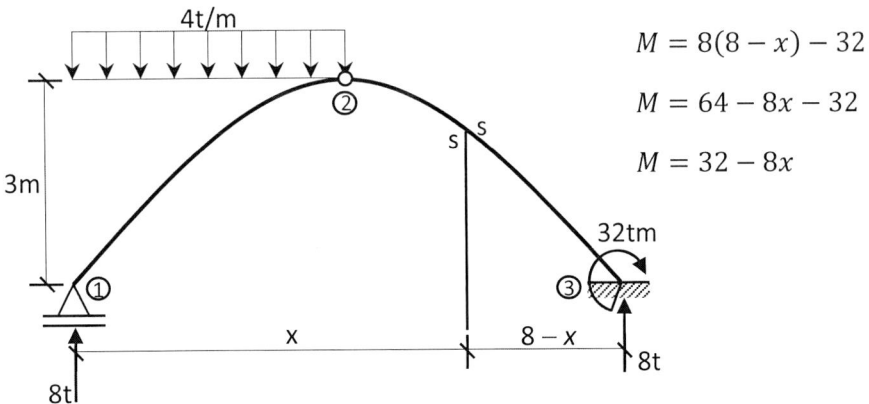

$$M = 8(8 - x) - 32$$

$$M = 64 - 8x - 32$$

$$M = 32 - 8x$$

3.- Diagramas de esfuerzos internos

Tramo	x[m]	N[t]	Q[t]	M[tm]	Tramo	x[m]	N[t]	Q[t]	M[tm]
	0	−6,66	4,44	0		4	0	−8	0
	1	−2,99	2,66	6		5	−2,81	−7,49	−8
1-2	2	0	0	8	2-3	6	−4,8	−6,4	−16
	3	1,4	−3,75	6		7	−5,98	−5,31	−24
	4	0	−8	0		8	−6,66	−4,44	−32

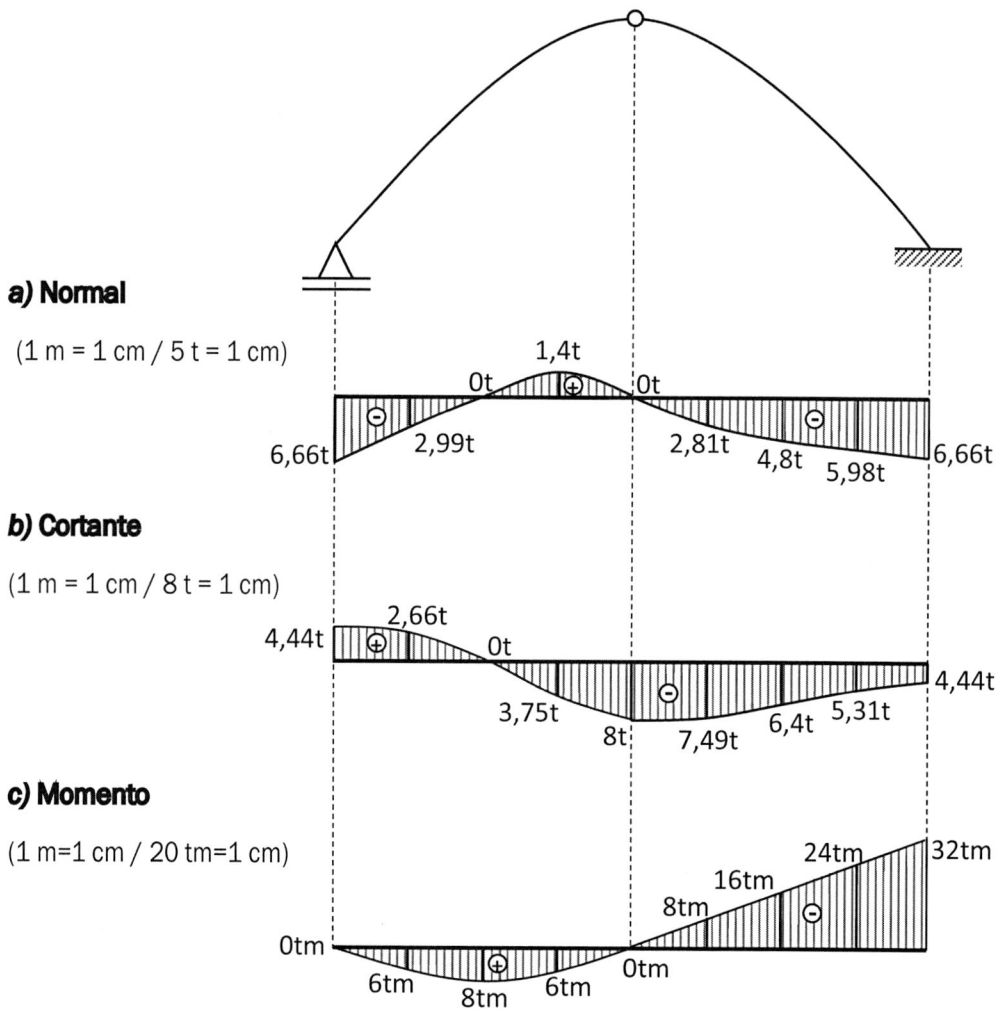

a) Normal

(1 m = 1 cm / 5 t = 1 cm)

b) Cortante

(1 m = 1 cm / 8 t = 1 cm)

c) Momento

(1 m = 1 cm / 20 tm = 1 cm)

CAPÍTULO 6

RETICULADOS O CERCHAS

6.1. OBJETIVO DEL CAPÍTULO

Finalizando el actual capítulo, el lector estará preparado para analizar los esfuerzos internos en diversos tipos de reticulados, destacando de sus resultados los elementos más críticos.

6.2. CONCEPTO DE «RETICULADO»

Es una estructura que se utiliza para salvar grandes luces, como estructuras para cubiertas y puentes. Está generalmente construido de madera o acero, y sus principales características son su geometría triangular y el desarrollo único de esfuerzos normales. Véanse los ejemplos de la figura 6.1.

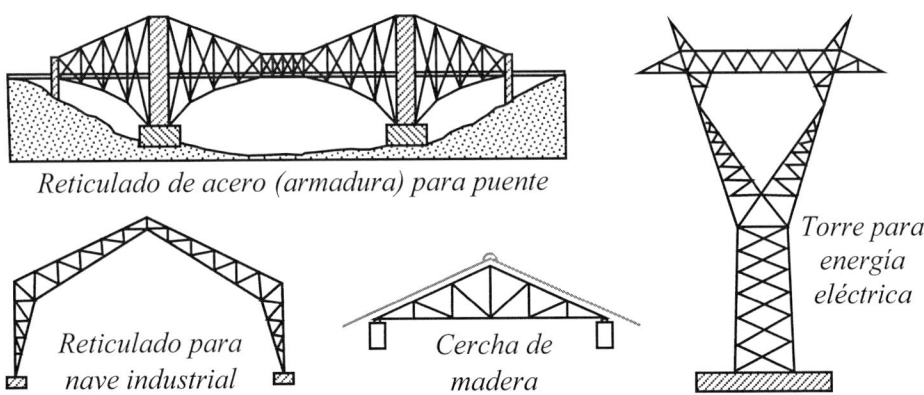

Reticulado de acero (armadura) para puente

Reticulado para nave industrial

Cercha de madera

Torre para energía eléctrica

Figura 6.1 Tipos de reticulados.

6.3. CARACTERÍSTICAS DE LOS RETICULADOS

Son muchas las características que distinguen estas estructuras de las restantes. A continuación, se describen estas cualidades:

- Su geometría está definida por figuras triangulares de diversos tipos y tamaños.
- Todas sus uniones son articuladas.
- Para su equilibrio externo, únicamente se admiten apoyos de primera y segunda especie (móvil y fijo).
- Generalmente, sus cargas son fuerzas puntuales en las direcciones x e y y están aplicadas en sus nudos.
- Desarrollan únicamente esfuerzo normal (tracción–compresión).
- Sus barras son más esbeltas que para los otros tipos de estructuras.

6.4. DISEÑO GEOMÉTRICO

Concebir una estructura con uniones completamente articuladas puede traer riesgo de inestabilidad, por lo cual es importante tener los criterios suficientes para realizar diseños adecuados pero, sobre todo, estables. A continuación, se muestran los dos casos más utilizados para su concepción.

Caso 1. Núcleo de tres barras articuladas

Para este caso, partimos del núcleo triarticulado de la figura 6.2.

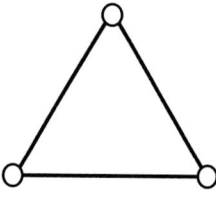

Figura 6.2 Núcleo de tres barras articuladas.

Agregamos pares de barras articuladas que formen otras figuras triangulares.

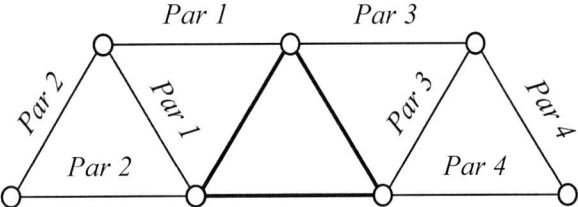

Figura 6.3 Reticulado a partir de la adición de pares de barras.

Finalmente, colocamos las restricciones necesarias para mantener el equilibrio estático.

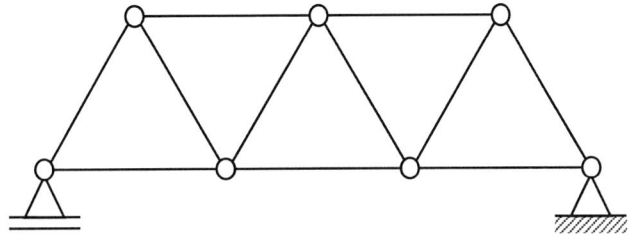

Figura 6.4 Reticulado simplemente apoyado.

Caso 2. Núcleo con dos barras triarticuladas

Para este caso, iniciamos nuestro diseño a partir del esquema de la figura 6.5.

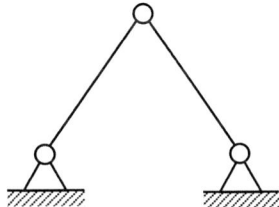

Figura 6.5 Triarticulado a partir de dos barras y dos apoyos fijos.

Las reacciones horizontales de los apoyos fijos simulan la barra faltante para formar la figura triangular.

Adicionamos pares de barras articuladas formando figuras triangulares.

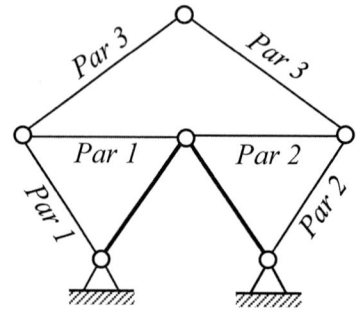

Figura 6.6 Formación de un reticulado.

Para este caso, el reticulado ya se encuentra en equilibrio estático.

El reticulado de la figura 6.7 también ha sido diseñado con este caso.

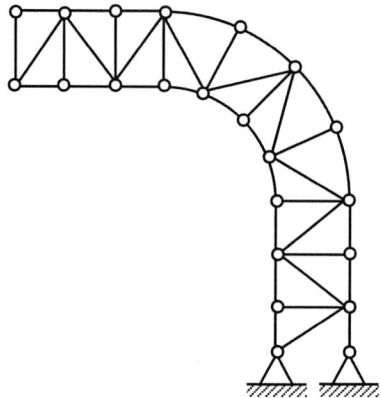

Figura 6.7 Reticulado formado a partir del caso 2.

6.5. CLASIFICACIÓN DE LOS RETICULADOS

Los reticulados isostáticos se clasifican en:

- Reticulados simples

- Reticulados compuestos

a) Reticulados simples: son aquellos que han sido diseñados según los dos casos expuestos. Véanse los ejemplos de la figura 6.8.

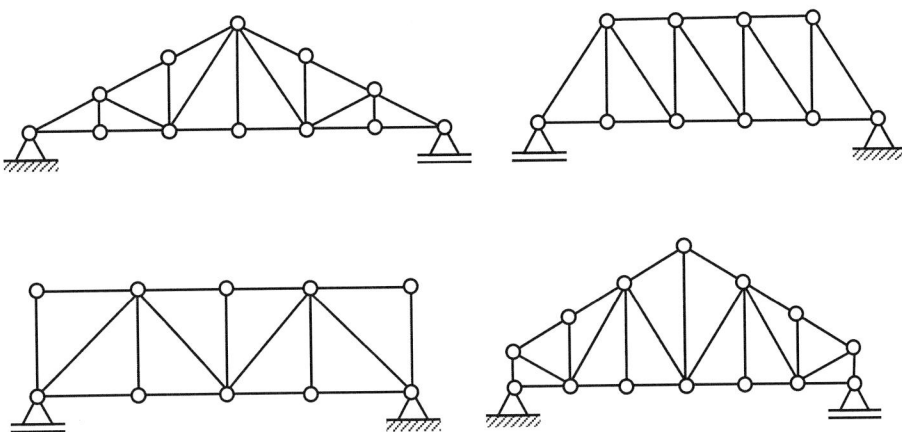

Figura 6.8 Tipos de reticulados simples.

b) Reticulados compuestos: estos reticulados están conformados por dos reticulados simples vinculados por elementos como uniones y barras (bielas), que mantienen su equilibrio estático.

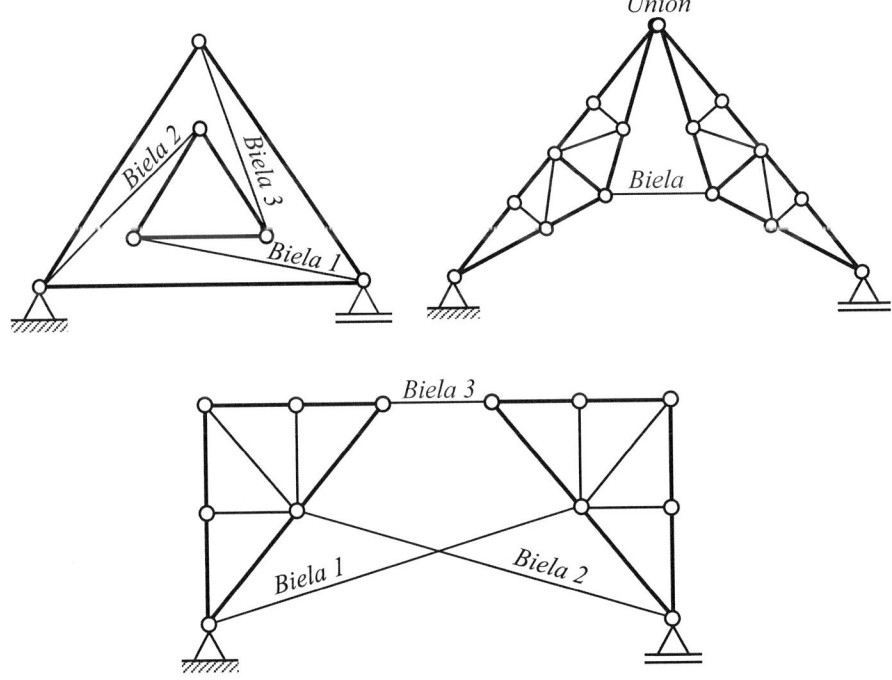

Figura 6.9 Tipos de reticulados compuestos.

6.6. CONDICIÓN DE ESTABILIDAD ESTÁTICA

Después de realizar el diseño geométrico de un reticulado, es importante verificar su estabilidad o firmeza mediante la aplicación de la siguiente expresión:

$$b = 2 \cdot n - r$$

Donde:

b = *número de barras*

n = *número de nudos*

r = *número de reacciones*

Veamos los ejemplos expuestos a continuación.

Verificamos la estabilidad de la siguiente estructura simple:

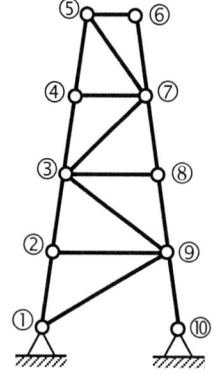

Datos
$b = 16$
$n = 10$
$r = 4$
$b = 2 \cdot n - r$
$16 = 2 \cdot 10 - 4$
$16 = 16$ cumple

Figura 6.10 Reticulado de tipo torre.

Verificamos la estabilidad de la siguiente estructura compuesta:

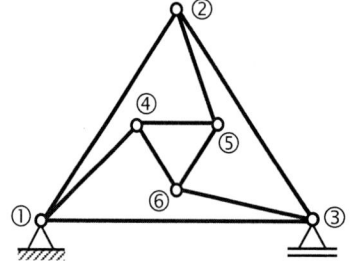

Datos
$b = 9$
$n = 6$
$r = 3$
$b = 2 \cdot n - r$
$9 = 2 \cdot 6 - 3$
$9 = 9$ cumple

Figura 6.11 Reticulado compuesto.

6.7. HIPOSTÁTICO E HIPERESTÁTICO

Un reticulado puede ser hipostático, es decir, inestable y, por lo tanto, no tiene solución, pero también puede ser hiperestático, para lo cual se aplican métodos que están fuera del alcance de este libro.

Un reticulado es hiperestático cuando se verifica el cumplimiento de la siguiente condición:

$$b > 2 \cdot n - r$$

Veamos el siguiente ejemplo:

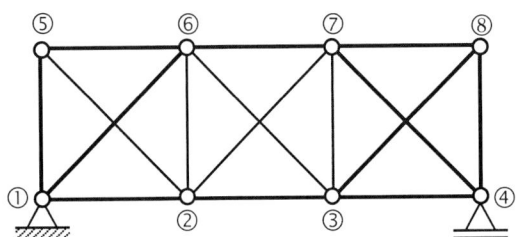

Datos
$b = 16$
$n = 8$
$r = 3$
$b > 2 \cdot n - r$
$16 > 2 \cdot 8 - 3$
$16 > 13 \text{ hiper.}$

Figura 6.12 Reticulado hiperestático.

Un reticulado es hipostático y, por lo tanto, inestable, cuando se verifica el cumplimiento de la siguiente condición:

$$b < 2 \cdot n - r$$

Veamos el siguiente ejemplo:

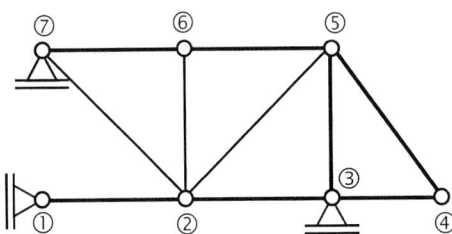

Datos
$b = 10$
$n = 7$
$r = 3$
$b < 2 \cdot n - r$
$10 < 2 \cdot 7 - 3$
$10 < 11 \text{ hipos.}$

Figura 6.13 Reticulado hipostático.

6.8. ESFUERZO NORMAL – NOTACIÓN

Los esfuerzos normales son fuerzas axiales convergentes o divergentes ubicados en los extremos de una barra. Véase la figura 6.14.

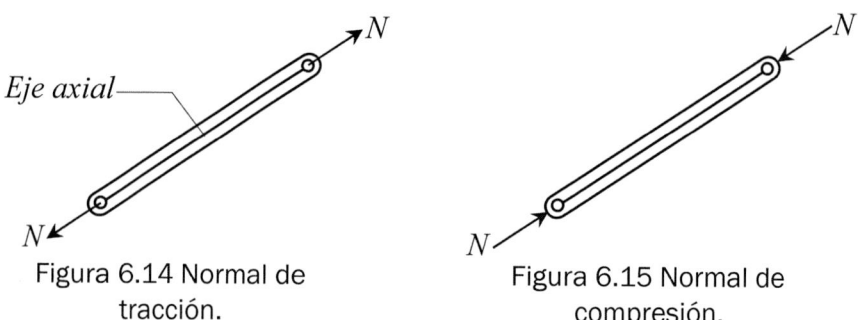

Figura 6.14 Normal de tracción.

Figura 6.15 Normal de compresión.

Las barras de un reticulado soportan este tipo de esfuerzo, por lo cual es importante asumir una notación que nos permita reconocerla en su posición y magnitud.

Para asignar una notación clara y específica a las barras de un reticulado, procédase como sigue:

1º Asignamos un número a los nudos del reticulado; en lo posible, esta numeración deberá seguir una secuencia lógica. Véase el ejemplo de la figura 6.16.

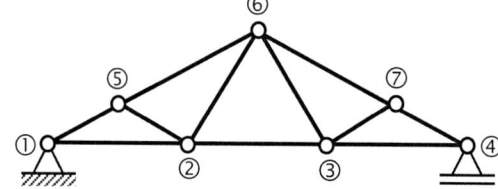

Figura 6.16 Reticulado enumerado.

2.º El esfuerzo normal se denotará con la letra N mayúscula, seguida de dos subíndices, que indican la barra a la que corresponde: el primer subíndice i será la menor numeración de la barra y el segundo subíndice j, el de mayor numeración; por ejemplo:

$$N_{25} = \text{esfuerzo normal de la barra 2-5}$$

$$N_{36} = \text{esfuerzo normal de la barra 3-6}$$

6.9. TRANSMISIÓN DE ESFUERZOS

El esfuerzo normal permanece constante en cada barra, por lo cual es importante comprender que estos se transmiten de unos extremos a otros, pero con sentido contrario, esto debido a la ley de acción y reacción de Newton.

Para comprender el comportamiento de las barras, analicemos el ejemplo de la figura 6.17.

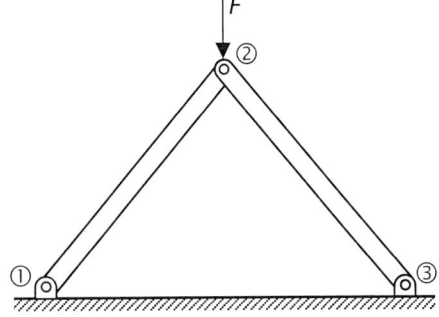

Figura 6.17 Barras biarticuladas.

La fuerza F, al actuar en el nudo 2, comprime a sus barras 1-2 y 2-3, las mismas que reaccionan de manera contraria a la fuerza F. En la figura 6.18, se muestra cómo los esfuerzos normales N_{12} y N_{23} actúan sobre el nudo 2. A este esquema se lp denomina «diagrama de cuerpo libre del nudo 2» (DCL ②).

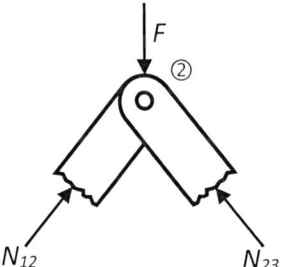

Figura 6.18 Unión con fuerzas concurrentes.

Por el principio de acción y reacción, las normales N_{12} y N_{23} actuarán en sus respectivas barras, con igual intensidad, pero con sentidos contrarios. Aquí se observa cómo la fuerza F comprime ambas barras.

Las barras 1-2 y 2-3, al formar parte de un sistema en equilibrio, deben también permanecer en equilibrio; por lo tanto, sus respectivos esfuerzos normales se replicarán en sus extremos opuestos de cada barra, pero equilibrándolas. En el gráfico de la figura 6.19, se observa el diagrama de cuerpo libre de cada barra y, por ende, el tipo de esfuerzos normal que soporta (compresión para nuestro ejemplo).

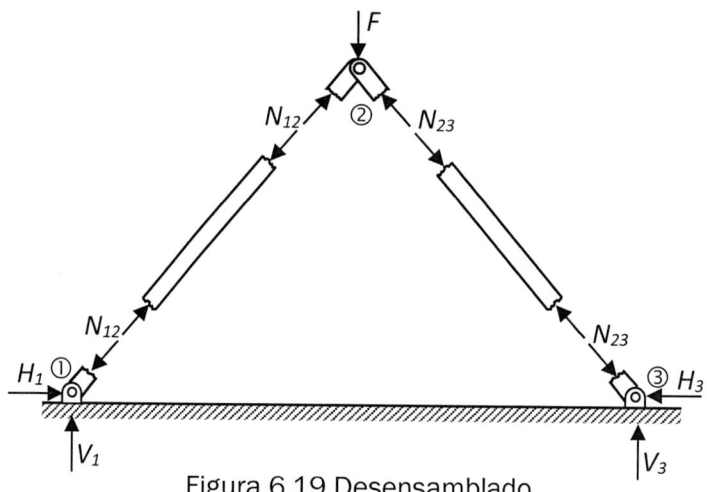

Figura 6.19 Desensamblado.

Finalmente, los esfuerzos N_{12} y N_{23} se transmiten a los apoyos para ser descargados en el suelo. En este esquema, se observan las reacciones que aparecen en cada apoyo.

Observación: distíngase que, cuando la barra soporta esfuerzos de compresión, su correspondiente normal se muestra como una fuerza entrante en su correspondiente unión. Según este razonamiento, podemos también afirmar que, cuando la barra soporta tracción, la fuerza se muestra saliente en su correspondiente unión. Véase la unión de la figura 6.20 con varias barras articuladas.

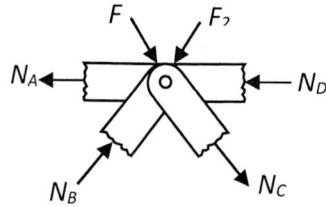

Figura 6.20 Unión con fuerzas.

Barra	Tipo de esfuerzo
A	Tracción
B	Compresión
C	Tracción
D	Compresión

6.10. MÉTODO DE SOLUCIÓN

Para calcular los esfuerzos normales en reticulados isostáticos, se conocen los siguientes métodos de análisis:

- Método de equilibrio de fuerzas en nudos

- Método de Ritter o de equilibrio de momentos

6.11. MÉTODO DE EQUILIBRIO DE FUERZAS EN NUDOS

Para comprender este método, supongamos el ejemplo de la figura 6.21.

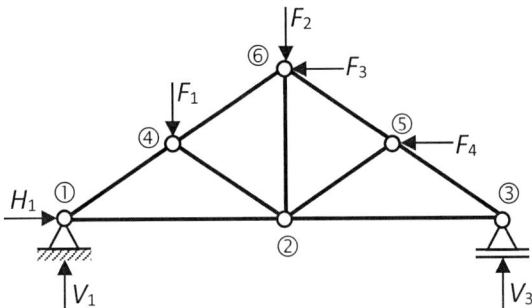

Figura 6.21 Cercha.

Paso 1. Identificamos aquellas uniones donde concurren únicamente dos barras para, luego, realizar su DCL y aplicar las siguientes ecuaciones de equilibrio:

$$\Sigma Fx = 0 \rightarrow \oplus \qquad\qquad \Sigma Fy = 0 \uparrow \oplus$$

Para nuestro ejemplo, efectuaremos este paso en los nudos 1 y 3. Para ambos nudos, asumimos el tipo de esfuerzo normal para, luego, aplicar las ecuaciones de equilibrio y obtener un sistema de dos ecuaciones con dos incógnitas y, de este modo, calculamos los siguientes esfuerzos normales:

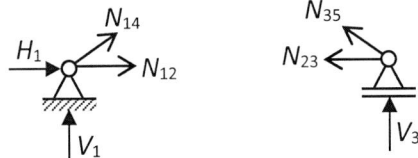

Nudo	Esfuerzo
1	N_{12}
	N_{14}
3	N_{23}
	N_{35}

Figura 6.22 Apoyos con fuerzas normales.

Paso 2. Considerando que ya se conocen varios esfuerzos normales, identificamos aquellos nudos donde concurren dos barras cuyos esfuerzos aún no han sido calculados para, luego, aplicar las correspondientes ecuaciones de equilibrio.

Para nuestro ejemplo, serían los nudos 4 y 5. De este modo, se obtendrán los esfuerzos normales de la figura 6.23.

Figura 6.23 Fuerzas concurrentes

Nudo	Esfuerzo
4	N_{24}
	N_{46}
5	N_{25}
	N_{56}

Paso 3. Aplicando el mismo criterio del paso anterior, analizamos los esfuerzos faltantes en el nudo 6. Para nuestro ejemplo, el esfuerzo faltante es N_{26}; de este modo, hemos obtenido los esfuerzos normales en las nueve barras del reticulado.

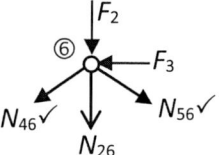

Figura 6.24 Fuerzas concurrentes en el nudo 6.

Paso 4. Es posible verificar los resultados obtenidos hasta aquí, aplicando las ecuaciones de equilibrio en el nudo restante; es decir, en el nudo que hasta el momento no ha sido utilizado para calcular los esfuerzos normales. Para nuestro ejemplo, es el nudo 2.

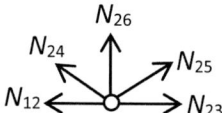

Figura 6.25 Fuerzas concurrentes en el nudo 2.

Al aplicar las ecuaciones de equilibrio en este nudo, se deberá verificar que los esfuerzos se autoequilibran, dando como resultante cero; es decir:

$$Rx = 0 \qquad Ry = 0$$

EJERCICIOS

EJERCICIO 90

Calcule las reacciones y diagrame los esfuerzos internos (por equilibrio de nudos).

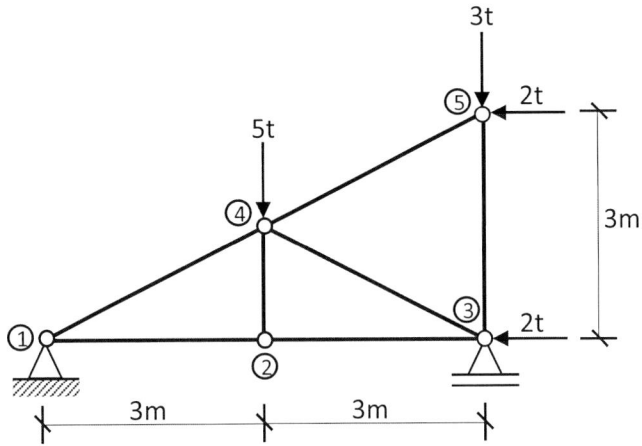

Figura 6.26 Reticulado 1.

1.- Cálculo de reacciones

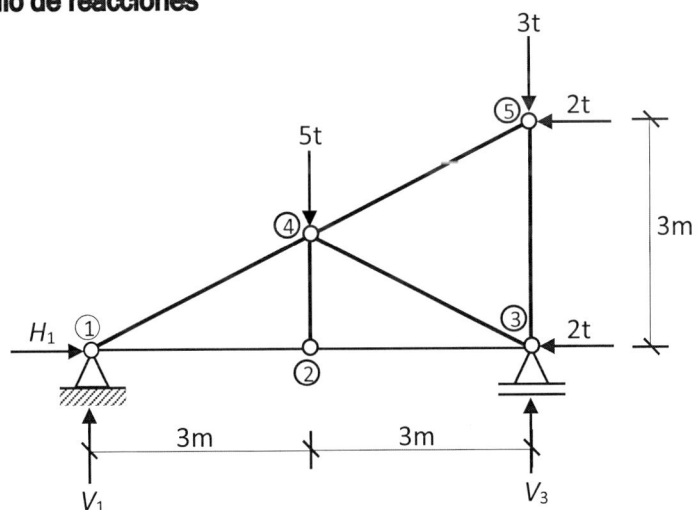

$\Sigma F_H = 0 \rightarrow \oplus$

$H_1 - 2 - 2 = 0$

$H_1 = 4$ t

$\Sigma M_1 = 0 \; \circlearrowleft \oplus$

$5 \cdot 3 + 3 \cdot 6 - 2 \cdot 3 - V_3 \cdot 6 = 0$

$V_3 = 4,5$ t

$\Sigma F_V = 0 \uparrow \oplus$

$V_1 - 5 - 3 + 4,5 = 0$

$V_1 = 3,5$ t

2.- Cálculo de esfuerzos internos

a) Nudo 1

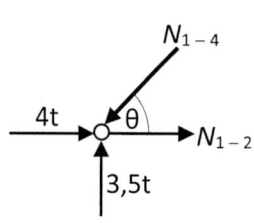

$$\text{Tag}\theta = \frac{3}{6}$$

$$\theta = \text{arctag}\left(\frac{3}{6}\right) = 26,56°$$

$$\Sigma F_y = 0 \;\uparrow\oplus$$

$$3,5 - N_{1-4}\text{sen}\theta = 0$$

$$N_{1-4} = \frac{3,5}{\text{sen}(26,56)}$$

$$N_{1-4} = 7,828t \;(\text{comp.})$$

$$\Sigma F_x = 0 \;\rightarrow\oplus$$
$$4 - N_{1-4}\cos\theta + N_{1-2} = 0$$
$$N_{1-2} = -4 + N_{1-4}\cos\theta$$
$$N_{1-2} = -4 + 7,828\cos(26,56)$$
$$N_{1-2} = 3 \;t(\text{Tracción})$$

b) Nudo 2

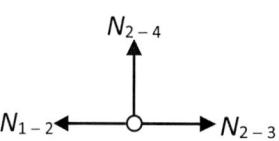

$$\Sigma F_x = 0 \;\rightarrow\oplus$$
$$N_{2-3} - N_{1-2} = 0$$
$$N_{2-3} = N_{1-2}$$
$$N_{2-3} = 3 \;t(\text{Tracción})$$
$$\Sigma F_y = 0 \;\uparrow\oplus$$
$$N_{2-4} = 0 \;t$$

c) Nudo 3

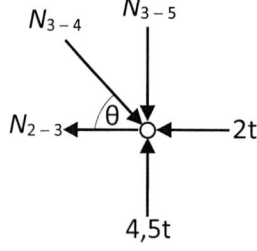

$$\Sigma F_x = 0 \;\rightarrow\oplus$$
$$N_{3-4}\cos\theta - 2 - N_{2-3} = 0$$
$$N_{3-4} = \frac{2 + N_{2-3}}{\cos\theta}$$
$$N_{3-4} = \frac{2 + 3}{\cos(26,56)}$$
$$N_{3-4} = 5,59 \;t(\text{Compresión})$$

$\Sigma F_y = 0 \uparrow\oplus$

$4{,}5 - N_{3-4}\text{sen}\theta - N_{3-5} = 0$

$N_{3-5} = 4{,}5 - N_{3-4}\text{sen}\theta$

$N_{3-5} = 4{,}5 - 5{,}59\text{sen}(26{,}56) = 2 \text{ t(Compresión)}$

d) Nudo 5

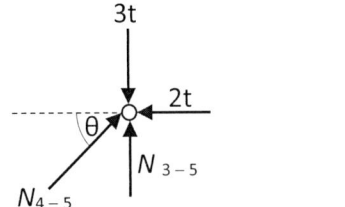

$\Sigma F_x = 0 \rightarrow\oplus$

$N_{4-5}\cos\theta - 2 = 0$

$N_{4-5} = \dfrac{2}{\cos(26{,}56)}$

$N_{4-5} = 2{,}236 \text{ t(Compresión)}$

No es necesario hacer ΣF_y, pero nos servirá como prueba

$$\Sigma F_y = 0 \uparrow\oplus$$

$$N_{3-5} + N_{4-5}\text{sen}\theta - 3 = 0$$

$$2 + 2{,}236\text{sen}(26{,}56) - 3 = 0$$

$$0 = 0 \text{ cumple}$$

e) Resumen de esfuerzos normales

Barras	N[t]	Efecto
1-2	3	Tracción
1-4	7,828	Compresión
2-3	3	Tracción
2-4	0	–
3-4	5,59	Compresión
3-5	2	Compresión
4-5	2,236	Compresión

3.- Diagrama de esfuerzos normales

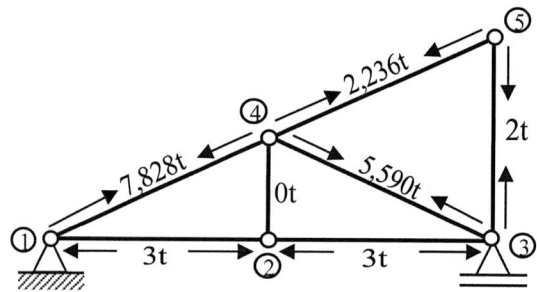

Observación: los esfuerzos fueron dibujados para las barras, y no para los nudos.

EJERCICIO 91

Calcule las reacciones y diagrame los esfuerzos internos (por equilibrio de nudos).

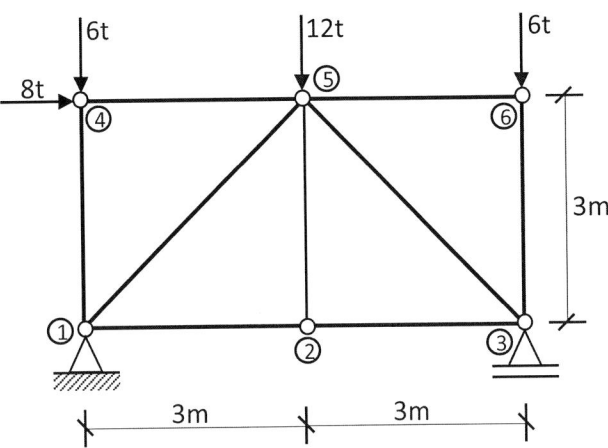

Figura 6.27 Reticulado 2.

1.- Cálculo de reacciones

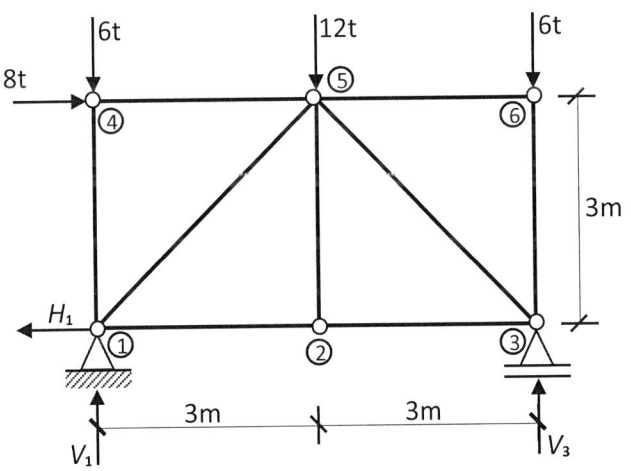

$\Sigma F_H = 0 \to \oplus$

$-H_1 + 8 = 0$

$H_1 = 8 \, t$

$\Sigma M_1 = 0 \; \circlearrowleft \oplus$

$8 \cdot 3 + 12 \cdot 3 + 6 \cdot 6 - V_3 \cdot 6 = 0$

$V_3 = 16 \, t$

$$\Sigma F_V = 0 \uparrow \oplus$$

$$V_1 - 6 - 12 - 6 + 16 = 0$$

$$V_1 = 8 \text{ t}$$

2.- Cálculo de esfuerzos internos

a) Nudo 4

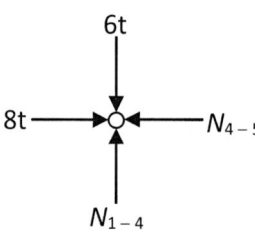

$$\Sigma F_x = 0 \rightarrow \oplus$$

$$8 - N_{4-5} = 0$$

$$N_{4-5} = 8 \text{ t(Compresión)}$$

$$\Sigma F_y = 0 \uparrow \oplus$$

$$N_{1-4} - 6 = 0$$

$$N_{1-4} = 6 \text{ t(Compresión)}$$

b) Nudo 1

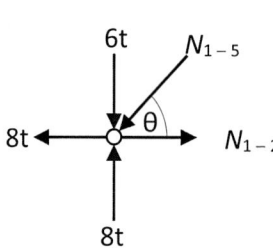

$$\text{Tag}\theta = \frac{3}{3}$$

$$\theta = \text{arctag}\left(\frac{3}{3}\right) = 45°$$

$$\Sigma F_y = 0 \uparrow \oplus$$

$$8 - 6 - N_{1-5}\text{Sen } 45 = 0$$

$$N_{1-5} = 2{,}828 \text{ t(Compresión)}$$

$$\Sigma F_x = 0 \rightarrow \oplus$$

$$-8 - 2{,}828 \cdot \cos 45 + N_{1-2} = 0$$

$$N_{1-2} = 10 \text{ t(Tracción)}$$

c) Nudo 2

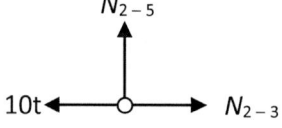

$$\Sigma F_x = 0 \rightarrow \oplus$$

$$N_{2-3} - 10 = 0$$

$$N_{2-3} = 10 \text{ t(Tracción)}$$

$$\Sigma F_y = 0 \uparrow \oplus$$

$$N_{2-5} = 0$$

d) Nudo 3

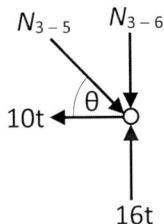

$$\Sigma F_x = 0 \to \oplus$$

$$-10 + N_{3-5} \cos\theta = 0 \quad ; \theta = 45°$$

$$N_{3-5} = 14,142 \text{ t(Compresión)}$$

$$\Sigma F_y = 0 \uparrow \oplus$$

$$16 - N_{3-5}\text{sen}\theta - N_{3-6} = 0$$

$$N_{3-6} = 16 - 14,142 \text{ Sen}45$$

$$N_{3-6} = 6 \text{ t(Compresión)}$$

e) Nudo 6

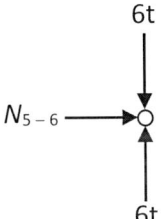

$$\Sigma F_x = 0 \to \oplus$$

$$N_{5-6} = 0$$

f) Nudo 5

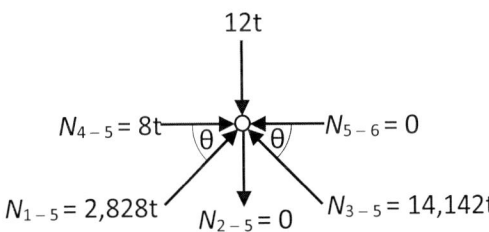

No es necesario realizar este cálculo, pero nos servirá como prueba:

$$\Sigma F_x = 0 \to \oplus$$

$$8 + 2,828 \text{ Cos}\theta - 14,142 \text{ Cos}\theta = 0 \;;\; \theta = 45°$$

$$0 = 0 \text{ (cumple)}$$

$\Sigma F_y = 0 \uparrow \oplus$

$-12 + 2{,}828 \operatorname{Sen}\theta + 14{,}142 \operatorname{Sen}\theta = 0 \; ; \; \theta = 45°$

$0 = 0$ (cumple)

g) Resumen de esfuerzos

Barras	N[t]	Efecto
1-2	10	Tracción
1-4	6	Compresión
1-5	2,828	Compresión
2-3	10	Tracción
2-5	0	–
3-5	14,142	Compresión
3-6	6	Compresión
4-5	8	Compresión
5-6	0	–

3.- Diagrama de esfuerzos normales

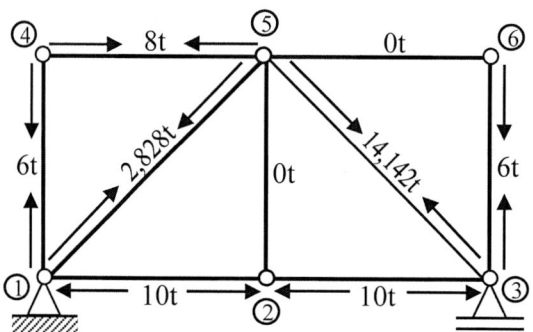

Observación: los esfuerzos fueron dibujados para las barras, y no para los nudos.

EJERCICIO 92

Calcule las reacciones y diagrame los esfuerzos internos (por equilibrio de nudos).

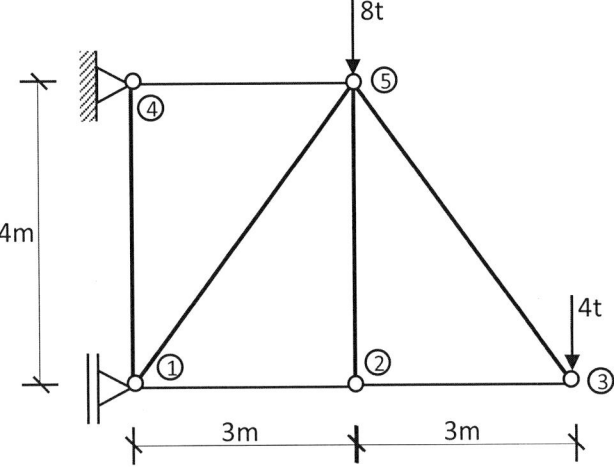

Figura 6.28 Reticulado 3.

1.-Cálculo de reacciones

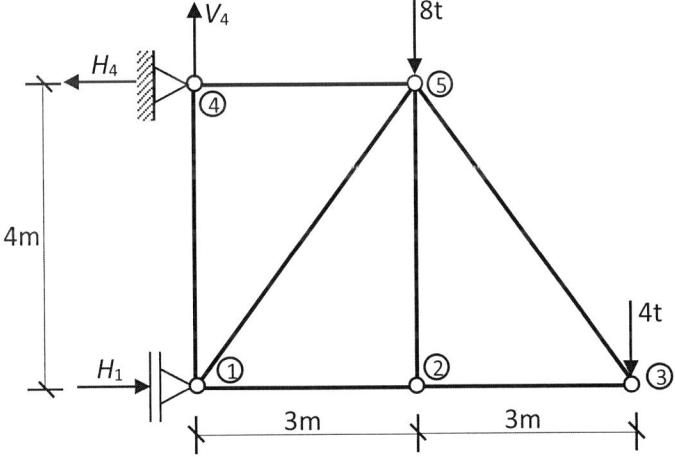

$\Sigma F_V = 0 \ \uparrow \oplus$

$V_4 - 8 - 4 = 0$

$V_4 = 12 \text{ t}$

$\Sigma M_4 = 0 \ \circlearrowleft \oplus$

$-H_1 \cdot 4 + 8 \cdot 3 + 4 \cdot 6 = 0$

$H_1 = 12 \text{ t}$

$\Sigma F_H = 0 \ \rightarrow \oplus$

$12 - H_4 = 0$

$H_4 = 12 \text{ t}$

2.- Cálculo de esfuerzos internos

a) Nudo 4

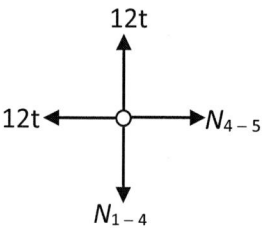

$$\Sigma F_x = 0 \ \rightarrow \oplus$$

$$-12 + N_{4-5} = 0$$

$$N_{4-5} = 12 \ t(\text{Tracción})$$

$$\Sigma F_y = 0 \ \uparrow\oplus$$

$$12 - N_{1-4} = 0$$

$$N_{1-4} = 12 \ t(\text{Tracción})$$

b) Nudo 1

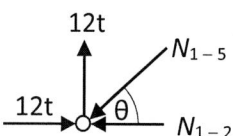

$$\theta = \text{arctag}\left(\frac{4}{3}\right) = 53,13°$$

$$\Sigma F_y = 0 \ \uparrow\oplus$$

$$12 - N_{1-5}\text{sen}\theta = 0$$

$$N_{1-5} = \frac{12}{\text{sen}(53,13)} = 15 \ t(\text{Compresión})$$

$$\Sigma F_x = 0 \ \rightarrow\oplus$$

$$12 - 15\cos\theta - N_{1-2} = 0$$

$$N_{1-2} = 12 - 15\cos(53,13)$$

$$N_{1-2} = 3 \ t(\text{Compresión})$$

c) Nudo 2

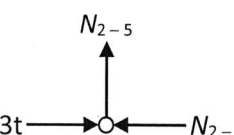

$$\Sigma F_x = 0 \ \rightarrow\oplus$$

$$3 - N_{2-3} = 0$$

$$N_{2-3} = 3 \ t(\text{Compresión})$$

$$\Sigma F_y = 0 \ \uparrow\oplus$$

$$N_{2-5} = 0$$

d) Nudo 3

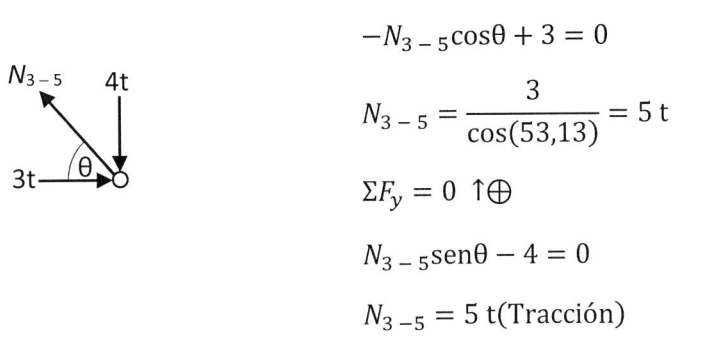

$$\Sigma F_x = 0 \rightarrow \oplus$$

$$-N_{3-5}\cos\theta + 3 = 0$$

$$N_{3-5} = \frac{3}{\cos(53,13)} = 5\ t$$

$$\Sigma F_y = 0 \uparrow \oplus$$

$$N_{3-5}\sin\theta - 4 = 0$$

$$N_{3-5} = 5\ t(\text{Tracción})$$

mismo valor que el anterior

e) Nudo 5

No es necesario calcular este nudo, pero servirá como prueba.

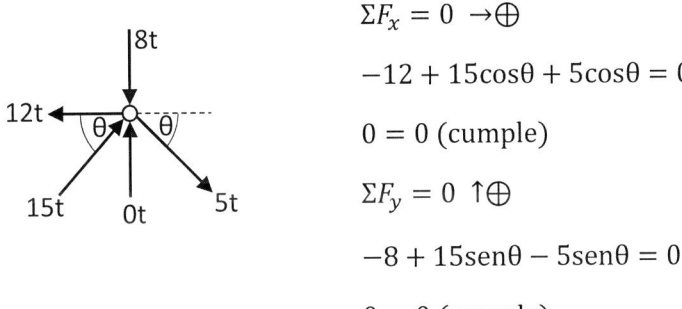

$$\Sigma F_x = 0 \rightarrow \oplus$$

$$-12 + 15\cos\theta + 5\cos\theta = 0$$

$$0 = 0\ (\text{cumple})$$

$$\Sigma F_y = 0 \uparrow \oplus$$

$$-8 + 15\sin\theta - 5\sin\theta = 0$$

$$0 = 0\ (\text{cumple})$$

f) Resumen de esfuerzos normales

Barras	N[t]	Efecto
1-2	3	Compresión
1-4	12	Tracción
1-5	15	Compresión
2-3	3	Compresión
2-5	0	–
3-5	5	Tracción
4-5	12	Tracción

3.- Diagrama de esfuerzos normales

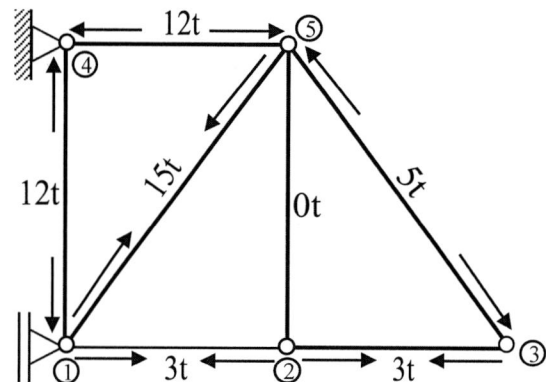

Observación: los esfuerzos fueron dibujados para las barras, y no para los nudos.

EJERCICIO 93

Calcule las reacciones y diagrame los esfuerzos internos (por equilibrio de nudos).

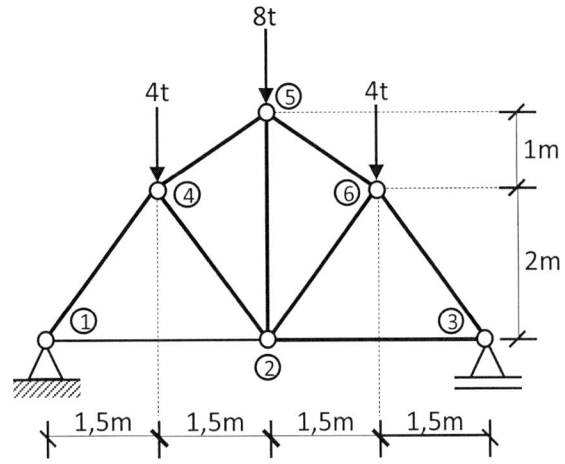

Figura 6.29 Reticulado 4.

1.- Cálculo de reacciones

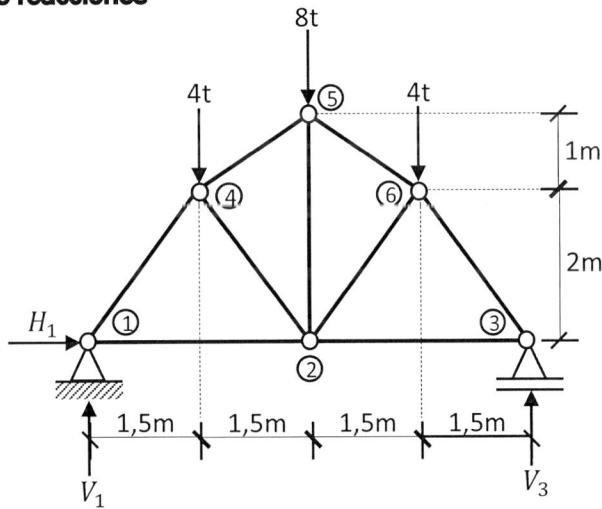

Como no existen cargas horizontales, la reacción H_1 vale cero.

$\Sigma M_1 = 0 \circlearrowleft \oplus$

$4 \cdot 1,5 + 8 \cdot 3 + 4 \cdot 4,5 - V_3 \cdot 6 = 0$

$V_3 = 8 \text{ t}$

$\Sigma F_V = 0 \uparrow \oplus$

$V_1 - 4 - 8 - 4 + 8 = 0$

$V_1 = 8 \text{ t}$

2.- Cálculo de esfuerzos internos

a) Nudo 1

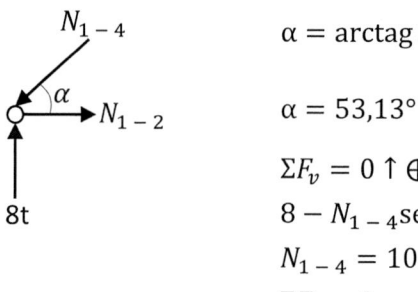

$$\alpha = \text{arctag}\left(\frac{2}{1,5}\right)$$

$$\alpha = 53,13°$$

$\Sigma F_v = 0 \uparrow \oplus$

$8 - N_{1-4}\text{sen}\alpha = 0$

$N_{1-4} = 10 \text{ t(Compresión)}$

$\Sigma F_x = 0 \rightarrow \oplus$

$N_{1-2} - 10\cos\alpha = 0$

$$N_{1-2} = 6 \text{ t(Tracción)}$$

b) Nudo 4

$\Sigma F_x = 0 \rightarrow \oplus$

$-N_{2-4}\cos\alpha - N_{4-5}\cos\beta + 10\cos\alpha = 0$

$-0,6N_{2-4} - 0,832N_{4-5} + 6 = 0$

$$N_{2-4} = \frac{6 - 0,832N_{4-5}}{0,6}$$

$N_{2-4} = 10 - 1,387N_{4-5} \quad ①$

$\Sigma F_y = 0 \uparrow \oplus$

$-4 + N_{2-4}\text{sen}\alpha + 10\text{sen}\alpha - N_{4-5}\text{sen}\beta = 0$

$0,8N_{2-4} - 0,555N_{4-5} = -4 \quad ②$

$$\alpha = \text{arctag}\left(\frac{2}{1,5}\right)$$

$\alpha = 53,13°$

$$\beta = \text{arctag}\left(\frac{1}{1,5}\right)$$

$\beta = 33,69°$

Sustituir ① en ②

$0,8(10 - 1,387N_{4-5}) - 0,555N_{4-5} = -4$

$8 - 1,1096N_{4-5} - 0,555N_{4-5} = -4$

$-1,6646N_{4-5} = -4 - 8$

$N_{4-5} = 7,2 \text{ t(Compresión)} ③$

Sustituir ③ en ①

$N_{2-4} = 10 - 1,387(7,2)$

$N_{2-4} = 0,01 \approx 0 \text{ t}$

c) Nudo 5

Como la estructura es simétrica con carga simétrica, $N_{4-5} = N_{5-6} = 7,2$ t.

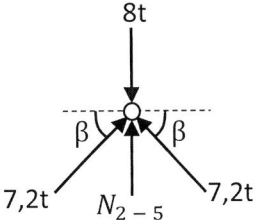

$\Sigma F_y = 0 \uparrow \oplus$

$N_{2-5} - 8 + 7,2\text{sen}\beta + 7,2\text{sen}\beta = 0$

$N_{2-5} = 0,01 \cong 0$ t

d) Demás normales por simetría

$N_{2-6} = N_{2-4} = 0$ t

$N_{3-6} = N_{1-4} = 10$ t(Compresión)

$N_{2-3} = N_{1-2} = 6$ t(Tracción)

e) Resumen de esfuerzos normales

Barra	N[t]	Tipo
1-2	6	Tracción
1-4	10	Compresión
2-3	6	Tracción
2-4	0	–
2-5	0	–
2-6	0	–
3-6	10	Compresión
4-5	7,2	Compresión
5-6	7,2	Compresión

3.- Diagrama de esfuerzos normales

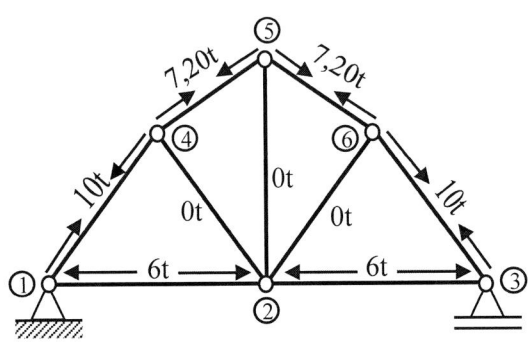

6.12. MÉTODO DE RITTER

Este método permite calcular los esfuerzos normales aplicando ecuaciones de equilibrio de momentos en determinados segmentos de la estructura. La cantidad de cálculos dependerá de los segmentos que tengan que realizarse según el número de barras del reticulado.

Para aplicar este método, distinguiremos los casos expuestos a continuación.

Caso 1. Segmento que secciona dos barras

Para comprender este caso, supongamos el ejemplo de la figura 6.30.

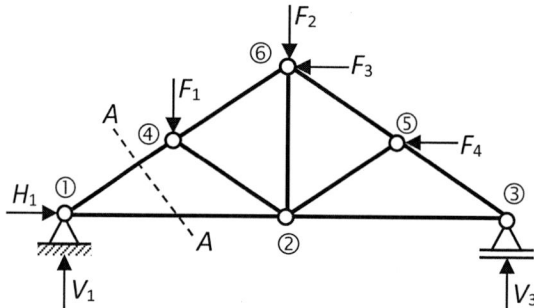

Figura 6.30 Reticulado con sección A-A.

Segmentamos la estructura en la dirección A-A y analizamos el lado izquierdo.

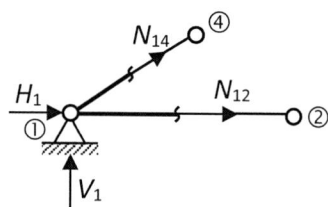

Figura 6.31 Fuerzas concurrentes en el nudo 1.

Aplicamos las siguientes ecuaciones de momento:

$$\Sigma M_2 = 0 \circlearrowleft \oplus$$

De esta ecuación, se obtiene la normal N_{14}.

$$\Sigma M_4 = 0 \circlearrowleft \oplus$$

De esta ecuación, se obtiene la normal N_{12}.

Caso 2. Segmento que secciona tres barras

Segmentamos en la dirección B-B y trabajamos con el lado izquierdo.

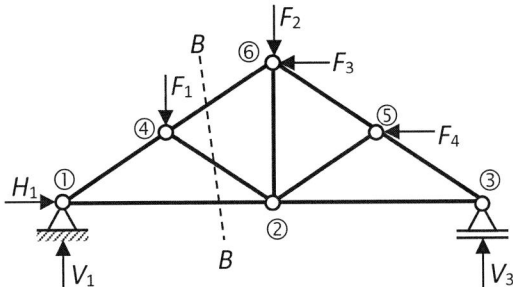

Figura 6.32 Sección B-B.

Aplicamos las siguientes ecuaciones de momento:

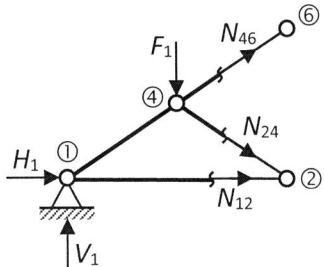

Figura 6.33 Porción izquierda del reticulado.

$\Sigma M_2 = 0 \circlearrowleft \oplus$

De esta ecuación, se obtiene la normal N_{46}.

$\Sigma M_4 = 0 \circlearrowleft \oplus$

De esta ecuación, se obtiene la normal N_{12}.

$\Sigma M_1 = 0 \circlearrowleft \oplus$

De esta ecuación, se obtiene la normal N_{24}.

Obsérvese que los nudos elegidos para aplicar las ecuaciones de equilibrio son aquellas donde concurren dos esfuerzos normales.

Aplicando ambos casos a otras partes del reticulado, logramos obtener el total de sus esfuerzos normales.

EJERCICIOS

EJERCICIO 94

Calcule las reacciones y diagrame los esfuerzos internos (por Ritter).

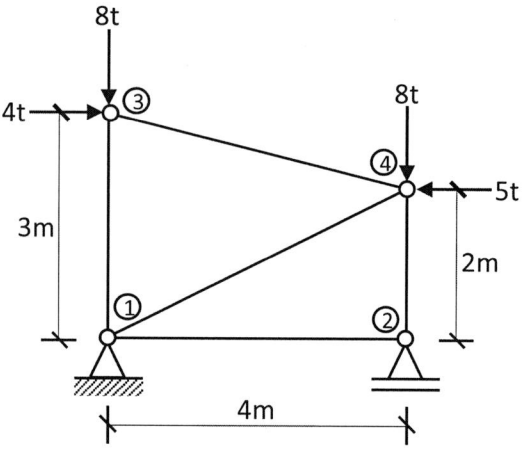

Figura 6.34 Reticulado 5.

1.- Cálculo de reacciones

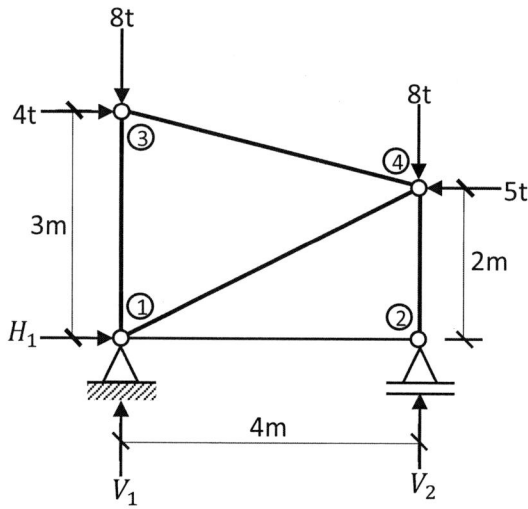

$\Sigma F_H = 0 \rightarrow \oplus$

$H_1 + 4 - 5 = 0$

$H_1 = 1 \text{ t}$

$\Sigma M_1 = 0 \; \circlearrowleft \oplus$

$4 \cdot 3 + 8 \cdot 4 - 5 \cdot 2 - V_2 \cdot 4 = 0$

$V_2 = 8,5 \text{ t}$

$\Sigma F_V = 0 \; \uparrow \oplus$

$V_1 - 8 - 8 + 8,5 = 0$

$V_1 = 7,5 \text{ t}$

2.- Cálculo de esfuerzos internos

a) Primer corte

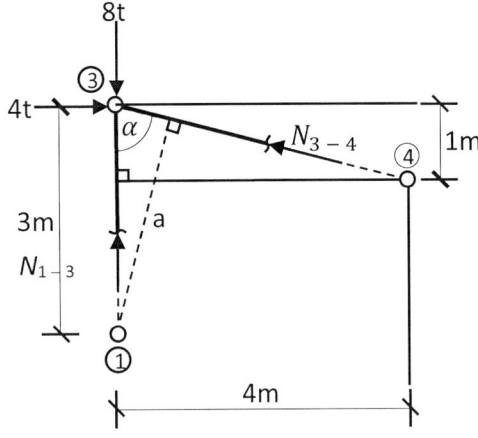

$\text{Tag } \alpha = \dfrac{4}{1} \Rightarrow \alpha = \text{arctag}(4)$

$\alpha = 75,96°$

$\text{sen } \alpha = \dfrac{a}{3} \Rightarrow a = 3\text{sen}\alpha$

$a = 2,91 \text{ m}$

$\Sigma M_1 = 0 \ \circlearrowleft \oplus$

$4 \cdot 3 - N_{3-4} \cdot a = 0$

$N_{3-4} = \dfrac{12}{a} = \dfrac{12}{2,91} = 4,124 \text{ t}$

$N_{3-4} = 4,124 \text{ t(Compresión)}$

$\Sigma M_4 = 0 \ \circlearrowleft \oplus$

$N_{1-3} \cdot 4 + 4 \cdot 1 - 8 \cdot 4 = 0$

$N_{1-3} = 7 \text{ t(Compresión)}$

b) Segundo corte

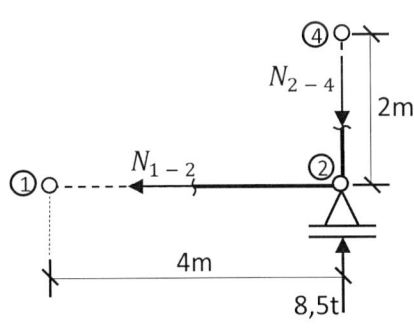

$\Sigma M_1 = 0 \ \circlearrowleft \oplus$

$N_{2-4} \cdot 4 - 8,5 \cdot 4 = 0$

$N_{2-4} = 8,5 \text{ t(Compresión)}$

$\Sigma M_4 = 0 \ \circlearrowleft \oplus$

$N_{1-2} \cdot 2 = 0$

$N_{1-2} = 0 \text{ t}$

c) Tercer corte

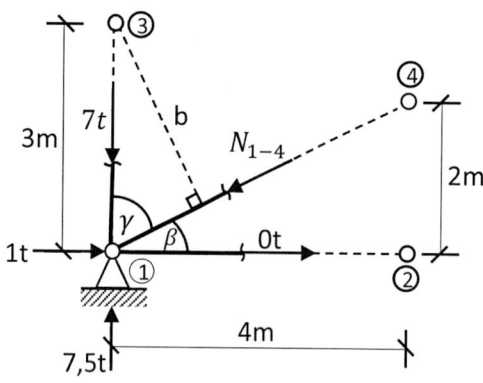

$$Tag\beta = \frac{2}{4} \Rightarrow \beta = arctag \left(\frac{2}{4}\right)$$

$$\beta = 26,56°$$

$$\gamma + \beta = 90° \Rightarrow \gamma = 63,44°$$

$$sen\gamma = \frac{b}{3} \Rightarrow b = 3sen\gamma = 2,683 \text{ m}$$

$$\Sigma M_3 = 0 \circlearrowleft \oplus$$

$$-1 \cdot 3 + N_{1-4} \cdot b = 0$$

$$N_{1-4} = \frac{3}{b} = \frac{3}{2,683} = 1,12 \text{ t (comp.)}$$

d) Resumen de esfuerzos

Barra	N[t]	Efecto
1-2	0	–
1-3	7	Compresión
1-4	1,12	Compresión
2-4	8,5	Compresión
3-4	4,124	Compresión

3.- Diagrama de esfuerzos normales

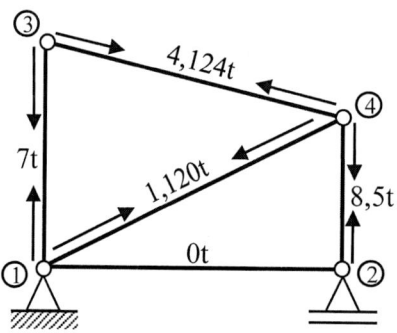

Observación: los esfuerzos fueron dibujados para las barras y no para los nudos.

EJERCICIO 95

Calcule las reacciones y diagrame los esfuerzos internos (por Ritter).

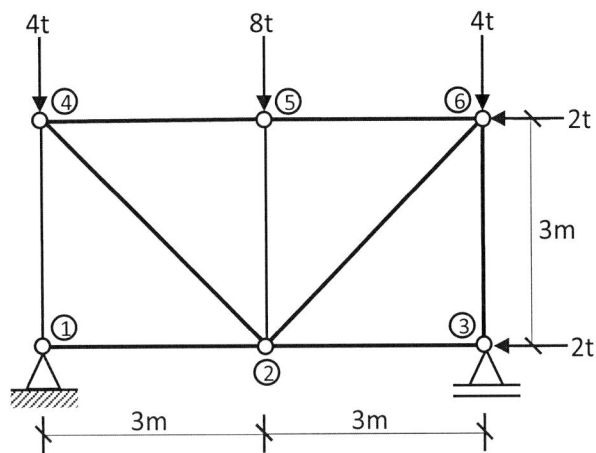

Figura 6.35 Reticulado 6.

1.- Cálculo de reacciones

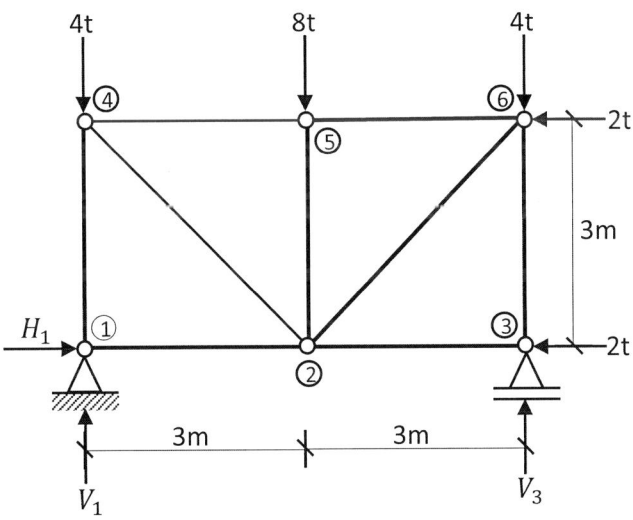

$\Sigma F_H = 0 \rightarrow \oplus$ $\qquad$ $\Sigma M_1 = 0 \ \circlearrowleft\oplus$ $\qquad\qquad$ $\Sigma F_V = 0 \ \uparrow\oplus$

$H_1 - 2 - 2 = 0$ $\qquad$ $8 \cdot 3 + 4 \cdot 6 - 2 \cdot 3 - V_3 \cdot 6 = 0$ $\qquad$ $V_1 - 4 - 8 - 4 + 7 = 0$

$H_1 = 4 \text{ t}$ $\qquad\qquad$ $V_3 = 7 \text{ t}$ $\qquad\qquad\qquad$ $V_1 = 9 \text{ t}$

2.- Cálculo de esfuerzos internos

a) Primer corte

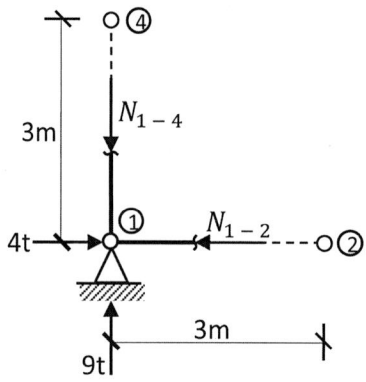

$\Sigma M_2 = 0 \, \circlearrowleft \oplus$

$9 \cdot 3 - N_{1-4} \cdot 3 = 0$

$N_{1-4} = 9 \text{ t(Compresión)}$

$\Sigma M_4 = 0 \, \circlearrowleft \oplus$

$-4 \cdot 3 + N_{1-2} \cdot 3 = 0$

$N_{1-2} = 4 \text{ t(Compresión)}$

b) Segundo corte

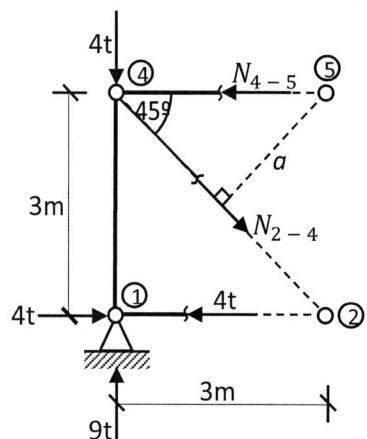

$\text{sen}45 = \dfrac{a}{3} \Longrightarrow a = 3 \cdot \text{sen}45 = 2{,}12 \text{ m}$

$\Sigma M_2 = 0 \, \circlearrowleft \oplus$

$9 \cdot 3 - 4 \cdot 3 - N_{4-5} \cdot 3 = 0$

$N_{4-5} = 5 \text{ t(Compresión)}$

$\Sigma M_5 = 0 \, \circlearrowleft \oplus$

$9 \cdot 3 - 4 \cdot 3 - 4 \cdot 3 + 4 \cdot 3 - N_{2-4} \cdot a = 0$

$N_{2-4} = \dfrac{15}{a} = \dfrac{15}{2{,}12} = 7{,}08 \text{ t(Tracción)}$

c) Tercer corte

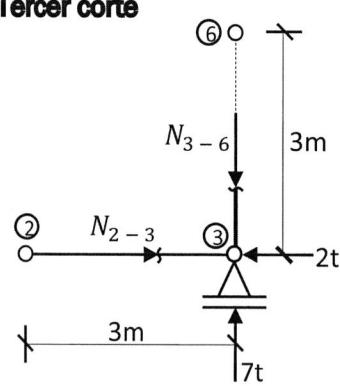

$\Sigma M_2 = 0 \, \circlearrowleft \oplus$

$N_{3-6} \cdot 3 - 7 \cdot 3 = 0$

$N_{3-6} = 7 \text{ t(Compresión)}$

$\Sigma M_6 = 0 \, \circlearrowleft \oplus$

$2 \cdot 3 - N_{2-3} \cdot 3 = 0$

$N_{2-3} = 2 \text{ t(Compresión)}$

e) Cuarto corte

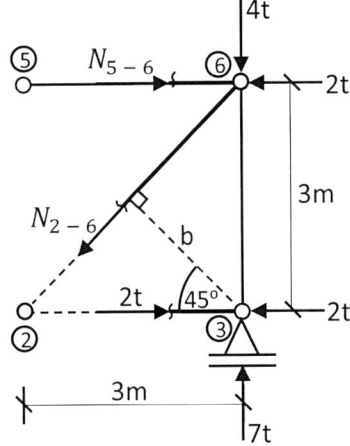

$$\cos 45 = \frac{b}{3} \Rightarrow b = 3 \cdot \cos 45 = 2{,}12 \text{ m}$$

$$\Sigma M_2 = 0 \; \circlearrowleft \oplus$$

$$N_{5-6} \cdot 3 + 4 \cdot 3 - 2 \cdot 3 - 7 \cdot 3 = 0$$

$$N_{5-6} = 5 \text{ t(Compresión)}$$

$$\Sigma M_3 = 0 \; \circlearrowleft \oplus$$

$$-N_{2-6} \cdot b + 5 \cdot 3 - 2 \cdot 3 = 0$$

$$N_{2-6} = \frac{9}{b} = \frac{9}{2{,}12} = 4{,}245 \text{ t(Tracción)}$$

f) Quinto corte

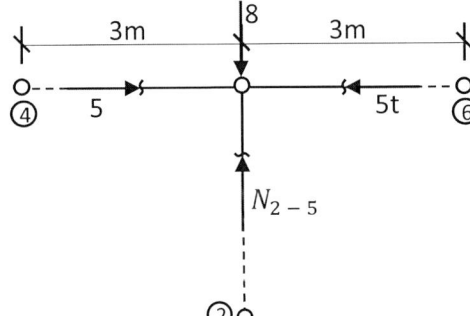

$$\Sigma M_4 = 0 \; \circlearrowleft \oplus$$

$$8 \cdot 3 - N_{2-5} \cdot 3 = 0$$

$$N_{2-5} = 8 \text{ t(Compresión)}$$

g) Resumen

Tramo	N[t]	Efecto
1-2	4	Compresión
1-4	9	Compresión
2-3	2	Compresión
2-4	7,08	Tracción
2-5	8	Compresión
2-6	4,245	Tracción
3-6	7	Compresión
4-5	5	Compresión
5-6	5	Compresión

3.- Diagrama de esfuerzos normales

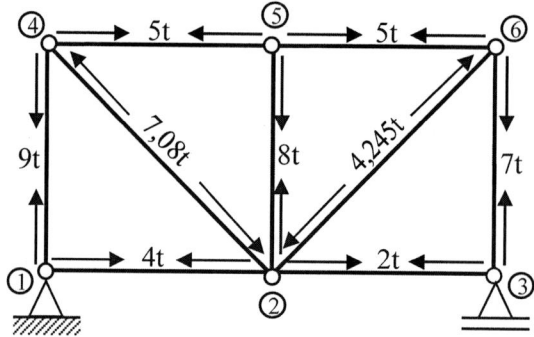

Observación: los esfuerzos fueron dibujados para las barras, y no para los nudos.

EJERCICIO 96

Calcule las reacciones y diagrame los esfuerzos internos (por Ritter).

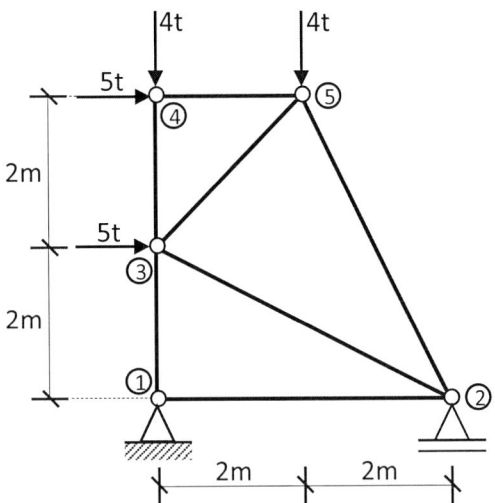

Figura 6.36 Reticulado 7.

1.- Cálculo de reacciones

$\Sigma F_H = 0 \rightarrow \oplus$

$-H_1 + 5 + 5 = 0$

$H_1 = 10t$

$\Sigma M_1 = 0 \circlearrowright \oplus$

$5 \cdot 2 + 5 \cdot 4 + 4 \cdot 2 - V_2 \cdot 4 = 0$

$V_2 = 9,5 \text{ t}$

$\Sigma F_V = 0 \uparrow \oplus$

$-V_1 - 4 - 4 + 9,5 = 0$

$V_1 = 1,5 \text{ t}$

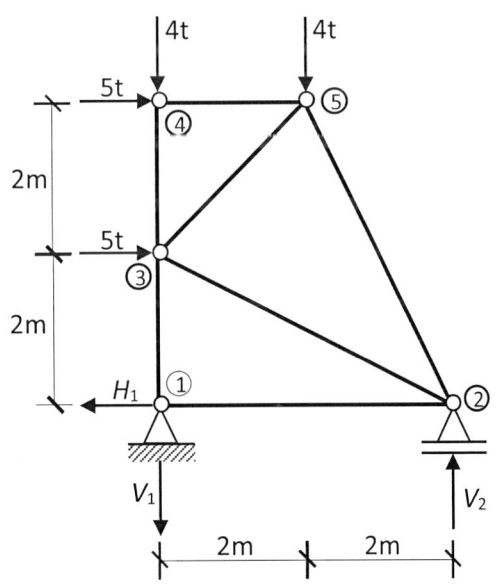

2.- Cálculo de esfuerzos internos

a) Primer corte

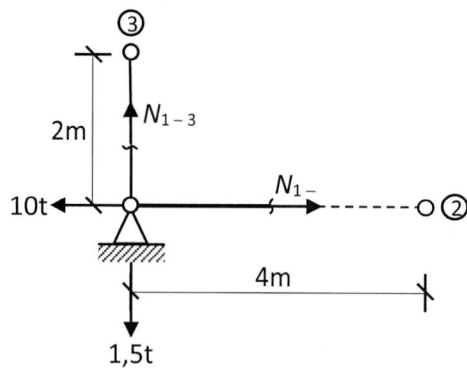

$\Sigma M_2 = 0 \circlearrowright \oplus$

$N_{1-3} \cdot 4 - 1,5 \cdot 4 = 0$

$N_{1-3} = 1,5 \text{ t(Tracción)}$

$\Sigma M_3 = 0 \circlearrowright \oplus$

$10 \cdot 2 - N_{1-2} \cdot 2 = 0$

$N_{1-2} = 10 \text{ t(Tracción)}$

b) Segundo corte

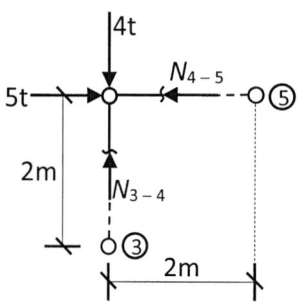

$\Sigma M_3 = 0 \circlearrowright \oplus$

$5 \cdot 2 - N_{4-5} \cdot 2 = 0$

$N_{4-5} = 5 \text{ t(Compresión)}$

$\Sigma M_5 = 0 \circlearrowright \oplus$

$N_{3-4} \cdot 2 - 4 \cdot 2 = 0$

$N_{3-4} = 4 \text{ t(Compresión)}$

c) Tercer corte

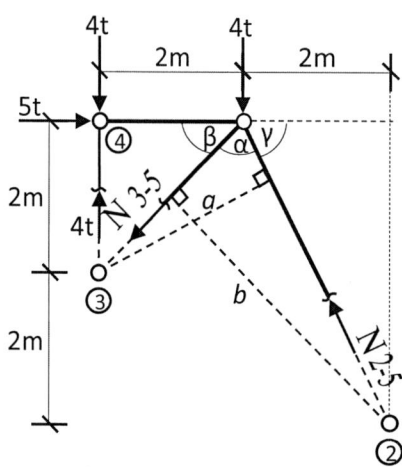

$L_{3-5} = \sqrt{2^2 + 2^2} = \sqrt{8}$

$L_{2-5} = \sqrt{2^2 + 4^2} = \sqrt{20}$

$\beta = \arctan\left(\frac{2}{2}\right) = 45°$

$\gamma = \arctan\left(\frac{4}{2}\right) = 63,43°$

$\alpha + \beta + \gamma = 180$

$\alpha = 180 - 45 - 63,43$

$\alpha = 71,57°$

$$\text{Sen } \alpha = \frac{a}{L_{3-5}}$$

$$a = L_{3-5} \cdot \text{Sen } \alpha$$

$$a = \sqrt{8} \cdot \text{Sen}(71,57)$$

$$a = 2,683 \text{ m}$$

$$\text{Sen } \alpha = \frac{b}{L_{2-5}}$$

$$b = L_{2-5} \cdot \text{Sen}\alpha$$

$$b = \sqrt{20} \cdot \text{Sen}(71,57)$$

$$b = 4,243 \text{ m}$$

Aplicamos las siguientes ecuaciones de equilibrio:

$\Sigma M_3 = 0 \circlearrowright \oplus$

$5 \cdot 2 + 4 \cdot 2 - N_{2-5} \cdot a = 0$

$N_{2-5} = \dfrac{18}{a} = \dfrac{18}{2,683}$

$N_{2-5} = 6,709 \text{ t(Compresión)}$

$\Sigma M_2 = 0 \circlearrowright \oplus$

$4 \cdot 4 + 5 \cdot 4 - 4 \cdot 4 - 4 \cdot 2 - N_{3-5} \cdot b = 0$

$N_{3-5} = \dfrac{12}{b} = \dfrac{12}{4,243}$

$N_{3-5} = 2,828 \text{ t(Tracción)}$

d) Cuarto corte

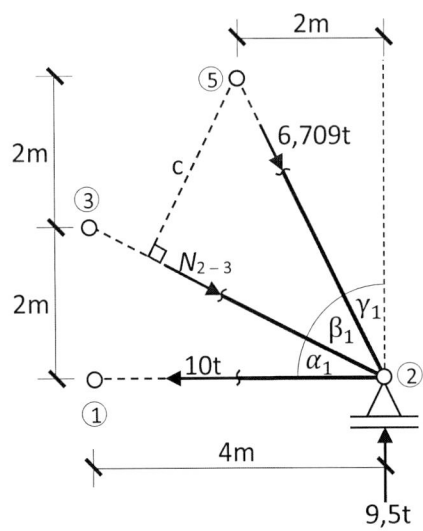

$\alpha_1 = \text{arctag}\left(\dfrac{2}{4}\right) = 26,56°$

$\gamma_1 = \text{arctag}\left(\dfrac{2}{4}\right) = 26,56°$

$\alpha_1 + \beta_1 + \gamma_1 = 90°$

$\beta_1 = 90 - \alpha_1 - \gamma_1$

$\beta_1 = 36,88°$

$L_{2-5} = \sqrt{2^2 + 4^2} = \sqrt{20}$

$$\text{Sen } \beta_1 = \frac{c}{L_{2-5}}$$

$$c = L_{2-5} \cdot \text{Sen } \beta_1$$

$$c = \sqrt{20} \cdot \text{Sen}(36,88)$$

$$c = 2,684 \text{ m}$$

$$\Sigma M_5 = 0 \, \circlearrowleft \, \oplus$$

$$-N_{2-3} \cdot c - 9,5 \cdot 2 + 10 \cdot 4 = 0$$

$$N_{2-3} = \frac{21}{c} = \frac{21}{2,684}$$

$$N_{2-3} = 7,824 \text{ t(Compresión)}$$

Resumen de esfuerzos normales

Barra	N[t]	Efecto
1-2	10	Tracción
1-3	1,5	Tracción
2-3	7,824	Compresión
2-5	6,709	Compresión
3-4	4	Compresión
3-5	2,828	Tracción
4-5	5	Compresión

3.- Diagrama de esfuerzos normales

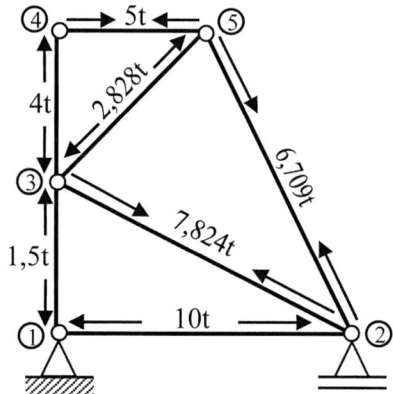

Observación: los esfuerzos fueron dibujados para las barras, y no para los nudos.

EJERCICIO 97

Calcule las reacciones y diagrame los esfuerzos internos (por Ritter).

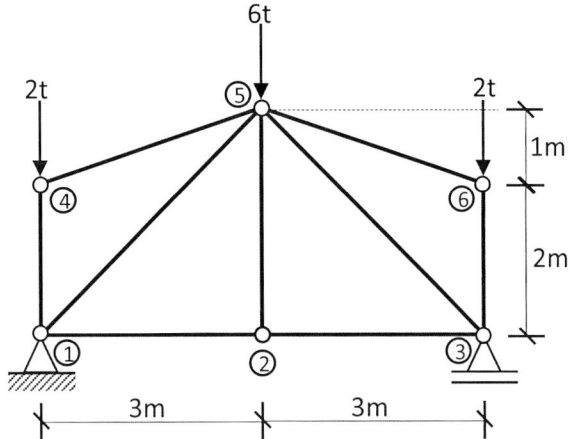

Figura 6.37 Reticulado 8.

1.- Cálculo de reacciones

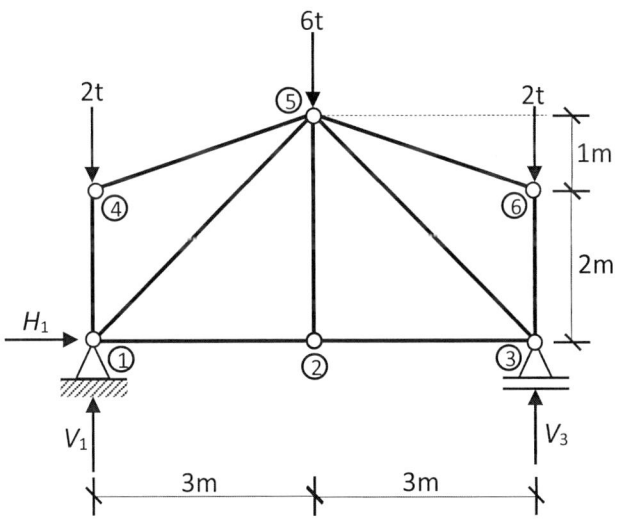

$\Sigma F_H = 0 \to \oplus$ $\qquad$ $\Sigma M_1 = 0 \circlearrowright \oplus$ $\qquad\qquad$ $\Sigma F_V = 0 \uparrow \oplus$

$H_1 = 0$ $\qquad\qquad$ $6 \cdot 3 - 2 \cdot 6 - V_3 \cdot 6 = 0$ $\qquad$ $V_1 - 2 - 6 - 2 + 5 = 0$

$\qquad\qquad\qquad$ $V_3 = 5\ t$ $\qquad\qquad\qquad\qquad$ $V_1 = 5\ t$

2.- Cálculo de esfuerzos internos

a) Primer corte

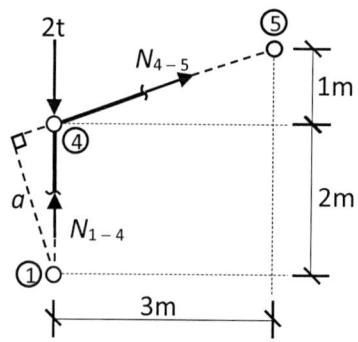

$$\Sigma M_5 = 0 \circlearrowleft \oplus$$

$$-2 \cdot 3 + N_{1-4} \cdot 3 = 0$$

$$N_{1-4} = 2 \text{ t(Compresión)}$$

$$\Sigma M_1 = 0 \circlearrowleft \oplus$$

$$N_{4-5} \cdot a = 0$$

$$N_{4-5} = 0t$$

b) Segundo corte

$$\Sigma M_5 = 0 \circlearrowleft \oplus$$

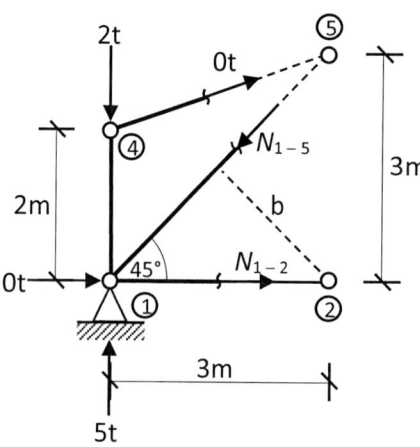

$$5 \cdot 3 - 2 \cdot 3 - N_{1-2} \cdot 3 = 0$$

$$N_{1-2} = 3 \text{ t(Tracción)}$$

$$\text{Sen } 45 = \frac{b}{3} \Rightarrow b = 2,12 \text{ m}$$

$$\Sigma M_2 = 0 \circlearrowleft \oplus$$

$$5 \cdot 3 - 2 \cdot 3 - N_{1-5} \cdot b = 0$$

$$N_{1-5} = \frac{9}{b} = \frac{9}{2,12} = 4,25 \text{ t (comp.)}$$

c) Tercer corte

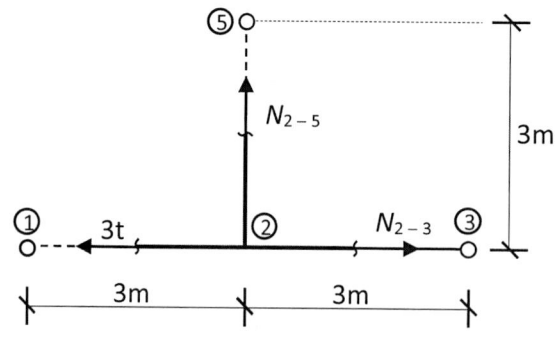

$$\Sigma M_5 = 0 \circlearrowleft \oplus$$

$$3 \cdot 3 - N_{2-3} \cdot 3 = 0$$

$$N_{2-3} = 3 \text{ t(Tracción)}$$

$$\Sigma M_3 = 0 \circlearrowleft \oplus$$

$$N_{2-5} \cdot 3 = 0$$

$$N_{2-5} = 0$$

d) Demás esfuerzos normales

Como la estructura y sus cargas son simétricas, podemos afirmar:

$$N_{3-6} = N_{1-4}$$

$$N_{3-5} = N_{1-5}$$

$$N_{5-6} = N_{4-5}$$

e) Resumen de esfuerzos normales

Barra	N[t]	Efecto
1-2	3	Tracción
1-4	2	Compresión
1-5	4,25	Compresión
2-3	3	Tracción
2-5	0	–
3-5	4,25	Compresión
3-6	2	Compresión
4-5	0	–
5-6	0	–

3.- Diagrama de esfuerzos normales

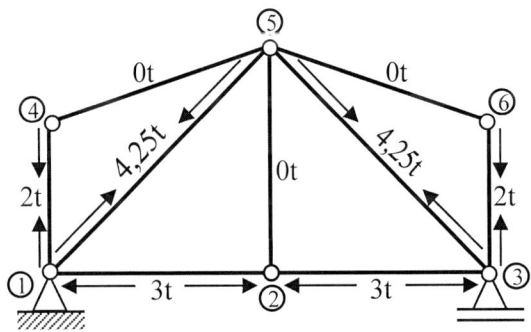

Observación: los esfuerzos fueron dibujados para las barras, y no para los nudos.

EJERCICIO 98

Calcule las reacciones y diagrame los esfuerzos internos (por Ritter).

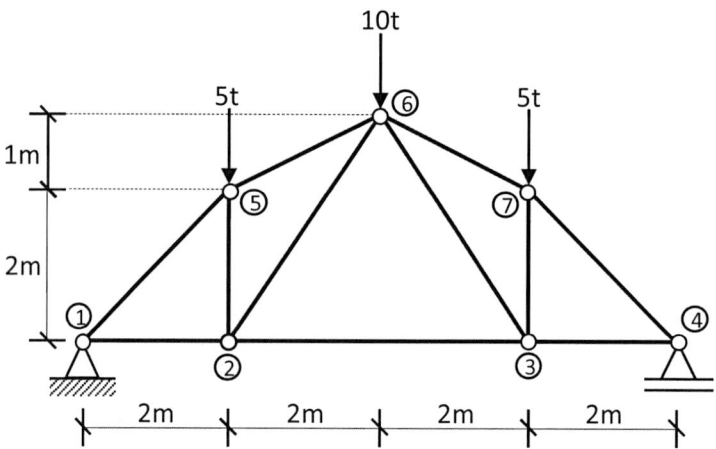

Figura 6.38 Reticulado 9.

1.- Cálculo de reacciones

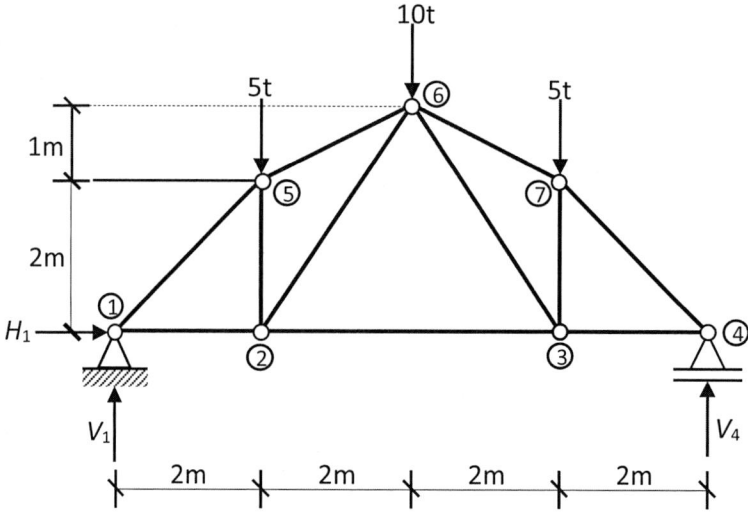

$\Sigma F_H = 0 \to \oplus$

$H_1 = 0$

$\Sigma M_1 = 0 \circlearrowleft \oplus$

$5 \cdot 2 + 10 \cdot 4 + 5 \cdot 6 - V_4 \cdot 8 = 0$

$V_4 = 10 \text{ t}$

$\Sigma F_V = 0 \uparrow \oplus$

$V_1 - 5 - 10 - 5 + 10 = 0$

$V_1 = 10 \text{ t}$

2.- Cálculo de esfuerzos internos

Por simetría, bastará con calcular la mitad de la estructura.

a) Primer corte

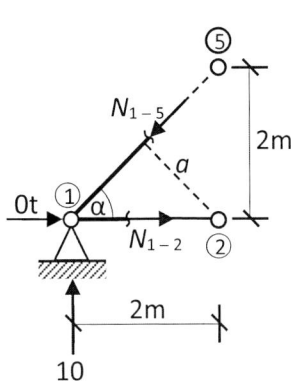

$$\alpha = \text{arctag}\left(\frac{2}{2}\right) = 45°$$

$$\text{Sen } \alpha = \frac{a}{2} \Rightarrow a = 2 \cdot \text{Sen } 45$$

$$a = 1,414 \text{ m}$$

$$\Sigma M_2 = 0 \circlearrowleft \oplus$$

$$10 \cdot 2 - N_{1-5} \cdot a = 0$$

$$N_{1-5} = \frac{20}{a} = \frac{20}{1,414}$$

$$N_{1-5} = 14,14 \text{ t(Compresión)}$$

$$\Sigma M_5 = 0 \circlearrowleft \oplus$$

$$10 \cdot 2 - N_{1-2} \cdot 2 = 0$$

$$N_{1-2} = 10 \text{ t(Tracción)}$$

b) Segundo corte

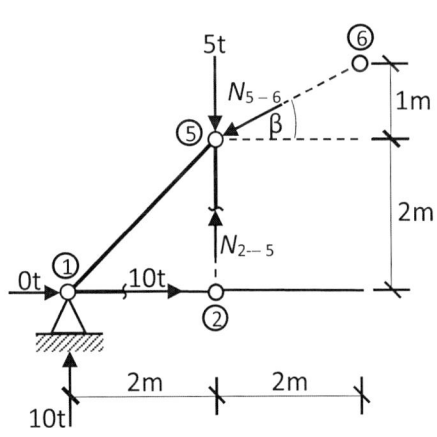

$$\beta = \text{arctag}\left(\frac{1}{2}\right) = 26,56°$$

$$\Sigma M_2 = 0 \circlearrowleft \oplus$$

$$10 \cdot 2 - N_{5-6} \cdot \text{Cos}\beta \cdot 2 = 0$$

$$N_{5-6} = \frac{10}{\text{Cos}\beta}$$

$$N_{5-6} = 11,18 \text{ t(Compresión)}$$

$$\Sigma M_6 = 0 \circlearrowleft \oplus$$

$$10 \cdot 4 - 10 \cdot 3 - 5 \cdot 2 + N_{2-5} \cdot 2 = 0$$

$$N_{2-5} = 0$$

c) Tercer corte

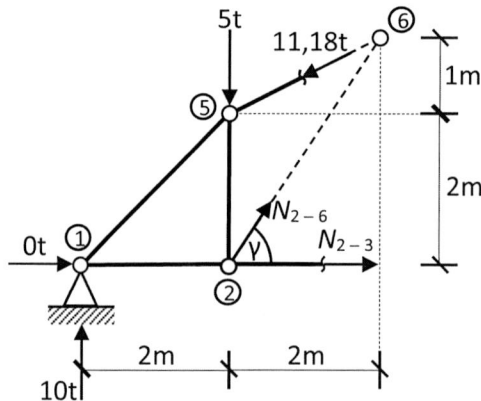

$$\gamma = \text{arctag}\left(\frac{3}{2}\right) = 56,31°$$

$$\Sigma M_6 = 0 \circlearrowleft \oplus$$

$$10 \cdot 4 - 5 \cdot 2 - N_{2-3} \cdot 3 = 0$$

$$N_{2-3} = 10 \text{ t(Tracción)}$$

$$\Sigma M_5 = 0 \circlearrowleft \oplus$$

$$10 \cdot 2 - 10 \cdot 2 - N_{2-6} \cdot \text{Cos}\gamma \cdot 2 = 0$$

$$N_{2-6} = 0$$

Por simetría del reticulado y de sus cargas, podemos afirmar que:

$$N_{3-4} = N_{1-2}$$

$$N_{3-6} = N_{2-6}$$

$$N_{3-7} = N_{2-5}$$

$$N_{4-7} = N_{1-5}$$

$$N_{6-7} = N_{5-6}$$

d) Resumen de los esfuerzos normales

Barra	N[t]	Efecto
1-2	10	Tracción
1-5	14,14	Compresión
2-3	10	Tracción
2-5	0	–
2-6	0	–
3-4	10	Tracción
3-6	0	–
3-7	0	–
4-7	14,14	Compresión
5-6	11,18	Compresión
6-7	11,18	Compresión

3.- Diagrama de esfuerzos Internos

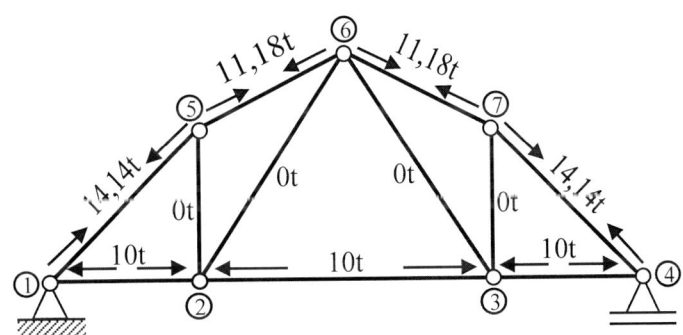

Observación: los esfuerzos fueron dibujados para las barras, y no para los nudos.

6.13. CARGAS DISTRIBUIDAS EN RETICULADOS

Las cargas distribuidas en reticulados suelen ser muy usuales; sin embargo, su transmisión es limitada por la barra que los contiene pues, además de ser cargas menores, estas terminan transformándose en esfuerzos normales en el resto del reticulado.

Para comprender el impacto de estas cargas en los reticulados, tomemos como ejemplo el caso de la figura 6.39.

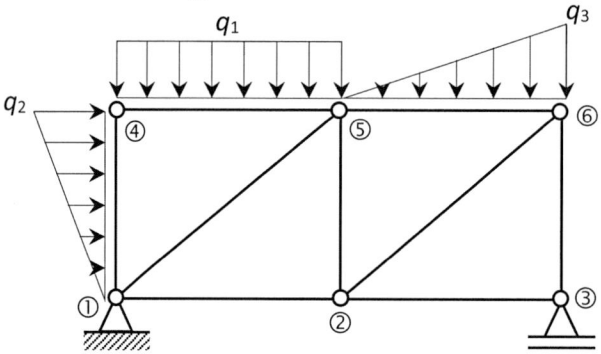

Figura 6.39 Reticulado con cargas distribuidas.

1er paso: desensamblamos la barra que contiene la carga distribuida sustituyendo sus articulaciones por apoyos fijos para, luego, calcular sus reacciones.

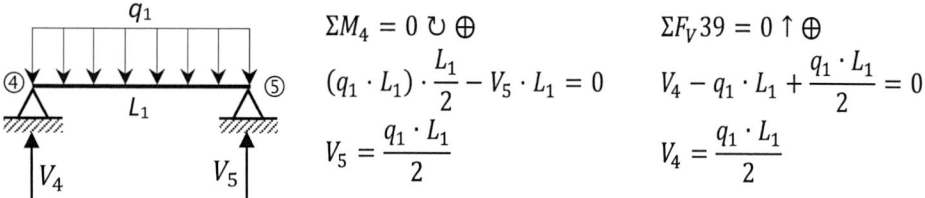

$$\Sigma M_4 = 0 \ \circlearrowleft \oplus$$
$$(q_1 \cdot L_1) \cdot \frac{L_1}{2} - V_5 \cdot L_1 = 0$$
$$V_5 = \frac{q_1 \cdot L_1}{2}$$

$$\Sigma F_V 39 = 0 \uparrow \oplus$$
$$V_4 - q_1 \cdot L_1 + \frac{q_1 \cdot L_1}{2} = 0$$
$$V_4 = \frac{q_1 \cdot L_1}{2}$$

Figura 6.40 Carga rectangular.

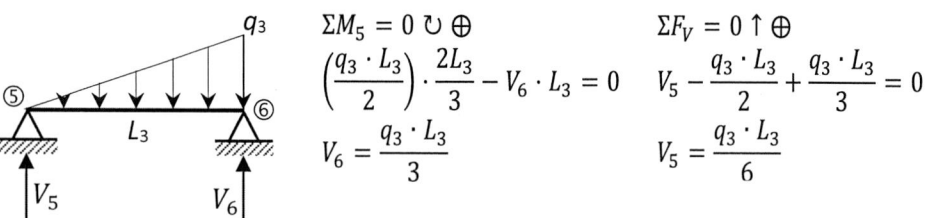

$$\Sigma M_5 = 0 \ \circlearrowleft \oplus$$
$$\left(\frac{q_3 \cdot L_3}{2}\right) \cdot \frac{2L_3}{3} - V_6 \cdot L_3 = 0$$
$$V_6 = \frac{q_3 \cdot L_3}{3}$$

$$\Sigma F_V = 0 \uparrow \oplus$$
$$V_5 - \frac{q_3 \cdot L_3}{2} + \frac{q_3 \cdot L_3}{3} = 0$$
$$V_5 = \frac{q_3 \cdot L_3}{6}$$

Figura 6.41 Carga triangular.

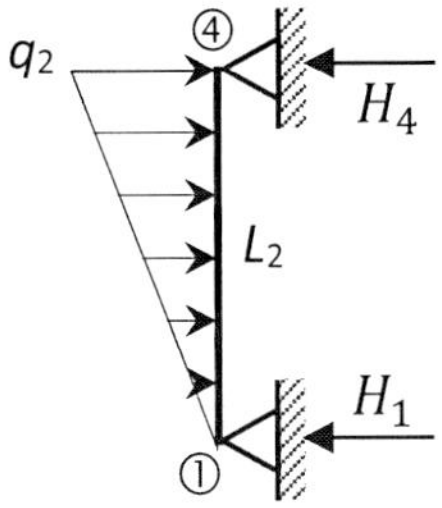

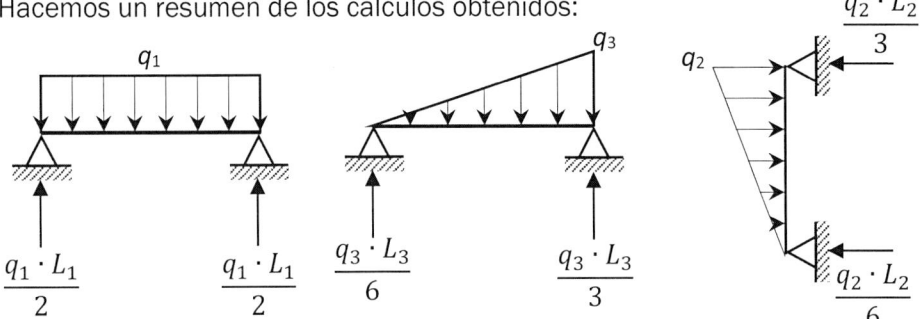

$$\Sigma M_1 = 0 \circlearrowleft \oplus$$
$$\left(\frac{q_2 \cdot L_2}{2}\right) \cdot \frac{2L_2}{3} - H_4 \cdot L_2 = 0$$
$$H_4 = \frac{q_2 \cdot L_2}{3}$$

$$\Sigma F_H = 0 \leftarrow \oplus$$
$$H_1 - \frac{q_2 \cdot L_2}{2} + \frac{q_2 \cdot L_2}{3} = 0$$
$$H_1 = \frac{q_2 \cdot L_2}{6}$$

Figura 6.42 Carga triangular.

Hacemos un resumen de los cálculos obtenidos:

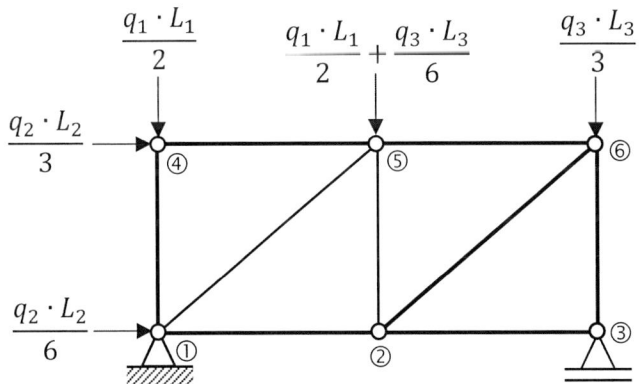

Figura 6.43 Resumen de fuerzas transmitidas debido a las cargas distribuidas.

2.º paso: las reacciones son cargadas con sentido contrario en el reticulado.

Figura 6.44 Fuerzas debido a las cargas distribuidas.

3.ᵉʳ paso: a partir de aquí, los esfuerzos normales en el reticulado se calculan empleando cualquiera de los dos métodos estudiados hasta el momento.

EJERCICIOS

EJERCICIO 99

Calcule las reacciones y diagrame los esfuerzos internos (por equilibrio de nudos).

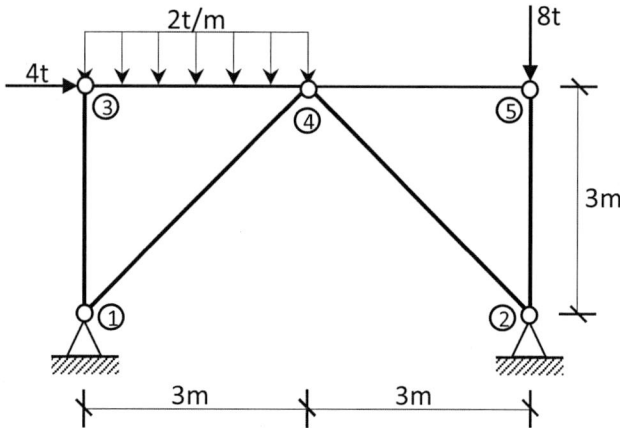

Figura 6.45 Reticulado 10.

1.- Cálculo de reacciones

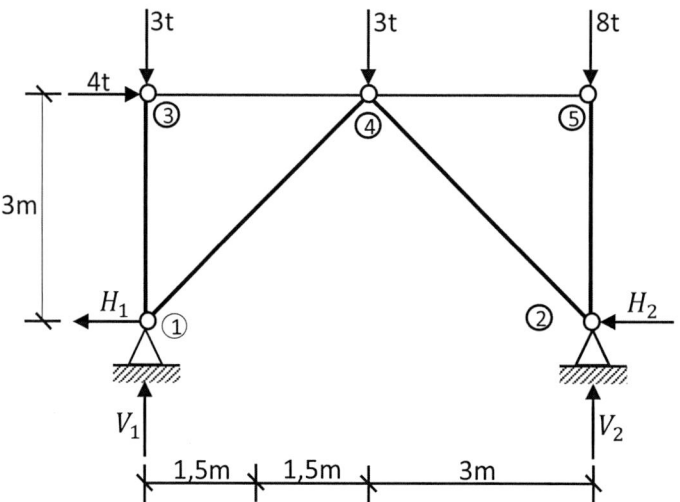

$\Sigma M_1 = 0 \circlearrowleft \oplus$

$4 \cdot 3 + 3 \cdot 3 + 8 \cdot 6 - V_2 \cdot 6 = 0$

$V_2 = 11,5 \text{ t}$

$\Sigma M_4 = 0 \circlearrowleft \oplus \text{ (der)}$

$8 \cdot 3 - 11,5 \cdot 3 + H_2 \cdot 3 = 0$

$H_2 = 3,5 \text{ t}$

$\Sigma F_V = 0 \uparrow \oplus$ $\qquad\qquad$ $\Sigma F_H = 0 \rightarrow \oplus$

$V_1 - 3 - 3 - 8 + 11,5 = 0$ $\qquad\qquad$ $-H_1 + 4 - 3,5 = 0$

$V_1 = 2,5 \text{ t}$ $\qquad\qquad\qquad$ $H_1 = 0,5 \text{ t}$

2.- Cálculo de esfuerzos internos

a) Nudo 1

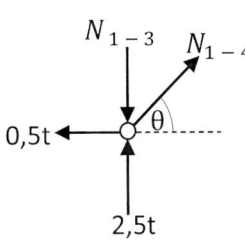

$\theta = \text{acrtag}\left(\frac{3}{3}\right)$

$\theta = 45°$

$\Sigma F_x = 0 \rightarrow \oplus$

$-0,5 + N_{1-4} \cdot \cos\theta = 0$

$N_{1-4} = 0,707 \text{ t(Tracción)}$

$\Sigma F_y = 0 \uparrow \oplus$

$2,5 + 0,707 \cdot \text{sen}\theta - N_{1-3} = 0$

$N_{1-3} = 3 \text{ t(Compresión)}$

b) Nudo 3

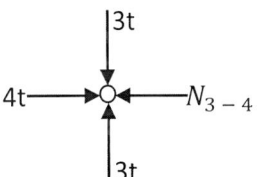

$\Sigma F_x = 0 \rightarrow \oplus$

$4 - N_{3-4} = 0$

$N_{3-4} = 4 \text{ t(Compresión)}$

c) Nudo 4

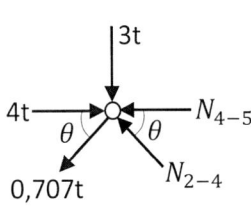

$\Sigma F_y = 0 \uparrow \oplus$

$-3 - 0,707\text{sen}\theta + N_{2-4}\text{sen}\theta = 0$

$N_{2-4} = \dfrac{3 + 0,707 \cdot \text{sen}\theta}{\text{sen}\theta}$

$N_{2-4} = 4,95 \text{ t(Compresión)}$

$\Sigma F_x = 0 \rightarrow \oplus$

$4 - 0,707\cos\theta - 4,95\cos\theta - N_{4-5} = 0$

$N_{4-5} = 4 - 0,707\cos\theta - 4,95\cos\theta = 0$

d) Nudo 2

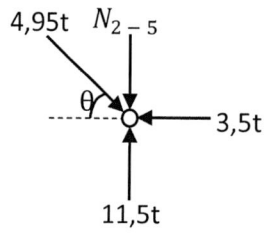

$$\Sigma F_y = 0 \quad \uparrow \oplus$$

$$11,5 - 4,95\text{sen}\theta - N_{2-5} = 0$$

$$N_{2-5} = 8 \text{ t(Compresión)}$$

No es necesario hacer ΣF_x; sin embargo, nos sirve como prueba:

$$\Sigma F_x = 0 \quad \rightarrow \oplus$$

$$4,95\cos\theta - 3,5 = 0$$

$$0 = 0 \text{ cumple}$$

e) Resumen de esfuerzos normales

Barra	N[t]	Efecto
1-3	3	Compresión
1-4	0,707	Tracción
2-4	4,95	Compresión
2-5	8	Compresión
3-4	4	Compresión
4-5	0	–

3.- Diagramas de esfuerzos internos

a) Normal

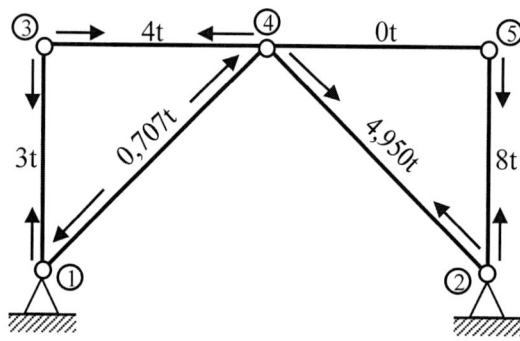

Observación: los esfuerzos fueron dibujados para las barras, y no para los nudos.

b) **Cortante** (barra 3-4)

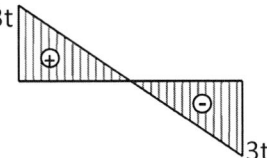

c) **Momento** (barra 3-4)

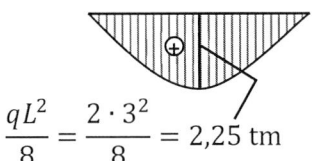

$$\frac{qL^2}{8} = \frac{2 \cdot 3^2}{8} = 2{,}25 \text{ tm}$$

EJERCICIO 100

Calcule las reacciones y diagrame los esfuerzos internos (por equilibrio de nudos).

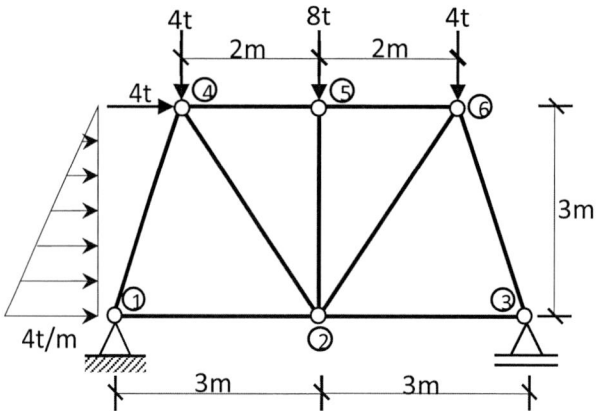

Figura 6.46 Reticulado 11.

1.- Cálculo de reacciones

La carga distribuida se sustituye por dos cargas puntuales, como si hubiese dos apoyos horizontales de primera especie en ambos extremos.

Calculamos la resultante de la carga triangular:

$$R = \frac{4 \cdot 3}{2} = 6 \text{ t}$$

$$F_1 = \frac{1}{3}R = 2 \text{ t}$$

$$F_2 = \frac{2}{3}R = 4 \text{ t}$$

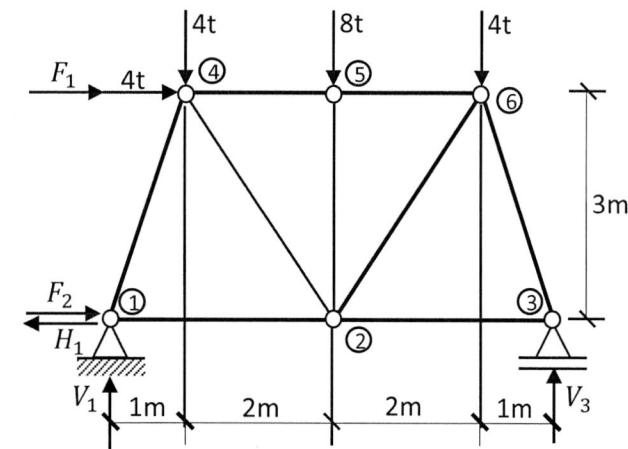

$\Sigma F_H = 0 \rightarrow \oplus$

$-H_1 + 4 + 2 + 4 = 0$

$H_1 = 10 \text{ t}$

$\Sigma M_1 = 0 \circlearrowleft \oplus$

$(2 + 4) \cdot 3 + 4 \cdot 1 + 8 \cdot 3 + 4 \cdot 5 - V_3 \cdot 6 = 0$

$V_3 = 11 \text{ t}$

$\Sigma F_V = 0 \uparrow \oplus$

$V_1 - 4 - 8 - 4 + 11 = 0$

$V_1 = 5$ t

2.- Cálculo de esfuerzos internos

a) Nudo 1

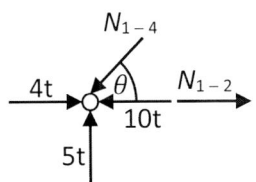

$\theta = \text{arctag}\left(\dfrac{3}{1}\right) = 71{,}56°$

$\Sigma F_y = 0 \uparrow \oplus$

$5 - N_{1-4}\text{sen}\theta = 0$

$N_{1-4} = 5{,}27$ t(compresión)

$\Sigma F_x = 0 \rightarrow \oplus$

$4 - 10 - 5{,}27\cos\theta + N_{1-2} = 0$

$N_{1-2} = 7{,}67$ t(tracción)

b) Nudo 3

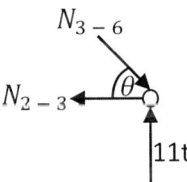

$\Sigma F_y = 0 \uparrow \oplus$

$11 - N_{3-6}\text{sen}\theta = 0$

$N_{3-6} = 11{,}595$ t(Compresión)

$\Sigma F_x = 0 \rightarrow \oplus$

$-N_{2-3} + 11{,}595\cos\theta = 0$

$N_{2-3} = 3{,}67$ t(Tracción)

c) Nudo 4

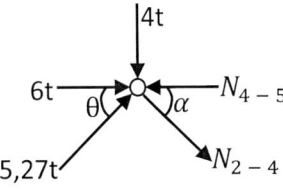

$\theta = 71{,}56°$

$\alpha = \text{arctag}\left(\dfrac{3}{2}\right) = 56{,}31°$

$\Sigma F_y = 0 \uparrow \oplus$

$-4 + 5{,}27\text{sen}\theta - N_{2-4}\text{sen}\alpha = 0$

$$N_{2-4} = 1,2 \text{ t(tracción)}$$

$$\Sigma F_x = 0 \rightarrow \oplus$$

$$6 + 5,27\cos\theta + 1,2\cos\alpha - N_{4-5} = 0$$

$$N_{4-5} = 8,33 \text{ t(Compresión)}$$

d) Nudo 6

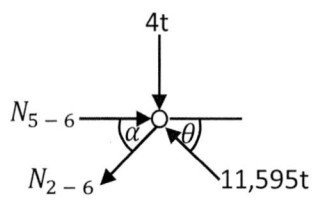

$$\Sigma F_y = 0 \uparrow \oplus$$

$$-4 + 11,595\text{sen}\theta - N_{2-6}\text{sen}\alpha = 0$$

$$N_{2-6} = 8,41 \text{ t(Tracción)}$$

$$\Sigma F_x = 0 \rightarrow \oplus$$

$$N_{5-6} - 8,41\cos\alpha - 11,595\cos\theta = 0$$

$$N_{5-6} = 8,33 \text{ t(Compresión)}$$

e) Nudo 5

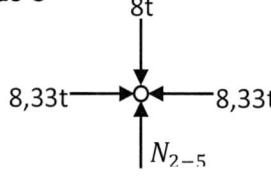

$$\Sigma F_y = 0 \uparrow \oplus$$

$$N_{2-5} - 8 = 0$$

$$N_{2-5} = 8 \text{ t(Compresión)}$$

f) Nudo 2

Se analizará este nudo para verificar los resultados

$$\Sigma F_x = 0 \rightarrow \oplus$$

$$-7,67 - 1,2\cos\alpha + 3,67 + 8,41\cos\alpha = 0$$

$$0 = 0 \quad \text{cumple}$$

$$\Sigma F_y = 0 \uparrow \oplus$$

$$1,2\text{sen}\alpha - 8 + 8,41\text{sen}\alpha = 0$$

$$0 = 0 \quad \text{cumple}$$

g) Resumen de esfuerzos normales

Barra	N[t]	Efecto
1-2	7,67	Tracción
1-4 (*)	5,27	Compresión
2-3	3,67	Tracción
2-4	1,2	Tracción
2-5	8	Compresión
2-6	8,41	Tracción
3-6	11,595	Compresión
4-5	8,33	Compresión
5-6	8,33	Compresión

(*) Se debe ajustar este valor del esfuerzo normal analizando la barra 1-4.

3.- Diagrama de esfuerzos internos

a) Normal

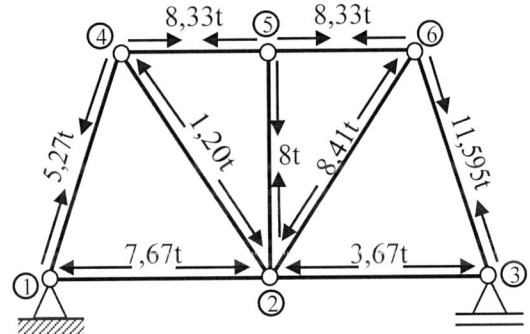

b) Cortante – Momento

Calculamos el ángulo θ de la barra con carga distribuida:

$$\theta = \text{arctag} = \left(\frac{3}{1}\right)$$

$$\theta = 71,56°$$

3m

4t/m   1m

Después de calcular la resultante de la carga distribuida, la descomponemos axial y transversalmente:

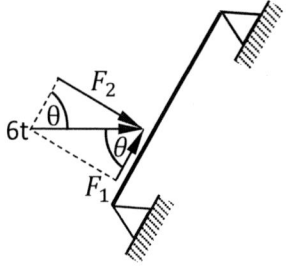

$$F_1 = 6 \cdot \cos\theta$$

$$F_1 = 1,898 \text{ t}$$

$$F_2 = 6 \cdot \text{Sen}\theta$$

$$F_2 = 6 \cdot \text{Sen}(71,56)$$

$$F_2 = 5,69 \text{ t}$$

Transformamos F_2 a una carga distribuida triangular y, luego, calculamos las reacciones en los apoyos:

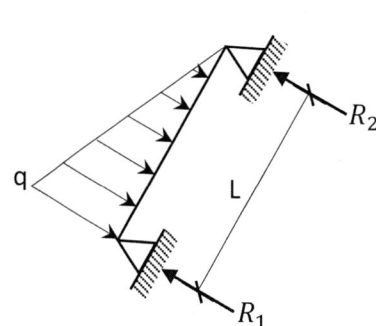

$$L = \sqrt{3^2 + 1^2} = \sqrt{10}$$

$$q = \frac{2 \cdot F_2}{L} = \frac{2 \cdot 5,69}{\sqrt{10}} = 3,6 \text{ t/m}$$

$$R_1 = \frac{2}{3}\left(\frac{q \cdot L}{2}\right) = \frac{2}{3}\left(\frac{3,6 \cdot \sqrt{10}}{2}\right)$$

$$R_1 = 3,795 \text{ t}$$

$$R_2 = \frac{1}{3}\left(\frac{q \cdot L}{2}\right)$$

$$R_2 = \frac{1}{3}\left(\frac{3,6\sqrt{10}}{2}\right) = 1,897 \text{ t}$$

Cortante (1 m = 1 cm / 2 t = 1 cm)

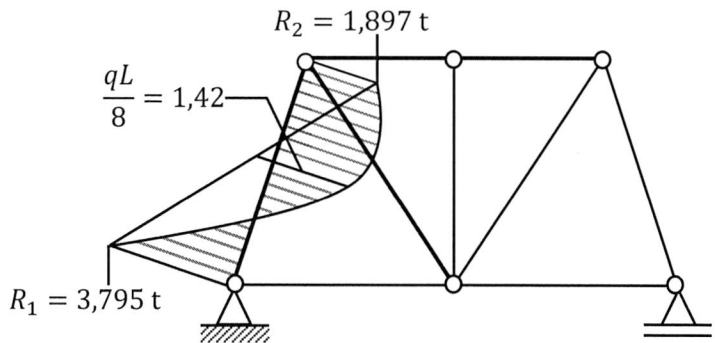

Momento (1 m = 1 cm / 2,25 tm = 1 cm)

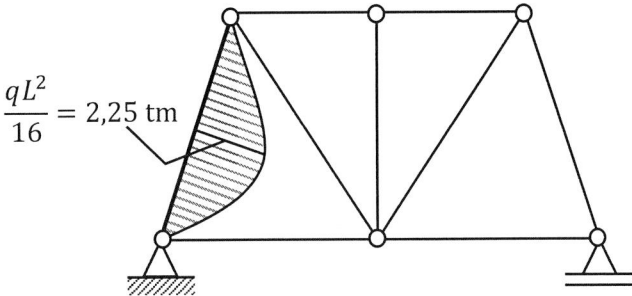

$$\frac{qL^2}{16} = 2,25 \text{ tm}$$

Normal (ajuste)

Transformamos F_1 a una carga distribuida axial de variación triangular y, luego, calculamos las reacciones en los apoyos:

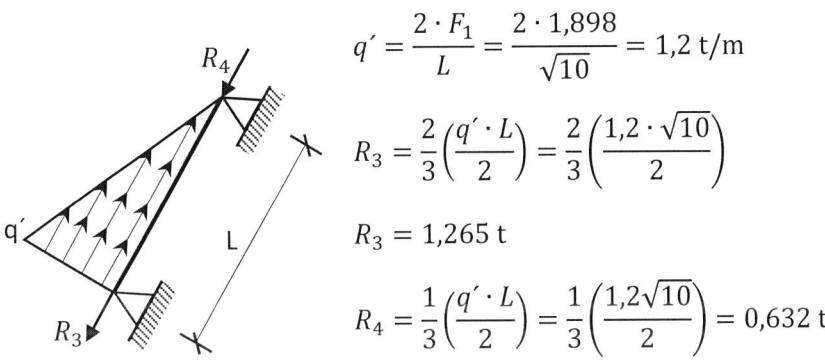

$$q' = \frac{2 \cdot F_1}{L} = \frac{2 \cdot 1,898}{\sqrt{10}} = 1,2 \text{ t/m}$$

$$R_3 = \frac{2}{3}\left(\frac{q' \cdot L}{2}\right) = \frac{2}{3}\left(\frac{1,2 \cdot \sqrt{10}}{2}\right)$$

$$R_3 = 1,265 \text{ t}$$

$$R_4 = \frac{1}{3}\left(\frac{q' \cdot L}{2}\right) = \frac{1}{3}\left(\frac{1,2\sqrt{10}}{2}\right) = 0,632 \text{ t}$$

Al resultado anterior adicionamos el esfuerzo normal (5,27 t) calculado en el paso 2:

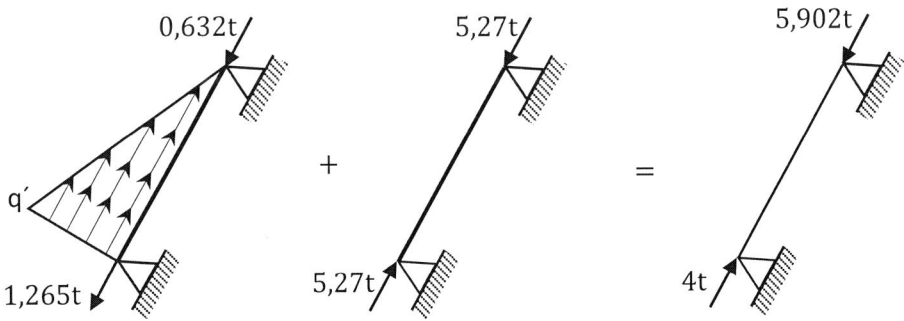

El esfuerzo Normal en la barra 1-4 es de compresión y varía desde 4 t hasta 5,902 t.

EJERCICIO 101

Calcule las reacciones y diagrame los esfuerzos internos (por Ritter).

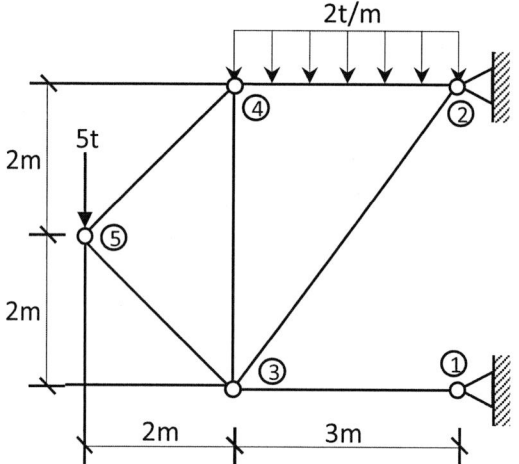

Figura 6.47 Reticulado 12.

1.- Cálculo de reacciones

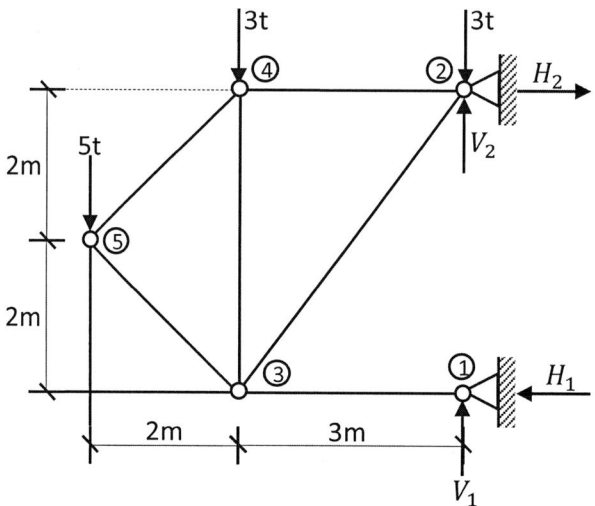

$\Sigma M_3 = 0$ ∪⊕ (der)	$\Sigma F_V = 0$ ↑⊕	$\Sigma M_2 = 0$ ∪⊕
$V_1 = 0$	$-5 - 3 - 3 + V_2 = 0$	$M_1 \cdot 4 - 3 \cdot 3 - 5 \cdot 5 = 0$
	$V_2 = 11\ \text{t}$	$M_1 = 8,5\ \text{t}$

$\Sigma F_H = 0 \rightarrow \oplus$

$M_2 - 8,5 = 0$

$M_2 = 8,5t$

2.- Cálculo de esfuerzos internos

a) Primer corte

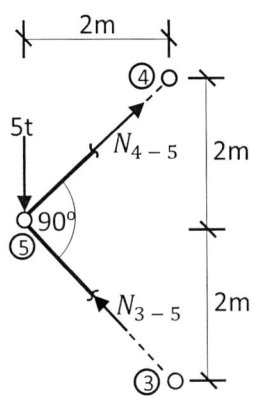

$L_{3-5} = L_{4-5} = \sqrt{2^2 + 2^2}$

$L_{3-5} = L_{4-5} = \sqrt{8}$

$\Sigma M_3 = 0 \,\circlearrowright\oplus$

$-5 \cdot 2 + N_{4-5} \cdot \sqrt{8} = 0$

$N_{4-5} = 3,54 \text{ t(Tracción)}$

$\Sigma M_4 = 0 \,\circlearrowright\oplus$

$-5 \cdot 2 + N_{3-5}\sqrt{8} = 0$

$N_{3-5} = 3,54 \text{ t(Compresión)}$

b) Segundo corte

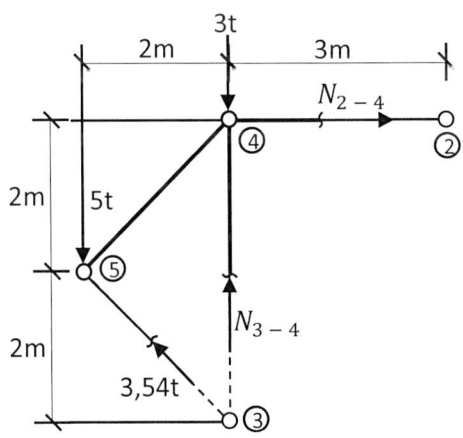

$\Sigma M_3 = 0 \,\circlearrowright\oplus$

$-5 \cdot 2 + N_{2-4} \cdot 4 = 0$

$N_{2-4} = 2,5 \text{ t(tracción)}$

$\Sigma M_5 = 0 \,\circlearrowright\oplus$

$-N_{3-4} \cdot 2 + 3 \cdot 2 + 2,5 \cdot 2 = 0$

$N_{3-4} = 5,5 \text{ t(Compresión)}$

c) Tercer corte

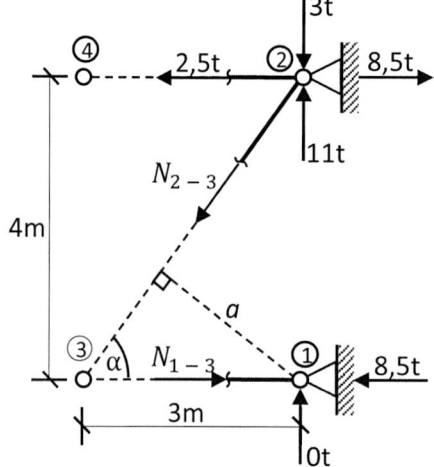

$$\Sigma M_2 = 0 \circlearrowleft \oplus$$

$$-N_{1-3} \cdot 4 + 8,5 \cdot 4 = 0$$

$$N_{1-3} = 8,5 \text{ t(Compresión)}$$

$$\alpha = \text{arctag}\left(\frac{4}{3}\right) = 53,13°$$

$$\text{sen}\alpha = \frac{a}{3}$$

$$a = 3 \cdot \text{sen}(53,13) = 2,4 \text{ m}$$

$$\Sigma M_1 = 0 \circlearrowleft \oplus$$

$$-N_{2-3} \cdot a + 8,5 \cdot 4 - 2,5 \cdot 4 = 0$$

$$N_{2-3} = \frac{24}{a} = \frac{24 \text{ t}}{2,4}$$

$$N_{2-3} = 10 \text{ t(Tracción)}$$

Resumen

Barra	N[t]	Efecto
1-3	8,5	Compresión
2-3	10	Tracción
2-4	2,5	Tracción
3-4	5,5	Compresión
3-5	3,54	Compresión
4-5	3,54	Tracción

3.- Diagramas de esfuerzos internos

a) Esfuerzo normal

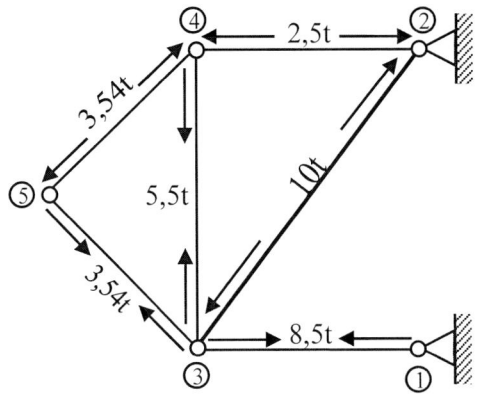

b) Cortante (3 t = 1 cm)

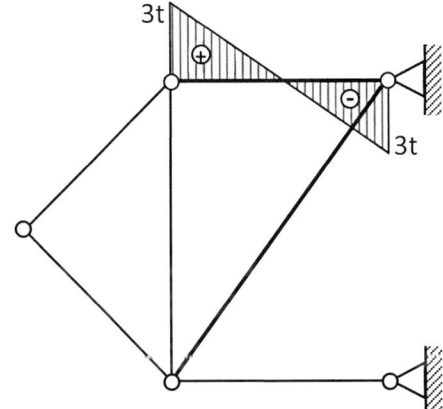

c) Momento (2,25 tm = 1 cm)

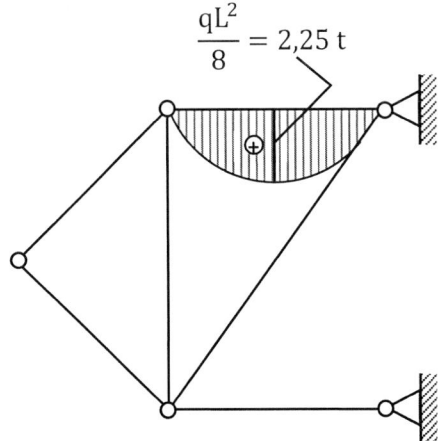

6.14. RETICULADOS COMPUESTOS

Los reticulados compuestos están constituidos por dos reticulados simples vinculados entre sí por elementos que mantienen el equilibrio de ambas porciones. Veamos los ejemplos a continuación.

Caso 1. Reticulado compuesto vinculado por una unión articulada y una biela

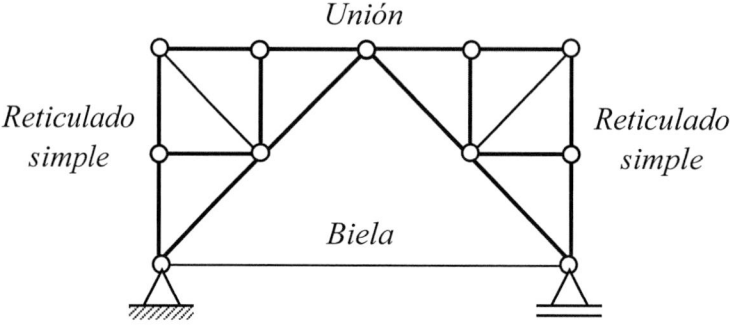

Figura 6.48 Reticulado con una biela.

Caso 2. Reticulado compuesto vinculado por tres bielas no paralelas entre sí

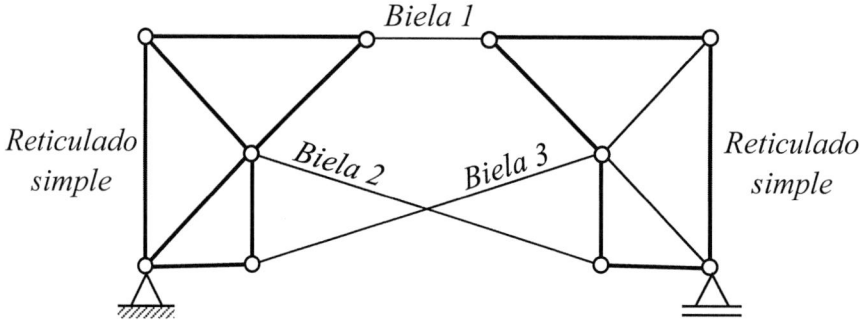

Figura 6.49 Reticulado con tres bielas.

Para resolver estos reticulados, primero se deben calcular los esfuerzos normales en las bielas aplicando simplemente las ecuaciones de equilibrio que sean necesarias; luego, se resuelven los reticulados simples utilizando cualquiera de los métodos estudiados (equilibrio de fuerzas en nudos o Ritter).

EJERCICIOS

EJERCICIO 102

Calcule las reacciones y diagrame los esfuerzos internos (por equilibrio de nudos).

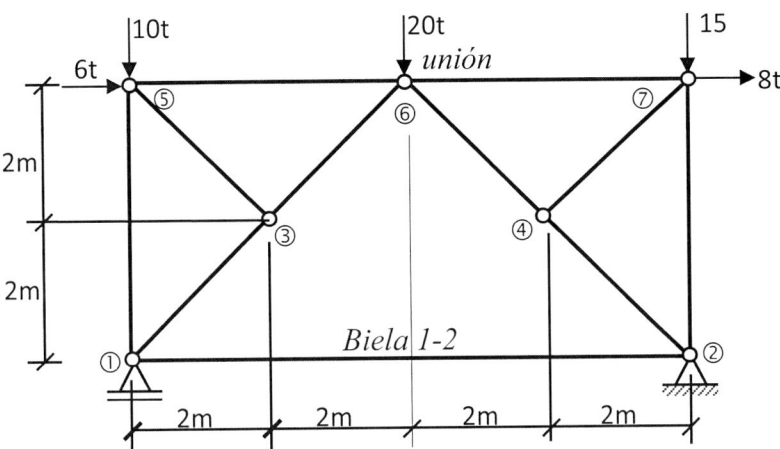

Figura 6.50 Reticulado 13.

1.- Cálculo de reacciones

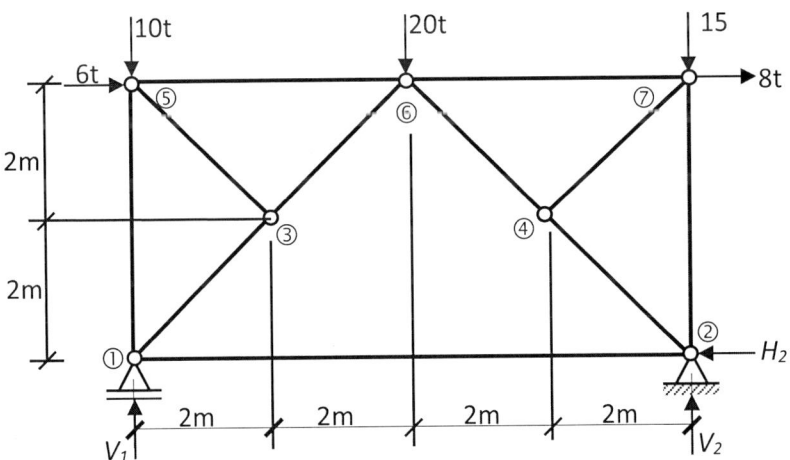

$\Sigma F_H = 0 \rightarrow \oplus$

$6 + 8 - H_2 = 0$

$H_2 = 14 \text{ t}$

$\Sigma M_1 = 0 \circlearrowleft \oplus$

$6 \cdot 4 + 20 \cdot 4 + 15 \cdot 8 - V_2 \cdot 8 + 8 \cdot 4 = 0$

$V_2 = 32 \text{ t}$

$$\Sigma F_V = 0 \uparrow \oplus$$

$$V_1 - 10 - 20 - 15 + 32 = 0$$

$$V_1 = 13 \text{ t}$$

2.- Cálculo de esfuerzos en bielas

Calculamos la estructura por el medio y analizamos el lado izquierdo.

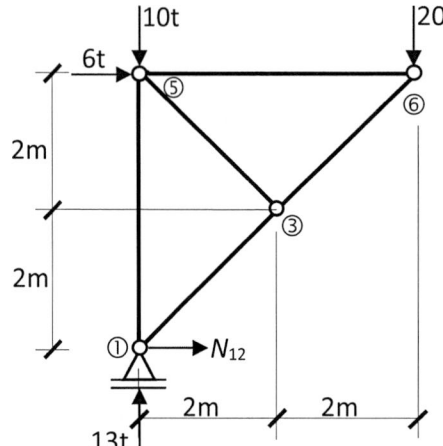

$$\Sigma M_6 = 0 \circlearrowleft \oplus$$

$$-N_{12} \cdot 4 + 13 \cdot 4 - 10 \cdot 4 = 0$$

$$N_{12} = 3t$$

3.- Cálculo de esfuerzos normales

a) Nudo 1

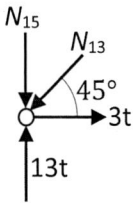

$$\Sigma F_x = 0 \rightarrow \oplus$$

$$-N_{13}\cos45 + 3 = 0$$

$$N_{13} = 4{,}243 \text{ t(Compresión)}$$

$$\Sigma F_y = 0 \uparrow \oplus$$

$$-N_{15} - 4{,}243 \cdot \text{sen}45 + 13 = 0$$

$$N_{15} = 10 \text{ t(Compresión)}$$

b) Nudo 5

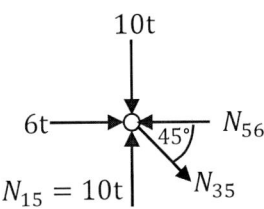

$\Sigma F_y = 0 \uparrow \oplus$

$-10 + 10 - N_{35}\text{sen}45 = 0$

$N_{35} = 0 \text{ (nulo)}$

$\Sigma F_x = 0 \rightarrow \oplus$

$6 - N_{56} = 0$

$N_{56} = 6 \text{ t(Compresión)}$

c) Nudo 3

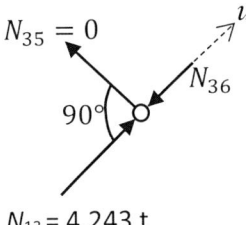

$\Sigma F_u = 0 \nearrow \oplus$

$4{,}243 - N_{36} = 0$

$N_{36} = 4{,}243 \text{ t(Compresión)}$

Ahora, analizamos el sector derecho:

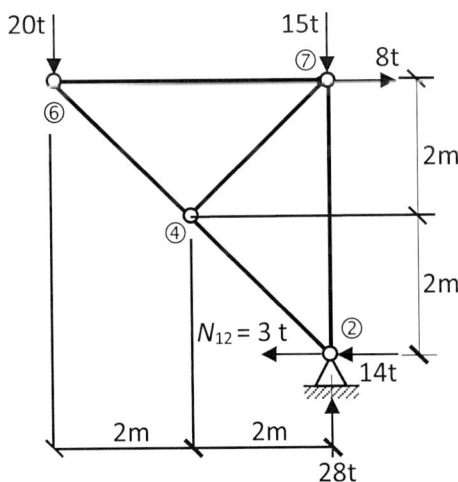

d) Nudo 2

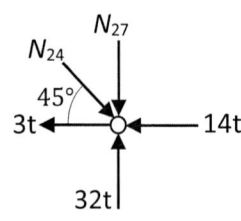

$$\Sigma F_x = 0 \rightarrow \oplus$$

$$N_{24} \cdot \cos 45 - 3 - 14 = 0$$

$$N_{24} = 24,042 \text{ t(Compresión)}$$

$$\Sigma F_y = 0 \uparrow \oplus$$

$$32 - 24,042 \cdot \text{sen} 45 - N_{27} = 0$$

$$N_{27} = 15 \text{ t(Compresión)}$$

e) Nudo 7

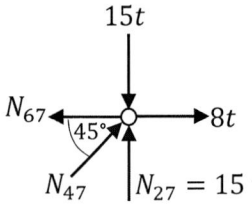

$$\Sigma F_y = 0 \uparrow \oplus$$

$$N_{47} \cdot \text{sen} 45 + 15 - 15 = 0$$

$$N_{47} = 0 \text{ (nulo)}$$

$$\Sigma F_x = 0 \rightarrow \oplus$$

$$-N_{67} + 8 = 0$$

$$N_{67} = 8 \text{ t(Tracción)}$$

f) Nudo 4

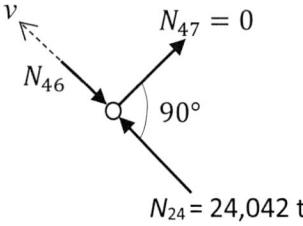

$$\Sigma F_v = 0 \nwarrow \oplus$$

$$-N_{46} + 24,042 = 0$$

$$N_{46} = 24,042 \text{ t(Compresión)}$$

g) Nudo 6

Se aplicarán las ecuaciones de equilibrio en este nudo para verificar la validez de los resultados obtenidos:

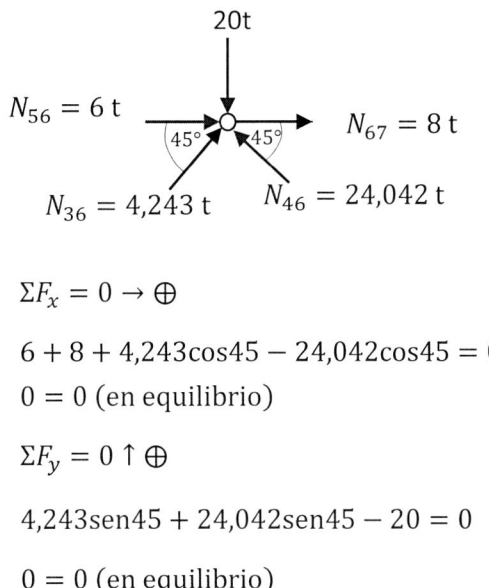

$$\Sigma F_x = 0 \rightarrow \oplus$$

$$6 + 8 + 4,243\cos45 - 24,042\cos45 = 0$$

$0 = 0$ (en equilibrio)

$$\Sigma F_y = 0 \uparrow \oplus$$

$$4,243\sin45 + 24,042\sin45 - 20 = 0$$

$0 = 0$ (en equilibrio)

4.- Resumen de los resultados

Barra	Esfuerzo	Tipo
1-2	3t	Tracción
1-3	4,243t	Compresión
1-5	10t	Compresión
2-4	24,042t	Compresión
2-7	15t	Compresión
3-5	0	Nulo
3-6	4,243t	Compresión
4-6	24,042t	Compresión
4-7	0	Nulo
5-6	6t	Compresión
6-7	8t	Tracción

Observación: el máximo esfuerzo de compresión se registra en las barras 2-4 y 4-6; en cambio, el máximo esfuerzo de tracción se produce en la barra 6-7.

EJERCICIO 103

Calcule las reacciones y diagrame los esfuerzos internos (por equilibrio de nudos).

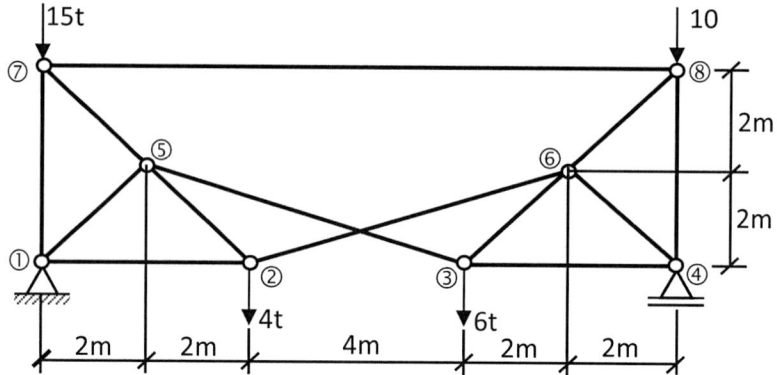

Figura 6.51 Reticulado 14.

1.- Cálculo de reacciones

Asumimos el sentido de las reacciones:

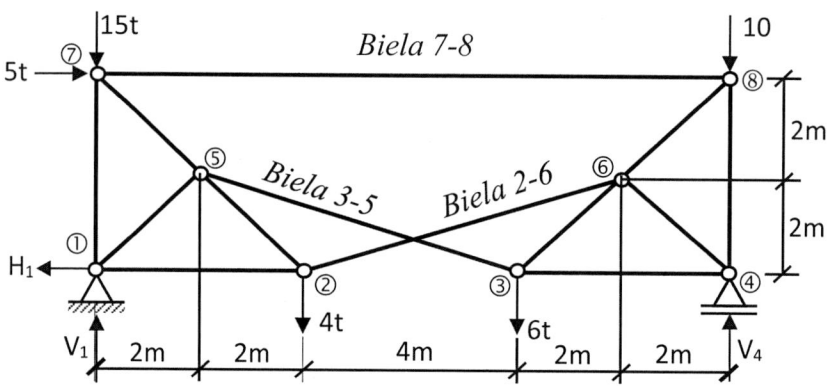

$\Sigma F_H = 0 \rightarrow \oplus$

$5 - H_1 = 0$

$H_1 = 5 \text{ t}$

$\Sigma M_1 = 0 \circlearrowleft \oplus$

$5 \cdot 4 + 4 \cdot 4 + 6 \cdot 8 + 10 \cdot 12 - V_4 \cdot 12 = 0$

$V_4 = 17 \text{ t}$

$\Sigma F_V = 0 \uparrow \oplus$

$V_1 - 15 - 4 - 6 - 10 + 17 = 0$

$V_1 = 18$ t

2.- Cálculo de esfuerzos en blelas

Calculamos el esfuerzo en la biela con el lado derecho del reticulado:

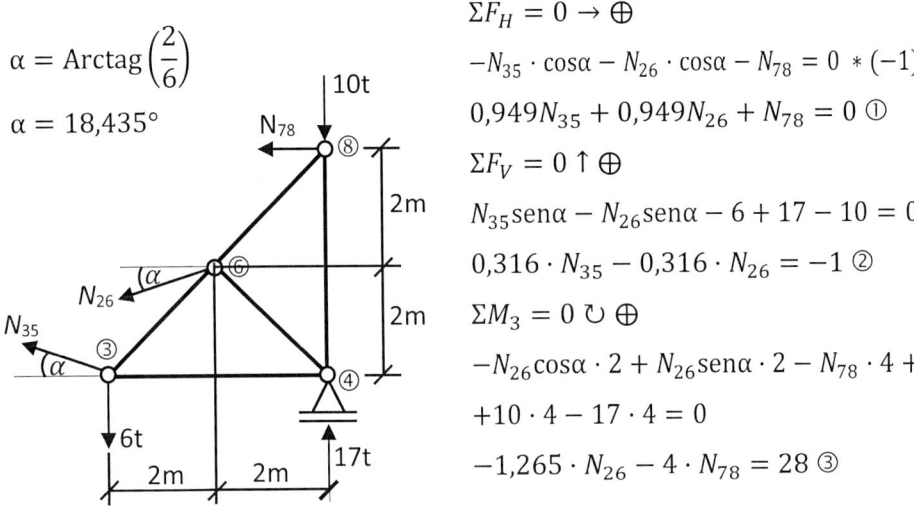

$\alpha = \text{Arctag}\left(\dfrac{2}{6}\right)$

$\alpha = 18,435°$

$\Sigma F_H = 0 \rightarrow \oplus$

$-N_{35} \cdot \cos\alpha - N_{26} \cdot \cos\alpha - N_{78} = 0 * (-1)$

$0,949 N_{35} + 0,949 N_{26} + N_{78} = 0 \ ①$

$\Sigma F_V = 0 \uparrow \oplus$

$N_{35}\text{sen}\alpha - N_{26}\text{sen}\alpha - 6 + 17 - 10 = 0$

$0,316 \cdot N_{35} - 0,316 \cdot N_{26} = -1 \ ②$

$\Sigma M_3 = 0 \ ↺ \ \oplus$

$-N_{26}\cos\alpha \cdot 2 + N_{26}\text{sen}\alpha \cdot 2 - N_{78} \cdot 4 +$

$+10 \cdot 4 - 17 \cdot 4 = 0$

$-1,265 \cdot N_{26} - 4 \cdot N_{78} = 28 \ ③$

Resolviendo el sistema de ecuaciones ①, ② y ③, obtenemos:

$$N_{35} = 3,160 \text{ t(Tracción)}$$
$$N_{26} = 6,324 \text{ t(Tracción)}$$
$$N_{78} = -9 \text{ t(Compresión)}$$

3.- Cálculo de esfuerzos normales

a) Nudo 3

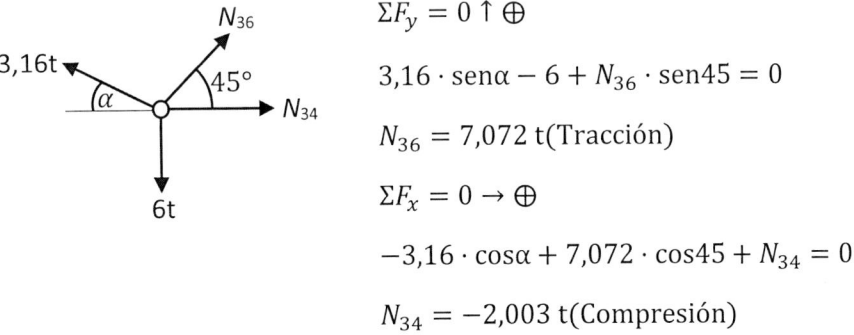

$\Sigma F_y = 0 \uparrow \oplus$

$3,16 \cdot \text{sen}\alpha - 6 + N_{36} \cdot \text{sen}45 = 0$

$N_{36} = 7,072 \text{ t(Tracción)}$

$\Sigma F_x = 0 \rightarrow \oplus$

$-3,16 \cdot \cos\alpha + 7,072 \cdot \cos45 + N_{34} = 0$

$N_{34} = -2,003 \text{ t(Compresión)}$

b) Nudo 8

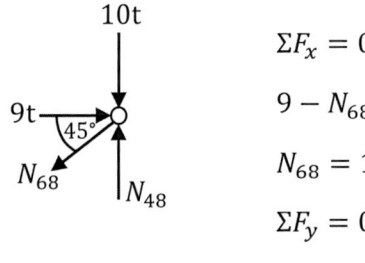

$$\Sigma F_x = 0 \rightarrow \oplus$$

$$9 - N_{68} \cdot \cos45 = 0$$

$$N_{68} = 12,728 \text{ (tracción)}$$

$$\Sigma F_y = 0 \uparrow \oplus$$

$$-12,728 \cdot \text{sen}45 - 10 + N_{48} = 0$$

$$N_{48} = 19 \text{ t(Compresión)}$$

c) Nudo 4

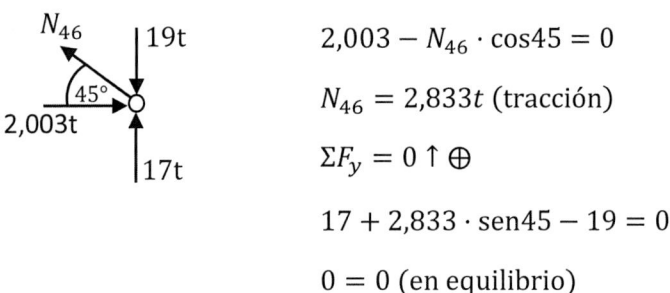

$$\Sigma F_x = 0 \rightarrow \oplus$$

$$2,003 - N_{46} \cdot \cos45 = 0$$

$$N_{46} = 2,833t \text{ (tracción)}$$

$$\Sigma F_y = 0 \uparrow \oplus$$

$$17 + 2,833 \cdot \text{sen}45 - 19 = 0$$

$$0 = 0 \text{ (en equilibrio)}$$

Ahora analizamos el sector izquierdo:

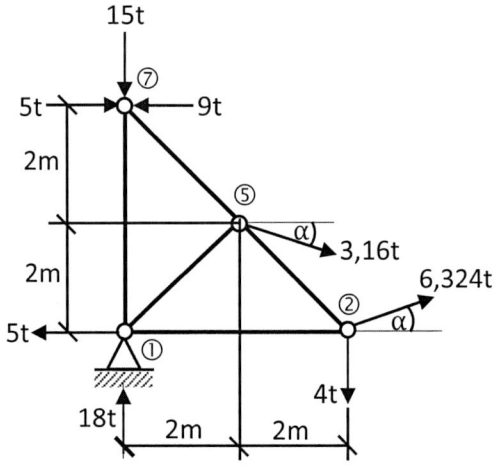

d) Nudo 2

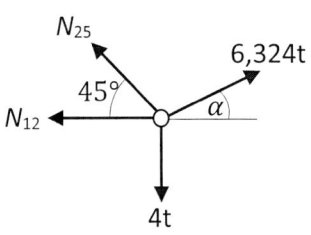

$\Sigma F_y = 0 \uparrow \oplus$

$N_{25} \cdot \text{sen}45 + 6{,}324 \cdot \text{sen}\alpha - 4 = 0$

$N_{25} = 2{,}829 \text{ t(tracción)}$

$\Sigma F_x = 0 \rightarrow \oplus$

$-N_{12} - 2{,}829\cos45 + 6{,}324\cos\alpha = 0$

$N_{12} = 4 \text{ t(tracción)}$

e) Nudo 7

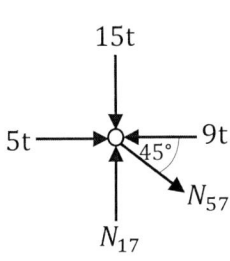

$\Sigma F_x = 0 \rightarrow \oplus$

$5 - 9 + N_{57} \cdot \cos45 = 0$

$N_{57} = 5{,}657 \text{ t(tracción)}$

$\Sigma F_y = 0 \uparrow \oplus$

$N_{17} - 15 - 5{,}657 \cdot \text{sen}45 = 0$

$N_{17} = 19 \text{ t(Compresión)}$

f) Nudo 1

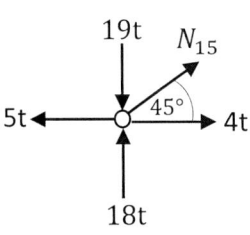

$\Sigma F_x = 0 \rightarrow \oplus$

$-5 + 4 + N_{15} \cdot \cos45 = 0$

$N_{15} = 1{,}414 \text{ t(Tracción)}$

$\Sigma F_y = 0 \uparrow \oplus$

$-19 + 18 + 1{,}414 \cdot \text{sen}45 = 0$

$0 = 0 \text{ (en equilibrio)}$

4.- Resumen de los resultados

Barra	Esfuerzo	Tipo
1-2	4t	Tracción
1-5	1,414t	Tracción
1-7	19t	Compresión
2-5	2,829t	Tracción
2-6	6,324t	Tracción
3-4	2,003t	Compresión
3-5	3,16t	Tracción
3-6	7,072t	Tracción
4-6	2,833t	Tracción
4-8	19t	Compresión
5-7	5,657t	Tracción
6-8	12,728t	Tracción
7-8	9t	Compresión

Observación: el máximo esfuerzo de compresión se registra en la barra 1-7; en cambio, el máximo esfuerzo de tracción se produce en la barra 6-8.

CAPÍTULO 7

LÍNEAS DE INFLUENCIA

7.1. OBJETIVO DEL CAPÍTULO

Se analizará la variación de reacciones y esfuerzos internos que se producen en un determinado apoyo o sección, debido a la influencia que ejerce una fuerza puntual unitaria que transita a lo largo de una viga.

7.2. APLICACIÓN DE LAS LÍNEAS DE INFLUENCIA

Las líneas de influencia se utilizan para verificar la resistencia y rigidez en estructuras que soportan cargas móviles como puentes, viaductos pasos a desnivel y otros. Véase la figura 7.1.

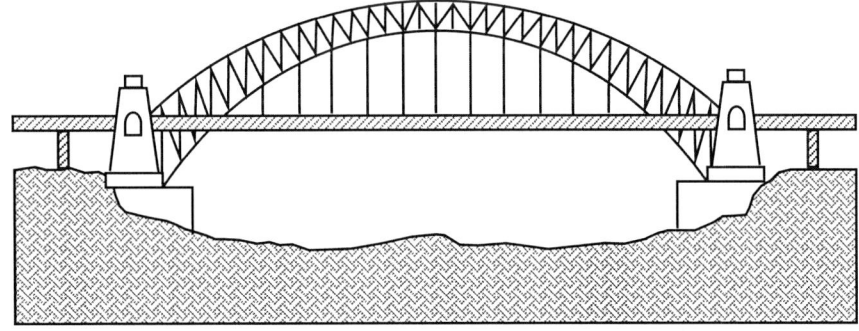

Figura 7.1 Puente vehicular por donde transitan cargas móviles significativas.

7.3. TIPOS DE LÍNEAS DE INFLUENCIA

Los tipos de líneas de influencia en vigas se muestran a continuación.

7.3.1. LÍNEAS DE INFLUENCIA DE REACCIONES

Es la variación de la magnitud y sentido que experimenta una reacción de fuerza o momento cuando una carga puntual unitaria transita a lo largo de la viga.

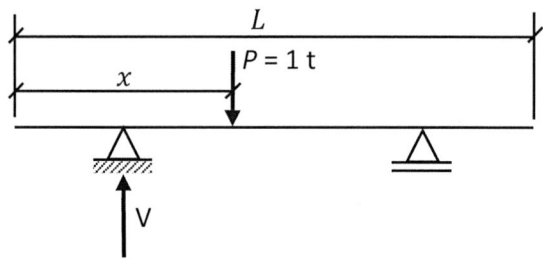

$$Reacción\ V: para\ todo\ (0 \leq x \leq L)$$

Figura 7.2 Viga con carga puntual móvil.

La carga P se mueve según la variable x, la cual actúa en el intervalo de cero a L; al mismo tiempo, la reacción V experimenta cambios que se representan gráficamente sobre la posición en la que se encuentra la carga unitaria móvil.

7.3.2. LÍNEAS DE INFLUENCIA DE ESFUERZOS CORTANTES

Son la variación del esfuerzo cortante en una sección específica cuando sobre la viga que lo contiene transita una fuerza puntual unitaria.

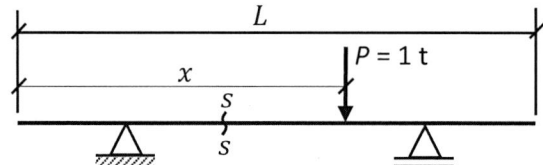

$$Cortante\ Q_{s-s}: para\ todo\ (0 \leq x \leq L)$$

Figura 7.3 Análisis de la sección s-s debido a una carga puntual móvil.

El esfuerzo cortante en la sección s-s varía con la posición de la fuerza unitaria móvil; es decir, se debe registrar el esfuerzo cortante con cada nueva posición de la carga móvil para, luego, graficarla en la misma posición de la fuerza *P*.

7.3.3. LÍNEAS DE INFLUENCIA DE MOMENTO FLECTOR

Son los cambios de magnitud y sentido que experimenta el momento flector en una sección específica cuando, sobre la viga que lo contiene, se desplaza una fuerza unitaria móvil.

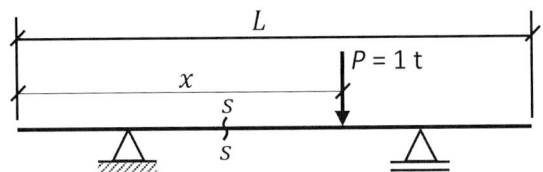

$$Momento\ flector\ M_{s-s}: para\ todo\ (0 \leq x \leq L)$$

Figura 7.4 Análisis del momento en la sección s-s.

A medida que la fuerza unitaria se mueve en la viga, se deben registrar los cambios que experimenta el momento flector. Este conjunto de valores deberá representarse gráficamente en cada posición de la carga unitaria móvil.

7.4. MÉTODO DE ANÁLISIS

Los métodos más utilizados para obtener las líneas de influencia son:

- Método analítico

- Método de Müller-Breslau, o método gráfico numérico

7.5. MÉTODO ANALÍTICO

Consiste en determinar expresiones matemáticas o funciones en las que se describan las modificaciones que se producen en las reacciones de sus apoyos o en los esfuerzos internos de una sección específica debido a una carga unitaria cuyo tránsito se define a través de una variable *x*, que se mueve desde cero hasta la longitud total de la viga.

7.5.1. LÍNEAS DE INFLUENCIA DEBIDO A REACCIONES

Para este tipo de línea de influencia, procédase de la siguiente forma:

1.º Defina los tramos de análisis colocando un número en los siguientes puntos o secciones:

- Al inicio y final de la viga
- Donde existan articulaciones

2.º En cada tramo, coloque una fuerza puntual unitaria en dirección vertical, definida en su posición por una variable x, que se origina en el extremo izquierdo de la viga.

3.º Aplique las ecuaciones de equilibrio estático para calcular la reacción solicitada para cada tramo de la viga; para esto, las reacciones de fuerza se asumirán siempre hacia arriba y las de momento en sentido antihorario.

4.º Grafique las funciones obtenidas en el paso anterior utilizando los siguientes sistemas de referencia:

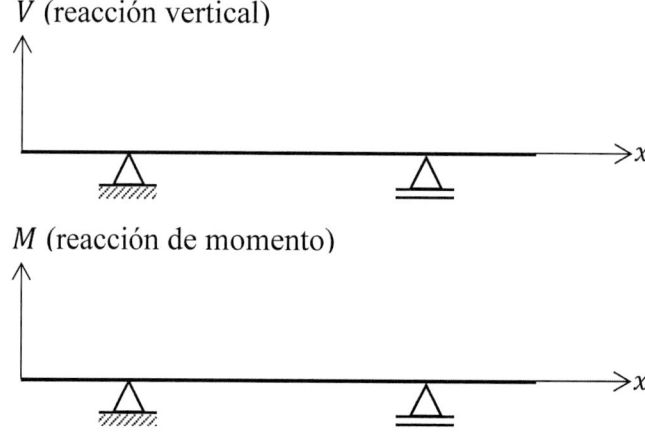

Figura 7.5 Ejes de referencia para líneas de influencia de reacciones.

EJERCICIOS

EJERCICIO 104

Obtenga las líneas de influencia en las reacciones de la viga de la figura 7.6.

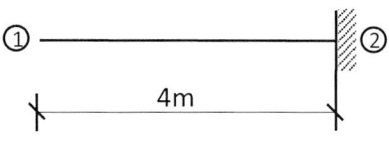

Figura 7.6 Viga 1.

1.- Cálculo de reacciones

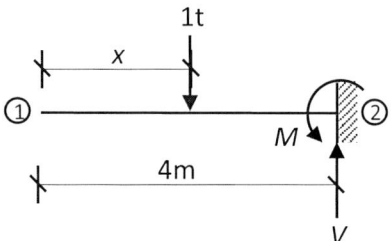

Con la variable x, se define el movimiento de la carga unitaria a lo largo de la viga:

$$\Sigma F_V = 0 \uparrow \oplus \qquad\qquad \Sigma M_2 = 0 \circlearrowleft \oplus$$

$$1 - V = 0 \qquad\qquad -1 \cdot (4 - x) - M = 0$$

$$V = 1t \qquad\qquad M = x - 4$$

2.- Líneas de Influencia

Escala para V (1 m = 1 cm / 0,5 t = 1 cm) y escala para M (1 m = 1 cm / 0,5 t = 1 cm).

x[m]	V[t]	M[tm]
0	1	−4
1	1	−3
2	1	−2
3	1	−1
4	1	0

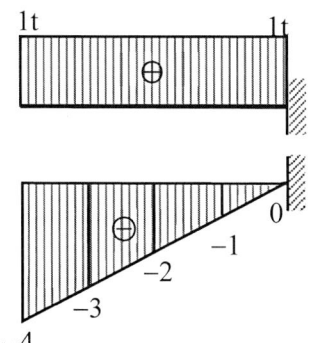

EJERCICIO 105

Calcule la variación de las reacciones debido a una carga unitaria en movimiento:

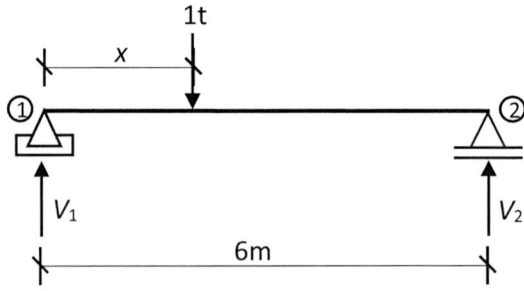

Figura 7.7 Viga 2.

Con la variable x, se define el movimiento de la carga unitaria a lo largo de la viga.

1.- Cálculo de reacciones

$\Sigma M_1 = 0 \circlearrowleft \oplus$

$1 \cdot x - V_2 \cdot (6) = 0$

$V_2 = \dfrac{x}{6}$

$\Sigma F_V = 0 \uparrow \oplus$

$V_1 - 1 + V_2 = 0$

$V_1 = 1 - \dfrac{x}{6}$

$V_1 = \dfrac{6 - x}{6}$

2.- Líneas de Influencia

a) Reacción V_1 (1 m = 1 cm / 0,5 t = 1 cm)

x[m]	V_1[t]
0	1
1	0,833
2	0,667
3	0,5
4	0,333
5	0,167
6	0

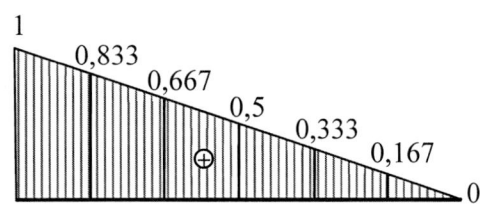

b) Reacción V_2 (1 m = 1 cm / 0,5 t = 1 cm)

x[m]	V_2[t]
0	0
1	0,167
2	0,333
3	0,5
4	0,667
5	0,833
6	1

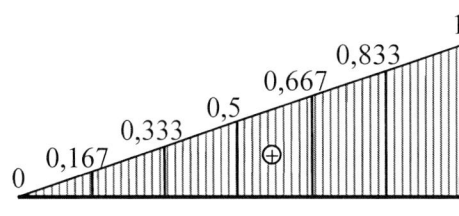

EJERCICIO 106

Obtenga la línea de influencia para el segundo apoyo móvil.

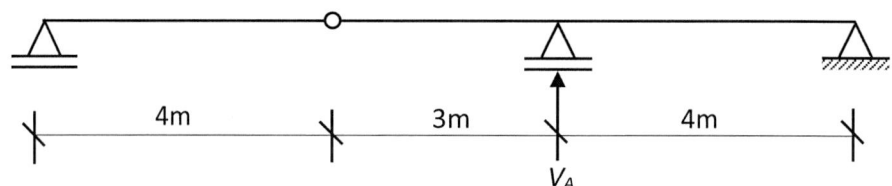

Figura 7.8 Viga 3.

1.- Cálculo de reacciones

a) Tramo 1-2 $(0 \leq x \leq 4)$

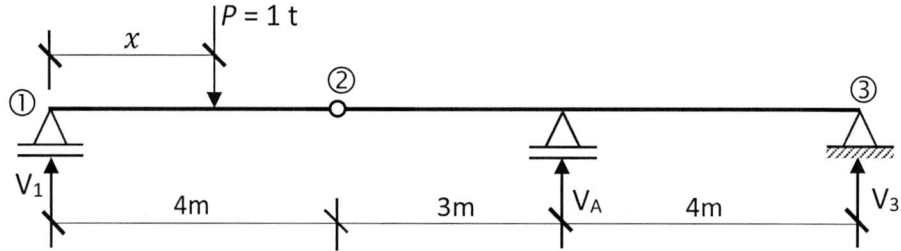

$\Sigma M_2 = 0 \; \circlearrowleft \oplus (\text{izquierda})$

$V_1 \cdot 4 - 1 \cdot (4 - x) = 0$

$V_1 = \dfrac{4 - x}{4}$

$\Sigma M_3 = 0 \; \circlearrowleft \oplus$

$\left(\dfrac{4 - x}{4}\right) \cdot 11 - 1 \cdot (11 - x) + V_A \cdot 4 = 0$

$\dfrac{44 - 11 \cdot x}{4} - 11 + x + 4 \cdot V_A = 0$

$V_A = \dfrac{7 \cdot x}{16}$

b) Tramo 2-3 $(4 \leq x \leq 11)$

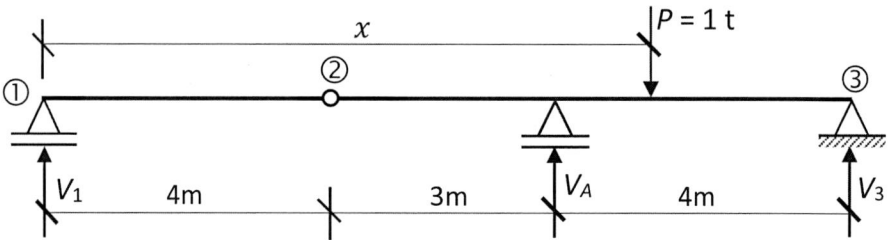

$\Sigma M_2 = 0 \; \circlearrowleft \; \oplus$(izquierda)

$V_1 = 0$

$\Sigma M_3 = 0 \; \circlearrowleft \; \oplus$

$V_A \cdot 4 - 1 \cdot (11 - x) = 0$

$$V_A = \frac{11 - x}{4}$$

2.- Líneas de Influencia

Reacción V_A (1 m = 1 cm / 1 t = 1 cm)

Tramo	x[m]	V$_A$[t]
1-2	0	0
	2	0,875 t
	4	1,75 t
2-3	4	1,75 t
	7	1 t
	9	0,5 t
	11	0

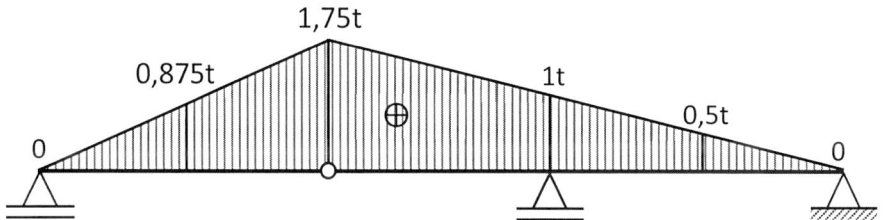

EJERCICIO 107

Grafique la línea de influencia para las reacciones de los apoyos de la viga de la figura 7.9.

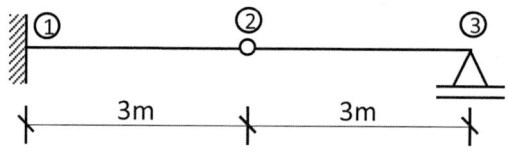

Figura 7.9 Viga 4.

1.- Cálculo de reacciones

a) Tramo 1-2 ($0 \leq x \leq 3$)

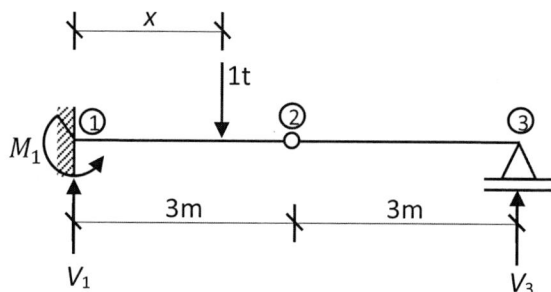

$$\Sigma M_2 = 0 \circlearrowleft \oplus (\text{derecha})$$

$$V_3 = 0$$

$$\Sigma F_V = 0 \uparrow \oplus$$

$$V_1 - 1 = 0$$

$$V_1 = 1$$

$$\Sigma M_2 = 0 \circlearrowleft \oplus (\text{izquierda})$$

$$V_1 \cdot 3 - M_1 - 1(3 - x) = 0$$

$$1 \cdot 3 - M_1 - 3 + x = 0$$

$$M_1 = x$$

b) Tramo 2-3 ($3 \leq x \leq 6$)

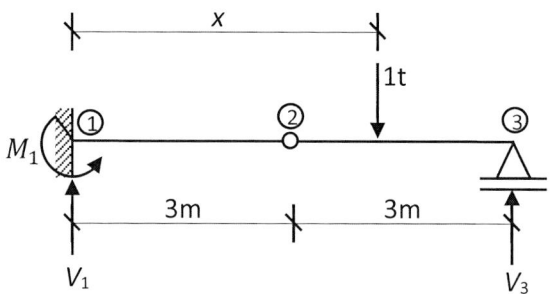

$$\Sigma M_2 = 0 \circlearrowleft \oplus (\text{derecha})$$

$$1 \cdot (x - 3) - V_3 \cdot 3 = 0$$

$$V_3 = \frac{x - 3}{3}$$

$$\Sigma F_V = 0 \uparrow \oplus$$

$$V_1 - 1 + V_3 = 0$$

$$V_1 = 1 - V_3$$

$$V_1 = 1 - \left(\frac{x - 3}{3}\right)$$

$$V_1 = \frac{6 - x}{3}$$

$$\Sigma M_2 = 0 \circlearrowleft \oplus (\text{izquierda})$$

$$V_1 \cdot 3 - M_1 = 0$$

$$M_1 = V_1 \cdot 3$$

$$M_1 = 6 - x$$

2.- Líneas de influencia

a) Reacción V_1 (1 m = 1 cm / 0,5 t = 1 cm)

Tramo	x[m]	M[tm]
1-2	0	1
	1	1
	2	1
	3	1
2-3	3	1
	4	0,667
	5	0,333
	6	0

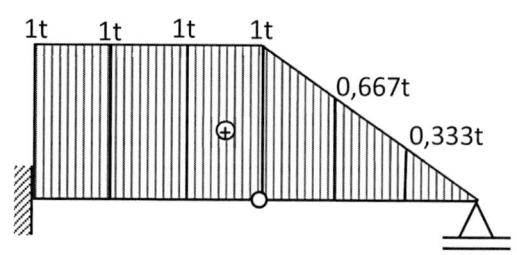

b) Reacción V_3 (1 m = 1 cm / 0,5 t = 1 cm)

Tramo	x[m]	M[tm]
1-2	0	0
	1	0
	2	0
	3	0
2-3	3	0
	4	0,333
	5	0,667
	6	1

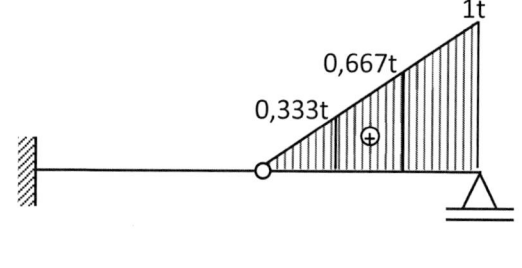

c) Reacción M_1 (1 m = 1 cm / 1,5 tm = 1 cm)

Tramo	x[m]	M[tm]
1-2	0	0
	1	1
	2	2
	3	3
2-3	3	3
	4	2
	5	1
	6	0

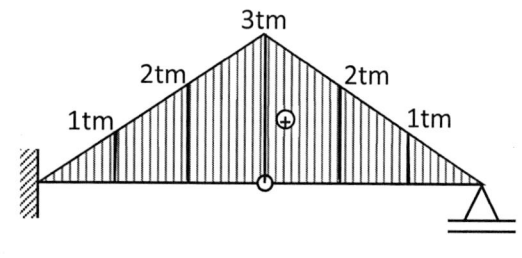

7.5.2. LÍNEAS DE INFLUENCIA DE ESFUERZO CORTANTE Y MOMENTO FLECTOR

Para obtener las líneas de influencia debido a los esfuerzos internos, procédase como sigue:

1.° Defina los tramos de análisis colocando un número en los siguientes puntos o secciones:

- Al inicio y final de la viga
- Donde existan articulaciones
- En la sección s-s solicitada

2.° En cada tramo, coloque una fuerza puntual unitaria, definida en su posición por una variable x.

3.° Calcule el esfuerzo cortante y/o momento flector en la sección solicitada para cada tramo de la viga considerando el convenio de signos para esfuerzos internos estudiado en temas anteriores.

4.° Grafique las funciones obtenidas en el paso anterior utilizando los sistemas de referencia de la figura 7.10.

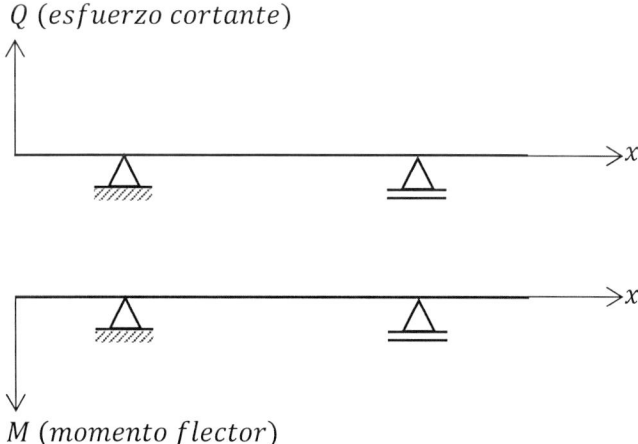

Figura 7.10 Ejes de referencia para líneas de influencia de esfuerzos internos.

EJERCICIOS

EJERCICIO 108

Halle la línea de influencia del momento flector en las secciones descritas en la viga de la figura 7.11, utilizando el método analítico.

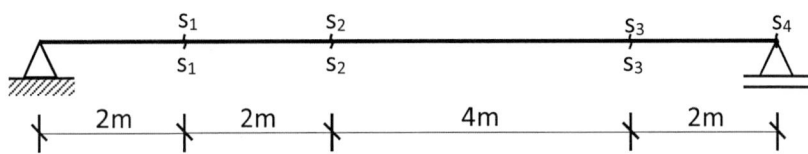

Figura 7.11 Viga 5.

1.- Cálculo de reacciones

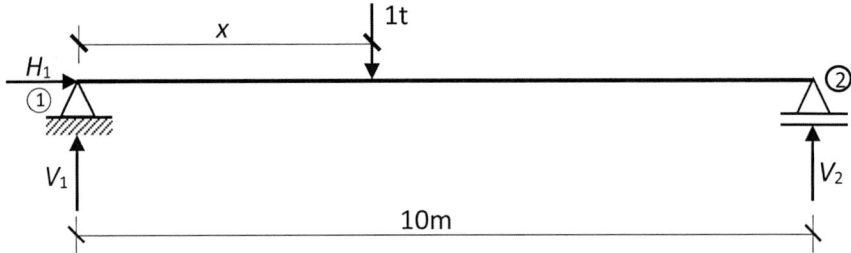

x es la variable con la que se define el movimiento de la carga unitaria:

$\Sigma F_H = 0 \to \oplus$ $\qquad$ $\Sigma M_1 = 0 \circlearrowleft \oplus$ $\qquad$ $\Sigma F_V = 0 \uparrow \oplus$

$H_1 - 0 = 0$ $\qquad$ $1 \cdot x - V_2 \cdot 10 = 0$ $\qquad$ $V_1 - 1 + \dfrac{x}{10} = 0$

$H_1 = 0t$ $\qquad$ $V_2 = \dfrac{x}{10}$ $\qquad$ $V_1 = \dfrac{10-x}{10}$

2.- Ecuaciones del momento flector

a) Tramo 1-s

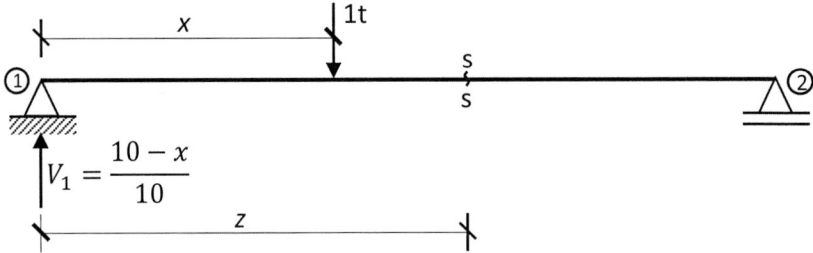

z es la variable con la que se define la posición genérica de las secciones marcadas:

$$M_Z = \left(\frac{10 - x}{10}\right)z - 1(z - x)$$

$$M_Z = \frac{10z}{10} - \frac{xz}{10} - z + x = -0,1xz + x$$

$$M_Z = (1 - 0,1z)x$$

b) Tramo s-2

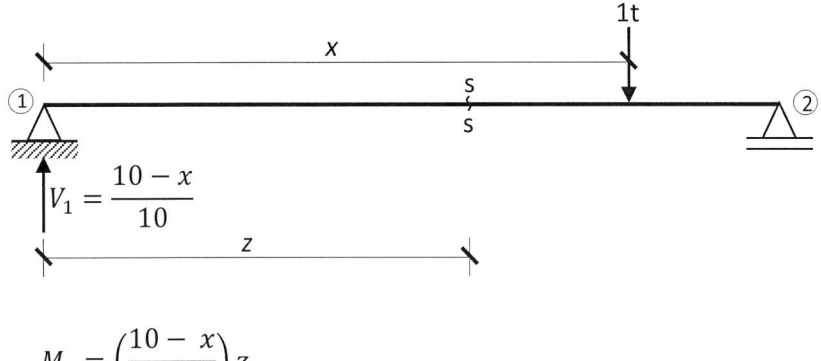

$$M_Z = \left(\frac{10 - x}{10}\right)z$$

$$M_Z = \frac{10z}{10} - \frac{x \cdot z}{10}$$

$$M_Z = z - \frac{z}{10}x$$

z = variable con la que se define la ubicación de la sección que se quiere analizar.

x = variable con la que se define la ubicación de la fuerza unitaria en movimiento.

3.-Línea de influencia

a) Sección s1-s1

En esta sección, z = 2 m

-Tramo 1-s1

$$Mz = (1 - 0,1 \cdot 2)x$$

$$Mz = 0,8 \cdot x \quad \text{Función lineal}$$

-Tramo s₁-2

$$Mz = 2 - \frac{2}{10}x$$

$Mz = 2 - 0,2x \quad Función \ lineal$

Realizamos la siguiente tabla para poder graficar:

Tramo	Ecuación	x	Mz
1-S₁	$M_z = 0,8x$	0	0
		1	0,8
		2	1,6
S₁-2	$M_z = 2 - 0,2x$	2	1,6
		3	1,4
		4	1,2
		5	1
		6	0,8
		7	0,6
		8	0,4
		9	0,2
		10	0

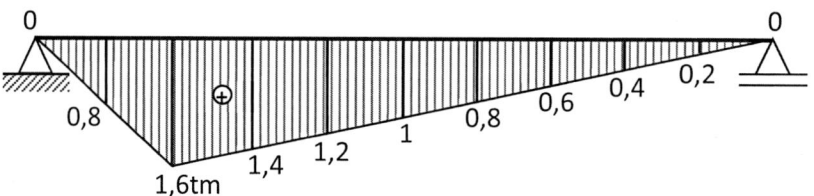

b) Sección s₂-s₂

En esta sección, $z = 4$ m:

-Tramo 1-s₂

$Mz = (1 - 0,1 \cdot 4)x$

$Mz = 0,6x \quad Función \ lineal$

-Tramo s_2-2

$$Mz = 4 - \frac{4}{10}x$$

$Mz = 4 - 0,4x \quad Función\ lineal$

Realizamos la siguiente tabla para poder graficar:

Tramo	Ecuación	x	Mz
1-S_2	$M_z = 0,6x$	0	0
		1	0,6
		2	1,2
		3	1,8
		4	2,4
S_2-2	$M_z = 4 - 0,4x$	4	2,4
		5	2
		6	1,6
		7	1,2
		8	0,8
		9	0,4
		10	0

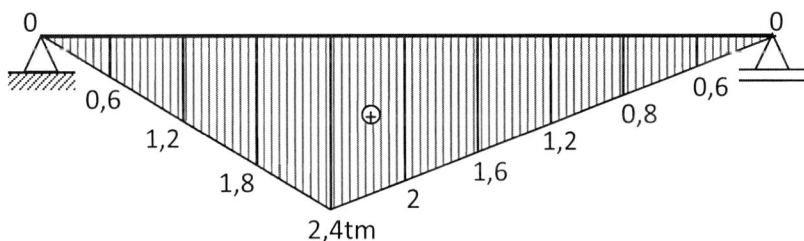

c) Sección s_3-s_3

En esta sección, $z = 8$ m.

-Tramo 1-s_3

$Mz = (1 - 0,1 \cdot 8)x$

$Mz = 0,2 \cdot x \quad Función\ lineal$

-Tramo s₃-2

$$Mz = 8 - \frac{8}{10}x$$

$$Mz = 8 - 0,8 \cdot x \quad Función\ lineal$$

Realizamos la siguiente tabla para poder graficar:

Tramo	Ecuación	x	Mz
1-S₃	$M_z = 0{,}2x$	0	0
		1	0,2
		2	0,4
		3	0,6
		4	0,8
		5	1
		6	1,2
		7	1,4
		8	1,6
S₃-2	$M_z = 8 - 0{,}8x$	8	1,6
		9	0,8
		10	0

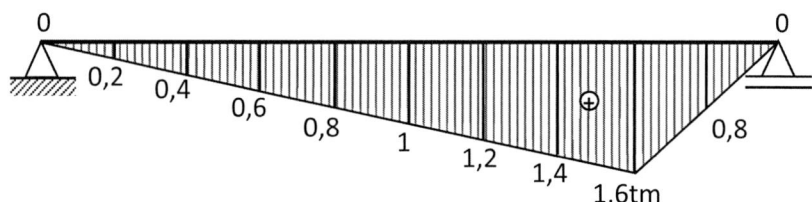

d) Sección s₄-s₄

En esta sección, z = 10 m.

-Tramo 1-s₄

$$Mz = (1 - 0,1 \cdot 10)x$$

$$Mz = 0$$

Por lo tanto, el gráfico es nulo.

EJERCICIO 109

Halle las ecuaciones y los diagramas de línea de influencia del esfuerzo cortante para las secciones de la figura 7.12.

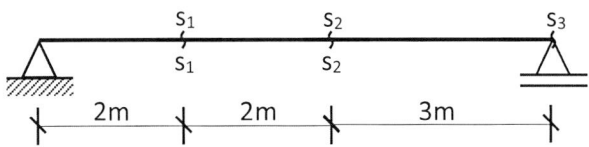

Figura 7.12 Viga 6.

1.- Cálculo de reacciones

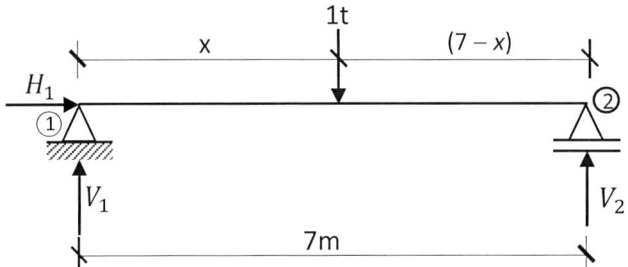

$\Sigma F_H = 0 \to \oplus$
$H_1 - 0 = 0$
$H_1 = 0 \text{ t}$

$\Sigma M_1 = 0 \circlearrowleft \oplus$
$1 \cdot x - V_2 \cdot 7 = 0$
$V_2 = \dfrac{x}{7}$

$\Sigma F_V = 0 \uparrow \oplus$
$V_1 - 1 + \dfrac{x}{7} = 0$
$V_1 = \dfrac{7-x}{7}$

2.- Ecuaciones de esfuerzo cortante

a) Tramo 1-s

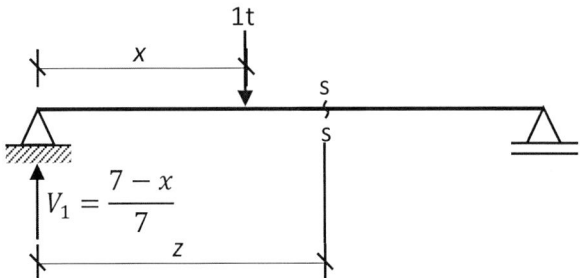

$$Q = \frac{7-x}{7} - 1$$

$$Q = \frac{7-x-7}{7}$$

$$Q = -\frac{x}{7}$$

b) Tramo s-2

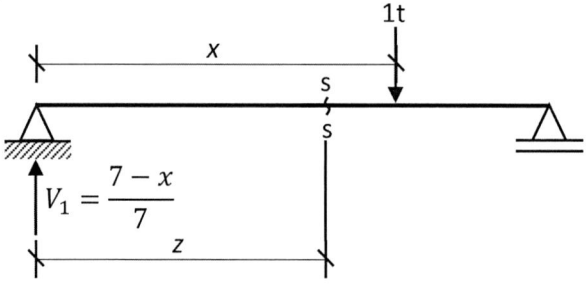

$$Q = \frac{7-x}{7}$$

3.- Diagramas de líneas de influencia

a) Sección s₁-s₁

Tramo	x[m]	Q[t]
1-s	0	0
	1	−0,143
	2	−0,286
s-2	2	0,714
	3	0,571
	4	0,429
	5	0,286
	6	0,143
	7	0

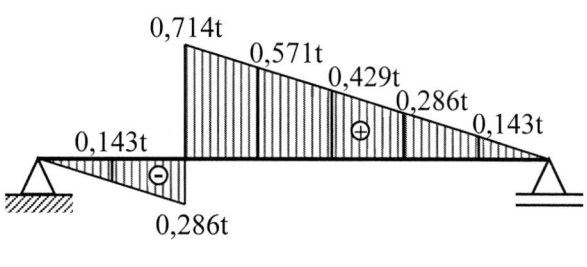

b) Para la sección s_2-s_2

Tramo	x[m]	Q[t]
1-s	0	0
	1	−0,143
	2	−0,286
	3	−0,429
	4	−0,571
s-2	4	0,429
	5	0,286
	6	0,143
	7	0

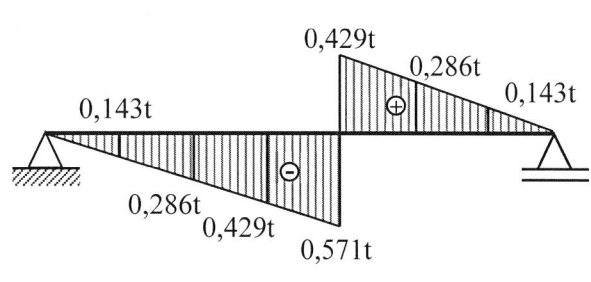

c) Para la sección s_3-s_3

Tramo	x[m]	Q[t]
1-2	0	0
	1	−0,143
	2	−0,286
	3	−0,429
	4	−0,571
	5	−0,714
	6	−0,857
	7	−1

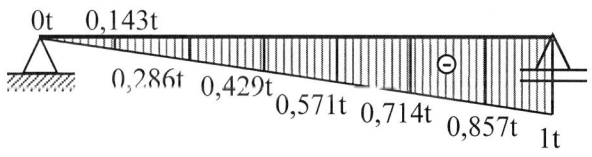

EJERCICIO 110

Halle las ecuaciones y grafique las líneas de influencia para los esfuerzos internos de la sección s-s de la viga de la figura 7.13.

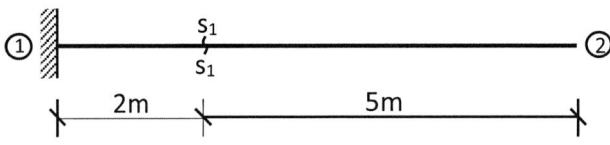

Figura 7.13 Viga 7.

1.- Cálculo de reacciones

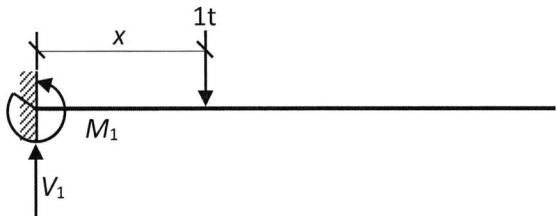

$$\Sigma F_V = 0 \uparrow \oplus$$
$$V_1 - 1 = 0$$
$$V_1 = 1$$

$$\Sigma M_1 = 0 \circlearrowleft \oplus$$
$$1 \cdot x - M_1 = 0$$
$$M_1 = x$$

2.- Ecuaciones del momento flector

a) Tramo 1-s

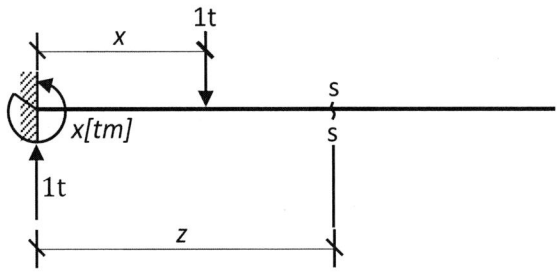

$$M_z = 1 \cdot z - x - 1(z - x)$$

$$M_z = z - x - z + x$$

$$M_z = 0$$

b) Tramo s-2

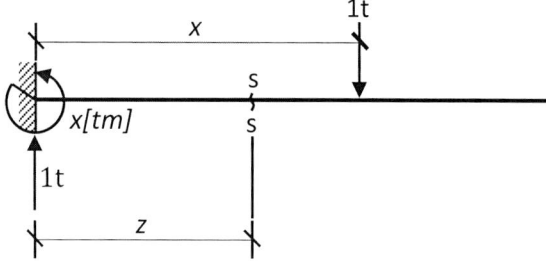

$$M_Z = 1 \cdot z - x$$

$$M_Z = z - x$$

c) Diagrama de línea de la influencia

En esta sección, z = 2 m:

-Tramo 1-s₁

$Mz = 0$

-Tramo s₁-2

$Mz = 2 - x$

Tramo	x[m]	M[tm]
	0	0
1-s₁	1	0
	2	0
	2	0
	3	−1
	4	−2
s₁-2	5	−3
	6	−4
	7	−5

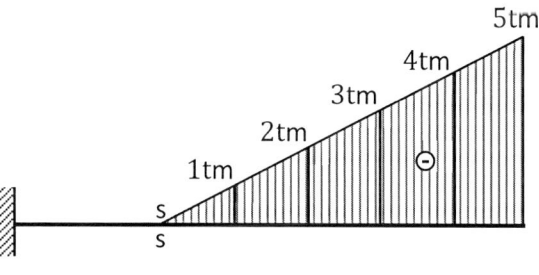

3.- Ecuaciones de esfuerzo cortante

a) Tramo 1-S_1

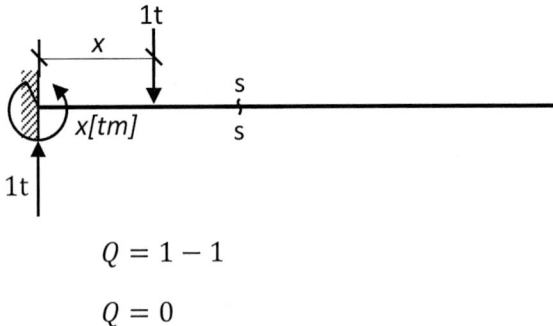

$$Q = 1 - 1$$

$$Q = 0$$

b) Tramo S_1-2

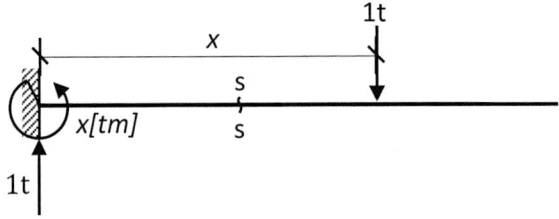

$$Q = 1 \, t$$

c) Diagrama de línea de influencia

Tramo	x	Q
1-S_1	0 a 2	0
S_1-2	2 a 7	1

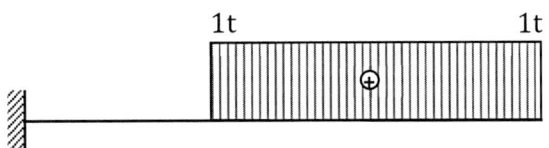

EJERCICIO 111

Halle las ecuaciones de las líneas de influencias para la viga de la figura 7.14, obteniendo los diagramas para las secciones s_1-s_1, s_2-s_2 y s_3-s_3.

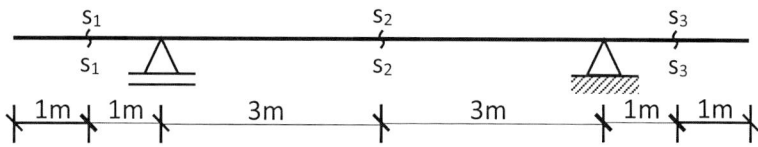

Figura 7.14 Viga 8.

1.- Cálculo de reacciones

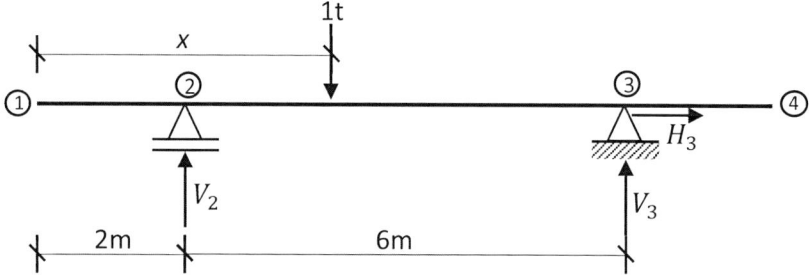

$\Sigma F_H = 0 \to \oplus$
$H_3 - 0 = 0$
$H_3 = 0t$

$\Sigma M_2 = 0 \circlearrowleft \oplus$
$1(x - 2) - V_3 \cdot 6 = 0$
$V_3 = \dfrac{x - 2}{6}$

$\Sigma F_V = 0 \uparrow \oplus$
$V_2 - 1 + \dfrac{x - 2}{6} = 0$
$V_2 = \dfrac{8 - x}{6}$

2.- Ecuaciones de momento y cortante

a) Tramo 1-s_1

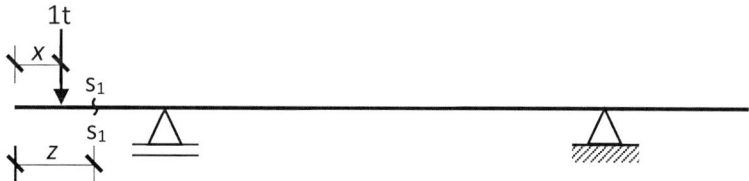

Consideramos las cargas a la izquierda de la sección s_1-s_1:

$$M_Z = -1(z - x) = -z + x$$

$$Q_Z = -1t$$

b) Tramo s₁-4

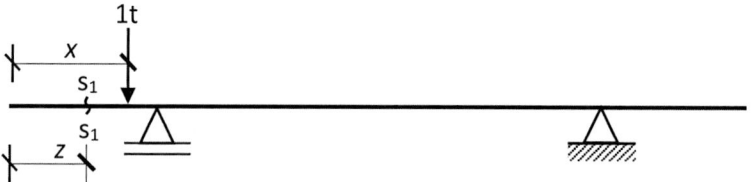

Consideramos las cargas a la izquierda de la sección s₁-s₁:

$$M_Z = 0$$

$$Q_Z = 0$$

c) Tramo 1-s₂

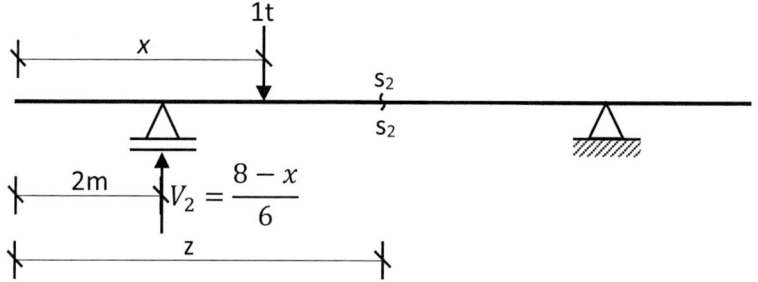

Consideramos las cargas a la izquierda de la sección s₂-s₂:

$$M_Z = \left(\frac{8-x}{6}\right) \cdot (z-2) - 1(z-x)$$

$$M_Z = \frac{(8-x)(z-2) - 6(z-x)}{6}$$

$$Q_Z = \frac{8-x}{6} - 1 = \frac{2-x}{6}$$

d) Tramo s₂-4

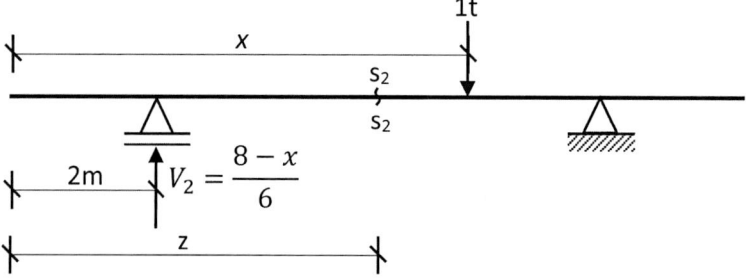

Consideramos las cargas a la izquierda de la sección s_2-s_2:

$$M_Z = \left(\frac{8-x}{6}\right) \cdot (z-2)$$

$$Q_Z = \frac{8-x}{6}$$

e) Tramo 1-s_3

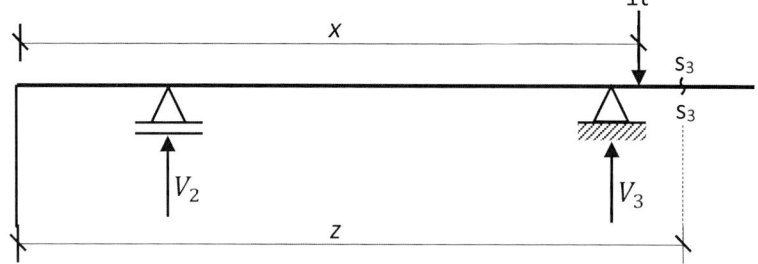

Vamos a considerar las fuerzas a la derecha de la sección s_3-s_3:

$$M_Z = 0$$

$$Q_Z = 0$$

f) Tramo s_2-4

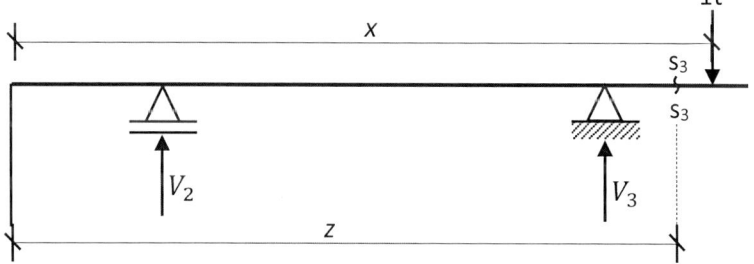

Vamos a considerar las fuerzas a la derecha de la sección s_3-s_3:

$$M_Z = -1(x-z) = z - x$$

$$Q_Z = 1 \text{ t}$$

4. Diagramas de líneas de influencia

4.1. Sección s1-s1

Para esta sección, $z = 1$ m; por lo tanto:

a) Tramo 1-S1 $(0 \leq x \leq 1)$

$M_Z = -1 + x$

$Q_Z = -1t$

b) Tramo S1-4 $(1 \leq x \leq 10)$

$M_Z = 0$

$Q_Z = 0$

Con estas funciones, realizamos la siguiente tabla para poder graficar.

Tramo	x	M	Q
1-S₁	0	−1	−1
	1	0	−1
S₁-4	1	0	0
	2	0	0
	3	0	0
	4	0	0
	5	0	0
	6	0	0
	7	0	0
	8	0	0
	9	0	0
	10	0	0

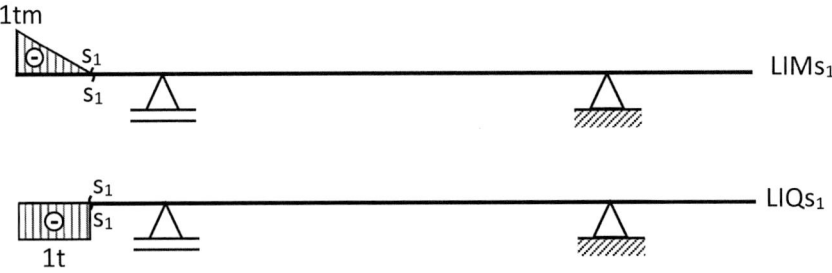

4.2. Sección s2-s2

Para esta sección, $z = 5$ m; por lo tanto:

a) **Tramo 1-S2** $(0 \leq x \leq 5)$

$$M_Z = \frac{(8-x)3 - 6(5-x)}{6}$$

$$Q_Z = \frac{2-x}{6}$$

b) **Tramo S2-4** $(5 \leq x \leq 10)$

$$M_Z = \left(\frac{8-x}{6}\right)3$$

$$Q_Z = \frac{8-x}{6}$$

Con estas funciones, realizamos la siguiente tabla para poder graficar.

Tramo	x	M	Q
1-S2	0	−1	0,333
	1	−0,5	0,167
	2	0	0
	3	0,5	−0,167
	4	1	−0,333
	5	1,5	−0,5
S2-4	5	1,5	0,5
	6	1	0,333
	7	0,5	0,167
	8	0	0
	9	−0,5	−0,167
	10	−1	−0,333

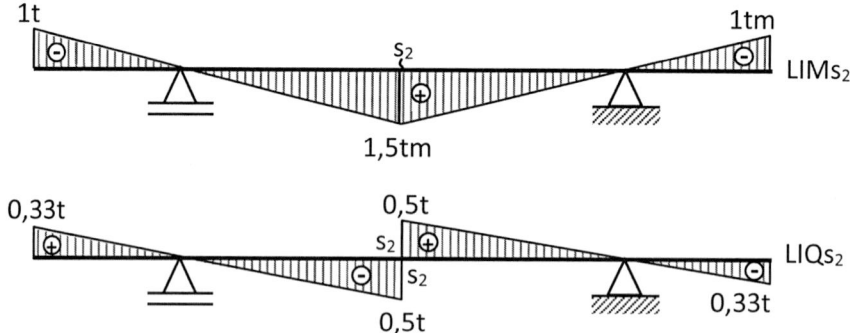

4.3. Sección s₃-s₃

Para esta sección, $z = 9$ m; por lo tanto:

a) Tramo 1-S₃ $(0 \leq x \leq 9)$

$$M_Z = 0$$

$$Q_Z = 0$$

b) Tramo S₃-4 $(9 \leq x \leq 10)$

$$M_Z = 9 - x$$

$$Q_Z = 1 \text{ t}$$

Con estas funciones, realizamos la siguiente tabla para poder graficar.

Tramo	x	M	Q
1-S₃	0	0	0
	1	0	0
	2	0	0
	3	0	0
	4	0	0
	5	0	0
	6	0	0
	7	0	0
	8	0	0
	9	0	0
S₃-4	9	0	1
	10	−1	1

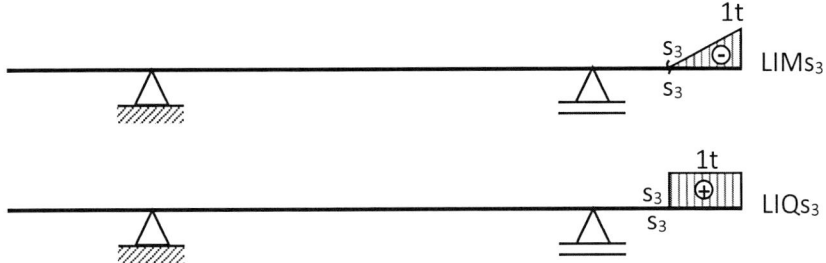

7.6. MÉTODO DE MÜLLER–BRESLAU (GRÁFICO NUMÉRICO)

«Müller-Breslau establece que las ordenadas de una línea de influencia para cualquier fuerza son proporcionales a la configuración deformada de la estructura que se genera al suprimir su capacidad para transmitir dicha fuerza e introducir, en la estructura modificada, un desplazamiento asociado a la restricción asumida».

En términos más simples, este método consiste en liberar la reacción o esfuerzo interno del cual se solicita su línea de influencia para luego aplicar una traslación positiva debido a la reacción o esfuerzo internos que modifique la geometría de la viga para que, de su deformación resultante, se deduzca su correspondiente línea de influencia.

Para comprender adecuadamente este método, debemos afianzar los criterios expuestos a continuación.

1.er criterio: las líneas de influencia en vigas isostáticas siempre son funciones lineales

De lo aprendido en el método analítico, llegamos a la conclusión de que las líneas de influencia de reacciones, cortantes y momentos siempre estarán representadas por segmentos rectos donde las articulaciones se desplazan verticalmente y los apoyos fijos y móviles permiten la rotación absoluta de sus barras a modo de pivote, tal como ocurre en los problemas de palancas estáticas.

2.º criterio: descomposición de la viga Gerber

Cuando la fuerza unitaria transita en una viga Gerber, existen tramos de esta viga donde no se produce la transmisión de esta fuerza; por lo tanto, no influyen en su línea de influencia. Veamos el ejemplo de la figura 7.15.

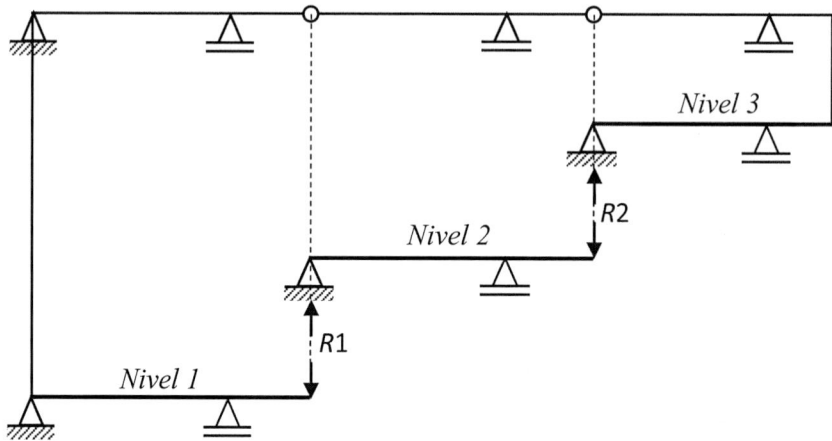

Figura 7.15 Transmisión de fuerzas en las articulaciones.

La viga del nivel 3 descarga sobre la viga 2 y 1; en cambio, la viga del nivel 2 solo descarga en la viga del nivel 1.

3.ᵉʳ criterio: análisis de tránsito de la fuerza puntual unitaria

Cuando analizamos la línea de influencia de una reacción o esfuerzo, es necesario conocer la influencia del tránsito de una fuerza puntual unitaria cuando se mueve a lo largo de toda la viga; sin embargo, existen tramos de la viga por donde se mueve la carga unitaria que no influyen sobre las solicitaciones que estamos necesitando.

Debemos tomar como principio general «una carga que transita en un tramo de nivel superior genera siempre una línea de influencia en una viga de nivel inferior»; de este mismo razonamiento diremos que una fuerza que se mueve sobre una viga de nivel inferior no produce una línea de influencia en una viga de nivel superior.

Para entender mejor lo expuesto, analicemos el siguiente caso:

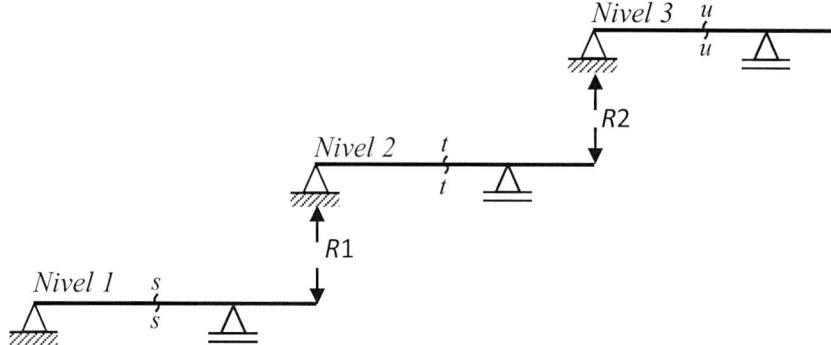

Figura 7.16 Transmisión de fuerzas en las articulaciones.

Para s-s: cuando la fuerza unitaria transita a lo largo de toda la viga, los esfuerzos internos en la sección s-s y las reacciones de los apoyos del nivel 1 se ven afectados; es decir, producen líneas de influencia.

Para t-t: el tránsito de la fuerza unitaria a lo largo de toda la viga únicamente produce líneas de influencia de reacción y esfuerzos internos sobre las vigas de los niveles 2 y 3.

Para u-u: el movimiento de la carga unitaria puntual en la viga Gerber únicamente modifica los esfuerzos internos y reacciones contenidos en la viga del nivel 3; es decir, las líneas de influencia se limitan por la viga de este nivel.

4.° criterio: línea de influencia de reacción de fuerza

Consiste en retirar la restricción vertical de dicho apoyo, lo que provoca un desplazamiento unitario en dirección vertical (positivo hacia arriba). Esta liberación provocará el giro de los diversos tramos de la viga y, por ende, su deformación, la cual representa la línea de influencia de la reacción liberada. Véase en el ejemplo de la figura 7.17 la liberación de la reacción vertical del apoyo fijo (LI).

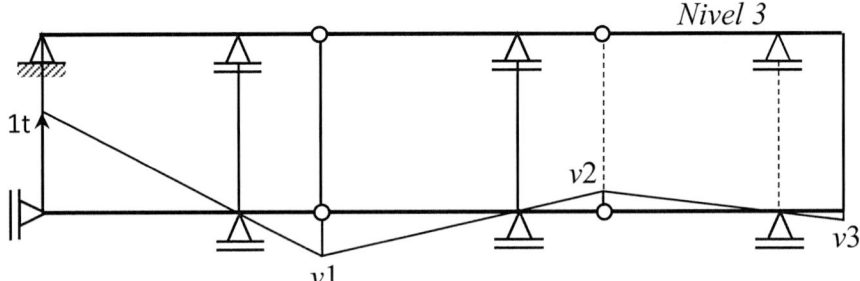

Figura 7.17 Línea de influencia de la reacción $v1$.

Los valores de $v1$, $v2$ y $v3$ se obtienen por interpolación lineal simple a partir del valor mostrado en la reacción liberada.

Obsérvese que las articulaciones se desplazan verticalmente y que los apoyos sirven de pivote de rotación para los tramos de la viga Gerber.

5.º criterio: línea de influencia de reacción de momento

Consiste en liberar la reacción de momento mediante la incorporación de una articulación para, luego, provocar un giro antihorario a 45°, el cual provocará la deformación del resto de la viga, la misma que representa su línea de influencia:

a) *Línea del apoyo empotrado izquierdo*

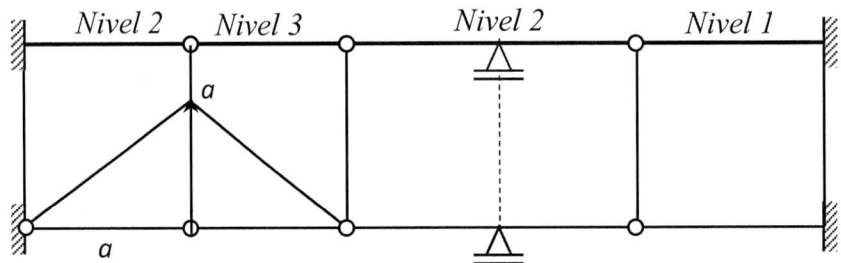

Figura 7.18 Línea de influencia de la reacción de momento del apoyo empotrado izquierdo.

b) Línea del apoyo empotrado derecho

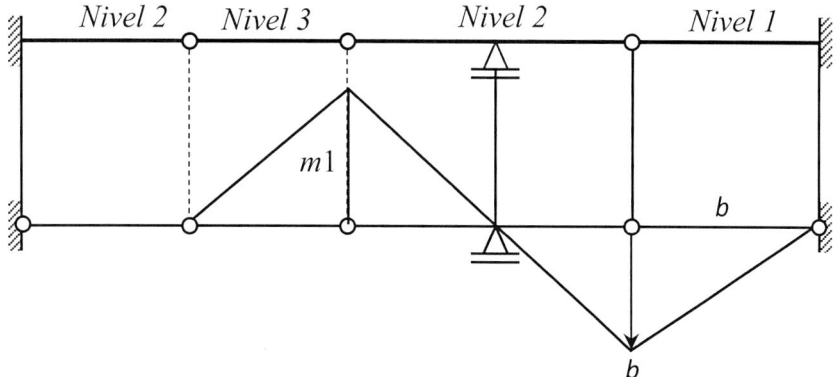

Figura 7.19 Línea de influencia de la reacción de momento del apoyo empotrado derecho.

El valor de *m*1 se calculará por interpolación lineal simple a partir de los valores mostrados en el nivel 1.

El nivel 2 del lado izquierdo no aporta al nivel 1 del lado derecho, porque no es continuo a dicho nivel.

6.º criterio: líneas de influencias del momento flector en una sección s-s

Consiste en liberar el momento flector de una sección s-s colocándole una articulación para, luego, aplicar una fuerza puntual unitaria sobre esta, de tal manera que se produzca un momento positivo equivalente a "$P \cdot a \cdot b / L$" (válido cuando la sección se encuentra entre apoyos). Después de esto, el resto de la viga Gerber se deformará y será equivalente a su correspondiente línea de influencia.

Cuando la sección se encuentra en un voladizo, se incluirá también una articulación liberadora del momento flector; sin embargo, por las características del tramo, el momento producido por la carga unitaria no es el mismo que para el acaso anterior; sin embargo, su análisis se simplifica aún más pues, para estos casos, se utilizará la fórmula más simple del concepto de momento; es decir, "$P \cdot a$".

Veamos el caso de la figura 7.20 cuando la sección se encuentra entre dos apoyos:

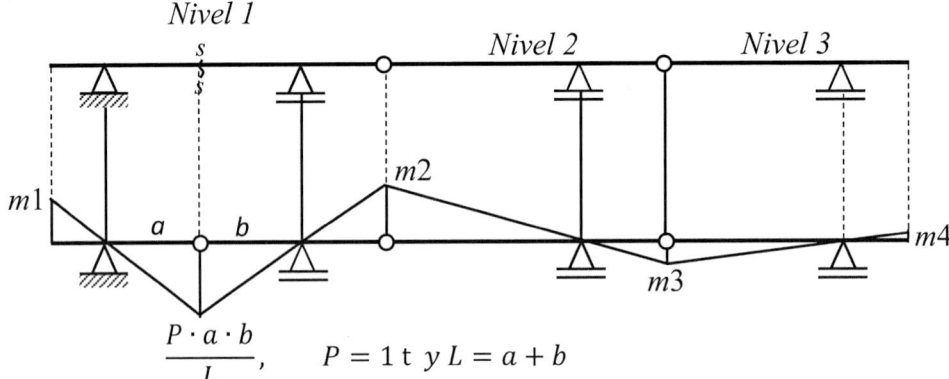

$$\frac{P \cdot a \cdot b}{L}, \qquad P = 1 \text{ t } y\, L = a + b$$

Figura 7.20 Línea de influencia del momento flector en s-s.

Ahora veamos el caso de una sección s-s, ubicada en un voladizo:

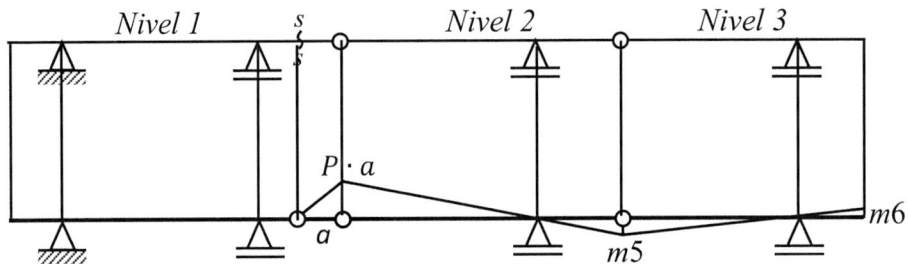

Figura 7.21 Línea de influencia del momento flector en s-s.

Los valores de m1, … y m6 se obtienen por interpolación lineal simple.

Obsérvese que el nivel 1 no se deforma en su totalidad (no tiene LI). Esto se debe a que la sección s-s se encuentra en un voladizo y, por ende, la deformación de la viga se prolonga en los restantes niveles (2 y 3).

7.º criterio: líneas de influencias del esfuerzo cortante en una sección s-s

Consiste en liberar el esfuerzo cortante en una sección s-s por una fuerza unitaria que provoca un desplazamiento por cizallamiento y, por ende, la deformación del resto de la viga. Esta deformación representa la línea de influencia del esfuerzo cortante solicitado.

Veamos el caso de la figura 7.22 cuando la sección se encuentra entre dos apoyos.

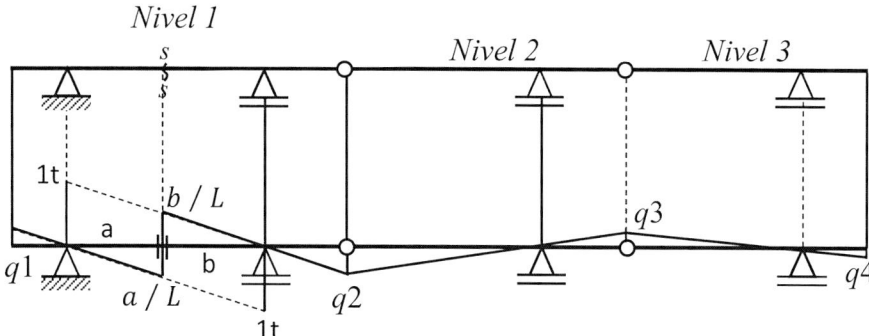

Figura 7.22 Línea de influencia del esfuerzo cortante en s-s.

Ahora veamos el caso de una sección s-s, ubicada en un voladizo.

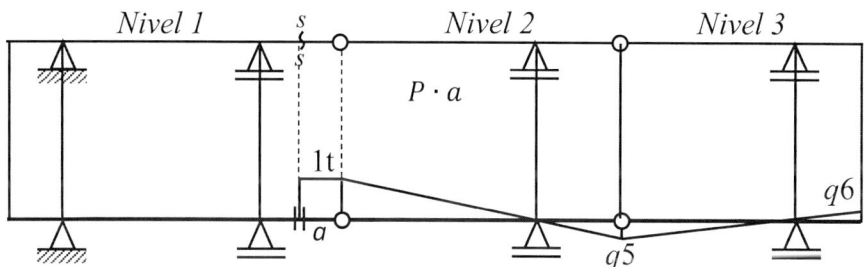

Figura 7.23 Línea de influencia del esfuerzo cortante en s-s.

Los valores de q1, ... y q6 se obtienen por interpolación lineal simple.

8.º criterio: empleo de fórmulas para LI para esfuerzos cortante y momento

Es favorable aplicar fórmulas iniciales para los esfuerzos cortantes y momentos flectores que dependen de la posición de la sección solicitada, la cual puede estar entre apoyos o en voladizo. Véanse las fórmulas de la tabla 7.

Tabla 7. Diagramas característicos de las líneas de influencia.

Esfuerzo	Sección	Diagrama de línea de influencia
Momento	Tramo	
Momento	Voladizo izq.	
Momento	Voladizo der.	
Cortante	Tramo	
Cortante	Voladizo izq.	
Cortante	Voladizo der.	

EJERCICIOS

EJERCICIO 112

Utilizando el método de Müller-Breslau, diagrame las líneas de influencias para las reacciones de la viga de la figura 7.24.

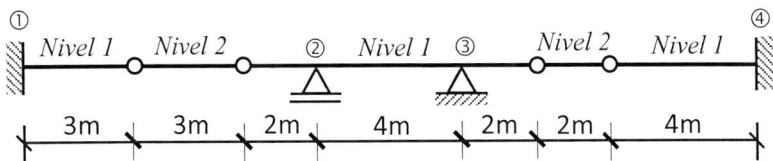

Figura 7.24 Viga 9.

Aplicamos los criterios descritos en el apartado 7.6.

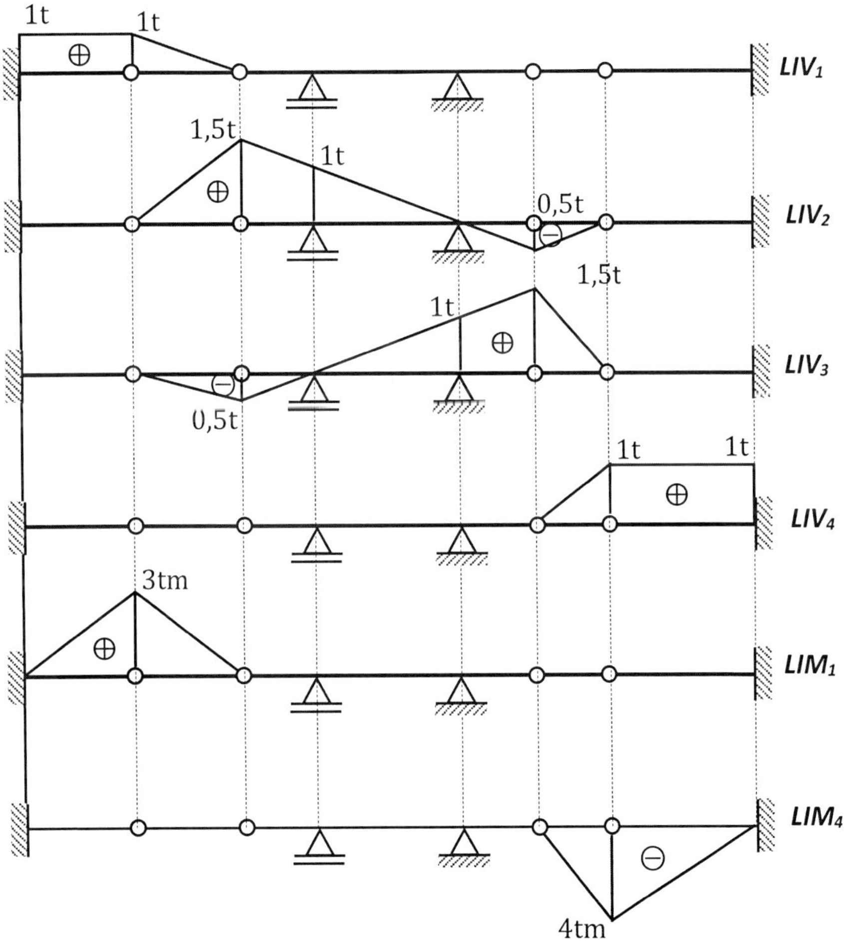

EJERCICIO 113

Utilizando el método de Müller-Breslau, diagrame las siguientes líneas de influencias para las reacciones de la viga de la figura 7.25.

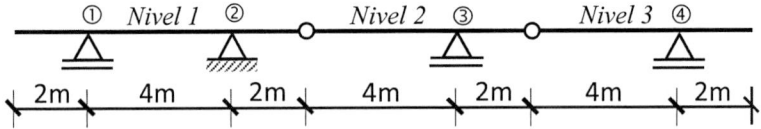

Figura 7.25 Viga 10.

Para mayor compresión, descomponemos la viga y aplicamos los criterios descritos en el apartado 7.6.

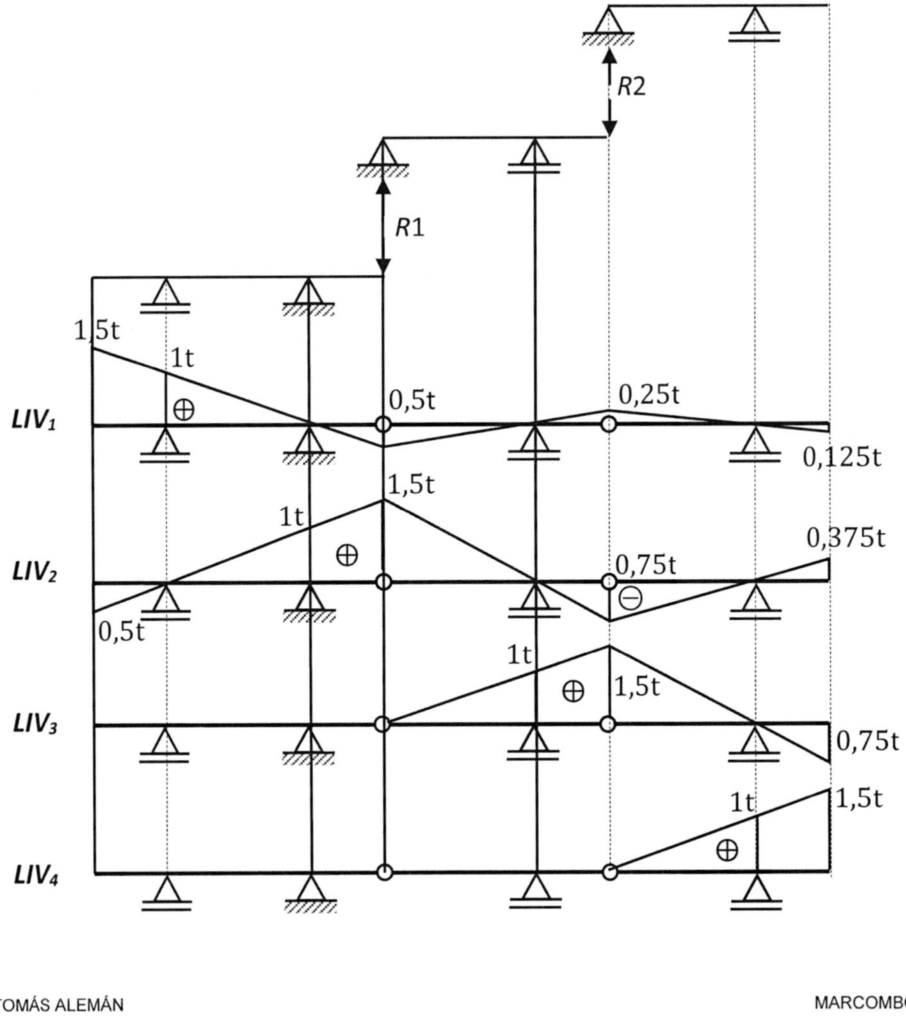

EJERCICIO 114

Utilizando el método de Müller-Breslau, diagrame las líneas de influencias para las reacciones de la viga de la figura 7.26.

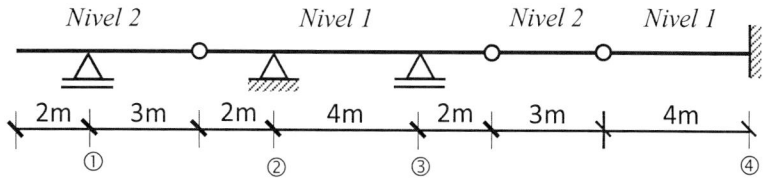

Figura 7.26 Viga 11.

Aplicamos los criterios descritos en el apartado 7.6.

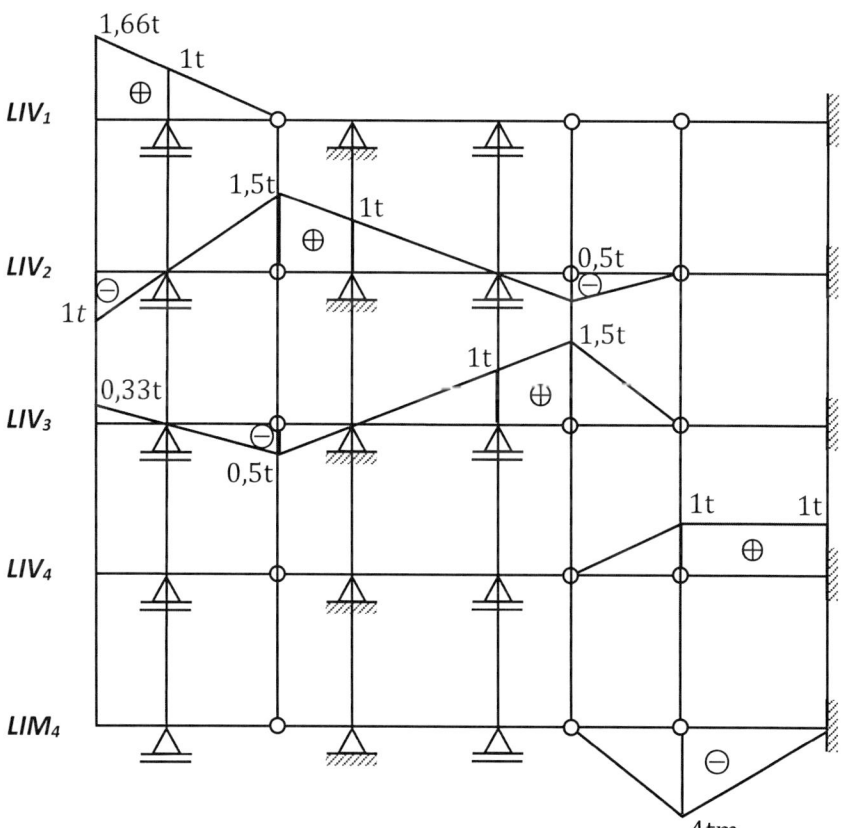

EJERCICIO 115

Utilizando el método de Müller-Breslau, diagrame las líneas de influencias de momento flector para las secciones marcadas de la viga de la figura 7.27.

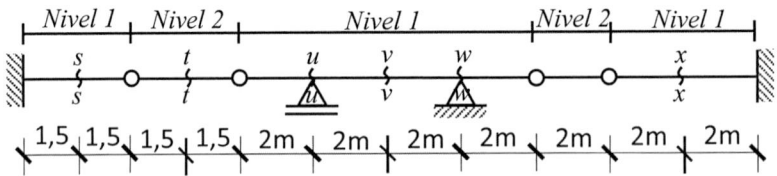

Figura 7.27 Viga 12.

Aplicamos los criterios descritos en el apartado 7.6.

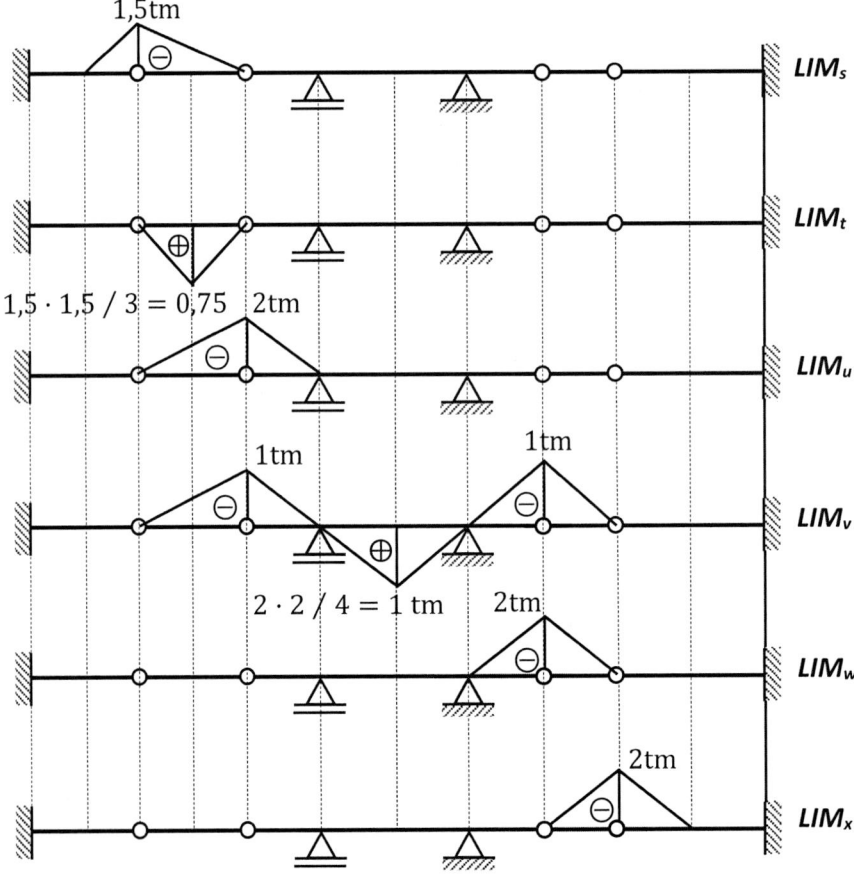

EJERCICIO 116

Utilizando el método de Müller-Breslau, diagrame las líneas de influencias de momento flector para las secciones marcadas de la viga de la figura 7.28.

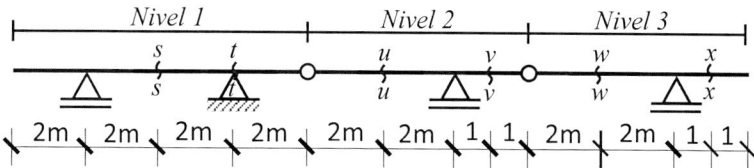

Figura 7.28 Viga 13.

Aplicamos los criterios descritos en el apartado 7.6.

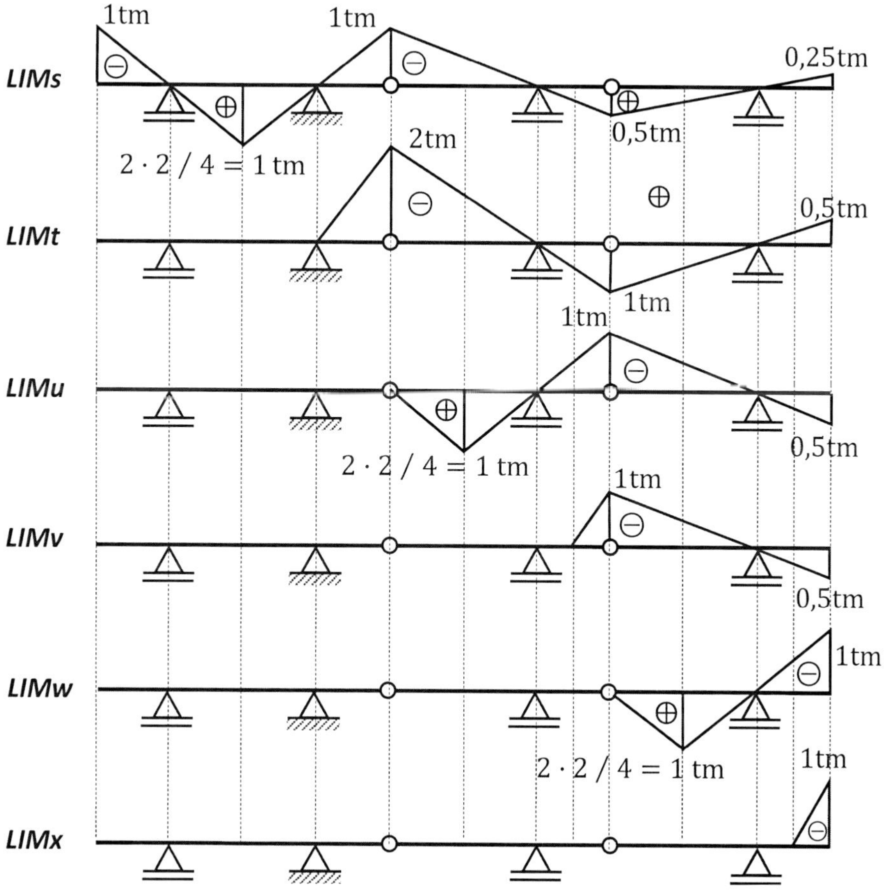

EJERCICIO 117

Utilizando el método de Müller-Breslau, diagrame las líneas de influencias de momento flector para las secciones marcadas de la viga de la figura 7.29.

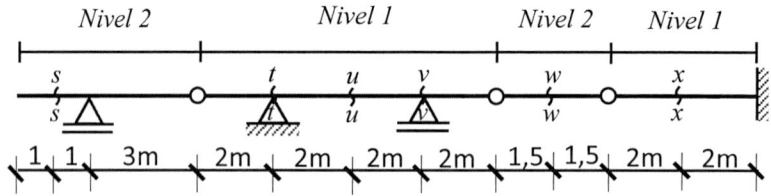

Figura 7.29 Viga 14.

Aplicamos los criterios descritos en el apartado 7.6.

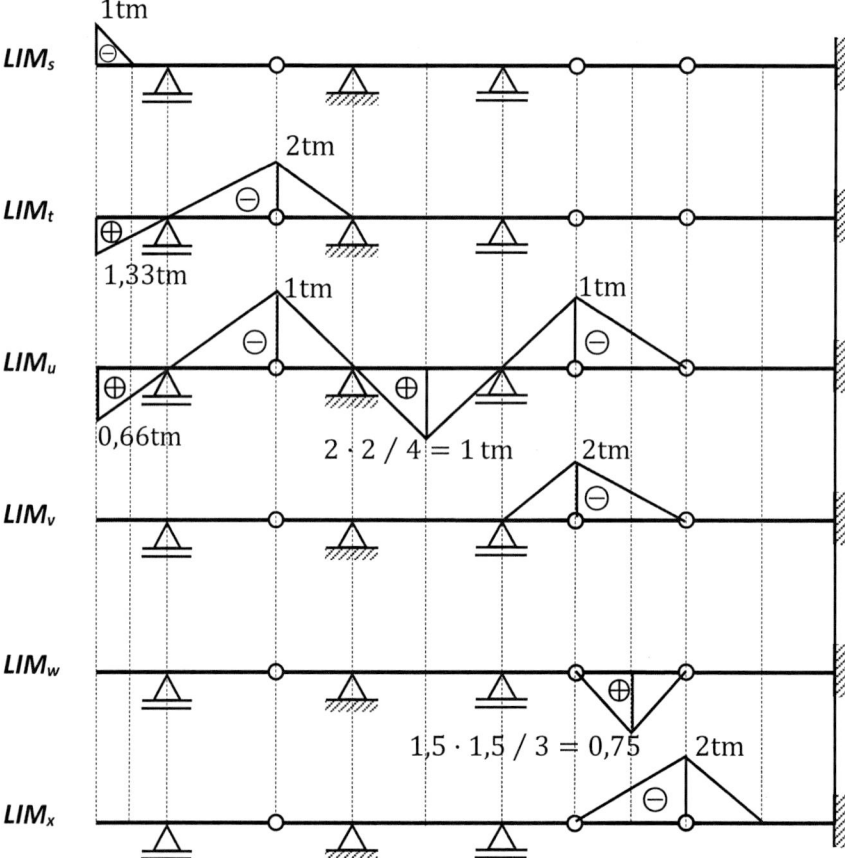

EJERCICIO 118

Utilizando el método de Müller-Breslau, diagrame las LI del esfuerzo cortante para las secciones marcadas de la viga de la figura 7.30.

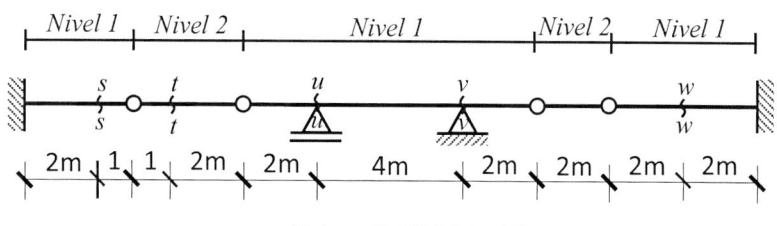

Figura 7.30 Viga 15.

Aplicamos los criterios descritos en el apartado 7.6.

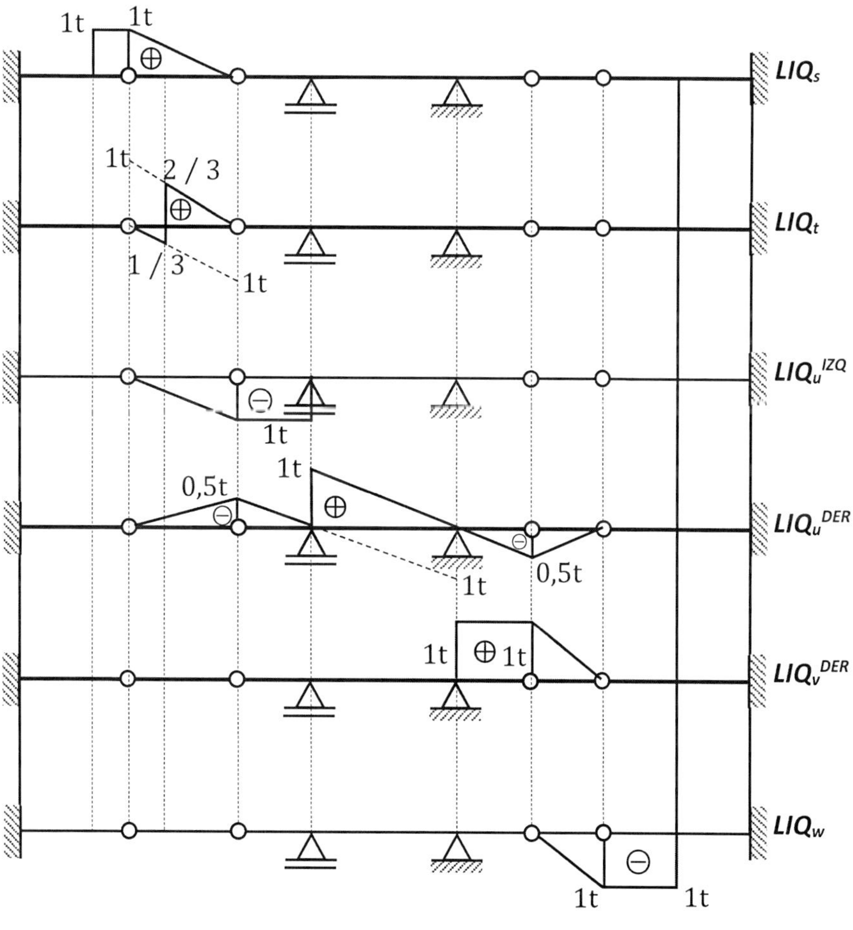

EJERCICIO 119

Utilizando el método de Müller-Breslau, diagrame las siguientes LI del esfuerzo cortante para las secciones marcadas de la viga de la figura 7.31.

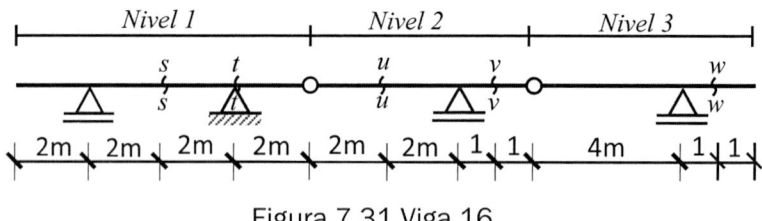

Figura 7.31 Viga 16.

Aplicamos los criterios descritos en el apartado 7.6.

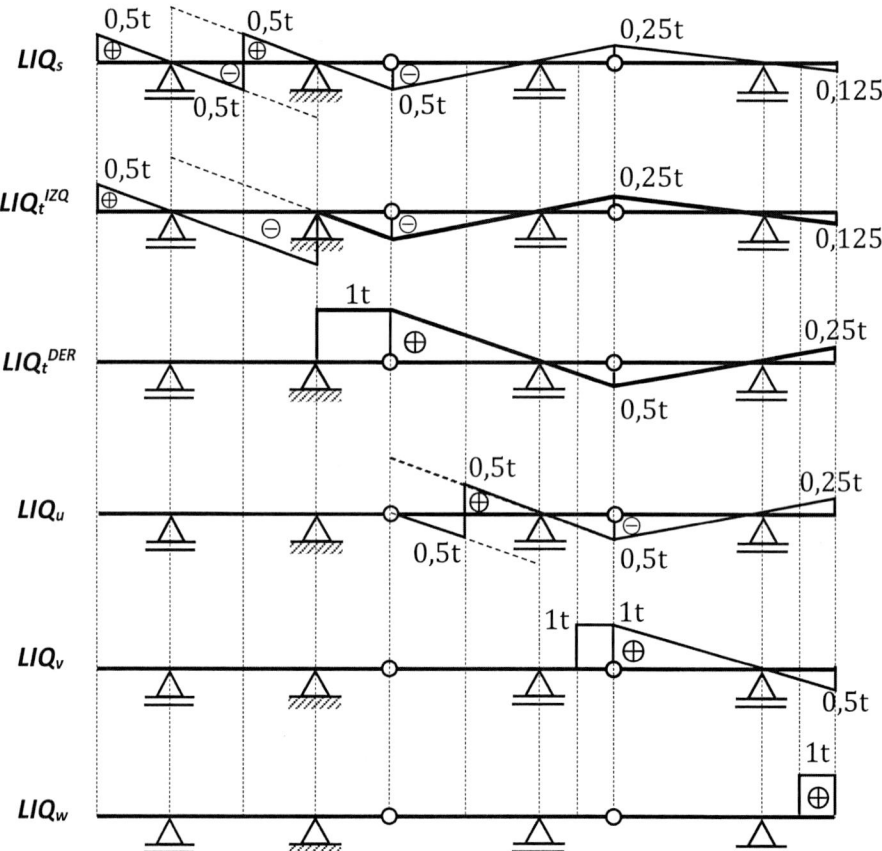

EJERCICIO 120

Utilizando el método de Müller-Breslau, diagrame las LI del esfuerzo cortante para las secciones marcadas de la viga de la figura 7.32.

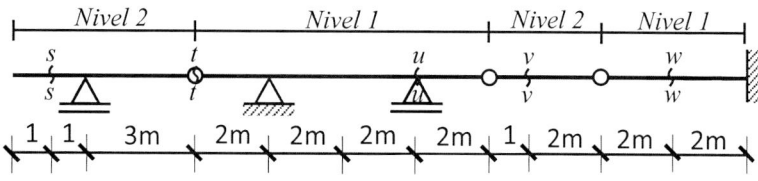

Figura 7.32 Viga 17.

Aplicamos los criterios descritos en el apartado 7.6.

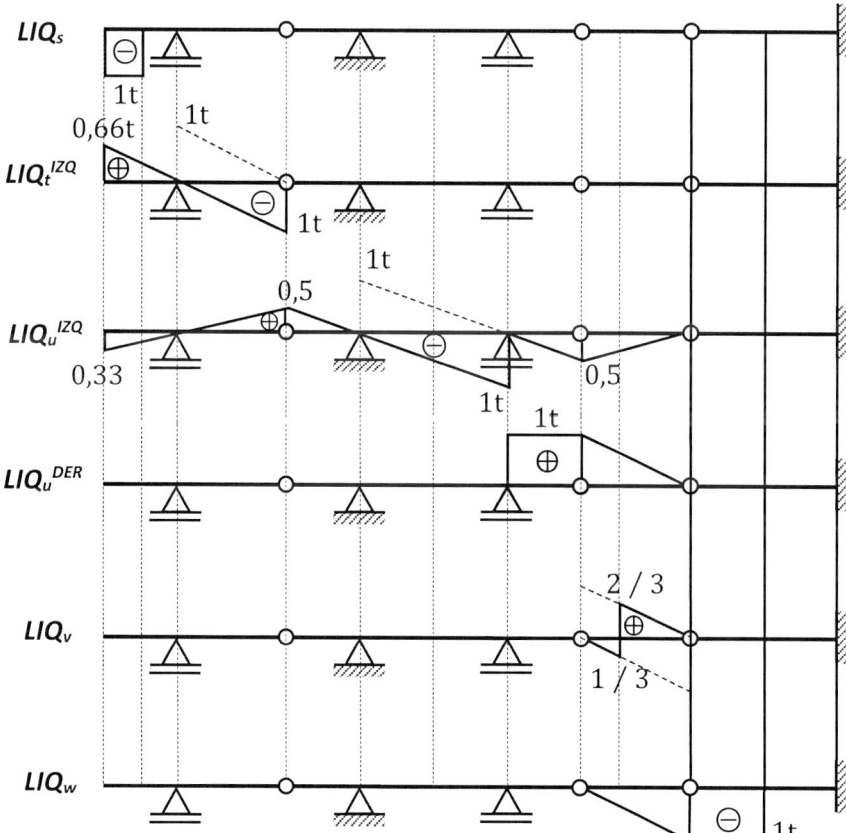

ANEXO

GLOSARIO TÉCNICO

Análisis: descripción precisa del comportamiento de un sistema estructural, a través de expresiones y funciones matemáticas.

Apoyo: vínculo que permite la transmisión de fuerzas desde la estructura al suelo, elementos que permiten el equilibrio de un sistema estructural cuando son afectados por un conjunto de cargas.

Arco: elemento prismático de trayectoria no lineal, que responde a una función y que tiene la capacidad de soportar cargas para, luego, transmitirlas al suelo a través de sus apoyos.

Barra: elemento prismático ortoédrico, donde una de sus dimensiones es predominante y, por lo tanto, pueden idealizarse como segmentos de una recta.

Biapoyado: que se encuentra sustentada en dos puntos.

Biela: barra biarticulada que desarrolla únicamente esfuerzo de compresión.

Carga: agente externo o interno que, al actuar en una estructura, produce su deformación.

Carga distribuida: fuerzas repartidas de manera sucesiva y continua en una trayectoria rectilínea.

Carga puntual: fuerza que, por las dimensiones pequeñas de su área de transmisión, puede ser simplificada, como las fuerzas localizadas en un punto.

Cercha: reticulado utilizado como estructura de soporte en cubiertas o techos.

Compresión: fuerza axial que produce el acortamiento de una barra.

Convenio: adopción de los ejes de referencia y signos que permita describir, de manera vectorial, el comportamiento de una estructura.

Cortante: fuerza interna perpendicular al eje axial de la barra que actúa en los diferentes elementos de la estructura.

Diagrama: representación gráfica y a escala de una situación en la que se describe el comportamiento de una estructura.

Esfuerzo interno: fuerzas y momentos generados dentro de los elementos de una estructura como respuesta a las cargas que gravitan sobre ella.

Estabilidad: referido a estructuras que se encuentran en equilibrio o reposo.

Estático: cuerpo en estado de reposo, que cumple la primera ley de Newton.

Estructura: sistema constituido de elementos rígidos y/o flexibles que forman un esqueleto resistente capaz de soportar cargas para, luego, transmitirlas al suelo.

Hiperestático: referido a aquellas estructuras cuyo comportamiento requiere de condiciones adicionales a las ecuaciones de equilibrio para ser plenamente descrita y/o resuelta.

Isostático: referido a aquellas estructuras cuyo comportamiento pueden describirse plenamente a partir de la aplicación de las ecuaciones de equilibrio estático.

Líneas de influencia: variación de los esfuerzos internos y reacciones en una estructura, cuando una carga se mueve a través de los elementos que la constituyen.

Momento: par de fuerzas en forma de cupla que actúan internamente en las diferentes secciones de la estructura, produciendo la deflexión de sus barras o elementos.

Normal: fuerza interna de dirección axial (tracción o compresión) que actúa en las barras de una estructura.

Nudo: espacio idealizado que representa una unión o un punto cualquiera de la estructura.

Parábola: curva descrita por una función de segundo grado.

Parrilla: sistema estructural compuesto de varias vigas que, al estar ubicadas en diferentes direcciones y contenidas en un plano horizontal, interactúan entre sí, lo que permite la transmisión de esfuerzo de corte, flexión y torsión.

Pórtico: sistema bidimensional constituido por dos o más barras de distintas direcciones que forman un marco rígido capaz de soportar cargas en diversas direcciones para, luego, transmitirlas al suelo.

Reacción: fuerza y momentos concentrados en los apoyos que tienen como propósito equilibrar una estructura.

Resultante: fuerza única que sintetiza el comportamiento de un conjunto de fuerzas.

Reticulado: sistema estructural compuesto de varias barras que forman figuras triangulares que, al estar vinculadas por articulaciones y sometidas por fuerzas generalmente puntuales aplicadas en sus uniones, tienen la cualidad de desarrollar principalmente esfuerzos normales de tracción y compresión.

Sistema: conjunto de elementos que interactúan entre sí para lograr un objetivo.

Tirante: barra biarticulada o cable que desarrolla únicamente esfuerzo de tracción.

Tracción: fuerza axial que produce el alargamiento de una barra.

Tramo: segmento de una barra definida para analizar el comportamiento de sus esfuerzos internos.

Unidimensional: definido a partir de un solo eje de referencia, utilizado para describir algún comportamiento.

Viga: pieza de naturaleza prismática de longitud predominante ubicada generalmente de manera horizontal que, al estar apoyada en uno o más puntos estratégicos, tiene la capacidad de soportar cargas a flexión.

Voladizo: barra en volado de longitud prudente.